Springer-Lehrbuch

Hans-Otto Günther
Horst Tempelmeier

Produktion und Logistik

Siebte, überarbeitete Auflage
Mit 148 Abbildungen
und 71 Tabellen

Springer

Professor Dr. Hans-Otto Günther
Technische Universität
Fachgebiet Betriebswirtschaftslehre –
Produktionsmanagement
Wilmersdorfer Straße 148
10585 Berlin
hans-otto.guenther@tu-berlin.de

Professor Dr. Horst Tempelmeier
Universität zu Köln
Seminar für Supply Chain Management
und Produktion
Albertus-Magnus-Platz
50931 Köln
tempelmeier@wiso.uni-koeln.de

ISSN 0937-7433

ISBN 978-3-540-74152-7 7. Auflage Springer Berlin Heidelberg New York
ISBN 978-3-540-23246-9 6. Auflage Springer Berlin Heidelberg New York

Bibliografische Information der Deutschen Nationalbibliothek
Die Deutsche Nationalbibliothek verzeichnet diese Publikation in der Deutschen Nationalbibliografie; detaillierte bibliografische Daten sind im Internet über http://dnb.d-nb.de abrufbar.

Springer ist ein Unternehmen von Springer Science+Business Media

springer.de

Herstellung: LE-TEX Jelonek, Schmidt & Vöckler GbR, Leipzig
Umschlaggestaltung: WMX Design GmbH, Heidelberg

SPIN 12104901 42/3180YL - 5 4 3 2 1 0 Gedruckt auf säurefreiem Papier

Vorwort zur siebten Auflage

Nachdem auch die sechste Auflage der „Produktion und Logistik" eine gute Aufnahme gefunden hat, legen wir nunmehr die siebte Auflage vor. Inzwischen wird dieses Lehrbuch, das die wissenschaftlichen Grundlagen der Produktion und Logistik anwendungsorientiert darstellt, an einer Vielzahl von Universitäten und Hochschulen als Grundlektüre verwendet. Das Buch richtet sich an Studierende der Betriebswirtschaftslehre, des Wirtschaftsingenieurwesens sowie der Wirtschaftsinformatik. Zunehmend wird das Buch auch von Praktikern gelesen. Auch das begleitende „Übungsbuch zur Produktion und Logistik" hat sich als Lern- und Unterrichtshilfe sehr gut bewährt und ist inzwischen in der fünften Auflage erschienen.

Das vorliegende Lehrbuch ist in seiner bewährten Konzeption weiterhin unverändert geblieben, wurde aber an zahlreichen Stellen überarbeitet und an den neuesten Stand der Literatur und an aktuelle Entwicklungen in der betrieblichen Praxis angepaßt.

An dieser Stelle möchten wir uns bei allen Studierenden bedanken, die uns auf Druckfehler und inhaltliche Verbesserungsmöglichkeiten aufmerksam gemacht haben. Besonderen Dank schulden wir unseren Kollegen Andreas Drexl (Kiel), Bernhard Fleischmann (Augsburg), Knut Haase (Dresden), Richard Hartl (Wien), Stefan Helber (Hannover), Karl Inderfurth (Magdeburg), Werner Jammernegg (Wien), Heinrich Kuhn (Eichstätt), Rainer Leisten (Duisburg) und Hartmut Stadtler (Hamburg), von denen wir viele wichtige Anregungen für den Aufbau und die inhaltliche Gestaltung dieses Buches erhalten haben. Weiterhin danken wir unseren früheren wissenschaftlichen MitarbeiterInnen, Frau Prof. Dr. Marion Rauner, den Herren Dr. Ferdinand Blömer, Dr. Malte Bürger, Dr. Matthias Carl Derstroff, Dr. Matthias Geselle, Prof. Dr. Martin Grunow, Dr. Mario Lochmann und Dr. Axel Schrecker sowie Herrn Dr. Bernward Asprion für die kritische Begleitung und Hilfestellung während der Entstehung des Buches.

Berlin und Köln,
im Juni 2007

Hans-Otto Günther
Horst Tempelmeier

Inhaltsverzeichnis

Teil A

Einführung – Grundfragen der Produktion und Logistik

Das erste Kapitel soll Ihnen eine Einführung in den Gegenstandsbereich des Buches vermitteln. Sie sollen verstehen, was sich hinter den betriebswirtschaftlichen Phänomenen der „*Produktion*" und „*Logistik*" verbirgt und warum diese beiden Gebiete eine Einheit bilden. In der Industrie sind höchst unterschiedliche Produktionssysteme anzutreffen. Daher wollen wir Ihnen einen Überblick über die *Erscheinungsformen von Produktionssystemen* geben und als Anschauungsbeispiel das *Produktionssystem eines mittelständischen Industriebetriebs* darstellen. Weiterhin sollte Ihnen verständlich werden, daß aus betriebswirtschaftlicher Sicht die industrielle Produktion als ein geordnetes *System von Entscheidungen* anzusehen ist, zu deren Unterstützung wissenschaftliche Methoden praktisch eingesetzt werden. Schließlich wollen wir darauf hinweisen, daß die wissenschaftliche Beschäftigung mit Fragen der Produktion und Logistik von hoher *beruflicher Relevanz* ist.

1 Produktion als Wertschöpfungsprozeß

1.1 Orientierung des Buches

Produktion ist ein **Wertschöpfungsprozeß**. Um Wertschöpfung zu erzielen, werden aus einfachen oder komplexen Inputgütern wertgesteigerte Outputgüter erzeugt. In der modernen Industriegesellschaft sind viele Menschen als Manager, Arbeiter, Zulieferer, Verkäufer usw. am Wertschöpfungsprozeß beteiligt. Die Anzahl der arbeitenden Menschen in der Produktion nimmt ständig ab, während gleichzeitig der durch die Mechanisierung und Automatisierung erforderliche Kapitaleinsatz zunimmt. Nicht alle Teilprozesse der Wertschöpfung werden an demselben Ort ausgeführt. Vielmehr ist in vielen Bereichen eine internationale Arbeitsteilung zu beobachten, bei der einzelne Glieder der Wertschöpfungskette auf verschiedene Länder und Industriebetriebe verteilt sind. So werden z. B. Getriebe für den Ford Focus in Bordeaux (F), Halewood (GB) und Köln (D) produziert und in Saarlouis (D) und Valencia (E) in die Fahrzeuge montiert. Auch die Montage der Airbus-Flugzeuge ist ein Beispiel für eine solche länderübergreifende Zusammenarbeit.

Die Einbettung des Produktionssystems in seine Umwelt ist in Bild A.1 veranschaulicht. Darin ist die Produktion als **Wertschöpfungsprozeß** dargestellt, die **Infrastruktur** eines Produktionssystems skizziert, und es sind die Beziehungen des Produktionssystems zu seiner **Umwelt** angedeutet.

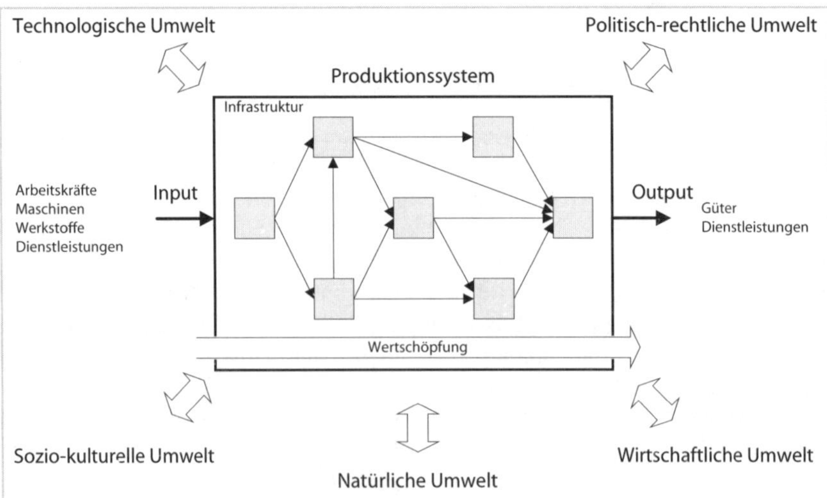

Bild A.1: Das Produktionssystem in seiner Umwelt

Wertschöpfungsprozeß. Unbestritten folgen die meisten Unternehmungen einem langfristigen Ziel, das man pointiert mit „To make money" umschreiben könnte. Das Streben nach Wertschöpfung ist nichts anderes als die pragmatische Interpretation dieses langfristigen Unternehmensziels. Um Wertschöpfung zu erzielen, müssen die folgenden allgemeinen Anforderungen erfüllt werden:

- **Zeit.** Die industrielle Erzeugung eines Produktes erfordert eine Vielzahl von Einzelschritten der Beschaffung, der Produktion und Montage sowie der Distribution, die jeweils eine bestimmte Zeit zu ihrer Ausführung benötigen. Je schneller diese zeitliche Wegstrecke überwunden wird, desto mehr Wertschöpfung kann mit den verfügbaren Produktionsressourcen erzielt werden. Das Bestreben, die Zeitstrecke der Wertschöpfung möglichst schnell zu überwinden, kommt in der Forderung nach **kurzen Durchlaufzeiten** zum Ausdruck.

  Durch geeignete Maßnahmen kann der Wertschöpfungsprozeß beschleunigt werden. Zum einen sind unproduktive Vorgänge, die keine unmittelbare Wertschöpfung erzeugen, gleichzeitig aber Kosten verursachen, wie z. B. Handling-, Transport- und Lagerungsvorgänge, sowie administrative Arbeiten nach Möglichkeit einzuschränken. Zum anderen tragen die Gestaltung der *Infrastruktur* der Produktion, d. h. die technische und organisatorische Auslegung der Produktionseinrichtungen, die Art ihres Zusammenwirkens sowie die effiziente Bewältigung der *Produktionsplanungs- und -steuerungsaufgaben* wesentlich zur Erreichung der gesetzten Wertschöpfungsziele bei.

- **Qualität.** Die Leistung eines Produktionssystems läßt sich in mengen- und wertmäßiger, aber auch in qualitativer Hinsicht messen. Gerade bei technisch anspruchsvollen Produkten werden Qualität und die daraus resultierende Kundenzufriedenheit immer mehr zu entscheidenden **Wettbewerbsfaktoren**. Produktionsqualität äußert sich u. a. in geringen Ausschußraten, vor allem aber in der Funktionalität, Zuverlässigkeit, Langlebigkeit und Umweltverträglichkeit der erzeugten Produkte. Das *Qualitätsmanagement* umfaßt alle Maßnahmen, die darauf abzielen, die Qualität der Produkte und der Produktionsprozesse zu verbessern.

- **Wirtschaftlichkeit.** In wertmäßiger Hinsicht läßt sich das Ergebnis des Produktionsprozesses durch folgende alternative Formulierungen des Wirtschaftlichkeitsprinzips erfassen:

  1. Mit einem gegebenen Wert von Inputgütern ist ein maximales wertmäßiges Produktionsergebnis zu erreichen (Maximumprinzip).
  2. Ein vorgegebenes wertmäßiges Produktionsergebnis ist mit minimalem Inputwert zu erreichen (Minimumprinzip).

  Ein derartiges Wirtschaftlichkeitsprinzip benötigt zur Bewertung sowohl der Input- als auch der Outputgüter geeignete Bewertungsverfahren, die oftmals strittig sind. Im übrigen ist diese Betrachtungsweise *statisch*. Sie sagt nichts darüber aus, wie die Wertschöpfungsprozesse in der zeitlichen *Abfolge ihrer Einzelschritte* gestaltet werden sollen. Vor allem für die langfristige Entwicklungsplanung der Unternehmung ist diese Konzeption des Wirtschaftlichkeitsprinzips ungeeignet. Wir benötigen vielmehr eine **dynamische, prozeßorien-**

tierte Betrachtungsweise, die in der Anforderung an eine ständige Weiterentwicklung und Verbesserung der technischen und sozialen Prozesse im Industriebetrieb besteht. Hinter dieser Forderung verbirgt sich eher eine Philosophie, deren Umsetzung mühsam ist und oftmals scheitert, als ein einfach zu handhabendes Wirtschaftlichkeitsprinzip.

Ein Produktionsbetrieb, der im Augenblick wirtschaftlich arbeitet, kann langfristig u. U. dennoch zum Scheitern verurteilt sein, wenn es nicht gelingt, die notwendigen Anpassungen an die Entwicklungen der Umwelt rechtzeitig vorzunehmen.

- **Flexibilität.** Mit diesem Begriff wird allgemein die Fähigkeit eines Systems beschrieben, sich an veränderte Umweltbedingungen anzupassen. Zur Charakterisierung der Flexibilität eines Produktionssystems sind mehrere Dimensionen von Bedeutung: der **Anpassungsumfang**, der aufgrund einer bestehenden Produktionsinfrastruktur möglich ist, die **wirtschaftlichen Auswirkungen**, die mit den beabsichtigten Umstellungen verbunden sind, und die **Zeit**, innerhalb derer die erforderlichen Anpassungen durchgeführt werden können.

  In **strategischer** Hinsicht gilt ein Produktionssystem dann als flexibel, wenn es sich in angemessener Zeit auf die veränderten technologischen, politisch-rechtlichen, wirtschaftlichen und sozio-kulturellen Umweltbedingungen einstellen kann. Die Erfahrung zeigt, daß erfolgreiche Unternehmungen sich schneller anpassen können als weniger erfolgreiche. Ihre Umsetzung erfahren die strategisch notwendigen Anpassungsprozesse durch interne Umgestaltungen und Weiterentwicklungen, z. B. der Produktionsverfahren, der Beschaffungsweisen und der eingesetzten Planungs- und -steuerungssysteme. Nicht zuletzt trägt ein Vorsprung bei der Entwicklung neuer Produkte dazu bei, daß die errungenen Marktpositionen gegenüber der Konkurrenz verteidigt oder sogar ausgebaut werden können.

  In der jüngsten Zeit haben sich die Innovationszyklen vieler Produkte erheblich verkürzt. In manchen Bereichen, z. B. bei Elektronikprodukten, sind Produktlebenszyklen von nur 12 Monaten keine Seltenheit. Die zur Herstellung dieser Produkte eingesetzten Produktionssysteme werden jedoch erheblich länger genutzt. Da zumeist mehrere Produktgenerationen auf denselben Anlagen hergestellt werden müssen, sind die Anforderungen an die technische Flexibilität der Produktionsanlagen beträchtlich gestiegen.

  In **operativer** Hinsicht ist vor allem die Fähigkeit des Produktionssystems von Bedeutung, kurzfristig auf notwendige Veränderungen des Produktprogramms und der Produktionsprozesse zu reagieren. Diese Fähigkeit wird vor allem durch die technische Vielseitigkeit der eingesetzten Arbeitssysteme bestimmt. Neben den Kosten der Produktionsumstellungen bilden hierbei die Lieferzeit und die Termintreue bei der Erfüllung der Kundenwünsche weitere ausschlaggebende Kriterien.

Beziehungen des Produktionssystems zu seiner Umwelt. Industrielle Unternehmungen sind keine Inseln, auf denen sich das Produktionsgeschehen losgelöst von seiner Umwelt entwickeln könnte. Die zur Produktion benötigten Ressourcen (Kapital, Anlagen, Rohstoffe, Zukaufteile, Dienstleistungen, Energie usw.) müssen größtenteils extern beschafft, und entwicklungsfähige Mitarbeiter müssen in Konkurrenz mit anderen Arbeitgebern geworben werden. Hierbei sind die Eigenheiten und Gesetzmäßigkeiten der jeweiligen Beschaffungsmärkte zu beachten. Hinsichtlich der *Produktionsverfahren* sind alle Auswirkungen, die die natürliche Umwelt belasten, zu vermeiden oder zumindest in rechtlich und unternehmenspolitisch vertretbaren Grenzen zu halten. Lebenswichtiges Element der wirtschaftlichen Umwelt einer Unternehmung sind die *Abnehmer*, deren steigende Ansprüche durch immer hochwertigere Produkte befriedigt werden müssen. Schließlich sind in jedem Fall die wirtschaftlichen, technologischen, gesellschaftlichen und rechtlichen Rahmenbedingungen zu beachten, die den Handlungsspielraum der Unternehmung einschränken.

Um langfristig erfolgreich zu sein, muß eine Unternehmung versuchen, sich im Einklang mit ihrer Umwelt zu entwickeln, auch wenn sich die Umwelt teilweise turbulent verändert. Diese Beziehungen, die in Bild A.1 veranschaulicht sind, werden im Teil B im Zusammenhang mit der strategischen Planung ausführlicher behandelt.

Infrastruktur. Weiterhin ist aus Bild A.1 die Infrastruktur als wesentlicher Bestandteil eines Produktionssystems zu erkennen. Hierunter fassen wir alle physischen Gegebenheiten (die „Hardware") des Produktionssystems sowie die Grundregeln ihres organisatorischen Zusammenwirkens (die „Software") zusammen. Getragen wird die Infrastruktur von den Menschen, die sowohl als Arbeitskräfte als auch dispositiv in der Produktion tätig sind.

Zu den *physischen Gegebenheiten* zählen u. a. die Produktionsanlagen mit ihren Kapazitäten und verfahrenstechnischen Möglichkeiten sowie die Lagerungs-, Materialfluß- und Handlingeinrichtungen, durch welche die Produktionsanlagen miteinander verbunden sind. Gelenkt und gesteuert werden die Materialflüsse innerhalb der Produktion durch Vorgaben, Dispositionen und Regeln. Beispielsweise wird ein vorgegebenes Auftragsprogramm an den einzelnen Maschinen nach bestimmten Prioritätsregeln abgearbeitet, wobei für den Weitertransport zwischen den Arbeitsstationen materialflußorientierte Steuerungsprinzipien angewendet werden. Das gesamte logistische „Regelwerk" der Produktion ist in sog. computergestützten **Produktionsplanungs- und -steuerungssystemen** (PPS-Systemen) verankert.[1] Da durch die Entscheidungen zur Produktionsplanung und -steuerung i. d. R. auch Transport-, Umschlags- und Lagerungsprozesse, also typische „logistische" Prozesse ausgelöst werden, treten erhebliche *Wechselwirkungen zwischen Produktion und Logistik* auf.

Ohne computergestützte PPS-Systeme ist heute die industrielle Produktion nicht mehr vorstellbar. Computer werden nicht nur im betriebswirtschaftlichen Bereich der Planung und Steuerung eingesetzt, sondern auch für technische Aufgaben, z. B.

1 vgl. *Zäpfel* (1993); *Drexl et al.* (1994)

die Konstruktion von Produkten (**Computer Aided Design**, **CAD**) oder die Steuerung der Produktionsvorgänge auf den Maschinen (**Computer Aided Manufacturing**, **CAM**). Unter **CIM** (**Computer Integrated Manufacturing**) wird das Leitbild der möglichst vollständigen Integration betriebswirtschaftlicher und technischer Informationsverarbeitung verstanden.

Die Wirtschaftlichkeit eines Produktionssystems hängt unmittelbar von den infrastrukturellen Rahmenbedingungen ab, unter denen sich die Produktion vollzieht. Vergleichbar mit einer Pipeline wird der pro Zeiteinheit erzielbare Output (die Produktionsleistung) durch den Querschnitt (die Kapazität) und die Durchflußgeschwindigkeit der beförderten Güter (die Produktionsgeschwindigkeit) bestimmt. Sind die Materialflüsse unregelmäßig und stark vernetzt oder liegen Hindernisse auf dem Weg, die den Materialfluß hemmen und zur Zwischenlagerung zwingen, dann verlängert sich die Durchlaufzeit in der Produktion. Gleichermaßen nimmt die Umschlagsgeschwindigkeit des eingesetzten Kapitals ab.

Die Infrastruktur eines Produktionssystems ist nicht von vornherein gegeben. Vielmehr verfügt der Entscheidungsträger im Produktionsbereich über einen *Gestaltungspielraum*, der genutzt werden muß, damit eine Unternehmung erfolgreich im Wettbewerb bestehen kann. Mit der Gestaltung der Infrastruktur beschäftigen wir uns ausführlich in Teil C dieses Buches. Anschließend erläutern wir im Teil D die wichtigsten Elemente der (operativen) Produktionsplanung und -steuerung. Teil E ist der Gestaltung ausgewählter logistischer Prozesse gewidmet, während zum Abschluß in Teil F grundlegende Konzeptionen von Produktionsplanungs- und -steuerungssystemen diskutiert werden.

1.2 Begriffliche Abgrenzungen

Im folgenden erläutern wir die Begriffe **Produktion**, **Arbeitssystem** und **Logistik** und grenzen sie voneinander ab. Außerdem beschreiben wir die Aufgabenstellung der Produktionswirtschaft als wissenschaftliche Disziplin.

Vereinfachend kann man den **Begriff der** (industriellen) **Produktion** wie folgt definieren: Unter (industrieller) Produktion versteht man die Erzeugung von Ausbringungsgütern (*Produkten*) aus materiellen und nichtmateriellen Einsatzgütern (*Produktionsfaktoren*) nach bestimmten technischen Verfahrensweisen. So werden z. B. Personalcomputer aus folgenden *materiellen Einsatzgütern* erzeugt: Leiterplatten, Disketten- und Festplattenlaufwerken, Bildschirm, Gehäusebestandteilen usw. Diese Vorprodukte werden oft von Zulieferern fremdbezogen, die sich auf die Herstellung einiger weniger Produktkomponenten spezialisiert und hierbei oft einen technischen Vorsprung erzielt haben. Gleichzeitig werden *nichtmaterielle Güter* verwendet: Patente, Lizenzen, Software usw. Ohne weitere Produktionsfaktoren, wie Maschinen, Lagerungs- und Handlingeinrichtungen sowie Energie wäre die Produktion nicht möglich. Ebenso ist der Einsatz menschlicher Arbeitsleistungen unmittelbar in der Produktion, aber auch in der Konstruktion und Entwicklung der Produkte, der Planung und Überwachung der Betriebsabläufe unverzichtbar.

Der industrielle Produktionsprozeß setzt sich aus einzelnen *Abschnitten* zusammen, die jeweils einen bestimmten Teilprozeß der Produktion eines Erzeugnisses umfassen. Damit sich die Produktion in geordneter Weise vollziehen kann, müssen geeignete organisatorische Einheiten gebildet und ihr Zusammenwirken geregelt werden. Solche organisatorischen Einheiten, in denen jeweils ein einzelner Abschnitt eines Produktionsprozesses ausgeführt wird, bezeichnen wir als **Arbeitssystem** (Produktiveinheit) (siehe Bild A.2).

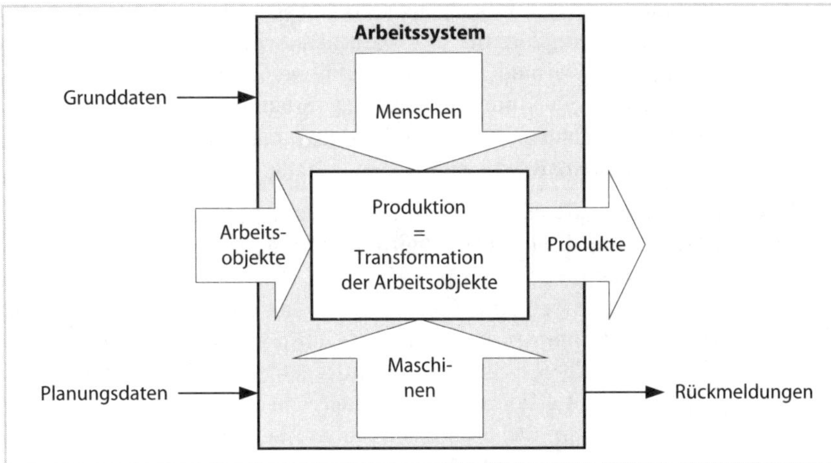

Bild A.2: Aufbau eines Arbeitssystems

Ein Arbeitssystem als kleinste selbständig arbeitsfähige Einheit in einem Produktionssystem läßt sich durch folgende Elemente beschreiben:

- **Input.** Die zu bearbeitenden Vorprodukte (*Arbeitsobjekte*, z. B. Rohstoffe, Zwischenprodukte, Verbrauchsfaktoren) stellen den physischen Input in das Arbeitssystem dar. Aus den *Grunddaten* der Produktion sind u. a. der konstruktive Aufbau der Produkte sowie technische Angaben zur Ausführung der Produktion und der Montage (z. B. Arbeitsgangbeschreibungen) abzulesen. Die *Planungsdaten* besagen z. B., wie viele Erzeugniseinheiten bis zu einem bestimmten Termin fertigzustellen sind. Sie werden durch Produktionsaufträge dokumentiert.
- **Output.** Die *Arbeitsobjekte* durchlaufen physisch den Produktionsprozeß, werden dort bearbeitet und erfahren dadurch i. d. R. eine Wertsteigerung. Die Fertigstellungszeitpunkte der Produktionsaufträge und damit die Freigabezeitpunkte der Ressourcen (Menschen, Maschinen, Werkzeuge) des Arbeitssystems werden als *Rückmeldungen* an das Produktionsplanungs- und -steuerungssystem übermittelt.

- **Transformation.** Der eigentliche Produktionsvorgang kann als Transformationsprozeß betrachtet werden, bei dem unter Einsatz von Produktionsfaktoren (Menschen, Maschinen) eine Statusänderung und Wertsteigerung der Arbeitsobjekte, d. h. ihre Umwandlung in Produkte erfolgt.

In den meisten Unternehmungen werden mehrere Arten von Enderzeugnissen hergestellt, die jedoch zum Teil auf gemeinsame Vorerzeugnisse zurückgreifen. Außerdem können gleichartige technische Arbeitsverrichtungen bei unterschiedlichen Zwischen- und Endprodukten anfallen. Hieraus ergibt sich häufig ein vernetzter Materialfluß und die Notwendigkeit, die verschiedenen Arbeitssysteme durch Transportpfade miteinander zu verbinden. Der **betriebliche Leistungsprozeß** in seiner Gesamtheit umfaßt somit ein System miteinander verbundener Arbeitssysteme unter Einschluß der zur Beschaffungs- und Absatzseite bestehenden Material- und Erzeugnisflüsse. Dies ist ebenfalls aus Bild A.1 zu ersehen.

Die **Produktionswirtschaft** als betriebswirtschaftliche Disziplin beschäftigt sich vorrangig mit der **Produktion von Sachgütern**. In einer Volkswirtschaft werden aber auch viele nichtmaterielle Güter benötigt (z. B. Dienstleistungen, Informationen, Erfindungen), deren Erzeugung nicht in der Produktionswirtschaft, sondern in anderen Wissenschaftsdisziplinen untersucht wird. Die meisten Sachgüter werden heute industriell hergestellt, d. h. in größeren Stückzahlen und unter Einsatz technischer Mittel. Man spricht daher auch von **industrieller Produktionswirtschaft**. Üblicherweise werden nicht alle Produktionsstufen eines Erzeugnisses innerhalb eines einzigen Betriebes, sondern arbeitsteilig zwischen mehreren Industriebetrieben durchlaufen. So wird das in der Stahlindustrie erzeugte Ausgangsprodukt in Walzwerken zu Blechen verarbeitet. Die Bleche werden an Automobilhersteller geliefert, wo sie geformt und anschließend zu Karosserien weiterverarbeitet werden. Die Anzahl der Wertsteigerungsstufen eines Erzeugnisses, die in einem Betrieb realisiert werden, wird als **Fertigungstiefe** bezeichnet. Die zwischenbetriebliche und zunehmend auch die **internationale Wirtschaftsverflechtung** gewinnen dabei immer mehr an Bedeutung. Auch dieser Gesichtspunkt wird in der Produktionswirtschaft berücksichtigt.

In vielerlei Hinsicht stellt die industrielle Produktionswirtschaft ein integratives Gebiet dar, in das Erkenntnisse aus zahlreichen Nachbarwissenschaften einfließen, u. a. aus den folgenden Disziplinen:

- Ingenieurwissenschaften, Arbeitswissenschaften,
- Informatik, Wirtschaftsinformatik,
- Operations Research, Statistik, Mathematik,
- Soziologie, Psychologie,
- Rechtswissenschaften.

Eng verbunden mit der Produktion sind die Problemstellungen der **Logistik**.[2] In der Betriebswirtschaftslehre versteht man unter Logistik eine ganzheitliche, die einzelnen Funktionsbereiche der Unternehmung übergreifende Betrachtungsweise, die die Optimierung des **Material- und Erzeugnisflusses** unter Berücksichtigung der damit zusammenhängenden Informationsströme zum Ziel hat. Man spricht daher auch von einer „Querschnittsfunktion" der Logistik. Typische logistische Aufgaben sind die Anlieferung von Fertigungsmaterial an ein Arbeitssystem oder ein Beschaffungslager durch einen Lieferanten (physische Materialbeschaffung, Beschaffungslogistik), der Weitertransport einer Palette mit Werkstücken zwischen zwei Produktionsabteilungen (innerbetriebliche Logistik, Produktionslogistik, Intralogistik) oder die Auslieferung von bestellter Ware an die Kunden (physische Distribution, Marketing-Logistik). Zur Logistik zählen alle Prozesse des Transports, der Lagerung, der Materialhandhabung und Verpackung. Etwas abstrakter kann man auch von der **Überbrückung von räumlichen, zeitlichen und mengenmäßigen Differenzen** zwischen „Angebot" und „Nachfrage" sprechen. Hierbei wird die gesamte logistische Kette „Zulieferer-Produzent-Abnehmer" („Supply Chain", „Supply Network") erfaßt. Zur Durchführung logistischer Prozesse, vor allem im Bereich der zwischenbetrieblichen Logistik, stehen besondere logistische Dienstleistungsunternehmungen (z. B. Spediteure mit eigenen Lagerungs- und Umschlageinrichtungen) zur Verfügung.

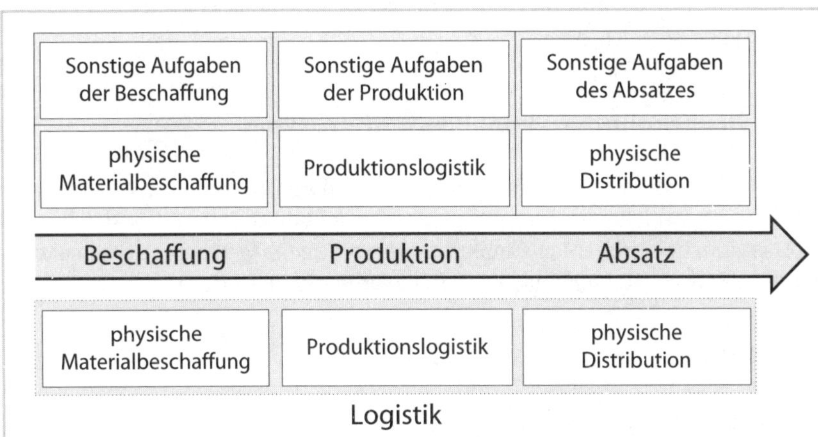

Bild A.3: Zusammenhang zwischen Produktion und Logistik

Aufgrund der funktionsübergreifenden Querschnittsfunktion der Logistik sind die Aufgaben der Produktion und der Logistik insbes. im Bereich der Produktionslogistik und teilweise auch in der Beschaffungslogistik untrennbar miteinander verbunden (siehe Bild A.3). Dies hat uns bewogen, für dieses Buch den Titel „Produktion *und* Logistik" zu wählen, obwohl in den Ausführungen primär der produktionswirt-

2 vgl. *Tempelmeier* (1993); *Tempelmeier* (2004); *Tempelmeier* (2005a), Kapitel A

schaftliche Standpunkt eingenommen wird und die für die Produktion relevanten logistischen Aspekte integrativ mit erfaßt werden.

Literaturhinweise
Hahn und Laßmann (1999), Kapitel 1 und 2
Tempelmeier (1993)
Tempelmeier (2004)

1.3 Erscheinungsformen von Produktionssystemen

Produktion tritt in der betrieblichen Praxis in unterschiedlichen Erscheinungsformen auf. Diese sollen im folgenden anhand ausgewählter Kriterien klassifiziert werden. Die Bildung von **Produktionstypen** kann als **Grundlage für die Formulierung von Entscheidungsmodellen** zur Lösung von typischen Problemstellungen in der Produktion dienen. Sie kann aber auch für die **Auswahl von Standardsoftware** zur Produktionsplanung und -steuerung (PPS-Systeme) herangezogen werden.

Zur Identifizierung von Produktionstypen benötigt man ein systematisch strukturiertes Gerüst von Kriterien. Hier bietet es sich an, dem Input-Transformation-Output-Konzept der Produktion zu folgen, das weiter oben bereits beschrieben wurde. Danach kann man **programmbezogene**, **prozeßbezogene** und **einsatzbezogene** Produktionstypen unterscheiden.

1.3.1 Programmbezogene Produktionstypen

Programmbezogene Produktionstypen entstehen durch Anwendung von Klassifizierungskriterien, welche die *Outputseite des Produktionssystems*, d. h. das Produktionsprogramm betreffen. Man kann programmbezogene Produktionstypen nach den **Produkteigenschaften** und nach den **Programmeigenschaften** bilden.

Eigenschaften der Produkte

- **Güterart**
  Nach dem Merkmal der Güterart sind materielle und immaterielle Produkte zu unterscheiden. Materielle Güter oder auch Sachgüter sind insbes. Maschinen, Werkzeuge oder Stoffe. Zu den immateriellen Gütern zählen vor allem menschliche oder maschinelle Arbeit, Dienstleistungen und Informationen.
- **Gestalt der Güter**
  Nach der Gestalt der Güter kann man unterscheiden in ungeformte Fließgüter (z. B. Bier), geformte Fließgüter und Stückgüter. Bei geformten Fließgütern (z. B. Stahlblechen) sind lediglich die Breite und die Höhe, nicht aber die Länge

festgelegt. Dagegen sind Stückgüter (z. B. Schrauben) in allen drei Dimensionen determiniert.

- **Zusammensetzung der Güter**

  Nach der Zusammensetzung der Güter lassen sich einteilige und mehrteilige Produkte unterscheiden. Einteilige Produkte werden aus einem einzigen Rohstoffstück gefertigt (z. B. Bohrer), während mehrteilige Produkte durch Montageprozesse entstehen (z. B. ein PC).

  Planungsprobleme: Zeitliche Abstimmung der Montageprozesse; Verfügbarkeit von Ressourcen; Materialverfügbarkeit.

- **Beweglichkeit der Güter**

  Nach der Beweglichkeit der Güter ist zu unterscheiden zwischen *beweglichen* und *unbeweglichen* Produkten. Die Produktion unbeweglicher Produkte (Kraftwerke, Brücken, Großanlagen) ist an den Ort ihrer späteren Nutzung gebunden. Das bedeutet, daß alle Produktionsfaktoren zu diesem Ort der Produktentstehung transportiert werden müssen.

Eigenschaften des Produktionsprogramms

- **Anzahl der Erzeugnisse**

  Nach der Anzahl der hergestellten und auf dem Absatzmarkt angebotenen Produktarten unterscheidet man Einprodukt- und Mehrproduktproduktion. Bei der *Einproduktproduktion* enthält das Produktionsprogramm der Unternehmung nur eine einzige Produktart, die im Rahmen der verfügbaren Ressourcen als Massenprodukt erzeugt wird (z. B. Zement). Bei *Mehrproduktproduktion* werden verschiedenartige Erzeugnisse produziert.

  Planungsprobleme: Zuordnung von Ressourcen und Erzeugnissen; Auftragsgrößen und Auftragsreihenfolgen.

- **Auflagengröße**

  Die Auflagengröße bezeichnet die Anzahl der nach Vorbereitung der Produktionsanlage ununterbrochen hergestellten Erzeugniseinheiten. Danach lassen sich *Massenproduktion*, *Serienproduktion* sowie *Einzelproduktion* unterscheiden.

  Massenproduktion Massenproduktion ist die ständige, zeitlich nicht begrenzte Produktion eines Gutes in großen Mengen. In der Massenproduktion können *Mechanisierung und Automatisierung* des Produktionsprozesses am leichtesten verwirklicht werden. Die Produktionsfaktoren zeichnen sich hier durch eine sehr hohe Verrichtungsspezialisierung aus. Dabei kommt es häufig zu negativen Effekten im Bereich der Sozialziele (Monotonie der Arbeit usw.).

  Bei der **Sortenproduktion**, einem Spezialfall der Massenproduktion, werden mehrere *Varianten eines Grundprodukts* auf denselben Produktionsanlagen zeitlich hintereinander hergestellt. Die verschiedenen Produkte weisen dabei nur *geringfügige Unterschiede* hinsichtlich ihrer Abmessung, Größe, Gestalt, Qualität oder ihres Formats auf. Wegen dieser Unterschiede der Produkte müssen die Produktionsanlagen über eine größere *Flexibilität* als bei der reinen Massenproduktion verfügen. Bei jedem Sortenwechsel muß der *Produktionsprozeß unterbrochen* und die Produktionsanlage auf die neue Sorte umgestellt werden (z. B. Produktion verschiedener Waschpulversorten). In manchen Fällen kann diese Umstellung (z. B. die Änderung des Mischungsverhältnisses zweier Glasfasertypen sowie des Bindemitteltyps in der Glasvliesproduktion) auch erfolgen, während die Produktionsanlage weiterläuft. In diesem Fall wird in der Umstellungsphase Ausschuß produziert (Rüstkosten).

Planungsprobleme: Auftragsgrößen; Sortenreihenfolge

Serienproduktion. Bei der Serienproduktion wird nach entsprechender Vorbereitung einer Produktionsanlage eine begrenzte Anzahl identischer Erzeugnisse hergestellt. Hier tritt regelmäßig das Problem des *Umrüstens* der Produktionsanlagen auf. Im Vergleich zur Sortenproduktion müssen die Produktionsanlagen wesentlich flexibler sein.

Planungsprobleme: Auftragsgrößen; Produktionstermine

Einzelproduktion. Das Produktionsprogramm bei Einzelproduktion setzt sich aus individuellen Produkten zusammen, die als Einzelstücke hergestellt werden. Einzelproduktion erfolgt prinzipiell aufgrund eines *individuellen Kundenauftrags*. Die Produktionsanlagen und Arbeitskräfte müssen hierbei einen hohen Grad an Flexibilität aufweisen. *Beispiele* für Einzelproduktion finden sich im Schiffbau, Anlagenbau usw.

Planungsprobleme: geringe Vorhersagbarkeit des Auftragseingangs; lange Lieferzeiten, wenn keine Produktion von Einzelteilen und Baugruppen auf Vorrat erfolgt.

- **Beziehung der Produktion zum Absatzmarkt**

  Nach den Beziehungen der Produktion zum Absatzmarkt kann zwischen Kundenproduktion und Marktproduktion unterschieden werden. Bei *Kundenproduktion* (auftragsorientierter Produktion; „make to order") liegt bei Produktionsbeginn ein Kundenauftrag vor, der die herzustellenden Produkte art- und mengenmäßig festlegt und konkrete Produktions- bzw. Liefertermine vorsieht. Demgegenüber erfolgt die Gütererzeugung bei *Marktproduktion* im Hinblick auf einen anonymen Markt, also auf Lager (lagerorientierte Produktion; „make to stock"). Die Marktnachfrage muß hierbei durch Nachfrageprognosen geschätzt werden. Häufig kommen die lager- und die auftragsorientierte Produktion nebeneinander in demselben Produktionssystem vor, z. B. wenn Endprodukte auftragsorientiert und Einzelteile auf Lager produziert werden. Durch die Montage des Enderzeugnisses aus vorproduzierten Einzelteilen („assemble to order") kann die Lieferzeit unter Umständen beträchtlich verkürzt werden.

1.3.2 Prozeßbezogene Produktionstypen

Produktionsprozesse sind Folgen von Arbeitsgängen, die von Arbeitssystemen an Arbeitsobjekten vollzogen werden. Die Menge der zur Erstellung eines Zwischen- oder Endprodukts durchzuführenden Arbeitsgänge wird üblicherweise durch einen *Arbeitsplan* dokumentiert. Man kann Produktionsprozesse u. a. anhand der **organisatorischen Anordnung der Arbeitssysteme** und anhand der **Struktur der Produktionsprozesse** kennzeichnen.

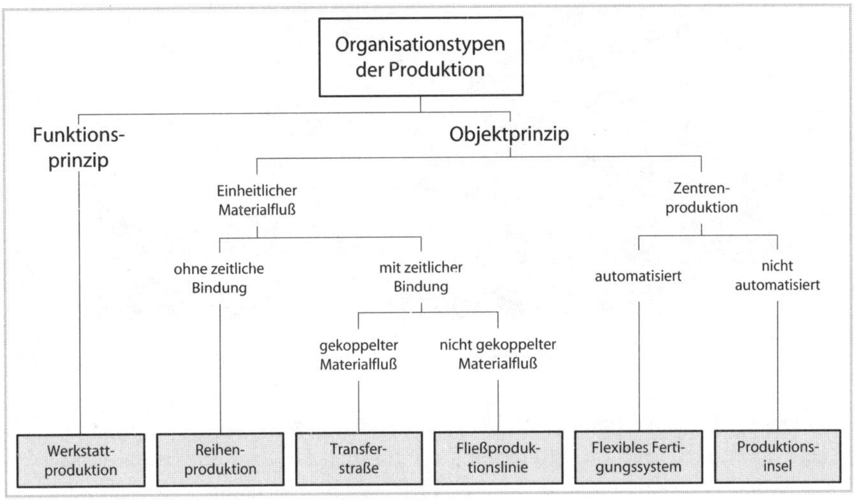

Bild A.4: Organisationstypen der Produktion

Arbeitssysteme sind die *kleinsten arbeitsfähigen Einheiten* im betrieblichen Leistungsvollzug. Sie werden i. d. R. durch die Zuordnung von Arbeitskräften und Betriebsmitteln (z. B. Maschinen, Werkzeuge) gebildet. Die produktive Nutzbarkeit eines Arbeitssystems wird bestimmt durch die *qualitative* und *quantitative Leistungsfähigkeit* der jeweiligen Arbeitskräfte und der Betriebsmittel sowie durch ihre *organisatorische Anordnung*. Nach dem Merkmal der organisatorischen Anordnung der Arbeitssysteme und den zwischen ihnen erforderlichen *Transportbeziehungen* unterscheidet man mehrere **Organisationstypen der Produktion** (siehe Bild A.4).

Organisatorische Anordnung der Arbeitssysteme

Hierbei ist zunächst zu unterscheiden, ob bei der organisatorischen Anordnung nach dem **Funktions**- oder nach dem **Objektprinzip** vorgegangen wird.

- **Funktionsprinzip**

  Bei Anwendung des Funktionsprinzips werden Arbeitssysteme, die gleichartige

Funktionen (Operationen, Arbeitsgänge) durchführen können, räumlich in einer **Werkstatt** zusammengefaßt.

Bild A.5: Fabrikhalle mit mehreren Werkstätten[3]

Bild A.5 zeigt eine Fabrikhalle, in der rechts vom zentralen Transportweg mehrere identische Schleifmaschinen und auf der linken Seite weitere Maschinentypen zu erkennen sind. In diesem Beispiel sind mehrere Maschinentypen (Werkstätten) in einer Halle untergebracht, wobei angesichts der geringen Anzahl von Maschinen auf Zwischenwände zwischen den einzelnen Werkstätten verzichtet wurde. In einer weiteren, nicht abgebildeten Fabrikhalle dieses Unternehmens befindet sich eine Werkstatt mit 15 identischen Drehmaschinen.

Das schematische Layout einer Fabrikhalle mit mehreren Werkstätten (Stanzen, Drehen, Bohren) und einem Lager für Material und Fertigprodukte sowie die unterschiedlichen Routen zweier Aufträge zeigt Bild A.6. Da jeder Auftrag entsprechend der in seinem Arbeitsplan definierten technologischen Reihenfolge zu den einzelnen Werkstätten transportiert werden muß, ist der Materialfluß i. a. stark vernetzt. Es kann auch durchaus vorkommen, daß ein Auftrag mehrfach zu derselben Werkstatt transportiert werden muß.

In der **Werkstattproduktion** gelingt es aus verschiedenen Gründen nicht, die Arbeits- und Transportvorgänge der einzelnen Aufträge exakt aufeinander abzustimmen. Daher müssen die Aufträge regelmäßig auf ihre Bearbeitung an einer Maschine oder auf den Transport zur nächsten Maschine warten. Solche Wartevorgänge führen aber zu (unerwünschten) *Zwischenlagerbeständen* von angearbeiteten Erzeugnissen. Gleichzeitig kommt es regelmäßig zu einer *Maschinenleerzeit*, wenn eine Maschine auf einen Auftrag warten muß, weil dessen vor-

3 Quelle: Güntert Präzisionstechnik GmbH

hergehender Arbeitsgang in einer anderen Werkstatt noch nicht abgeschlossen ist oder weil der Auftrag noch auf ein Transportmittel wartet. Die Maschine ist dann unbeschäftigt. Zur Reduzierung der genannten Probleme sind aufwendige Planungs- und Steuerungsmaßnahmen erforderlich. Ein typisches Beispiel für die Werkstattproduktion ist die Teileproduktion im Maschinenbau.

Auch in der chemischen Industrie findet man Produktionsstrukturen, die dem Funktionsprinzip folgen. So gibt es oft mehrere Gruppen von identischen Kesseln, die über ein flexibles Rohrleitungssystem mit verschiedenen (Lager-)Tanks verbunden sind und in denen bestimmte Typen von chemischen Reaktionen erfolgen können.

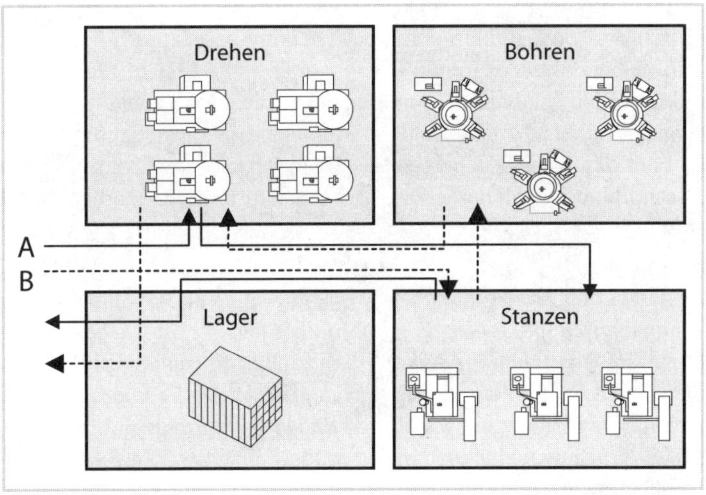

Bild A.6: Materialfluß bei Werkstattproduktion

- **Objektprinzip**

  Bei Anwendung des Objektprinzips orientiert sich die Anordnung der Arbeitssysteme an den Arbeitsplänen der zu bearbeitenden Erzeugnisse. Es können verschiedene Organisationstypen der Produktion unterschieden werden, die auf dem Objektprinzip basieren.

  Einheitlicher Materialfluß. Hierbei werden die Arbeitssysteme entsprechend ihrer Position in den Arbeitsplänen der zu produzierenden Erzeugnisse i. d. R. linear angeordnet. Diese Form der Produktionsorganisation ist nur dann anwendbar, wenn in dem betrachteten Bereich ein einheitliches Grundprodukt bzw. eine begrenzte Anzahl von Produktvarianten produziert wird.

Keine zeitliche Bindung. Erfolgt der Arbeitsfortschritt *ohne zeitliche Bindung* der Arbeitsgänge, dann liegt **Reihenproduktion** vor. Dabei ist der Materialfluß für alle Erzeugnisse weitgehend identisch. Beispiele hierfür findet man in der Herstellung von Skiern, Snowboards oder auch von hochwertigen Füllfederhaltern. Einzelne Arbeitsstationen können zwar übersprungen werden, Rücksprünge sind aber nicht möglich. In der Praxis bauen sich in einem solchen Produktionssystem sehr schnell hohe Zwischenlagerbestände auf, insbes. wenn keine ausreichende Bestandskontrolle erfolgt und zwischen den Arbeitsstationen genügend Lagerfläche vorhanden ist.

Bild A.7: Fließproduktionslinie

Zeitliche Bindung. Liegt eine zeitliche Bindung zwischen den Arbeitsgängen vor, dann spricht man im Fall einer Verkettung zu einem automatisierten Gesamtsystem von einer **Transferstraße** (z. B. Motorenproduktion). In diesem Fall sind die Werkstücke fest mit dem Transportsystem verbunden und können nur simultan fortbewegt werden (synchroner Materialfluß). Erfolgt die Koppelung durch selbständige Fördereinrichtungen, wobei die einzelnen Werkstücke auch unabhängig voneinander bewegt werden können (asynchroner Materialfluß), dann spricht man von einer **Fließproduktionslinie**. Die Bilder A.7 und A.8 zeigen eine Fließproduktionslinie zur Abfüllung von Spraydosen sowie einen Ausschnitt aus dem Karrosserierohbau bei einem Automobilhersteller.

Bild A.8: Fließproduktionslinie im Automobilrohbau[4]

Bei allen Formen des einheitlichen Materialflusses müssen die Kapazitäten der einzelnen Arbeitssysteme eng aufeinander abgestimmt werden, da es sonst zu Materialstauungen und nicht ausgeglichenen Auslastungen der Arbeitssysteme kommen kann.

Zentrenproduktion. Bei der Zentrenproduktion werden ebenfalls unterschiedliche Arbeitssysteme räumlich unter Anwendung des Objektprinzips zusammengefaßt. Im Unterschied zur Produktion mit einheitlichem Materialfluß können in einem Produktionszentrum beliebige Materialflüsse vorkommen. Hier existieren verschiedene Varianten, die sich u. a. durch ihren **Automatisierungsgrad** unterscheiden.

Flexibles Fertigungssystem. Erfolgt die Produktion weitgehend automatisiert, insbes. wenn auch das eingesetzte Materialflußsystem automatisiert ist, dann spricht man von einem flexiblen Fertigungssystem (FFS). Ein FFS besteht aus einer Menge numerisch gesteuerter Maschinen (Bearbeitungszentren, Waschmaschinen usw.), die durch ein automatisiertes Materialflußsystem miteinander verbunden sind. Bild A.9 zeigt ein Bear-

4 Quelle: www.kuka.com, 10.12.2003

beitungszentrum, das in der Lage ist, auf Paletten montierte Werkstücke unter Einsatz mehrerer Werkzeuge automatisch zu bearbeiten.

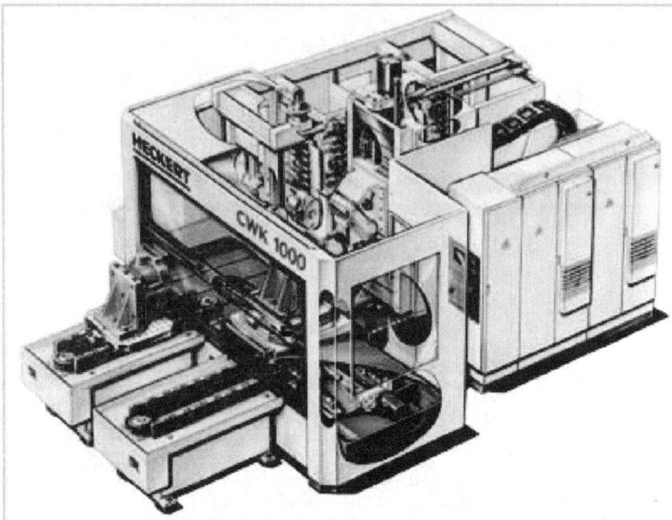

Bild A.9: Bearbeitungszentrum[5]

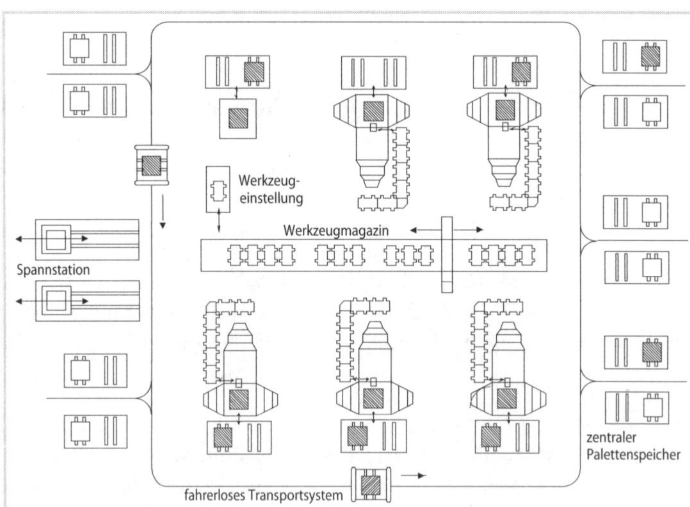

Bild A.10: Schematisches Layout eines flexibles Fertigungssystems[6]

5 Quelle: Heckert Werkzeugmaschinen GmbH

6 *Tempelmeier und Kuhn* (1993), S. 4

Werkstück- und Werkzeugfluß erfolgen weitgehend automatisch. Bild A.10 zeigt des Grundriß eines FFS mit mehreren Bearbeitungszentren und einem fahrerlosen Transportsystem.

Produktionsinsel. Wird auf die vollständige Automatisierung verzichtet, dann spricht man von einer Produktionsinsel oder – bei Verzicht auf die Integration disponierender und kontrollierender Aufgaben – von einer Gruppentechnologie-Zelle. Produktionsinseln (teilautonome Arbeitsgruppen) werden als wesentlicher Bestandteil einer sog. schlanken Produktion (lean production) angesehen. Sie sind so organisiert, daß sie mit geringem Planungs- und Koordinationsaufwand die ihnen von der zentralen Produktionsplanung und -steuerung zugewiesenen Aufträge erfüllen können.

Produktionszentren werden dann eingesetzt, wenn für verschiedene Endprodukte ähnliche Einzelteile benötigt werden, die oft nicht nur dieselben Arbeitssysteme belegen, sondern auch nach ähnlichen Arbeitsplänen produziert werden (z. B. Hinterachs- oder Motorenteile). In diesen Fällen bilden die Maschinen und Arbeitskräfte, die zur Herstellung oder Montage verwandter Erzeugnisse eingesetzt werden, eine räumlich zusammengefaßte Gruppe. Dadurch werden die Materialbewegungen beträchtlich vereinfacht.

Struktur der Produktionsprozesse

Als zweite Gruppe der prozeßbezogenen Produktionstypen betrachten wir nun die Typen, die unter Anwendung des Kriteriums der Struktur der Produktionsprozesse gebildet werden können.

- **Form des Materialflusses**

  Nach der Form des Materialflusses ergeben sich die sog. Vergenztypen der *glatten, konvergierenden* sowie der *divergierenden* und *umgruppierenden* Produktion.

  Bei einem **glatten** (durchgängigen) Materialfluß wird aus jeweils einer eingesetzten Werkstoffart eine einzige Produktart erzeugt.

  Dagegen wird bei einem **konvergierenden** (synthetischen) Materialfluß eine Produktart aus mehreren Werkstoffarten hergestellt.

  Ein **divergierender** (analytischer) Materialfluß liegt vor, wenn durch Aufspaltung aus einer Werkstoffart mehrere Produktarten erzeugt werden. Insbes. chemische Produktionsprozesse sind häufig durch die sog. **Kuppelproduktion** gekennzeichnet, bei der in einem Produktionsprozeß zwangsläufig mehrere Ausbringungsgüter gleichzeitig anfallen. Die Mengenrelationen sind entweder starr oder aufgrund der Wahl der Prozeßbedingungen oder der Zusammensetzung der Einsatzstoffe variabel. Als Beispiel für Kuppelproduktion sei die Mineralölverarbeitung genannt, bei der aufgrund der technischen Verfahrensweisen gleichzeitig Autobenzin, Heizöl, Schmierstoffe und einige weitere Produkte erzeugt werden, wobei die Mengenrelationen zwischen diesen Produkten innerhalb bestimmter Grenzen variiert werden können.

Werden schließlich in einem Arbeitsgang mehrere Werkstoffarten eingesetzt, aus denen verschiedene Produktarten entstehen, dann handelt es sich um einen **umgruppierenden** Materialfluß.

Bei den genannten Vergenztypen wird auf den Produktionsprozeß abgestellt. Es handelt sich um *prozeßbedingte* Materialflüsse. Davon zu unterscheiden sind die *programmbedingten* Vergenztypen (Erzeugnisstrukturen), auf die im Zusammenhang mit der programmorientierten Bedarfsplanung (Abschnitt 9.1.2) eingegangen wird.

- **Kontinuität des Materialflusses**

  Nach der Kontinuität des Materialflusses kann unterschieden werden zwischen *kontinuierlicher* und *diskontinuierlicher* Produktion. Die Ausprägung dieses Merkmals ist davon abhängig, ob die Objekte während des Produktionsprozesses ununterbrochen oder in bestimmten zeitlichen Abständen zum nächsten Arbeitssystem weitertransportiert werden.

  Kontinuierlicher Materialfluß findet sich sowohl bei Stück- als auch bei Fließgütern. Im letzten Fall spricht man von **natürlicher Fließproduktion**, die vor allem in der chemischen Industrie anzutreffen ist. Hier werden die hergestellten Fließgüter durch entsprechende Rohrleitungssysteme zwischen den einzelnen Anlagen kontinuierlich weitergeleitet.

  Bei der **Chargenproduktion** (Batchproduktion) – einem Spezialfall der diskontinuierlichen Produktion – wird eine durch das Fassungsvermögen des Produktionsgefäßes (z. B. Hochofen) begrenzte Werkstoffmenge (Charge) als Ganzes dem Arbeitssystem zugeführt und ihm als Ganzes nach Abschluß des Produktionsprozesses entnommen. Sofern die Produktionsbedingungen nicht vollständig beherrschbar und damit identisch sind, weisen die in den verschiedenen Chargen enthaltenen Produkte prozeßbedingte Qualitätsunterschiede auf (z. B. wenn sich die Mischung aus Schrott und Eisenerz ändert). In der chemischen Industrie, in der zahlreiche Produkte in mehrstufigen Produktionsprozessen in Chargen produziert werden, sind bei einem Produktwechsel an einem Kessel oft umfangreiche Reinigungsarbeiten durchzuführen. Dies führt zu hohen Umrüstkosten (Reinigungsmaterial) und Rüstzeitverlusten. *Planungsprobleme:* Bestimmung der optimalen Losgrößen; Reihenfolgeplanung.

- **Ortsbindung der Produkte**

  Nach der Ortsbindung der Produkte während des Produktionsprozesses kann man trennen in örtlich gebundene und örtlich ungebundene Produktionsformen. Bei der örtlich gebundenen oder auch *Baustellenproduktion* wird der gesamte Produktionsprozeß an einem fixierten Ort durchgeführt.

Bild A.11: Baustellenproduktion[7]

Alle Produktionsfaktoren müssen deshalb zu der Baustelle transportiert werden. So werden z. B. Druckmaschinen beim Hersteller an einem Montageplatz zusammengebaut und getestet, anschließend wieder zerlegt und zum Kunden transportiert, wo sie erneut montiert werden. Bild A.11 zeigt die Montage von Flugzeugen, die ebenfalls dem Prinzip der Baustellenproduktion folgt.

Eine schwierige Herausforderung bei der Baustellenproduktion bildet die Koordination der Aktivitäten der vielen an der Produktion beteiligten Ressourcen. Hier kommen häufig Methoden der Projektplanung zum Einsatz.[8]

- **Anzahl der Arbeitsgänge**

  Hinsichtlich der Anzahl zur Herstellung eines Erzeugnisses durchzuführender Arbeitsgänge unterscheidet man zwischen *einstufiger* und *mehrstufiger* Produktion. Die Anzahl der Stufen hängt von der Abgrenzung der Arbeitssysteme und der Definition der Arbeitsgänge ab. Die Anzahl der Arbeitsgänge hat z. B. Auswirkungen auf die Losgrößenplanung und die zeitliche Abstimmung der Produktionsvorgänge.

- **Veränderbarkeit der Arbeitsgangfolge**

  Schließlich kann man nach der Veränderbarkeit der Reihenfolge der Arbeitsgänge zwischen Produktionsprozessen mit vorgegebener Arbeitsgangfolge und solchen mit veränderbarer Arbeitsgangfolge unterscheiden. Im Zusammenhang mit flexiblen Fertigungssystemen spricht man hier von *Arbeitsplanflexibilität.*

7 Quelle: www.airbus.com, 10.12.2003

8 Siehe Abschnitt 9.1.4, S. 212ff.

1.3.3 Einsatzbezogene Produktionstypen

Wichtige Gruppen von Produktionsfaktoren sind materielle Güter wie Roh-, Hilfs- und Betriebsstoffe sowie immaterielle Güter in Form von menschlicher Arbeit, maschineller Arbeit und von Informationen. In den meisten Produktionsprozessen werden Einsatzgüter aus jeder dieser Gruppen benötigt. Jedoch gehen diese Produktionsfaktoren mit unterschiedlichen Anteilen in den Produktionsprozeß ein.

- **Anteil der Einsatzgüterarten**
  Man kann daher nach dem relativen Anteil der Produktionsfaktoren unterscheiden zwischen *materialintensiver* Produktion (z. B. in der Mineralölverarbeitung), *anlagenintensiver* Produktion (z. B. bei Einsatz flexibler Fertigungssysteme), *arbeitsintensiver* Produktion (z. B. bei kunsthandwerklichen Produkten) sowie *informationsintensiver* Produktion (z. B. im Verlagswesen).
- **Konstanz der Güterqualität**
  Nach dem Merkmal der Konstanz der Güterqualität des Werkstoffeinsatzes läßt sich *werkstoffbedingt wiederholbare* Produktion von der *Partieproduktion* abgrenzen. Bei der Partieproduktion weisen die Werkstoffe, die aus unterschiedlichen Partien stammen, besondere qualitative Eigenschaften auf, die sich auch auf die Qualität des Endprodukts auswirken. Beispiele finden sich vor allem bei der Verarbeitung von Naturprodukten wie z. B. Leder, Obst usw.

In den Teilen C und D, d. h. im Zusammenhang mit der Gestaltung der Infrastruktur eines Produktionssystems und der operativen Produktionsplanung und -steuerung, werden wir die anstehenden Planungsprobleme getrennt nach einzelnen Organisationstypen der Produktion behandeln.

Literaturhinweise
Arnold et al. (2004)
Hahn und Laßmann (1999), Kapitel 3
Küpper und Helber (1995), Abschnitt 1.2
Tempelmeier (1993)

1.4 Beispiel eines mittelständischen Industriebetriebes

Betrachten wir als Anschauungsbeispiel eine mittelständische Unternehmung mit ca. 300 Mitarbeitern, die elektrische Meßgeräte in *Kleinserienproduktion* herstellt. Die Enderzeugnisse umfassen ca. 250 Varianten, die sich hinsichtlich ihrer technischen Funktionen und ihres Anwendungsbereichs in vier Produktgruppen einteilen lassen. Hinzu kommen Zwischenprodukte, die auch als Ersatzteile ausgeliefert werden. Jedes Enderzeugnis wird aus verschiedenen Werkstoffen und Zukaufteilen sowie eigengefertigten Baugruppen montiert. Insgesamt werden ca. 12000 Werkstoffe und Zukaufteile im Lager geführt, 200 verschiedene Leiterplatten mit elektronischen Komponenten bestückt und 400 verschiedene Baugruppen in Eigenproduktion erzeugt.

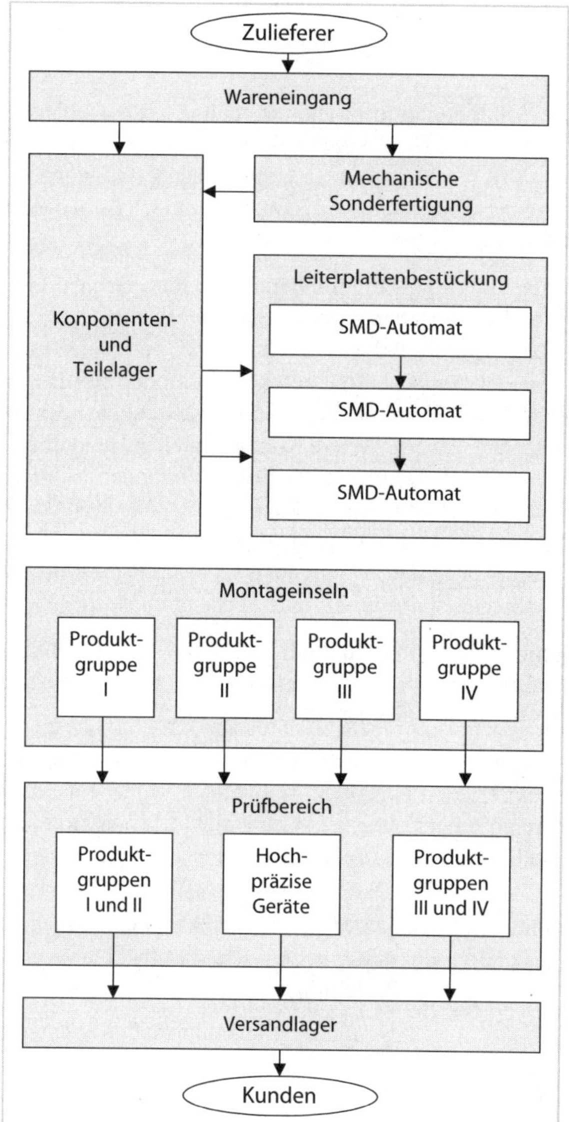

Bild A.12: Produktionssystem eines mittelständischen Industriebetriebes

Das Produktionssystem dieses Industriebetriebes ist in Bild A.12 vereinfachend dargestellt. Man erkennt im Produktionslayout eine lineare Grundrichtung des Materialflusses, die mit der Zulieferung und dem Wareneingang beginnt und mit dem Versandlager und der Auslieferung der Erzeugnisse an die Kunden endet.

Das gesamte Produktionssystem des betrachteten Industriebetriebs läßt sich in die folgenden vier *Produktionssegmente* gliedern, die nacheinander durchlaufen werden:

- **Mechanische Sonderfertigung**: Hier werden u. a. die Gehäuse für Meßgeräte und einige mechanische Baugruppen vormontiert, wobei häufig benötigtes Rohmaterial (z. B. Blechmaterial) unter Umgehung des Eingangslagers direkt im Fertigungsbereich bereitgestellt wird. Organisatorisch ist in diesem Segment das *Werkstattprinzip* verwirklicht.
- **Leiterplattenbestückung**: Leiterplatten bilden das „Gehirn" eines Meßgerätes. Die benötigten elektronischen Komponenten werden auf vorgefertigte Rohplatinen aufgesetzt, durch Leiterbahnen miteinander verbunden und bilden so eine funktionsfähige elektronische Steuereinheit. In modernster Bestückungstechnik werden hier sog. SMD-Komponenten (Surface Mount Devices) vollautomatisch montiert. Ergänzend werden weitere Komponenten in Handarbeit bestückt. Test- und Prüfvorgänge (z. B. Kontrolle der Lötverbindungen) schließen sich an. Im einzelnen handelt es sich um drei aufeinanderfolgende Produktionsstufen, deren einzelne Arbeitssysteme von den Werkstücken ohne zeitliche Bindung durchlaufen werden. Dieses Produktionssegment ist also am Prinzip der *Reihenproduktion* ausgerichtet.
- **Endmontage:** Für die Endmontage der einzelnen Gerätetypen sind verschiedene *Montageinseln* eingerichtet. Hierbei handelt es sich um eigenständige Bereiche, die nach dem Gruppenarbeitsprinzip ausgelegt sind.
- **Prüfung:** Im letzten Produktionsschritt erfolgt die genaue Funktionsprüfung und Endabnahme eines jeden einzelnen Meßgerätes, wobei für hochpräzise Geräte ein Sonderbereich eingerichtet ist. Auch dieses Produktionssegment ist nach dem Prinzip selbständiger *Produktionsinseln* organisiert.

Der betrachtete Industriebetrieb sieht sich, wie jeder andere, gravierenden Umweltentwicklungen ausgesetzt, die in der strategischen Entwicklungsplanung angemessen berücksichtigt und in der Gestaltung der Infrastruktur des Produktionssystems entsprechend umgesetzt werden müssen. So zeichnen sich u. a. die folgenden Entwicklungstendenzen ab:

- *Verkürzung der Innovationszyklen* durch beschleunigte Entwicklung neuer Produkte;
- *Reduzierung der Fertigungstiefe* durch Fremdvergabe von Produktionsschritten mit geringer Wertschöpfung an Zulieferer;

- *Einhaltung strenger Qualitätsmaßstäbe* (Zertifizierung nach ISO 9000) sowohl bei den Zulieferern als auch in der eigenen Produktion;[9]
- teilweise *Reorganisation* des Produktionslayouts im Hinblick auf kürzere Durchlaufzeiten und geringere Zwischenlagerbestände;
- engere *Abstimmung zwischen Produktions- und Vertriebsplänen* und konsequente Verwirklichung des „Assemble-to-order" Prinzips, d. h. kundenanonyme, lagerorientierte Vorfertigung bei gleichzeitig auftragsorientierter Endmontage;
- schrittweise Entwicklung eines *Produktionsplanungs- und -steuerungssystems*, das die physischen und organisatorischen Gegebenheiten des Produktionssystems ausreichend berücksichtigt und als dezentrales, entscheidungsunterstützendes System implementiert ist.

Der langfristige Erfolg der Unternehmung hängt wesentlich von der Bewältigung der oben aufgeführten Entwicklungsprobleme ab. Hierzu müssen nicht nur strategische „Weichenstellungen" erfolgen. Ebenso muß die vorhandene Infrastruktur der Produktion laufend den geänderten Umweltbedingungen angepaßt werden. Geeignete operative Systeme der Produktionsplanung und -steuerung sind eine weitere unerläßliche Voraussetzung für Wirtschaftlichkeit in der Produktion.

1.5 Entscheidungsebenen

Wir verstehen die „Produktion und Logistik" als eine betriebswirtschaftliche Disziplin, deren Erkenntnisgegenstand die **Entscheidungen** sind, die im Zusammenhang mit der Vorbereitung, Durchführung und Kontrolle der Produktion einschließlich der resultierenden logistischen Prozesse gefällt werden müssen.

Das Entscheidungsfeld der Produktion und Logistik umfaßt eine Fülle von Einzelentscheidungen, zwischen denen enge wechselseitige Abhängigkeiten bestehen.[10] Einige typische Entscheidungen sind:

- die Wahl der Produktionsstandorte;
- Umstieg auf eine neue automatisierte Produktionstechnologie mit dem Ziel, Wettbewerbsvorteile zu erzielen;
- Abschluß eines Liefervertrages mit einem Zulieferer und Vereinbarung eines produktionssynchronen Anlieferungsmodus („Just-in-time"-Prinzip);
- Einplanung von Lagerbeständen, um saisonale Nachfrageschwankungen auszugleichen;
- Aufstellung des kurzfristigen Produktionsprogramms;
- Ermittlung des Materialbedarfs;

9 siehe Kapitel 7, S. 131 ff.
10 vgl. *Günther* (1989), S. 9–16; *Günther* (2000)

- Feinterminierung der Arbeitsgänge in einer Werkstatt;
- Einsatzplanung der Fahrzeuge eines fahrerlosen Transportsystems (FTS).

Betrachtet man diese Entscheidungen genauer, so stellt man fest, daß sie sich durch einige wesentliche Eigenschaften kennzeichnen lassen:

- Es handelt sich um Entscheidungen mit unterschiedlichen *Planungshorizonten* und *Realisierungszeiträumen.*
- Die einzelnen Entscheidungen weisen für die Gesamtunternehmung eine höchst unterschiedliche *Bedeutung* auf. Damit verbunden sind Abstufungen des Risikos, des finanziellen Einsatzes sowie der personellen und sachlichen Tragweite der Entscheidungen.
- Die verwendeten Daten werden jeweils auf einen problemadäquaten *Aggregationsgrad* verdichtet.
- Schließlich werden Entscheidungsträger auf verschiedenen *Managementebenen* der Unternehmung berührt.

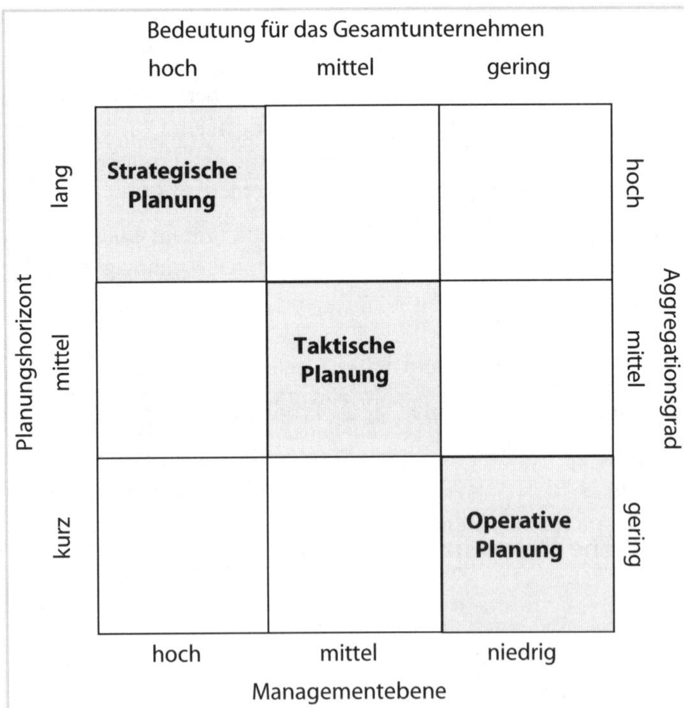

Bild A.13: Kennzeichnung strategischer, taktischer und operativer Entscheidungen

Üblicherweise grenzt man unter Berücksichtigung dieser Entscheidungsmerkmale eine **strategische**, **taktische** und **operative Managementebene** ab. In Bild A.13 ist dargestellt, wie die einzelnen Entscheidungsmerkmale miteinander verbunden sind.

Unter Betonung der hierbei zu bewältigenden Managementaufgaben spricht man auch von einem strategischen, taktischen und operativen **Produktionsmanagement**, dessen Aufgabenteilung sich wie folgt umschreiben läßt:

- Die Aufgabe des **strategischen** Produktionsmanagements besteht darin, die langfristigen Rahmenbedingungen zu schaffen, unter denen sich eine Unternehmung erfolgreich entwickeln kann (z. B. über den Einstieg in neue hochautomatisierte Produktionstechniken zu entscheiden).
- Das **taktische** Produktionsmanagement soll dazu beitragen, die in der strategischen Entscheidungsebene gesetzten Ziele schrittweise zu verwirklichen und die angestrebte Leistungsstärke nachhaltig aufzubauen. Dies geschieht vor allem durch die Umgestaltung und Weiterentwicklung der Produktionsinfrastruktur. Typische taktische Fragestellungen sind die Dimensionierung der Produktionskapazitäten und die Layoutplanung.
- Die Hauptaufgabe des **operativen** Produktionsmanagements besteht darin, zur Ausschöpfung jener Leistungspotentiale beizutragen, die zuvor durch die Entscheidungen der taktischen Planungsebene geschaffen wurden. Hierzu sind z. B. Produktionsprogramme zur wirtschaftlichen Nutzung der Kapazitäten aufzustellen.

Die konkrete Umsetzung der operativen Produktionsprogramme erfolgt in der **dispositiven** Planungsebene im Rahmen der Produktionsvollzugsplanung. Hierzu zählen z. B. die Materialbedarfsplanung, die Auftragsterminierung sowie die detaillierte Ressourceneinsatzplanung. Schließlich werden in der **Steuerungsebene** Maßnahmen getroffen, die sicherstellen sollen, daß die Ausführung der Produktion den Planvorgaben folgt.

Literaturhinweise
Günther (2000)
Zäpfel (1989a), Abschnitt I

1.6 Berufliche Relevanz der Produktion und Logistik

In wirtschaftlich hochentwickelten Ländern machen Industriebetriebe und Betriebe des verarbeitenden Gewerbes den mit Abstand größten Anteil an der Gesamtzahl der Unternehmungen aus. Ein noch stärkeres Gewicht des industriellen Sektors wird sichtbar, wenn man den Anteil der industriellen Produktion an der Gesamtwertschöpfung einer Volkswirtschaft betrachtet. So ist es nicht verwunderlich, daß die industrielle Produktion von Anfang an im Blickpunkt der Betriebswirtschaftslehre stand.

Aus heutiger Sicht ist der Produktions- und Logistikbereich für den Wettbewerbserfolg einer Unternehmung von herausragender Bedeutung, da sich die technologische und ökonomische Entwicklung in diesen Bereichen stark beschleunigt hat. *David Aaker* hat in den USA 248 Manager danach befragt, welche Faktoren in ihren jeweiligen Industriezweigen für die Erhaltung von Wettbewerbsvorteilen ausschlaggebend seien.[11] Die Ergebnisse, die in Ausschnitten in Tabelle A.1 wiedergegeben sind, belegen die herausragende strategische Bedeutung des Produktionsbereichs.

1.	Reputation for Quality	105
2.	Customer Service/Product Support	78
3.	Name Recognition/High Profile	71
4.	Retain Good Management & Engineering Staff	65
5.	Low-Cost Production	53
6.	Financial Resources	51
7.	Customer Orientation/Feedback/Market Research	48
8.	Product Line Breadth	47
9.	Technical Superiority	46
10.	Installed Base of Satisfied Customers	45
11.	Segmentation/Focus	45
12.	Product Characteristics/Differentiation	37
13.	Continuing Production Innovation	35
14.	Market Share	35
15.	Size/Location of Distribution	34
	Total:	1157

Tabelle A.1: Dauerhafte Wettbewerbsvorteile in 248 Industriezweigen; durchschnittlich 4.65 Nennungen je Industriezweig

Im einzelnen sprechen die folgenden Gründe dafür, daß sich ein(e) Student(in) der Betriebswirtschaftslehre, des Wirtschaftsingenieurwesens oder der Wirtschaftsinformatik im betriebswirtschaftlichen Studium vertieft mit Fragen der Produktion und Logistik befassen sollte:

- Die meisten Betriebe einer Volkswirtschaft sind – wie oben erläutert – *industrielle Produktionsbetriebe*. Vor allem unter denjenigen Betrieben, die akademisch ausgebildete Betriebswirte einstellen, dominieren Industriebetriebe.
- Die Produktion ist eine der *betriebswirtschaftlichen Hauptfunktionen* sowohl in Produktions- als auch in Dienstleistungsbetrieben.
- Der überwiegende Anteil der *Kosten* in der Unternehmung wird direkt oder indirekt durch die Produktion verursacht.

11 vgl. *Aaker* (2001)

- Wirtschaftlichkeit, Qualität und Innovation im Produktionsbereich sind entscheidende *Erfolgsfaktoren* im internationalen Wettbewerb.
- In der Logistik, nicht nur in der innerbetrieblichen, sondern auch in der unternehmensübergreifenden logistischen Kooperation („Supply Chain"), liegen erhebliche *Rationalisierungspotentiale* verborgen.
- Es werden zunehmend Unternehmungen gegründet, die sich auf *logistische Dienstleistungen* spezialisieren. Gleichzeitig verursacht die Intensivierung der internationalen logistischen Zusammenarbeit unerwünschte Belastungen vor allem im Straßenverkehr. Die absehbaren gesetzlichen Maßnahmen erfordern von Seiten der Unternehmungen entsprechende Reaktionen. Damit dies angemessen geschieht, muß der Entscheidungsträger die logistischen und produktionswirtschaftlichen Konsequenzen seiner Entscheidungen antizipieren.
- Kenntnisse über Produktion und Logistik sind von hoher *beruflicher Relevanz* für das Management im Industriebetrieb.
- Darüber hinaus wird für die Produktion und Logistik immer anspruchsvollere, computergestützte *Planungssoftware* eingesetzt.[12] Die Entwicklung und qualifizierte Anwendung derartiger Softwareprodukte setzt die Beherrschung der theoretischen Grundlagen der Produktion und Logistik sowie relevanter quantitativer Modellierungs- und Lösungsmethoden (Operations Research) voraus.

Ein Blick in die berufliche Praxis von akademisch ausgebildeten Betriebswirten zeigt, daß ihr Einsatz in Industrieunternehmungen durch ein duales Stellenbild geprägt ist. Zum einen findet man ausgesprochene Expertentätigkeiten vor, zum anderen bestimmen allgemeine Managementaufgaben die berufliche Praxis. Expertentätigkeiten, für die zunehmend auch Absolventen von integrierten Studiengängen, wie z. B. Wirtschaftsingenieure und Wirtschaftsinformatiker, gesucht werden, bieten sich u. a. in den folgenden Bereichen der Produktion und Logistik:

- Forschung und Entwicklung, Konstruktion, Prozeßplanung,
- Anlagenwirtschaft, Fabrikplanung,
- industrielle Kostenrechnung und Controlling,
- Einkauf, Beschaffung, Materialwirtschaft,
- Produktionsplanung, -steuerung und -kontrolle,
- Computeranwendungen in der Produktion (CIM),
- physische Distribution,
- Softwareentwicklung, Unternehmensberatung und Projektmanagement,
- Einsatz von „Advanced Planning Systems".

---

12 Siehe auch Kapitel 15.

Andererseits sind Kenntnisse und Fähigkeiten im Bereich der Produktion und Logistik geradezu zwingend erforderlich für diejenigen, die allgemeine Managementaufgaben im Industriebetrieb wahrnehmen wollen.

Teil *B*

Langfristige Erfolgsvoraussetzungen der industriellen Produktion

In Teil A dieses Buches haben wir die industrielle Produktion als Wertschöpfungsprozeß gekennzeichnet. Wir haben weiterhin erläutert, welche Bedeutung der Gestaltung der Infrastruktur eines Produktionssystems zukommt und welche Entscheidungen der Produktionsplanung und -steuerung getroffen werden müssen. Bevor wir in den Teilen C und D diese Gesichtspunkte eingehender behandeln, wenden wir uns einigen produktionsstrategischen Überlegungen zu. Wir gehen davon aus, daß das strategische Produktionsmanagement ein zentrales Element der Gesamtstrategie einer Unternehmung darstellt. Erst mit der Bewältigung dieser Planungsaufgaben werden die langfristigen Voraussetzungen geschaffen, unter denen sich ein Industriebetrieb erfolgreich entwickeln kann. Daher befassen wir uns zunächst im Kapitel 2 mit der *strategischen Entwicklungsplanung* und im Kapitel 3 mit der *Integration von Produktions- und Marktstrategien.* Anschließend behandeln wir in Kapitel 4 die industriebetrieblichen *Standortentscheidungen.*

2 Strategische Entwicklungsplanung

Durch Strategien soll die *langfristige* Entwicklung der Unternehmung zielgerichtet gelenkt werden. Dazu ist es zunächst erforderlich, die wichtigsten Erfolgspotentiale herauszuarbeiten, auf denen die strategische Planung aufbauen kann, und die *Wettbewerbsstruktur* in den jeweiligen Marktbereichen zu analysieren. Diese Gesichtspunkte stehen im Mittelpunkt des Abschnitts 2.1. Daran anschließend werden im Abschnitt 2.2 die *Inhalte einer Unternehmensstrategie* konkretisiert. Schließlich wird im Abschnitt 2.3 ansatzweise erläutert, wie die Strategiefindung durch geeignete Analyseinstrumente unterstützt werden kann. Patentrezepte zur Ableitung von „Normstrategien" bleiben wir allerdings schuldig.

2.1 Erfolgspotentiale und Wettbewerbsvorteile

Greifen Sie als Anschauungsbeispiel eine Unternehmung heraus, die Ihrer Meinung nach in den letzten Jahren eine besonders erfolgreiche Entwicklung durchlaufen hat (z. B. im PC-Markt oder im Bereich der Unterhaltungselektronik oder im Automobilsektor), und überlegen Sie, worauf der Unternehmenserfolg zurückzuführen ist. Sie werden sicherlich feststellen, daß die Unternehmung eine Reihe gut abgestimmter und langfristig wirksamer Maßnahmen getroffen und dabei auch geschickte „Schachzüge" im Hinblick auf die relevanten Marktentwicklungen und das Verhalten der Konkurrenten gewählt hat. Die langfristige Zielorientierung und die Betrachtung der Gesamtunternehmung im Kontext ihrer Absatz- und Beschaffungsmärkte sowie ihrer Konkurrenten sind die wesentlichen Kennzeichen der strategischen Entwicklungsplanung.

Unternehmenserfolge kommen nicht von selbst, sondern die Potentiale zu ihrer Realisierung müssen in einem langfristigen kreativen Prozeß erarbeitet werden. Unter einem **Erfolgspotential** wird die Fähigkeit der Unternehmung verstanden, langfristig wettbewerbsfähig zu bleiben bzw. Wettbewerbsvorteile zu erzielen. Ein **Wettbewerbsvorteil** ist nach Simon „... eine im Vergleich zum Wettbewerb überlegene Leistung, die drei Kriterien erfüllen muß:

1. Sie muß ein für den Kunden wichtiges Leistungsmerkmal betreffen.
2. Der Vorteil muß vom Kunden tatsächlich wahrgenommen werden.
3. Der Vorteil darf von der Konkurrenz nicht schnell einholbar sein, d. h. er muß eine gewisse Dauerhaftigkeit aufweisen."[1]

1 *Simon* (1988), S. 464

Wettbewerbsvorteile werden heute zunehmend durch *technische Spitzenleistungen* angestrebt. Beispiele für Unternehmungen, die durch technologische Innovationen eine herausragende Marktstellung gewonnen haben, sind u. a. unter den Herstellern von Laserdruckern, Farbkopierern, tragbaren Musikgeräten und digitalen Kameras zu finden. Ausschlaggebend für den Unternehmenserfolg waren hier nicht unmittelbar die Anstrengungen im Bereich des Marketing, sondern technische Spitzenleistungen und erfolgreiche produktionsstrategische Konzepte.

Erfolgreiche Unternehmensstrategien erfordern in jedem Fall die genauere Analyse der jeweils herrschenden Wettbewerbsbedingungen. Zur Erklärung der wettbewerbsstrategischen Rahmenbedingungen wird sehr häufig das auf Porter zurückgehende **Wettbewerbsmodell** herangezogen (siehe Bild B.1).

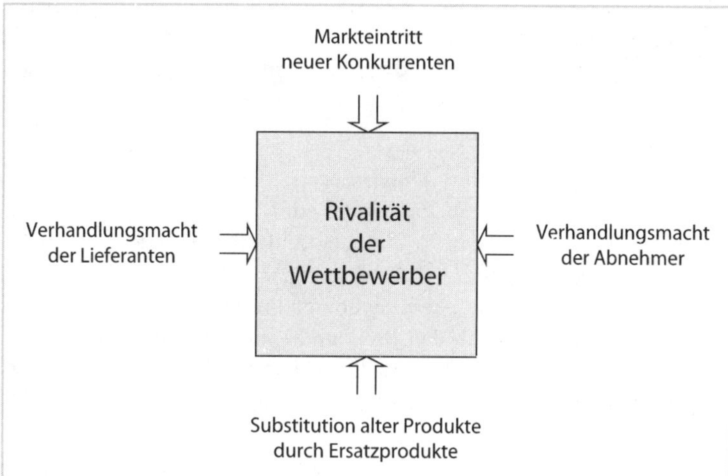

Bild B.1: Die Triebkräfte des Branchenwettbewerbs[2]

Hier werden **fünf strukturelle Determinanten** unterschieden, die in starkem Maße die Spielregeln des Wettbewerbs in einer Branche beeinflussen und die Strategien begrenzen, die der Unternehmung potentiell zur Verfügung stehen.

- Als zentrale Strukturdeterminante wird von Porter der **Grad der Rivalität unter den bestehenden Wettbewerbern** angesehen. Wie der Wettbewerb geführt wird, hängt nicht nur von der Anzahl und Heterogenität der Wettbewerber ab, sondern auch davon, wie aggressiv einzelne Unternehmungen versuchen, ihre strategischen Ziele zu erreichen, wobei begrenzte Risiken vor allem von gut abgesicherten und expansiven internationalen Großunternehmungen bewußt in Kauf genommen werden.

2 vgl. *Porter* (1999), S. 26

- Die Gefahr des **Markteintritts neuer Konkurrenten** besteht vor allem dann, wenn die Markteintrittsbarrieren gering sind. Kann man bereits mit kleinen Betriebsgrößen wirtschaftlich produzieren und läßt sich mit geringem Kapitaleinsatz das erforderliche technologische Potential aufbauen, so werden neue Konkurrenten geradezu angelockt, zumal wenn die Märkte wachsen und die Branche profitabel ist. Andererseits können auch der schwierige Zugang zu Vertriebskanälen oder wirtschaftspolitische Maßnahmen des Staates neue Wettbewerber vom Markteintritt abhalten.

- Für die **Substitution** alter Produkte durch neue **Ersatzprodukte** gibt es klassische Beispiele: die Ablösung von mechanischen Uhren durch Quarzuhren, die Verdrängung von aus Holz gefertigten Tennisschlägern durch solche aus Kunststoffmaterialien, die Verdrängung von Schallplatten durch CDs oder auch der Übergang von mechanischer zu elektronischer Benzineinspritzung im Automobil. Andere Substitutionsbeispiele sind die drastische Marktschrumpfung im Bereich von Schreibmaschinen und technischen Zeichengeräten, während sich gleichzeitig im Computerbereich Märkte für neue funktional stark verbesserte Ersatzlösungen eröffnet haben.

- Die **Verhandlungsmacht der Abnehmer** ist dann besonders groß, wenn eine Unternehmung von einem einzelnen oder von wenigen Großabnehmern abhängig ist. Bei homogenen Produkten (z. B. Papier, Glas oder Kunststofffolien) sind zumeist mehrere Konkurrenten in der Lage, die Produkte in vergleichbarer Qualität und zu vergleichbaren Preisen anzubieten. Hier wird der Markterfolg wesentlich durch den Preis und Lieferservice bestimmt. Bei heterogenen Produkten hingegen sichert der technische und qualitative Vorsprung einen vorteilhaften Preis und eine starke Verhandlungsposition gegenüber den Abnehmern.

- Die **Verhandlungsstärke der Lieferanten** ist das Spiegelbild derjenigen der Abnehmer. Wird z. B. ein technisches Schlüsselprodukt nur von sehr wenigen Unternehmungen angeboten, weil sie sich einen entsprechenden technischen Vorsprung erarbeitet haben, so können sie erheblichen Druck auf ihre Abnehmer ausüben. Diese Situation ist insbes. in der Elektronikbranche nicht ungewöhnlich. Keine Abhängigkeit besteht hingegen bei technisch anspruchslosen Massengütern, die oft von einer Vielzahl von Lieferanten aus dem In- und Ausland bezogen werden können.

In vielen Branchen ist inzwischen der **Technologievorsprung** zum wichtigsten wettbewerbsstrategischen Mittel geworden. Die rechtzeitige Einführung technischer Neuerungen und die Erreichung eines hohen Qualitätsstandards tragen wesentlich dazu bei, die erreichte Position gegenüber den Konkurrenten zu verteidigen und die gesetzten strategischen Ziele zu verwirklichen. Daher haben wir bereits im ersten Abschnitt dieses Buches die Faktoren *Zeit*, *Flexibilität*, *Qualität* und *Wirtschaftlichkeit* als die wichtigsten Anforderungen an die Gestaltung des Wertschöpfungsprozesses herausgestellt.

Literaturhinweise
Porter (1999)
Simon (1988)

2.2 Strategieinhalte

Im vorangegangenen Abschnitt haben wir versucht, die Rolle der Unternehmung im Wettbewerb mit ihren Konkurrenten darzustellen. Wir haben fünf Strukturdeterminanten betrachtet, mit denen man versucht, den Marktwettbewerb zu erklären. Um am Markt langfristig erfolgreich zu sein, müssen die Unternehmungen Strategien entwickeln. Unter einer **Unternehmensstrategie** verstehen wir die Gesamtheit aller Maßnahmen, die einen wesentlichen Einfluß auf den Ausgang des Wettbewerbs haben. Unternehmensstrategien weisen drei wesentliche Eigenschaften auf:

- Sie sind stets auf die Schaffung und Nutzung möglichst **dauerhafter Wettbewerbsvorteile** ausgerichtet.
- Sie dienen der Erzielung von Wettbewerbsvorteilen unter Einbeziehung **aller Unternehmensbereiche** und ihrer unternehmenspolitischen Variablen.
- Sie sind gekennzeichnet durch eine **langfristige und hochaggregierte Betrachtung** der Unternehmung.

Strategien müssen in einem kreativen Prozeß durch eine Gruppe von Führungskräften erarbeitet und immer wieder den sich veränderten Wettbewerbsbedingungen angepaßt werden. In der einschlägigen Literatur wurden in den vergangenen Jahren sog. „Standardstrategien" diskutiert. Die Ableitung von Unternehmensstrategien aus einem vordefinierten Katalog von strategischen Verhaltensweisen wird den gestellten unternehmenspolitischen Aufgaben jedoch nur selten gerecht. Unternehmensstrategien sind vielmehr stets „Individualstrategien", die vor dem Hintergrund spezifischer Wettbewerbssituationen entwickelt werden. Strategien lassen sich durch die folgenden Elemente inhaltlich beschreiben:[3]

- die **Produkt-/Markt-Segmente**, in denen die Unternehmung tätig ist bzw. die sie neu aufnehmen oder aus denen sie aussteigen möchte;
- die mit einer Strategie verbundene **Investitionspolitik** (z. B. zur Finanzierung des Unternehmenswachstums in ausgewählten Bereichen oder zur Sicherung der gegenwärtigen Wettbewerbsposition bzw. zur Freisetzung finanzieller Mittel durch Aufgabe bestimmter Produkt-/Markt-Segmente);
- die **funktionale Orientierung** durch Schwerpunktsetzung beispielsweise in der Preispolitik oder der Produktqualität, im Lieferservice, in effizienterer und damit kostengünstigerer Produktion oder in der Internationalisierung der Unternehmensaktivitäten;

3 vgl. *Aaker* (2001), Kapitel 1

- die **Unternehmensstärken**, durch die ein Wettbewerbsvorteil erarbeitet oder gefestigt werden soll (z. B. die besondere Leistungsfähigkeit in der Forschung und Entwicklung, das im Vergleich zu den Hauptkonkurrenten überlegene Distributionssystem oder die besser ausgebauten internationalen Unternehmensverbindungen).

Größere Unternehmungen sind oft in einer Vielfalt von Produkt-/Markt-Segmenten tätig. Hier stellt sich zusätzlich die Aufgabe der **Ressourcenverteilung**, d. h. insbesondere die finanziellen Mittel gezielt in den verschiedenen Unternehmensbereichen einzusetzen. So wird beispielsweise ein Bremsenhersteller die Produktion und Weiterentwicklung von automatischen, elektronikgesteuerten Bremssystemen verstärkt durch Investitionen zu Lasten konventioneller Bremssysteme fördern. Eine diversifizierte Chemieunternehmung wird möglicherweise die Produktion umweltbelastender und daher wenig zukunftsträchtiger Stoffe aufgeben und stattdessen die Entwicklung biotechnischer Produktionsverfahren oder die Herstellung von Ausgangsprodukten für die Elektronikindustrie mit verstärktem personellen und finanziellen Mitteleinsatz vorantreiben. Gleichzeitig bietet es sich an, **Synergien** (d. h. positive Verbundwirkungen) zwischen verschiedenen Unternehmensbereichen (z. B. im Vertrieb oder in der Forschung und Entwicklung) zum Vorteil der Gesamtunternehmung auszubauen.

Literaturhinweis
Aaker (2001)

2.3 Strategiefindung

Unternehmungen sind immer dann erfolgreich, wenn sie in ausgewählten Bereichen über besondere Stärken im Vergleich zu ihren Hauptkonkurrenten verfügen und wenn es ihnen durch strategische Entscheidungen gelingt, die vorhandenen Stärken in Wettbewerbsvorteile umzusetzen. Daher liegt es nahe, zur Vorbereitung der Strategiefindung sowohl eine externe Analyse der für die Unternehmensentwicklung relevanten Umweltbedingungen als auch eine interne Analyse der eigenen Unternehmung durchzuführen.[4] Bild B.2 verdeutlicht dies im Überblick.

Die Hauptaufgabe der externen strategischen Analyse besteht darin, die Wettbewerbssituation in den relevanten Produkt-/Markt-Segmenten im einzelnen zu verstehen und die sich abzeichnenden Entwicklungen abzuschätzen. Hierbei werden die folgenden Bereiche erfaßt:

- **Kunden**: In welche Segmente lassen sich die Kunden einteilen (z. B. Privat- und Großkunden)? Worin sind die Kaufmotive der Kunden begründet (z. B. durch Markentreue, im Preis- bzw. Qualitätsbewußtsein)? Können die Kundenbedürfnisse durch die gegenwärtig angebotenen Produkte befriedigt werden, oder sind

4 vgl. *Aaker* (2001), Kapitel 2

neue technische Lösungen zu entwickeln (z. B. interaktives Fernsehen oder digitale Fotoaufzeichnungen)?

- **Konkurrenten**: Wer sind die Hauptkonkurrenten, und welche Strategien verfolgen sie? Worin liegen ihre wesentlichen Wettbewerbsstärken und Erfolgspotentiale? Welche Gruppen von Konkurrenten zeichnen sich durch gemeinsame strategische Verhaltensweisen oder durch die gleichen angestrebten Marktsegmente aus? Verfügen die Konkurrenten über Kostenvorteile oder einen technischen Entwicklungsvorsprung? Welche Marktanteile und Gewinne haben sie erzielt? Welche Wachstumsraten weisen sie auf?
- **Märkte**: Wie attraktiv sind die Märkte, in denen die Unternehmung tätig ist, im Hinblick auf die erzielbaren Gewinne, die Wettbewerbsintensität, den Schutz vor neuen Niedrigpreisanbietern usw.? Welches Wachstum weisen die Märkte auf? Welche Preisentwicklungen und welche Veränderungen des Käuferverhaltens sind zu erwarten? Welche Schlüsselfaktoren sind in den jeweiligen Produkt-/Markt-Segmenten ausschlaggebend für den Wettbewerbserfolg (z. B. Niedrigpreise, rasche Produktinnovationen oder Lieferservice)?
- **Umwelt**: Welche für die Strategiefindung relevanten wirtschaftlichen, technologischen, politischen, demographischen und kulturellen Entwicklungen zeichnen sich ab?

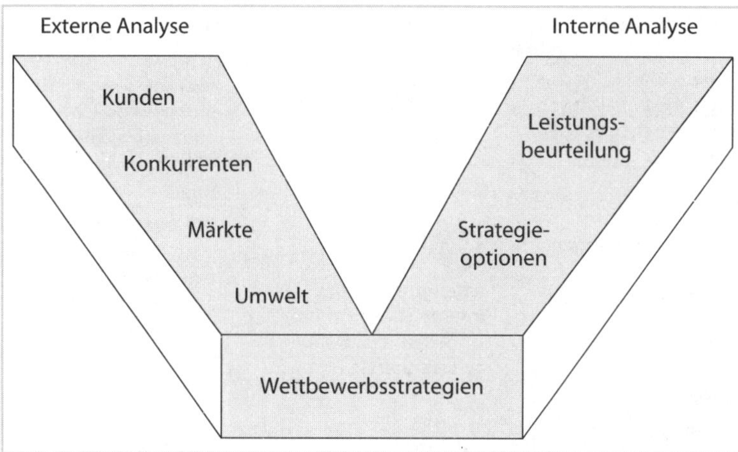

Bild B.2: Externe und interne strategische Analyse

Ergänzt wird die externe durch eine interne strategische Analyse, die Aufschluß geben soll über die Umsetzbarkeit möglicher strategischer Entscheidungen. Hierzu zählen die beiden folgenden Hauptaufgaben:

- **Leistungsbeurteilung**: Wie läßt sich die erreichte wirtschaftliche Position der Unternehmung im Vergleich zu ihren Wettbewerbern beurteilen? Aufschluß erhält man u. a. aus Kennziffern, wie z. B. der Kapitalrentabilität, dem Umsatzwachstum, der Entwicklung der Aktienkurse oder der Anzahl erfolgreicher Produktinnovationen. Welcher Vorsprung bzw. welcher Rückstand besteht bezüglich relevanter Leistungsfaktoren gegenüber den Hauptkonkurrenten (z. B. bei der Managementqualität, im Vertriebsnetz, im Alter der Produktionsanlagen, in der Kundenzufriedenheit und Markentreue oder im Unternehmensimage)?

- **Strategieoptionen**: Wie erfolgreich waren die jeweiligen Strategien in der Vergangenheit? Stellen sich aktuelle Probleme, die strategische Entscheidungen dringend erfordern (z. B. Öffnung neuer Märkte, bedeutende technologische Innovationen, unerwartete Markterfolge von Konkurrenten)? Welche Möglichkeiten und Beschränkungen bestehen zur Umsetzung von Strategien (z. B. organisatorisch, finanziell, technisch)?

	Interne Stärken (z.B. Kapitalausstattung, Kundenstamm, technisches Know How)	**Interne Schwächen** (z.B. veraltete Maschinen, überalterte Produkte, schlechtes Vertriebsnetz)
Externe Chancen (z.B. neue Märkte, neue Technologien, Fallen von Handelsbeschränkungen)	**SO-Strategien** (strengths-opportunities: interne Stärken einsetzen und externe Chancen nutzen)	**WO-Strategien** (weaknesses-opportunities: interne Schwächen abbauen und externe Chancen nutzen)
Externe Bedrohungen (z.B. Auftreten ausländischer Billiganbieter, Währungsschwankungen)	**ST-Strategien** (strengths-threats: interne Stärken einsetzen, um externe Bedrohungen zu verringern)	**WT-Strategien** (weaknesses-threats: interne Schwächen abbauen und externen Bedrohungen ausweichen)

Bild B.3: Strategieformulierung mit Hilfe der TOWS-Analyse

Für die Aufstellung von Strategien gibt es keine Patentrezepte, wohl aber eine Reihe von Instrumenten, die sich in der Managementpraxis teilweise bewährt haben. Ein solches Instrument ist die sog. **TOWS-Analyse**, die helfen soll, die augenblickliche Situation der Unternehmung systematisch zu erfassen. Die TOWS-Analyse beruht auf dem Grundgedanken, daß sich der strategische Spielraum einerseits aus der jeweiligen Branchen- und Wettbewerbssituation und andererseits aus der internen Situation der Unternehmung ergibt. Insofern knüpft die TOWS-Analyse unmittelbar an die oben beschriebene interne und externe strategische Analyse an. Der Name TOWS leitet sich aus den Anfangsbuchstaben der folgenden vier Begriffe ab: den „threats" (**Bedrohungen**) und „opportunities" (**Chancen**), die als die beiden wesentlichen externen Faktoren der Situationsanalyse betrachtet werden, sowie aus den „weaknesses" (**Schwächen**) und „strengths" (**Stärken**), die als die *internen Faktoren* der Unternehmenssituation angesehen werden. Bild B.3[5] zeigt den Aufbau einer TOWS-Matrix. Die darin festgehaltenen strategischen Grundrichtungen seien beispielhaft erläutert:

- **WT-Strategie** (**w**eaknesses/**t**hreats): Bei Überwiegen interner Schwächen und externer Bedrohungen bzw. Risiken sind oft Defensivstrategien angebracht, z. B. Verträge über langfristige Zusammenarbeit mit anderen Unternehmungen oder die Aufgabe besonders risikogefährdeter Unternehmensbereiche.
- **WO-Strategie** (**w**eaknesses/**o**pportunities): Hier könnten z. B. gezielte Investitionen und Weiterentwicklungen im Technologiebereich dazu beitragen, die vorhandenen Schwächen abzubauen und die Wettbewerbschancen besser zu nutzen.
- **ST-Strategie** (**s**trengths/**t**hreats): Strategien, die dem ST-Prinzip folgen, zielen darauf ab, die vorhandenen Stärken (z. B. in der Produktqualität oder in der Verfügbarkeit flexibler Produktionsanlagen) dazu zu nutzen, kundengerechter und mit kürzerer Lieferzeit zu produzieren, um so die vorhandenen Marktrisiken zu mindern.
- **SO-Strategie** (**s**trengths/**o**pportunities): Diese Situation stellt den Idealfall dar. Hier sollte man versuchen, die erreichte Position zu sichern und Wachstumschancen zu nutzen.

Mit Hilfe der TOWS-Analyse können allenfalls der strategische Handlungsspielraum einer Unternehmung eingeengt und eine strategische Grundorientierung festgelegt werden. Die konkrete Strategieformulierung erfordert in jedem Fall eine genauere Analyse der jeweiligen Produktfelder, Märkte, Unternehmensbereiche und Technologien. Hierzu sind in der Managementpraxis und in der wissenschaftlichen Literatur zahlreiche Portfoliomodelle entwickelt worden,[6] von denen hier als bekanntester Vertreter nur das klassische Marktanteils-/Marktwachstums-Portfolio behandelt werden soll.

Am Beispiel dieses sehr anschaulichen, aber in vieler Hinsicht auch sehr einfachen Modells, das in Bild B.4 dargestellt ist, wollen wir die Grenzen und Möglichkeiten der Portfoliotechnik als Entscheidungshilfe für das strategische Management erörtern.

Bei der Anwendung derartiger Portfoliotechniken geht man von der Vorstellung aus, daß einerseits die Attraktivität eines Industriezweiges und andererseits die Stärke der Unternehmung in diesem Industriezweig die ausschlaggebenden

5 vgl. *Weihrich und Koontz* (1993), S. 175
6 vgl. z. B. *Hahn* (1999); *Homburg* (2000), S. 103–130

Faktoren für den Unternehmenserfolg darstellen. Im klassischen Marktanteils-/Marktwachstums-Portfolio wird als Indikator für die Attraktivität eines Industriezweiges das jeweilige **Marktwachstum** verwendet, während der **relative Marktanteil** (gemessen als Verhältnis des eigenen Marktanteils zum Marktanteil des Marktführers) als Maß für die Stärke der Unternehmung angesehen wird.

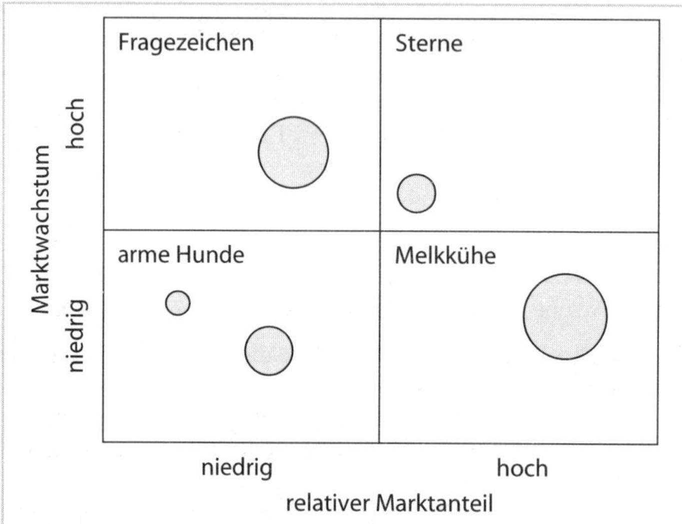

Bild B.4: Marktanteils-/Marktwachstums-Portfoliomatrix

Die Portfoliomatrix ist in vier Quadranten eingeteilt. Die vertikale Trennlinie wird i. d. R. bei einem relativen Marktanteil von 1.0 gezogen (d. h. die eigene Unternehmung teilt sich die Marktführerschaft mit einem Konkurrenten). Bei der Festlegung der horizontalen Trennlinie orientiert man sich zumeist an der augenblicklichen Wachstumsrate des Bruttosozialprodukts. Die jeweiligen strategischen Aktivitäten der Unternehmung (Produktfelder, Geschäftseinheiten o.ä.) können nun hinsichtlich der beiden zugrundegelegten Faktoren in der Portfoliomatrix positioniert werden. Hierbei kann man zusätzlich durch die Größe der Positionierungskreise andeuten, welcher Umsatz oder welcher Nettogewinn durch die jeweilige strategische Aktivität erzielt wird.

Positionierungen im oberen rechten Quadranten des Marktanteils-/Marktwachstums-Portfolios werden üblicherweise als *Sterne* bezeichnet, während die konträren Positionierungen als *arme Hunde* interpretiert werden. Jene Positionierungen (im oberen linken Quadranten), die durch starkes Marktwachstum, aber geringen Marktanteil gekennzeichnet sind, werden i. d. R. graphisch durch *Fragezeichen* wiedergegeben. Schließlich werden jene Positionierungen, bei denen geringes Marktwachstum einem hohen Marktanteil gegenübersteht, als *Melkkühe* bildhaft verdeutlicht.

Zur Beurteilung des praktischen Nutzens des Marktanteils-/Marktwachstums-Portfolios für das strategische Management sind einige kritische Bemerkungen angebracht:[7]

- Marktanteil und Marktwachstum sind gewiß nicht die einzigen Faktoren, durch die sich die Attraktivität eines Industriezweiges bzw. die Stärke der Unternehmung kennzeichnen lassen. Hier müßten **weitere Faktoren** verwendet werden. Es besteht nämlich die Gefahr, daß wichtige strategierelevante Faktoren (z. B. moderne kostengünstige Produktionstechnik und hoher Forschungs- und Entwicklungsstand) vernachlässigt werden.
- Die **Quantifizierung** von Marktanteil und Marktwachstum ist nicht eindeutig vorgeschrieben. Es können sowohl wert- als auch mengenmäßige Bezugsgrößen gewählt werden. Die **Abgrenzung des Marktes**, der hierbei zugrundegelegt wird, ist ebenfalls nicht unproblematisch.
- Das Marktanteils-/Marktwachstums-Portfolio ist ebenso wie die meisten anderen Portfolioansätze **statisch**, d. h. es wird die jeweilige Ist-Situation verdeutlicht, ohne daß die Vergangenheitsentwicklung und die prognostizierte Zukunftsentwicklung erfaßt werden. Positionsveränderungen können allenfalls schematisch dargestellt werden, wobei Marktanteil und Marktwachstum als **Durchschnittswerte** über den betrachteten Zeitraum interpretiert werden müssen. In der Tat haben viele erfolgreiche und heute marktführende Unternehmungen niemals von Anfang an Stern-Positionen bezogen, sondern sind aus scheinbar ungünstigen Außenseiterpositionen aufgestiegen.
- Als Haupteinwand ist anzuführen, daß die tatsächlichen Zusammenhänge des Wettbewerbs nur **sehr stark vergröbert** dargestellt und die entscheidenden Erfolgsfaktoren unzulänglich erfaßt werden. Die Portfoliotechnik verleitet so zu einer undifferenzierten Betrachtung, bei der alle strategischen Aktivitäten in lediglich vier Kategorien eingeteilt werden.

Der Aufbau des Marktanteils-/Marktwachstums-Portfolios wird verständlich, wenn man sich die beiden Grundprämissen dieses Ansatzes vor Augen führt. Zum einen wird der Vorstellung gefolgt, daß ein höherer Marktanteil auch größere *Produktionsmengen* nach sich zieht und hierdurch eine Stückkostendegression auslöst und als Folge eine höhere Gewinnspanne ermöglicht. Zum anderen wird das Marktwachstum als Indikator für den *Finanzmittelbedarf* angesehen, der zum Ausbau der erforderlichen Produktionskapazitäten bereitgestellt werden muß.

Vor dem Hintergrund dieser angenommenen Zusammenhänge wird auch die Aufstellung sog. **Standardstrategieempfehlungen** begründet. Diese lauten z. B., „Melkkühe" auszumelken und die hieraus gewonnenen Investitionsmittel zum Ausbau der „Sterne" und zur Belebung der „Fragezeichen" zu verwenden sowie die „armen Hunde" aufzugeben. Angesichts der oben vorgebrachten Kritik am

7 vgl. auch *Thompson und Strickland* (2001)

Marktanteils-/Marktwachstums-Portfolio ist eine derartige Ableitung von Strategieempfehlungen unakzeptabel.

Die Vorteile der Portfoliotechniken liegen vielmehr darin, daß sie die Unternehmenssituation in anschaulicher Weise visualisieren. Sie sind daher als **Analyseinstrument** vor allem in diversifizierten Unternehmungen gut geeignet und können die Vorbereitung, nicht aber die eigentliche Strategiefindung wirkungsvoll unterstützen, auch wenn der Technologiebereich als strategischer Erfolgsfaktor hier nicht explizit berücksichtigt wird.

Unternehmensstrategien erfassen – wie eingangs erläutert – sämtliche Bereiche der Unternehmung. Um die Strategiefindung zu erleichtern, grenzt man üblicherweise sog. **strategische Geschäftseinheiten** (SGE) als organisatorische Einheiten der strategischen Entwicklungsplanung ab. Hierbei wird die Strategiefindung nach sog. **strategischen Geschäftsfeldern**, d. h. nach einzelnen Marktsegmenten bzw. den darin anzubietenden Produkten aufgeschlüsselt. Unter einer strategischen Geschäftseinheit hat man sich eine organisatorische Einheit der Unternehmung vorzustellen, die ein bestimmtes strategisches Geschäftsfeld selbständig bearbeitet.

Jede für eine strategische Geschäftseinheit aufgestellte Teilstrategie umfaßt verschiedene funktionale Aspekte, die sich gedanklich zu Funktionalstrategien, z. B. Finanzierungs-, Marketing-, Forschungs- und Entwicklungs-, Beschaffungs- und Produktionsstrategien zusammenfassen lassen. Bild B.5[8] verdeutlicht diese Zusammenhänge. Als wesentliche Gesichtspunkte der Produktionsstrategie greifen wir im nächsten Kapitel die Integration von Produktions- und Marktstrategien sowie in Kapitel 4 die industriellen Standortentscheidungen heraus.

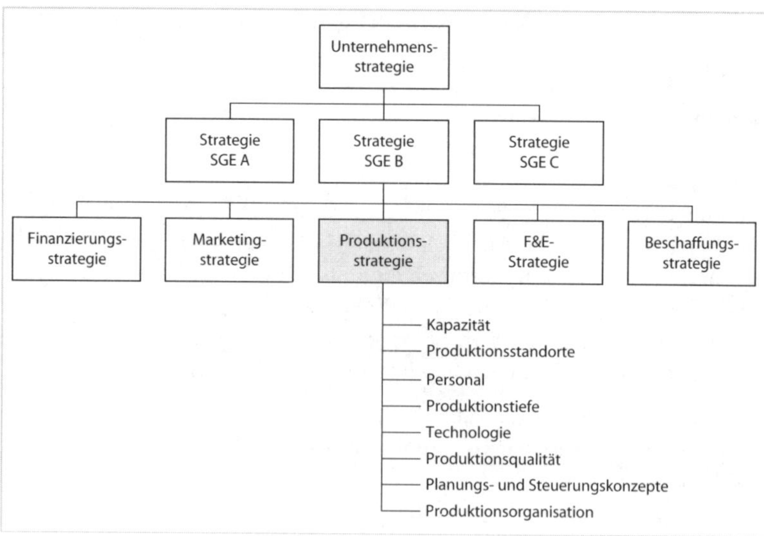

Bild B.5: Produktionsstrategie als Teil der Unternehmensstrategie

8 vgl. *Hayes und Wheelwright* (1984), S. 28

Literaturhinweise

Aaker (2001)
Hahn und Taylor (1999)
Homburg (2000), Abschnitte I.2 und I.5

3 Integration von Produktions- und Marktstrategien

Strategien erfassen stets die Unternehmung als Ganzes, auch wenn strategische Überlegungen zumeist in einzelne Funktionalstrategien aufgeschlüsselt werden. In diesem Kapitel greifen wir Produktions- und Marktstrategien als die beiden wichtigsten funktionalen Teilbereiche der strategischen Planung heraus. Wir wollen deutlich machen, daß diese beiden Bereiche eng aufeinander abgestimmt werden müssen. Um dies zu begründen, bedienen wir uns der folgenden Gedankenkette: Die *langfristigen Gesamtziele* der Unternehmung grenzen die in Frage kommenden *Marktstrategien* ein. Die gewählten Marktstrategien wiederum bestimmen die *Produktpolitik*. Schließlich leiten sich aus dem Profil der vorgesehenen Produkte die erforderlichen technischen Konzepte und damit die *Prozeßwahl* sowie die Gestaltung der *Infrastruktur* im Produktionsbereich ab. Zunächst wird die Integration dieser Schritte im Abschnitt 3.1 erläutert. Einige der dort aufgeführten *Integrationsschritte* werden in den weiteren Abschnitten 3.2 bis 3.4 eingehender behandelt.

3.1 Integrationsschritte

Der Schlüssel zum Unternehmenserfolg liegt in Produkten, die sich am Markt als langfristig überlegen gegenüber ihren Konkurrenzprodukten erweisen. Mit jedem Kaufentscheid verbindet der Käufer – gleich ob es sich um eine Privatperson oder eine Unternehmung handelt – die Erwartung, daß das Produkt eine bestimmte, für ihn wesentliche Aufgabe bestmöglich erfüllt (z. B. der Einsatz eines Werkstoffes, der bestimmte Verarbeitungsqualitäten aufweisen muß; der Kauf einer Maschine, die bestimmte technische Funktionen im Produktionsprozeß wahrnehmen muß; oder die Befriedigung eines Konsumwunsches). Kaufentscheidend ist in den wenigsten Fällen allein der Preis. Vielmehr erwartet der Kunde die bestmögliche Lösung seines speziellen Anwendungsproblems. Die **Kundenzufriedenheit** wird daher immer mehr als ausschlaggebender Erfolgsfaktor im Wettbewerb betrachtet.

Maßgeblich dafür, welches der am Markt angebotenen Produkte gewählt wird, sind die jeweiligen besonderen *Eigenschaften der angebotenen Problemlösung*. Hierbei handelt es sich zum einen um Eigenschaften, die durch **Marketingmaßnahmen** bestimmt werden (z. B. den Preis), zum anderen um *qualitative Eigenschaften*, die durch **produktionswirtschaftliche** und **technische Maßnahmen** begründet werden. Hinzu kommen **logistische Maßnahmen**, die z. B. die Aufrechterhaltung des gewünschten Lieferservice sicherstellen sollen.

Unternehmensstrategische Überlegungen sind nicht auf den kurzfristigen Absatzerfolg, sondern auf langfristigen Wettbewerbsvorteil ausgerichtet. Zur Erringung und Aufrechterhaltung von Wettbewerbsvorteilen leisten technologische Spitzenleistungen und kostengünstige Produktionsweisen einen wesentlichen Beitrag. **Produktionsstrategien** sind daher immer im Einklang mit **Marktstrategien** zu entwickeln und aus der übergeordneten langfristigen Zielsetzung der Unternehmung abzuleiten.

Zur Abstimmung von Produktions- und Marktstrategien betrachten wir die folgenden fünf **Integrationsschritte**.[9]

1. Vorgegeben sind die **Gesamtunternehmensziele**, die den strategischen Gestaltungsspielraum der Unternehmung begrenzen. Üblicherweise handelt es sich hierbei um ein Zielbündel, das mehrere Einzelziele umfaßt. Die Einzelziele (z. B. Gewinn, Wachstum, Kapitalrentabilität, Wertzuwachs, Unabhängigkeit) müssen aufeinander abgestimmt sein und die wirtschaftlichen, technologischen und sonstigen Umweltentwicklungen in angemessener Weise berücksichtigen. Hinzu kommen oft soziale und ökologische Zielvorstellungen.
2. Zur Erreichung der Gesamtunternehmensziele müssen geeignete **Marktstrategien** entwickelt werden. Dazu sind zunächst die einzelnen Marktsegmente abzugrenzen, in denen die Unternehmung tätig ist bzw. tätig werden will. Außerdem sind die Entwicklungs- und Wettbewerbsbedingungen in den einzelnen Marktsegmenten zu analysieren. Konkretisiert werden die Marktstrategien durch Überlegungen hinsichtlich der Breite und Tiefe des Produktprogramms, des technologischen Innovationsgrades der anzubietenden Produkte, des Ausmaßes der Standardisierung bzw. der kundenindividuellen Gestaltung der Erzeugnisse, des angestrebten Absatzvolumens oder auch begleitender technischer und organisatorischer Dienstleistungen, die gerade im Maschinen- und Anlagenbau immer mehr an Bedeutung gewinnen.
3. Während in den Marktstrategien lediglich die generelle Handlungsrichtung festgelegt wird, besteht die Aufgabe der **Produktpolitik** darin, die Produkte, mit denen die Unternehmung die angestrebten Marktstellungen erreichen will, hinsichtlich ihrer erforderlichen Eigenschaften abstrakt zu entwerfen und den Zeitpunkt ihrer Markteinführung vorauszuplanen. Hierbei sind zum einen **Wettbewerbsfaktoren** zu unterscheiden, die für den Eintritt in einen neuen Markt bzw. die Aufrechterhaltung der Marktposition ausschlaggebend sind. Beispielsweise betrachten Automobilproduzenten aus Fernost zunächst den Preis als entscheidenden Faktor, der ihnen den Eintritt in auswärtige Märkte ermöglicht, während sie in einer späteren Phase durch überlegene Produktqualität versuchen, ihre Marktstellung zu erhalten und auszubauen. Der einzelne Kaufvorgang ist hingegen als eine Wahl zwischen mehreren Konkurrenzprodukten anzusehen. Die Wahl des Kunden wird hierbei durch sog. **kaufentscheidende Faktoren** beeinflußt, zu denen u. a. der Preis, die Qualität, der Lieferservice, das Design, die kundengerechte Produktgestaltung usw. gehören. Im nachfolgenden Abschnitt 3.2 werden einige Gesichtspunkte der Produktpolitik eingehender behandelt.
4. Die Gestaltung der Produkte und die Zusammensetzung des Produktprogramms bestimmen die **Prozeßwahl**, zu der im Abschnitt 3.3 einige weitere Erläuterungen folgen. Hierunter verstehen wir die *technisch-organisatorische Grundausrichtung der Produktion*. Beispielsweise ergeben sich aus den erwarteten jährlichen Produktionszahlen, der vorgesehenen Variantenvielfalt und dem techno-

9 vgl. *Hill* (2000)

logischen Innovationsgrad unmittelbare Anforderungen an die einzusetzenden Produktionsverfahren, die organisatorische Anordnung der Arbeitssysteme und die Ausrichtung der Materialflüsse. Mit der Abstimmung der Produkt- und Prozeßprofile befassen wir uns ausführlicher im Abschnitt 3.4.

5. Aus der vorgesehenen Produkt- und Prozeßprofilierung können die Erfordernisse an die Gestaltung der **Infrastruktur** des Produktionssystems abgeleitet werden. Hierzu zählen u. a. die *Kapazitätsdimensionierung*, die *Segmentierung* und das *Layout* der Produktion, die *Qualitätssicherung*, die *Materialversorgung* sowie die *Personalentwicklung*. Einige dieser Gesichtspunkte werden ausführlich im Teil C dieses Buches behandelt.

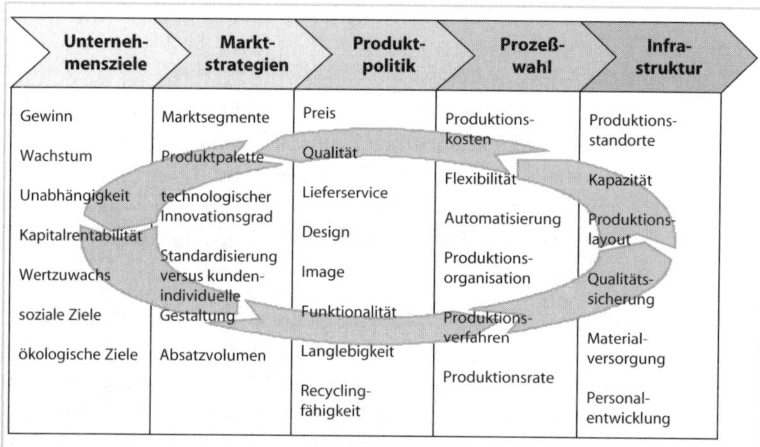

Bild B.6: Integration von Produktions- und Marktstrategien

Abschließend haben wir noch einmal die fünf betrachteten Integrationsschritte mit ihren jeweiligen Inhalten in Bild B.6[10] im Überblick zusammengestellt. In diesen Integrationsschritten wurde die technisch-organisatorische Ausrichtung der Produktion aus den Marktstrategien und der Produktpolitik abgeleitet. Dies bedeutet jedoch nicht, daß die einzelnen Integrationsschritte stets in einer bestimmten Reihenfolge sequentiell durchlaufen werden oder daß ein Vorrang marktstrategischer vor produktionsstrategischen Überlegungen besteht. In vielen Fällen sind es gerade technologische Innovationen, die den Anstoß zu erfolgreichen Produktentwicklungen geben (beispielsweise die Erfindung des Transistors oder die Entdeckung neuer Wirkstoffe in der Pharmazie). Wir haben daher in Bild B.6 versucht, durch eine zyklische Pfeilverbindung die gegenseitigen Abhängigkeiten und die integrativen Aspekte der Strategiefindung hervorzuheben.

Literaturhinweis

Hill (2000), Abschnitt 2.4

10 vgl. *Hill* (2000), S. 38

3.2 Produktpolitik

Wie eingangs erläutert, müssen die grundlegenden Marktstrategien der Unternehmung durch produktpolitische Überlegungen ergänzt werden. Im Rahmen der strategischen Planung geht es hierbei weniger um konkrete Entwicklungsarbeit an neuen Produkten, sondern um die Erzielung von Wettbewerbsvorteilen, die ohne ständige Produktinnovationen nicht möglich wäre. Wir greifen daher im folgenden vier Fragen auf: (1) Wie läßt sich der langfristige Absatzverlauf eines Produktes erklären? Hierzu dient das *Lebenszykluskonzept*, das wir in Abschnitt 3.2.1 erläutern. (2) Wie entstehen neue *Produktideen*, und welche Anforderungen werden an die *Entwicklung neuer Produkte* gestellt? (Siehe Abschnitt 3.2.2) (3) Welchen Beitrag kann die Entscheidungsbaumanalyse zur *Bewertung von Produktideen unter Unsicherheit* leisten? (Siehe Abschnitt 3.2.3) (4) Welche konkreten *Produkteigenschaften* sind unter den im jeweiligen Marktsegment herrschenden Wettbewerbsbedingungen *kaufentscheidend*? (Siehe Abschnitt 3.2.4)

3.2.1 Produktlebenszyklen

Industrielle Produkte weisen einen typischen Lebensweg auf. Neue Produkte werden am Markt eingeführt, nachdem die alten technisch überholt oder aus der Mode gekommen sind. Nach einiger Zeit werden die am Markt vorhandenen Produkte ihrerseits wieder durch Nachfolgeprodukte abgelöst. Die Zeitspanne zwischen der Markteinführung eines Produktes und seinem Ausscheiden aus dem Markt bezeichnet man als seinen **Lebenszyklus**. Die Länge des Produktlebenszyklus beträgt zumeist mehrere Jahre, wobei in technologisch hochentwickelten Industriezweigen eine zunehmende Verkürzung der Lebenszyklen beobachtet wurde (z. B. im Bereich der Unterhaltungselektronik oder der Elektronikproduktion).

Bild B.7[11] zeigt als Beispiel die Produktion des VW Käfer in den Jahren 1945-1980. Man erkennt deutlich den Anstieg der Produktion in den Jahren 1945 bis 1965, das hohe Produktionsniveau in den Folgejahren sowie den starken Rückgang der Produktion ab 1973. Ungewöhnlich ist hier die Länge des Lebenszyklus von 25 Jahren, die weit über dem industriellen Durchschnitt liegt. Offensichtlich haben die unzähligen Produktpflegemaßnahmen zur Verlängerung des Lebenszyklus beigetragen. Ein unveränderter Käfer des Modelljahres 1948 hätte im Jahre 1970 kaum noch einen Abnehmer gefunden.

Man hat empirisch festgestellt, daß sich in vielen Fällen – nicht nur im Automobilbau – der Absatzverlauf eines Produktes während seines Lebenszyklus durch eine idealtypische Darstellung erklären läßt (siehe Bild B.8).

11 vgl. *Hansmann* (2001), S. 65

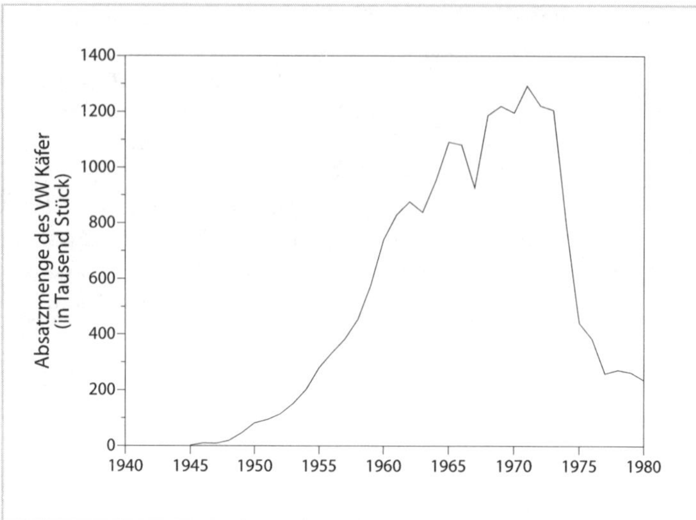

Bild B.7: Lebenszyklus des VW Käfer

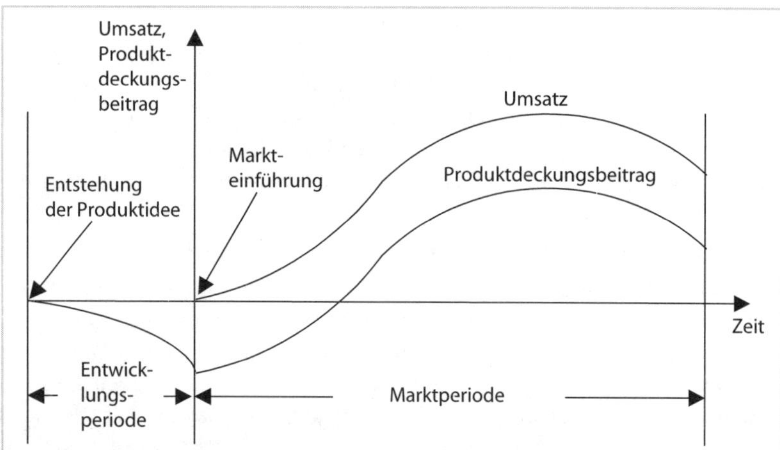

Bild B.8: Idealisierter Verlauf eines Produktlebenszyklus

Zunächst wird eine **Entwicklungsperiode** durchlaufen, die bei technisch anspruchsvollen Produkten (z. B. Automobilen) bereits mehrere Jahre beträgt. Daran schließt sich die **Marktperiode** an, die üblicherweise in die folgenden fünf Phasen untergliedert wird:

- In der **Einführungsphase** ist der Absatz gering. Die Erlöse reichen noch nicht aus, um die Entwicklungskosten zu decken.

- Kann sich das Produkt am Markt durchsetzen, so nimmt der Absatz immer mehr zu. Das Produkt tritt in die **Wachstumsphase** ein. Hier gerät das Produkt zumeist in die Zone positiver Deckungsbeiträge.
- Nach einiger Zeit verringern sich die Zuwachsraten. Dennoch nimmt der Absatz weiter zu. Das Produkt befindet sich jetzt in der **Reifephase**, in der i. a. die höchsten Deckungsbeiträge erzielt werden.
- In der **Sättigungsphase** erreicht das Produkt seinen Absatzhöhepunkt. Hier setzt zumeist schon ein Rückgang der Deckungsbeiträge ein.
- Schließlich ist der Absatzrückgang auch durch den intensiven Einsatz von Marketingmaßnahmen nicht mehr aufzuhalten. Das Produkt befindet sich in der Degenerationsphase und scheidet bald aus dem Markt aus oder wird durch ein Folgeprodukt abgelöst.

Das Lebenszykluskonzept stellt eine einfache und anschauliche Erklärungshilfe dar. Um den praktischen Nutzen dieses Konzeptes für die strategische Planung zu beurteilen, müssen einige **Kritikpunkte** und **Einschränkungen** beachtet werden:

- Dem Lebenszykluskonzept liegen einzelne empirische Beobachtungen zugrunde. Jedoch muß die Allgemeingültigkeit des unterstellten Absatzverlaufes bezweifelt werden.
- Im Lebenszykluskonzept wird die Zeit als einzige den Absatzverlauf erklärende Variable betrachtet. Die Auswirkungen gezielter absatzpolitischer Maßnahmen werden ebenso wenig erfaßt wie Änderungen des Marktwettbewerbs (z. B. das Auftreten neuer Anbieter und Preisverfall) oder Änderungen der wirtschaftlichen Rahmenbedingungen (z. B. Konjunkturschwankungen).
- Die Länge des Lebenszyklus eines Produktes, der Übergang zwischen den einzelnen Phasen und die Steigung der Absatzkurve sind kaum prognostizierbar, da die zugrundeliegenden Wirkungszusammenhänge nicht erkannt werden.
- Unklar ist, wann ein neuer Lebenszyklus beginnt. Diese Abgrenzungsproblematik stellt sich z. B. im Konsumgüterbereich, wenn ein Markenartikel durch ein „neues" substantiell nur unwesentlich verändertes Produkt abgelöst wird (z. B. bei Waschpulvermarken) oder wenn aus einem Basisprodukt durch Differenzierung mehrere neue Produktvarianten abgeleitet werden (z. B. Leistungsklassen bei Laserdruckern oder Videorekorder mit unterschiedlichem Funktionsumfang).

Gleichwohl hat sich das Lebenszykluskonzept in vielen Industriezweigen (z. B. im Automobilbau oder in der Elektronikindustrie) als Erklärungsmodell des Absatzverlaufs bewährt.

Der Gesamtumsatz einer Unternehmung ergibt sich aus der *Überlagerung mehrerer produktbezogener Lebenszykluskurven*. Es ist daher zweckmäßig, die einzelnen

Produkte hinsichtlich ihrer Stellung im Lebenszyklus zu kennzeichnen und ihre jeweiligen Umsatz- bzw. Gewinnbeiträge auszuweisen, um so Anhaltspunkte für die weitere Entwicklung des Produktprogramms zu erhalten. Rechtzeitig vor Erreichen der Degenerationsphase sind Nachfolgeprodukte serienreif zu entwickeln. Der Zeitpunkt der Markteinführung neuer verbesserter Produkte ist oftmals ein entscheidender Faktor im internationalen Wettbewerb.

Literaturhinweise
Hansmann (2001), Abschnitt 4.A.II.
Homburg (2000), Abschnitt 3.3
Zäpfel (1989a), Abschnitt 3.2.2.2.1

3.2.2 Produktentwicklung

Ohne Produktinnovation können Unternehmungen nicht überleben. Jedes neue Produkt beginnt mit einer Idee. **Produktideen** enthalten zunächst nur vage Vorstellungen von der technischen Realisierbarkeit und dem wirtschaftlichen Erfolg eines Produktes.

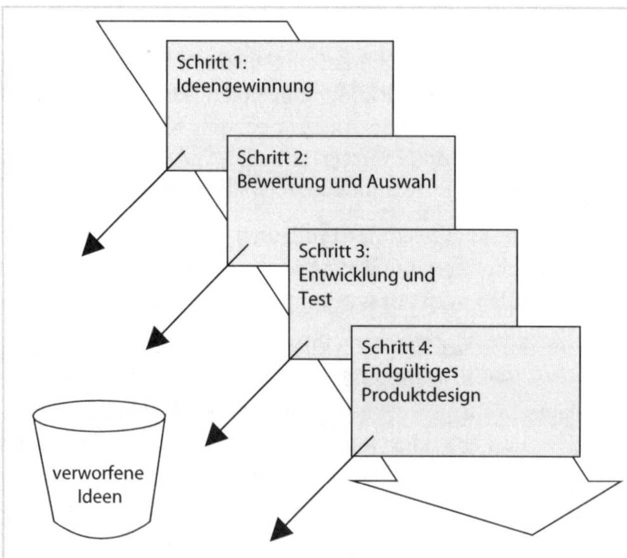

Bild B.9: Entstehungsprozeß eines Produktes

Längst nicht alle Produktideen lassen sich verwirklichen, und längst nicht alle realisierten Produktideen sind auch am Markt erfolgreich. Den **Entstehungsprozeß**

eines Produktes haben wir in Bild B.9 veranschaulicht. Dieser Prozeß läßt sich durch die folgenden, einander überlagernden Phasen beschreiben.

1. **Ideengewinnung**: Vorschläge zur Entwicklung neuer Produkte kommen aus der eigenen Unternehmung (aus der Grundlagen- und Anwendungsforschung sowie aus dem Marketing und dem technischen Bereich), aber häufig auch von Kunden. Gelegentlich werden auch systematische Verfahren zur Generierung von Produktideen eingesetzt. Erfolgversprechende Produktideen orientieren sich stets an Kundenbedürfnissen, die mit neuen Produkten besser erfüllt werden können. (Aktuelle Beispiele für erfolgreiche Produktideen sind u. a. Kassenautomaten in Banken, Mobiltelefone und Farbkopierer.)
2. **Bewertung und Auswahl**: Die Realisierbarkeit von Produktideen ist unter absatzpolitischen, technischen und finanzwirtschaftlichen Kriterien zu beurteilen. Einige Produktideen scheiden z. B. aus, weil das erforderliche Marktvolumen nicht gegeben ist, die Konkurrenz zu stark ist, geeignete Vertriebskanäle fehlen oder weil das Produkt sich nicht in die vorhandenen Produktlinien eingliedern läßt. Andere Produktideen werden aufgrund des in der Unternehmung vorhandenen technologischen Potentials als nicht realisierbar eingestuft. Schließlich kann auch eine pessimistische Einschätzung des erforderlichen Investitionsvolumens und des Investitionsrisikos dazu führen, daß eine Produktidee abgelehnt wird.
3. **Entwicklung und Test**: In dieser Phase ist ein erstes grobes Produktdesign zu entwickeln. Häufig werden auch physische Modelle erstellt, um erste technische Versuche und Designstudien durchzuführen (z. B. bei der Entwicklung neuer Automodelle). Gleichzeitig werden die zu verwendenden Werkstoffe ausgewählt, und die Eigenproduktion bzw. der Zukauf wichtiger Produktbestandteile werden unter Wirtschaftlichkeitsgesichtspunkten miteinander verglichen. Außerdem werden die Erzeugnisstruktur, d. h. die Zusammensetzung des Produktes aus Komponenten, und die Produktionsverfahren zumindest im Groben festgelegt. Die Erfahrung zeigt, daß hierbei häufig bereits mehr als 90% der späteren Herstellkosten des Produktes vorausbestimmt werden. Gleichzeitig werden i. d. R. auch intensive Marktstudien durchgeführt, um Absatzchancen, Wettbewerbsverhältnisse und sonstige Marktfaktoren genauer zu erheben.
4. **Endgültiges Produktdesign**: Als letztes folgt der detaillierte Entwurf des Produktes mit allen seinen konstruktiven und technischen Einzelheiten. Hierzu sind die genauen Produktspezifikationen (Abmessungen, Werkstoffanforderungen, zulässige Toleranzen usw.) festzulegen, Konstruktionszeichnungen bzw. Stücklisten zu erstellen sowie die Prozeßpläne, nach denen das Produkt hergestellt werden soll, im Detail auszuarbeiten. Schließlich wird die Produktion aufgenommen, und das Produkt wird, begleitet von entsprechenden Marketingmaßnahmen, am Markt eingeführt.

Die Produkt- und Verfahrensplanung wird heute überwiegend computergestützt durchgeführt.[12] Produktkonstruktionen werden in vielen Fällen nicht mehr von Hand gezeichnet, sondern interaktiv am Computerbildschirm entwickelt. Man spricht hier von **Computer Aided Design (CAD)**. Die gebräuchlichen CAD-Softwaresysteme bieten dem Konstrukteur vielfältige Unterstützungen, angefangen von Zeichenhilfen bei der Erstellung geometrischer Konturen, Kopier-, Variations- und Verbindungsfunktionen, bis hin zur automatischen Bemaßung der Objekte, der Speicherung graphischer Strukturen in Datenbanken und der automatischen Ableitung von Stücklisten. CAD-Systeme können zum Entwurf nahezu aller Produkte eingesetzt werden, angefangen von Computerchips bis hin zu Kartoffelchips.

Damit verbunden sind häufig **CAP-Systeme (Computer Aided Planning)**, deren Aufgabe darin besteht, aus den geometrischen und technologischen Grunddaten Arbeitspläne zu generieren, d. h. die einzelnen Arbeitsgänge festzulegen, die ein Produkt vom Rohmaterial bis hin zum fertigen Endprodukt durchläuft. Eine weitere Integrationsstufe stellen **CAM-Systeme (Computer Aided Manufacturing)** dar. Sie erlauben die Erzeugung von Computerprogrammen zur technischen Steuerung und Überwachung von automatischen Fertigungs-, Montage-, Transport- und Lagerungssystemen.

Traditionell erfolgt die Produktentwicklung arbeitsteilig zwischen mehreren Abteilungen, nämlich Forschung, Konstruktion, Prozeßplanung, Materialbeschaffung, Produktion, Marketing und technischem Kundendienst. Eine solche arbeitsteilige Vorgehensweise zieht Reibungsverluste nach sich, die sich u. a. in einer erhöhten Anzahl an Produktteilen, Arbeitsgängen und benötigten Werkzeugen sowie in geringerer Produktqualität äußern.

Um die Entwicklungszeit eines Produktes aus wettbewerbsstrategischen Gründen zu verkürzen und um die Produktionskosten zu senken, wird die arbeitsteilige zunehmend durch die **teamorientierte Produktentwicklung** abgelöst. (Man spricht hier auch von „simultaneous engineering" oder von „concurrent design".[13]) Hierdurch sollen bereits in der Entwicklungsphase eines Produktes alle Faktoren berücksichtigt werden, die später bei der Produktion und dem Absatz des Produktes von Bedeutung sind. Gleichzeitig werden alle betroffenen Abteilungen in den Entwicklungsprozeß einbezogen. Insbes. sollen die Konstruktion eines Produktes und die Planung der Produktionsverfahren sowie die Verwendung von Zukaufteilen besser aufeinander abgestimmt werden.

Literaturhinweise

Grunow und Günther (2002)
Ulrich und Eppinger (2004)
Zäpfel (1989b), Abschnitt 2.2.1

12 vgl. *Kurbel* (1993); *Scheer* (1997)
13 vgl. *Grunow und Günther* (2002)

3.2.3 Bewertung von Produktideen unter Unsicherheit

Die Produktentwicklung umfaßt nicht nur technische, sondern auch wirtschaftliche Aspekte. Die Einführung eines neuen Produktes erscheint nur dann sinnvoll, wenn erwartet werden kann, daß die im Verlauf des Lebenszyklus des Produktes erzielten Umsatzerlöse nicht nur die Produktionsausgaben übersteigen, sondern auch zur Deckung der Entwicklungsausgaben ausreichen. Im voraus sind jedoch weder die Umsatzerlöse noch die Produktionsausgaben vorhersehbar. Daher muß die wirtschaftliche Analyse einer Produktidee stets durch eine **Risikoanalyse** ergänzt werden. Da Erfahrungswerte für das neu einzuführende Produkt naturgemäß fehlen, sind die relevanten **Risikofaktoren** und ihre Auswirkungen **subjektiv** zu schätzen. Typische Risikofaktoren sind z. B. die Aufnahmefähigkeit des Marktes, die Konjunkturentwicklung, Beschaffungspreis- und Lohnentwicklungen, das strategische Verhalten der Konkurrenten oder die Innovationsgeschwindigkeit der Branche.

Dies hat zur Folge, daß die Entscheidungen über die Einführung neuer Produkte unter hoher **Unsicherheit** getroffen werden müssen. Im allgemeinen erfolgen die Entscheidungen nicht als punktueller Wahlakt, sondern in einem mehrstufigen Prozeß, der sich im Zeitablauf vollzieht und sich aus mehreren Teilentscheidungen zusammensetzt. Dabei stellen sich mehrere Entscheidungsalternativen (z. B. mehrere Designvarianten), zwischen denen der Entscheidungsträger zu wählen hat. Oftmals wird auch das Unterlassen der Produkteinführung als sog. Nullalternative in die Betrachtung einbezogen.

Bei Entscheidungen unter Unsicherheit über mehrere sich ausschließende Alternativen bietet sich als grundlegende Methodik die **Entscheidungsbaumanalyse** an. Um die Vorgehensweise der Entscheidungsbaumanalyse zu verdeutlichen, betrachten wir folgendes einfache **Beispiel**:

Ein Automobilhersteller plant die Entwicklung eines neuen Modells. Der Entwicklungsvorstand macht den Vorschlag, einen Geländewagen auf den Markt zu bringen. Seine Vorstandskollegen stehen diesem Vorschlag kritisch gegenüber. Sie meinen, angesichts des guten Zustands der deutschen Straßen sei ein Geländewagen eher überflüssig. Sie schlagen vor, zunächst einen normalen Straßenwagen zu bauen. Zu einem späteren Zeitpunkt könne vorgesehen werden, das Grundmodell durch verlängerte Federwege und eine geländetaugliche Lackierung auch als Geländeversion anzubieten. Falls sich später kein ausreichender Bedarf für eine Geländeversion zeige, läge man ohnehin mit der Normalversion richtig. Es wird angenommen, daß die Wahrscheinlichkeit für das Auftreten einer geringen Nachfrage nach Geländefahrzeugen im ersten Jahr 30% beträgt. Auch für die Folgejahre hat man die Nachfrageentwicklung und die Auswirkungen anderer Risikofaktoren subjektiv geschätzt und daraus statistische Ergebnisverteilungen abgeleitet.

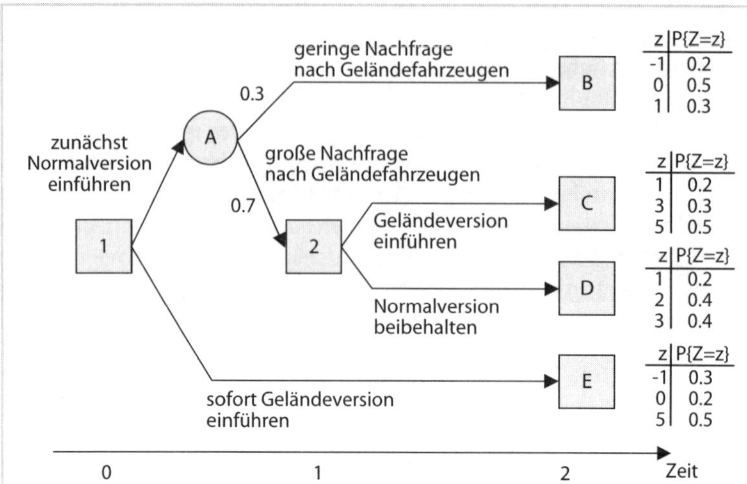

Bild B.10: Entscheidungsbaum zur Neuproduktplanung

Man einigt sich darauf, das Problem durch einen Vorstandsassistenten mit Hilfe des Entscheidungsbaumverfahrens untersuchen zu lassen. Die Struktur des Entscheidungsproblems ist in dem in Bild B.10 dargestellten Entscheidungsbaum wiedergegeben. Entscheidungen (dargestellt durch rechteckige Knoten) werden zu bestimmten Entscheidungszeitpunkten getroffen. Ihnen folgen zufällige Ereignisse (dargestellt durch Kreise). Jeder *Weg* durch den Entscheidungsbaum ist eine Folge von Entscheidungen und zufälligen Ereignissen, die zu einer bestimmten Ergebnisverteilung führt. Das Ende eines solchen Weges wird durch einen (rechteckigen) Ergebnisknoten markiert, dem eine spezifische Wahrscheinlichkeitsverteilung des Kapitalwerts Z zugeordnet wird. (Im praktischen Anwendungsfall wäre der Kapitalwert durch eine entsprechende Investitionsrechnung zu ermitteln.)

Bei der Analyse des Entscheidungsbaumes wendet man das sog. **Roll-Back-Verfahren** an, d. h. man geht von der untersten Ebene des Entscheidungsbaumes aus und schreitet Stufe für Stufe bis zu seiner Wurzel vor. Auf diese Weise nimmt man gedanklich das Ergebnis der vorgelagerten Entscheidungsstufen vorweg und versucht, die jeweils optimale Folgeentscheidung zu bestimmen. Unter Berücksichtigung dieser optimalen Folgeentscheidungen geht man in die vorgelagerte Entscheidungsstufe und verfährt wiederum nach dem gleichen Lösungsprinzip, bis man im Ursprung des Entscheidungsbaumes angelangt ist.

Im einzelnen geht man wie folgt vor. Zunächst werden die Erwartungswerte der Kapitalwerte für die Knoten B, C, D und E errechnet (siehe Tabelle B.1).

Knoten	B	C	D	E
$E\{Z\}$	-0.2	0.2	0.2	-0.3
	0.3	0.9	0.8	2.5
		2.5	1.2	
	=0.1	=3.6	=2.2	=2.2

Tabelle B.1: Erwartete Kapitalwerte

Gelangt man zum Entscheidungsknoten 2, also im Fall einer großen Nachfrage nach Geländefahrzeugen, dann wird die Entscheidung mit dem größten Erwartungswert getroffen. In diesem Fall handelt es sich um den Weg zum Knoten C, d. h. die Einführung einer Geländewagen-Version. Der mit dem Entscheidungsknoten 2 verbundene Kapitalwert beträgt somit 3.6.

Der Erwartungswert des Kapitalwerts im Knoten A beträgt dann unter Berücksichtigung der Wahrscheinlichkeit für das Auftreten einer geringen Nachfrage nach Geländefahrzeugen $0.3 \cdot 0.1 + 0.7 \cdot 3.6 = 2.55$. Die Entscheidung, zunächst eine Normalversion auf dem Markt anzubieten, hat somit einen Kapitalwert von 2.55. Dieser ist höher als der Kapitalwert der Entscheidung, sofort eine Geländeversion einzuführen (2.2).

Daher empfiehlt sich folgende Vorgehensweise: zunächst die Normalversion einführen; falls eine geringe Nachfrage nach Geländewagen herrscht, nur die Normalversion anbieten; andernfalls die Geländeversion einführen.

Die wichtigsten der Entscheidungsbaumanalyse zugrundeliegenden **Annahmen** seien noch einmal genannt:

- Die Entscheidungsalternativen (auch die zukünftigen) sind im vorhinein gegeben und schließen sich gegenseitig aus.
- Die jeweiligen Risikofaktoren und die zwischen ihnen bestehenden Wechselwirkungen sind bekannt und werden als quantifizierbar angenommen.
- Es wird nur eine begrenzte Anzahl alternativer Umweltzustände betrachtet. (Die zeitlichen Übergänge zwischen verschiedenen Zuständen der Entscheidungsumwelt und die Erfassung komplexer Zukunftsbilder, sog. Szenarien, ließen sich jedoch in die Analyse einbeziehen.)
- Die Wahrscheinlichkeiten für das Eintreten der als unsicher angenommenen Umweltentwicklungen werden *subjektiv* geschätzt.
- Der Entscheidungsträger richtet sich ausschließlich nach dem Erwartungswert der Ergebnisvariablen (im obigen Beispiel nach dem Erwartungswert des Kapitalwertes). Seine *Einstellung zum Risiko* wird als *neutral* angenommen.

Im praktischen Anwendungsfall müßte die Entscheidungsbaumanalyse durch gezielte Sensitivitätsanalysen bezüglich einzelner Unsicherheitsfaktoren bzw. durch eine computergestützte *Risikoanalyse* ergänzt werden. Es ist ohne weiteres möglich, eine Reihe von weiteren entscheidungsrelevanten Gesichtspunkten (z. B. im Zeitablauf variable Absatzmengen oder differenzierte Kostenstrukturen sowie Produktionskapazitäten) unter Beibehaltung des erläuterten Lösungsprinzips in die Betrachtung einzubeziehen.

Der Einsatzbereich der Entscheidungsbaumanalyse ist keineswegs auf die Bewertung von Produktideen beschränkt, sondern umfaßt grundsätzlich alle Entscheidungssituationen, bei denen eine Wahl zwischen mehreren sich ausschließenden Alternativen unter Unsicherheit zu treffen ist. Allerdings eignet sich die Entscheidungsbaumanalyse lediglich zur *quantitativen* Bewertung von Entscheidungsalternativen. Ein Instrument zur Berücksichtigung nicht-quantitativer Faktoren stellt die **Nutzwertanalyse** dar, die in Abschnitt 4.3.1 im Zusammenhang mit der Standortwahl behandelt wird.

Literaturhinweise

Bamberg und Coenenberg (2006), Abschnitt 9.4
Clemen und Reilly (2006), Kapitel 4
Eisenführ und Weber (2002), Kapitel 2
Klein und Scholl (2004), Kapitel 8.4
Zäpfel (1989b), Abschnitt 2.2.2.2

3.2.4 Kaufentscheidende Produkteigenschaften

Aus der Entwicklung neuer Produkte ergeben sich konkrete Anforderungen an die technische und organisatorische Ausgestaltung der Produktion. Umgekehrt schränken die verfügbaren Produktionsanlagen und -verfahren die Realisierbarkeit von Produktideen ein. Um diese wechselseitigen Abhängigkeiten zu erläutern, gehen wir wie folgt vor. Zunächst legen wir dar, welche Produkteigenschaften kaufentscheidend und damit ausschlaggebend für den Markterfolg sein können. Im anschließenden Abschnitt 3.3 beschreiben wir die Grundausrichtungen der zur Wahl stehenden Produktionsprozeßtypen. Aus diesen beiden Überlegungen ergeben sich Anhaltspunkte für die Abstimmung der Produkt- und Prozeßprofile (siehe Abschnitt 3.4).

Produktpolitische Entscheidungen betreffen nicht nur die Wahl der anzubietenden Produkte und der zugehörigen Märkte, sondern auch die **Profilierung der Produkte** hinsichtlich ihrer **kaufentscheidenden Eigenschaften**. Als wesentliche Produkteigenschaften und gleichzeitig Wettbewerbsprioritäten sind zu nennen:[14]

- **Preis bzw. Kosten.** Manche Produkte werden vor allem wegen ihres günstigen Preises gekauft. Als besonders preissensitiv gelten technisch anspruchslose Konsumgüter (z. B. Waschpulver oder Büromaterial), aber auch andere Güter,

14 vgl. z. B. *Hill* (2000)

deren Markt gesättigt ist und die von mehreren Unternehmungen in vergleichbarer Qualität angeboten werden (z. B. Haushaltsgeräte oder Computerzubehör). In diesem Fall muß versucht werden, durch Niedrigkostenproduktion einen konkurrenzfähigen Preis zu ermöglichen.

- **Qualität.** Bei teuren und langlebigen Produkten (z. B. Automobilen oder Großcomputern) ist zumeist die Produktqualität als wichtigster Faktor für den Kaufentscheid anzusehen. Es gibt aber auch Produkte, deren Ausfall oder deren Funktionsmängel erhebliche Folgewirkungen nach sich ziehen würden. So kann z. B. der Ausfall einer einzigen Maschine oder einer Energieversorgungsanlage den Stillstand eines ganzen Produktionssystems bewirken.
- **Lieferservice.** Bei vielen Produkten wird derjenige Anbieter gewählt, von dem man die kürzeste *Lieferzeit* und die höchste *Termintreue* (Lieferzuverlässigkeit) erwartet. Dieses Kriterium ist vor allem für die Materialbeschaffung in der Produktion ausschlaggebend, zumal viele Unternehmungen bemüht sind, ihre Lagerbestände gering zu halten und die Zulieferung wichtiger Vorprodukte nach dem **Just-in-Time**-Prinzip zu regeln. Lieferzuverlässigkeit wird in erster Linie durch eine störungsfreie Produktion sowie durch eine effiziente Produktionsplanung und -steuerung gesichert.
- **Flexibilität.** Hierunter fällt zum einen die Anpassung eines Produktes an unterschiedliche Kundenwünsche (**Produktflexibilität**), sei es, daß ein Standardprodukt z. B. in unterschiedlichen Größen-, Design- und Funktionsvarianten angeboten wird oder daß z. B. im Maschinen- und Anlagenbau aus einer Grundkonstruktion kundenspezifische Einzelprodukte abgeleitet werden. Andererseits wird in vielen Bereichen erwartet, daß die Lieferfähigkeit auch bei starken zeitlichen Bedarfsschwankungen erhalten bleibt. Durch geeignete Maßnahmen (z. B. Kapazitätsanpassungen oder Lagerproduktion) kann die Unternehmung die geforderte **Volumenflexibilität** erreichen.

In strategischer Hinsicht sind zwei Überlegungen anzustellen. Zum einen sind jene kaufentscheidenden Faktoren zu identifizieren, die **produkt- bzw. markttypisch** sind. Beispielsweise gelten einige Produkte grundsätzlich als preis-, andere hingegen als qualitätssensitiv. Zusätzlich ist zu berücksichtigen, daß die einzelnen Faktoren in den jeweiligen Regionalmärkten unterschiedliche Bedeutung haben und daß sich das Gewicht der Faktoren im Verlauf des Lebenszyklus eines Produktes ändert. Zum anderen sind **wettbewerbspolitische Prioritäten** zu setzen. Am Beispiel eines Walkman oder anderer Produkte der Unterhaltungselektronik läßt sich verfolgen, daß einige Anbieter die Strategie gewählt haben, einfach gestaltete Basisprodukte in möglichst großen Stückzahlen zu einem günstigen Preis abzusetzen, während andere Anbieter versuchen, durch technologische Innovation und hohes Qualitätsimage sowie eine breite Produktpalette die Marktführerschaft zu erringen.

Die verschiedenen, aus wettbewerbspolitischen Gründen priorisierten Produkteigenschaften ergeben das jeweilige **Produktprofil**. Die konkrete Ausgestaltung der

Produkteigenschaften erfolgt durch die Produktentwicklung, die ihrerseits auf die Möglichkeiten der Prozeßwahl Rücksicht nehmen muß.

Literaturhinweis
Hill (2000), Abschnitt 2.5

3.3 Prozeßwahl

Überlegungen zur Wahl der Produktionsprozesse und -verfahren sind nicht nur im Zusammenhang mit der Einführung neuer Produkte erforderlich. Signifikante Verschiebungen im Kapazitätsbedarf, das Aufkommen technisch verbesserter Produktionsanlagen, die Notwendigkeit von größeren Ersatzinvestitionen oder die Errichtung neuer Produktionsstätten können ebenso eine grundlegende Umgestaltung der Produktionssysteme auslösen. Hinsichtlich ihrer **Prozeßausrichtung** lassen sich Produktionssysteme nach folgenden Kriterien beschreiben:

- nach der Kontinuität des **Materialflusses**,
- der Vielfalt der erzeugten **Produkte**,
- der **Größenordnung der Produktionsaufträge**
- sowie nach der **Anzahl der erforderlichen Materialbewegungen**.

Aufgrund dieser Kriterien lassen sich drei grundlegende **Prozeßtypen** als Grenzfälle der vielen in der industriellen Praxis anzutreffenden Mischformen unterscheiden (siehe Bild B.11):

- Die **Einzelproduktion** zeichnet sich dadurch aus, daß individuelle Produkte als Einzelstücke oder in geringen Stückzahlen nach kundenspezifischen Anforderungen herzustellen sind. Zumeist werden nur wenige Arbeitsobjekte gleichzeitig bearbeitet, die aber ein großes Arbeitsvolumen und eine Vielzahl technologisch voneinander abhängiger Einzelvorgänge aufweisen. Wegen der Verschiedenartigkeit der Produkte und Arbeitsgangfolgen verläuft der Materialfluß unregelmäßig. Die Produktionsorganisation ist durch die räumliche Konzentration gleichartiger Betriebsmittel geprägt (Werkstattproduktion).
- Typisch für die **Serien- bzw. Wechselproduktion** ist die Vielzahl von Produktvarianten, die sich zumeist aus einer überschaubaren Anzahl von Produkttypen oder -familien ableiten lassen. Die technische Realisierung dieser Produktvielfalt ist nur dann möglich, wenn flexible Produktionsanlagen eingesetzt werden. Die Erzeugnisse werden nicht kontinuierlich, sondern in Serien hergestellt, wobei an den einzelnen Produktionsanlagen zumeist Umrüstvorgänge erforderlich sind. Daraus ergibt sich i. d. R. ein stark vernetzter Materialfluß.

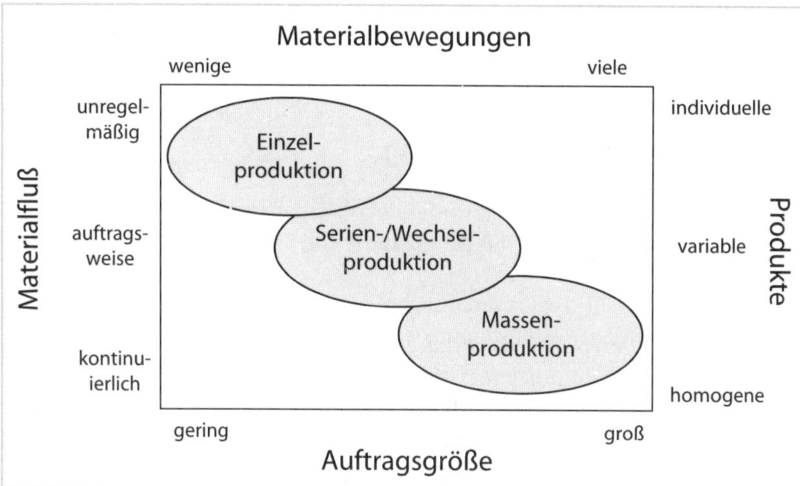

Bild B.11: Prozeßtypen der Produktion

- Bei **Massenproduktion** wird zumeist eine überschaubare Anzahl von homogenen Endprodukten erzeugt, wobei der Materialfluß einen stetigen Verlauf annimmt. Die Ausbringungsgüter, die i. a. einen hohen und gleichmäßigen Bedarf aufweisen, werden nicht wechselweise, sondern kontinuierlich produziert. Dabei kann es sich sowohl um natürliche Fließproduktion handeln (wie z. B. in der Mineralöl- und der chemischen Industrie oder in Brauereien). Aber auch Linienproduktionssysteme mit starrer Materialflußverkettung und getaktetem Arbeitsablauf sind diesem Prozeßtyp zuzurechnen. Linienproduktionssysteme finden sich dort, wo einheitliche Stückgüter in großen Zahlen produziert werden (z. B. bei der Herstellung von Glühbirnen oder der Montage von Kühlschränken und Fernsehgeräten.)

Die Idealform des Materialflusses besteht in einem linearen und kontinuierlichen Verlauf, der sich aber nur dann näherungsweise verwirklichen läßt, wenn aufgrund der erwarteten Produktionsstückzahlen die vergleichsweise hohen Investitionen gerechtfertigt sind und wenn die Variantenvielfalt der herzustellenden Erzeugnisse gering ist.

Ein Nebeneinander von mehreren Prozeßtypen ist nicht ungewöhnlich. So findet sich z. B. in der Automobilindustrie die Serienproduktion häufig in den Vorproduktionsstufen (Blechteile-, Motoren-, Getriebefertigung usw.), während in der Endmontage eine kontinuierliche Produktionsweise vorherrscht. Außerdem sind die Übergänge zwischen den oben erläuterten Prozeßtypen fließend. Das Profil eines bestehenden oder zu entwickelnden Produktionssystems läßt sich durch die jeweiligen Ausprägungen seiner Prozeßmerkmale beschreiben.

Literaturhinweis
Heizer und Render (2004), Kapitel 7

3.4 Produkt-/Prozeßprofilierung

Die Gestaltungs- und Entwicklungsmöglichkeiten der Produktionsprozesse müssen aus verschiedenen Gründen in die **Integration von Produktions- und Marktstrategien** einbezogen werden.

- Einerseits *existieren bereits Produktionsanlagen*, auf die bei Neuprodukteinführungen häufig zurückgegriffen werden muß. Sind beispielsweise Transferstraßen mit starrem Materialfluß und hohen Umrüstzeiten eingerichtet, so läßt sich eine auf Produktdifferenzierung und die Erfüllung individueller Kundenanforderungen bedachte Produktpolitik aus produktionstechnischer Sicht nur schwer umsetzen.
- Andererseits lassen sich auch *Anforderungen an die Produktionstechnik* und die Wahl des Prozeßtyps aus dem Profil der neueinzuführenden Produkte ableiten. Diese Vorgehensweise ist dann gerechtfertigt, wenn das erwartete Absatzvolumen und die erwarteten Zahlungsüberschüsse die Errichtung neuer Produktionskapazitäten rechtfertigen oder wenn es sich um eine Gründungsinvestition handelt.
- Zu beachten ist auch, daß sich die *Anforderungen* an die Produktionsprozesse im Zeitablauf mit steigendem Marktvolumen *ändern*. Ein klassisches Beispiel hierzu liefert die Automobilindustrie, die zu Beginn dieses Jahrhunderts mit handwerklicher Einzelproduktion begonnen und sich schnell zur heutigen Massenproduktion entwickelt hat.

Die Produkte bzw. die Märkte, auf denen die Produkte angeboten werden sollen, lassen sich im Hinblick auf die an die Produktion gestellten Anforderungen durch bestimmte *Eigenschaften* kennzeichnen, wie z. B. die Breite des Produktprogramms, die Anzahl der zu erwartenden Produktinnovationen, die kaufentscheidenden Produkteigenschaften, oder danach, ob der Leistungsschwerpunkt der Unternehmung eher in ihrer technischen Kompetenz oder in der bloßen physischen Bereitstellung standardisierter Produkte zu wettbewerbsfähigen Preisen besteht. Die jeweiligen Ausprägungen dieser Eigenschaften ergeben das **Produktprofil**, dem das Prozeßprofil der zur Verfügung stehenden Produktionssysteme gegenüberzustellen ist (siehe Bild B.12[15]). Das **Prozeßprofil** enthält die Ausprägungen derjenigen Eigenschaften, die etwas darüber aussagen, in welcher Weise die Produktion die Anforderungen der Produktpolitik erfüllen kann. Derartige Eigenschaften sind z. B. die Verwendungsbreite der eingesetzten Maschinen, die Stückbearbeitungszeiten und

15 vgl. *Hill* (2000)

Produktionsstückzahlen je Periode sowie der Umrüstaufwand, der beim Produktwechsel entsteht. Produkt- und Prozeßprofil sollten stets im Einklang stehen.

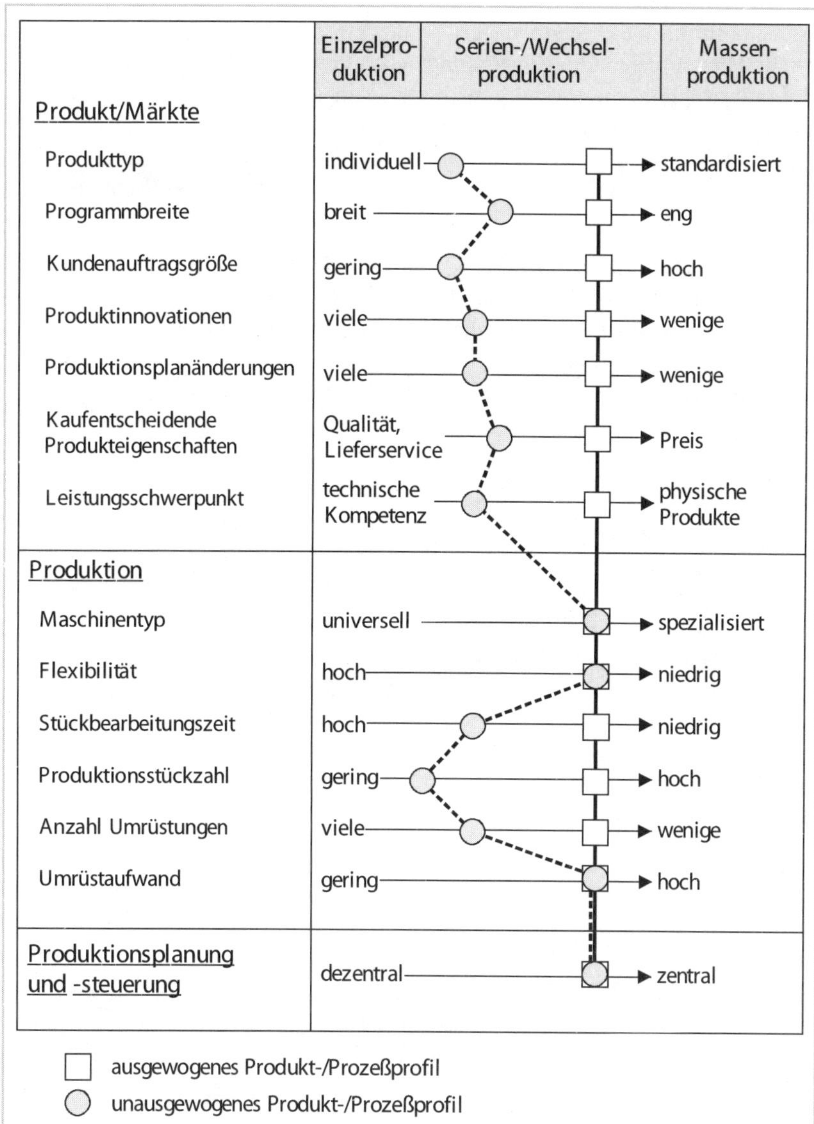

Bild B.12: Produkt-/Prozeßprofil

In Bild B.12 ist ein *ausgewogenes Produkt-/Prozeßprofil* durch die durchgezogene Profillinie dargestellt. Sowohl die Eigenschaften des Produktprofils als auch die des Prozeßprofils sind so ausgeprägt, daß eine kontinuierliche Massenproduktion sinnvoll erscheint. In diesem Beispiel handelt es sich um ein auf Niedrigkostenproduktion ausgerichtetes starres, als Fließproduktionslinie organisiertes Produktionssystem, in dem nur wenige einheitliche Standardprodukte hergestellt werden. Als Folge der Einführung einer neuen Produktgruppe kann sich z. B. die in Bild B.12 gestrichelte Profillinie ergeben, die ein *unausgewogenes Produkt-/Prozeßprofil* verdeutlicht. Hier sprechen die Ausprägungen des Produktprofils eher für eine Einzelproduktion, während die Produktionsprozesse eher für die Massenproduktion ausgelegt sind. In diesem offensichtlichen Konfliktfall müssen entweder die neueinzuführenden Produkte den gegebenen Eigenschaften und Möglichkeiten des Produktionssystems angepaßt oder neue, auf die jeweiligen Produktanforderungen ausgerichtete Produktionssysteme geschaffen werden.

Der praktische Nutzen des in Bild B.12 dargestellten Produkt-/Prozeßprofils besteht darin, daß Konflikte zwischen produktpolitischen Anforderungen und produktionstechnischen Möglichkeiten anschaulich sichtbar gemacht werden.

Literaturhinweis
Hill (2000), Kapitel 4

4 Standortentscheidungen

Standortentscheidungen bilden einen Eckpfeiler der strategischen Unternehmensplanung. Sie stehen in engem Zusammenhang mit der internationalen Wettbewerbs- und der Produktpolitik der Unternehmung. Durch Standortentscheidungen werden auch die Rahmenbedingungen vorbestimmt, denen im weiteren die Gestaltung der Produktionsinfrastruktur unterworfen ist. Standort- und Strukturüberlegungen stellen sich sowohl bezüglich der Errichtung und Lozierung von Produktionsstätten als auch von Beschaffungs- und Distributionslagern. Der entsprechende Verbund von Standorten und Materialströmen ergibt die *räumliche Struktur des Logistiksystems* der Unternehmung. Hiermit befassen wir uns zunächst im Abschnitt 4.1. Anschließend fragen wir nach den Kriterien, die bei der *Wahl von Produktionsstandorten* anzulegen sind (Abschnitt 4.2). Schließlich gehen wir im Abschnitt 4.3 auf *Bewertungsverfahren* ein, die in der Praxis zur Unterstützung der Standortwahl eingesetzt werden können.

4.1 Räumliche Struktur des Logistiksystems

Die Wahl der Produktions- und Lagerstandorte zählt zu den wichtigsten strukturellen Entscheidungen, die in der Gründungs- und Aufbauphase einer Unternehmung zu treffen sind. Aber auch im weiteren Verlauf der Unternehmensentwicklung muß die **räumliche Struktur des Logistiksystems** regelmäßig überprüft und ggf. der geänderten Situation auf den Beschaffungs- und den Absatzmärkten angepaßt werden. Die räumliche Struktur eines Logistiksystems wird unter Berücksichtigung von gegebenen Standorten von Lieferanten und Abnehmern entworfen. In Abhängigkeit vom Umfang der durchzuführenden logistischen Prozesse, die vor allem durch die Produktvielfalt beeinflußt werden, kann das Logistiksystem zentrale und regionale *Beschaffungs- und Absatzlager* sowie mehrere *Produktionsstätten* und *Lieferantenzentren* umfassen. Diese werden durch Transportströme miteinander verbunden.

Die Struktur eines solchen mehrstufigen Logistiksystems wird durch das in Bild B.13 wiedergegebene Netzwerk („Supply Network") veranschaulicht. Die Symbole repräsentieren Standorte von Lieferanten(-zentren), Abnehmern (Abnehmerzentren bzw. Großkunden), Lagern und Produktionsstätten.

Die **Produktionsstätten** sind eingebettet in die logistischen Subsysteme der Beschaffung und der Distribution. Diese können jeweils mehrere Lagerstufen (Zentrallager, Regionallager) umfassen. Während zentrale und regionale *Auslieferungs*lager vor allem bei größeren Unternehmungen sehr gebräuchlich sind, finden sich zentrale und regionale *Beschaffungs*lager dagegen nur recht selten. Vor allem größere Unternehmen unterhalten Produktionsstätten an mehreren Standorten, zwischen denen umfangreiche Materialflußbeziehungen bestehen. So produzierte Mercedes-Benz im Jahre 1995 Fahrzeugkomponenten bzw. Fahrzeuge in weltweit 21 Standorten (davon 8 in Deutschland).

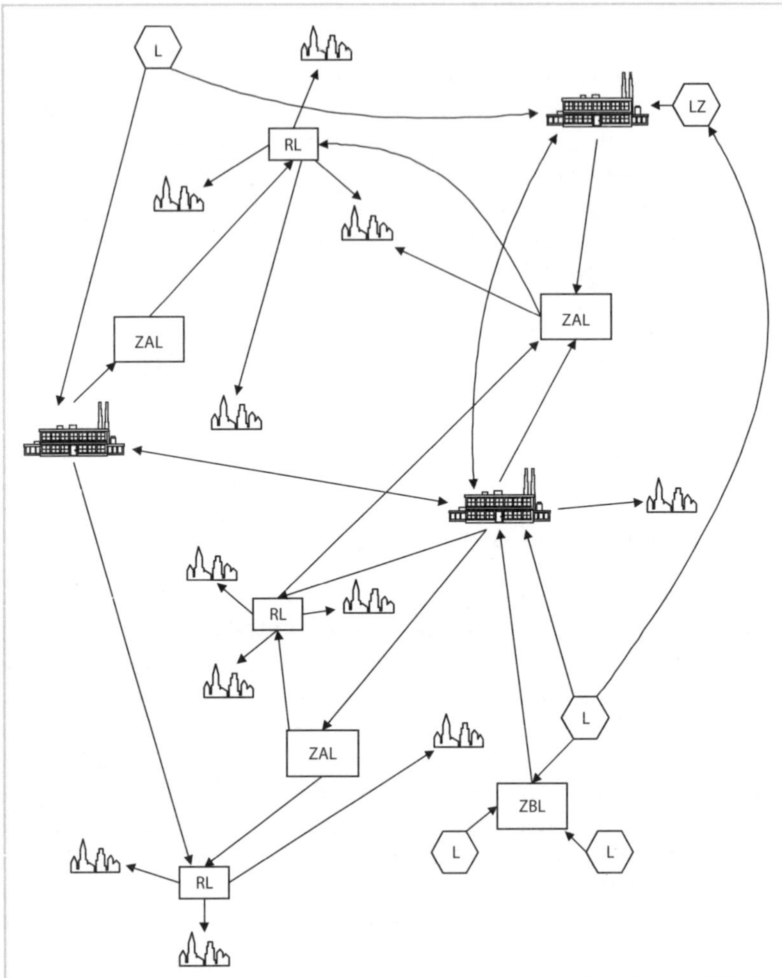

Bild B.13: Logistiksystem[16]

Die räumlich weit verstreuten Elemente eines Logistiksystems werden durch produktspezifische Transportbeziehungen (dargestellt durch Pfeile) miteinander verknüpft. In Abhängigkeit von der Größe der einzelnen Transportströme können auch direkte Belieferungen zwischen einer Produktionsstätte und einem Abnehmer unter Umgehung eines evtl. vorhandenen für den Abnehmer zuständigen Regionallagers vorkommen. Im Beschaffungsbereich ist bei vielen Unternehmungen die direkte Anlieferung von Material (z. T. auch vormontierte Baugruppen; „modular sour-

16 L – Lieferant; LZ – Lieferantenzentrum; RL – Regionales Auslieferungslager; ZAL – Zentrales Auslieferungslager; ZBL – Zentrales Beschaffungslager

cing") durch die Lieferanten an den Ort des Materialeinsatzes unter weitgehender Vermeidung von Lagerprozessen üblich.

Diese zuerst in Japan und seit den achtziger Jahren auch in Europa um sich greifende sog. *produktionssynchrone Beschaffung* (Just-in-time-Beschaffung) hat zu einer erheblichen Vergrößerung des LKW-Verkehrsaufkommens geführt. Die Folge sind zunehmende Verkehrsstaus und stochastische Transportzeiten. Zur Aufrechterhaltung eines ununterbrochenen Materialnachschubs ist eine Unternehmung in dieser Situation entweder gezwungen, einen Sicherheitsbestand zu bevorraten oder es gelingt ihr, die Lieferanten dazu zu veranlassen, ein (Auslieferungs-) Lager direkt in der Nachbarschaft der Produktionsstätte zu errichten. Insbes. Großunternehmen, z. B. aus der Automobilindustrie, sind hier erfolgreich. Dies kann soweit gehen, daß eine Unternehmung auf durch die Verringerung der Produktionstiefe („outsourcing") freigewordenen Teilen ihres Werksgeländes eine neue Produktionsinfrastruktur für Lieferanten erstellt. Die mit dem EDV-System der Unternehmung vernetzten Produktionsflächen dieses *Lieferantenzentrums* (LZ) werden an Lieferanten vermietet, die nun auf dem Werksgelände der Unternehmung Produktionsvorgänge ausführen, die vor einigen Jahren noch durch fest angestellte Mitarbeiter der Unternehmung erledigt wurden.

Regionale Auslieferungslager dienen zur Versorgung der Abnehmer ihres Einzugsbereichs mit den Erzeugnissen der Unternehmung. Sie stellen i. a. die letzte Stufe des durch die Unternehmung kontrollierten Logistiksystems dar. Hier werden vor allem Produkte mit regelmäßigem Bedarf gelagert, die in relativ kleinen Mengeneinheiten an die Abnehmer ausgeliefert werden müssen. Häufig ist einem Regionallager jeweils ein bestimmter Abnehmerkreis (Einzugsbereich) exklusiv zugeordnet. Die Gründe für die Errichtung von regionalen Auslieferungslagern liegen sowohl auf der Kosten- als auch auf der Leistungsseite des Logistiksystems. Zum einen können häufig durch die Errichtung eines abnehmernahen Lagers die i. d. R. hohen *Auslieferungskosten* gesenkt werden. Zum anderen ist mit dem abnehmernahen Standort eines Lagers eine *Verkürzung der Transportzeit* und damit eine Erhöhung des Lieferserviceniveaus sowie eine allgemein sichtbare lokale Präsenz der Unternehmung verbunden. Dieser Aspekt hat vor allem im Zusammenhang mit der produktionssynchronen Beschaffung an Bedeutung gewonnen. So haben zahlreiche Automobilzulieferer abnehmernahe Lager errichtet, um die geforderte Lieferzeit (Zeitspanne zwischen Lieferabruf und Eintreffen der Lieferung im Wareneingang des Abnehmers) einhalten zu können.

Zentrallager dienen vor allem zur Zusammenfassung von Produkten zu Produktbündeln. Dies erlaubt die Realisierung von größenabhängigen Kostendegressionseffekten im Transportbereich. In den Zentrallagern können auch Produkte mit geringen Umschlagsmengen gelagert werden. Dies wirkt sich positiv auf die Höhe der insgesamt benötigten Sicherheitsbestände aus.

Betrachtet man ein Logistiksystem aus der Sicht einzelner Endprodukte (P1, P2, P3) und der zu ihrer Herstellung benötigten Baugruppen und Einzelteile, dann erhält man Bild B.14. Im Zentrum der Darstellung stehen zwei Produktionsstätten (Werk

A und B) der betrachteten Unternehmung, deren Wertschöpfung sich in mehreren Produktionsstufen vollzieht. Berücksichtigt man den gesamten Materialfluß „von den Zulieferern der Zulieferer" bis zu den „Abnehmern der Abnehmer", dann folgt man der zunehmende Verbreitung findenden „Supply-Chain"-Sicht, die weitgehend mit dem seit einigen Jahrzehnten propagierten Logistik-Gedanken übereinstimmt.

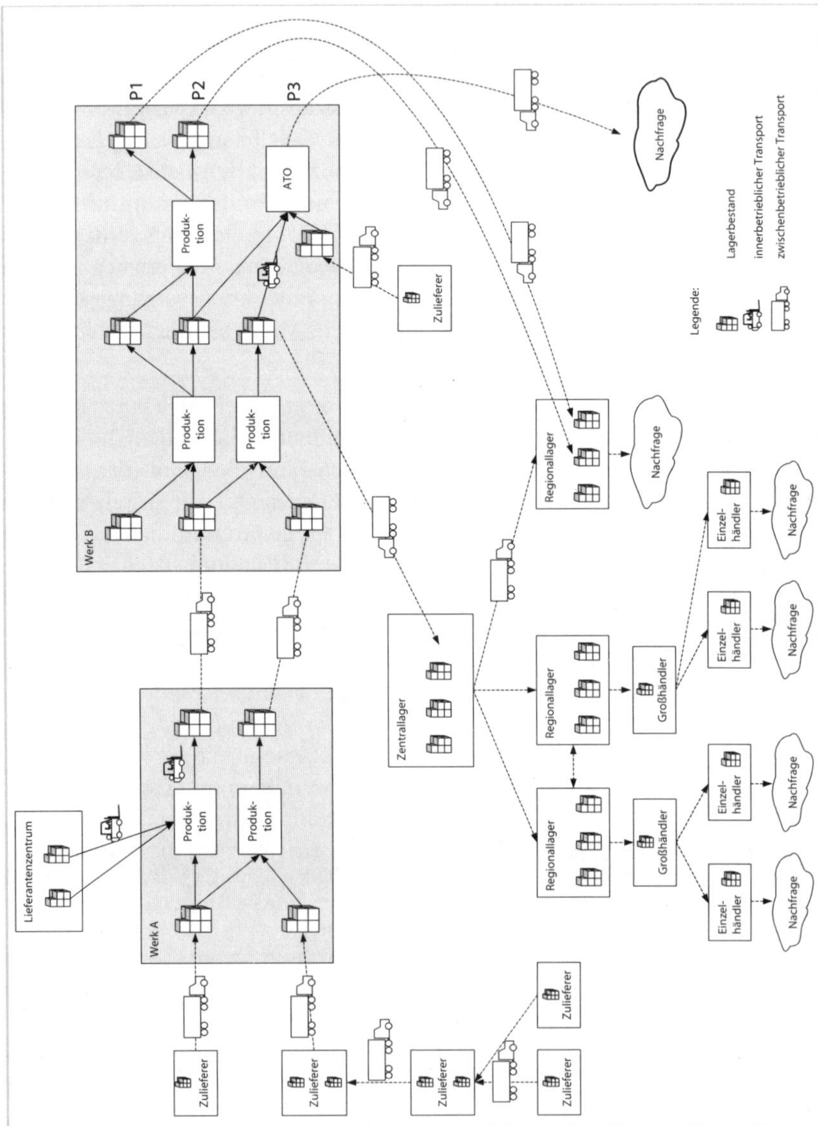

Bild B.14: Produktorientierte Darstellung eines Logistiksystem

Zusätzlich zu den inner- und zwischenbetrieblichen Materialflüssen sind Lagerbestände markiert, die sowohl im Eingangsbereich als auch im Ausgangsbereich eines Knotens des Logistik-Netzes vorzufinden sind. Lediglich im Werk B im Anschluß an die mit ATO (assemble-to-order) bezeichnete Produktionsstufe wird auf Lagerbestand verzichtet, da die hier produzierten Endprodukte erst nach Eingang eines Kundennauftrags hergestellt werden. Kern des Logistik-Gedankens ist es, sowohl die Systemstruktur als auch die operativen Prozesse optimal zu gestalten.

Prinzipiell sind für alle Lager und Produktionsstätten in dem dargestellten Logistiksystem die **optimalen Standorte** zu bestimmen. Wie bereits erwähnt, treten Standortbestimmungsprobleme nicht nur bei der Gründung einer Unternehmung auf. Sie ergeben sich auch, wenn sich die Bedingungen auf den Beschaffungs- und Absatzmärkten verändert haben. Gibt z. B. ein Großabnehmer zwei seiner bisherigen Produktionsstätten auf und errichtet er ein neues modernes Werk an einem anderen Standort, dann kann die dadurch induzierte Verschiebung der Transportströme auch eine Veränderung der Struktur des Logistiksystems eines Zulieferers erforderlich machen.

4.2 Produktionsstandorte

In vieler Hinsicht handelt es sich bei der Wahl von Produktionsstandorten um besonders bedeutsame Entscheidungen. Standortentscheidungen erfordern i. d. R. einen beträchtlichen Kapitaleinsatz und bergen ein hohes Investitionsrisiko. Bei Standortinvestitionen im Ausland müssen zudem wirtschaftliche und kulturelle Schranken beim Aufbau des lokalen Managementpotentials überwunden werden. Die Nachteile falscher Standortentscheidungen sind gravierend und können u. U. sogar die Existenz der Unternehmung gefährden. Einmal errichtete Produktionsstandorte sind zumeist nur unter erheblichen Verlusten und erst nach längerer Zeit rückgängig zu machen.

Die **Motive** für die Errichtung neuer Produktionsstandorte oder die Schließung bestehender können höchst unterschiedlich sein. Im folgenden seien einige *Beispiele* genannt:

- die vorhandene Produktionskapazität reicht nicht aus, um den gestiegenen *Kapazitätsbedarf* zu decken; umgekehrt kann ein dauerhafter Nachfragerückgang zur Schließung einer Produktionsstätte führen;
- die Gebäude und technischen Einrichtungen sind überholt; es sollen die baulichen Voraussetzungen für eine grundlegende technische und logistische *Modernisierung* geschaffen werden;
- mehrere Produktionsstandorte sollen z. B. aus Kostengründen *zusammengelegt* werden, oder weil aufgrund neuer Produktionstechniken der Fabrikraumbedarf gesunken ist (Beispiel: Standortkonzentration als Folge der europäischen Wirtschaftsintegration);

- die regionalen *Nachfrageschwerpunkte* haben sich verschoben, oder neue bisher nicht zugängliche Märkte sollen versorgt werden (Beispiel: Öffnung der osteuropäischen Märkte);
- zur Umsetzung des *„Just-in-Time"-Prinzips* sollen Lieferanten in Werksnähe angesiedelt werden (Beispiel: Automobilindustrie);
- wegen des *Kostenanstiegs* im Heimatland soll auf Länder mit niedrigerem Kostenniveau ausgewichen werden;
- aus strategischen Überlegungen wird der Eintritt in neue internationale Märkte angestrebt; durch die lokalen Produktionsstandorte sollen auch bestehende *Handelsbeschränkungen* umgangen werden (Beispiel: Errichtung von Automobilfabriken durch japanische Hersteller in den USA, teilweise als Joint-Ventures).

Für die Wahl zwischen mehreren sich bietenden Standortalternativen gibt es keine eindeutigen Kriterien, da die Motive und damit auch die verfolgten Ziele bei Standortentscheidungen höchst unterschiedlich sein können. Nicht immer sind auch die Wirkungszusammenhänge zwischen den verfolgten Zielen und den Standortalternativen klar erkennbar. Zudem ist eine Vielzahl unterschiedlicher Faktoren zu beachten. Darunter finden sich quantifizierbare, wie z. B. die Transportkosten. Zum großen Teil entziehen sich aber die Standortfaktoren einer unmittelbaren Quantifizierung, wie z. B. die Wohn- und Lebensbedingungen in einer Region oder Gemeinde.

Bei genauerer Betrachtung stellt man mehrere **Ebenen** fest, auf denen Entscheidungen für einen Produktionsstandort getroffen werden und für die jeweils unterschiedliche **Standortfaktoren** maßgeblich sind:

- Die Entscheidung für das **Land** oder den **Wirtschaftsraum**, in dem die Produktionsstätte errichtet werden soll, z. B. Europa.

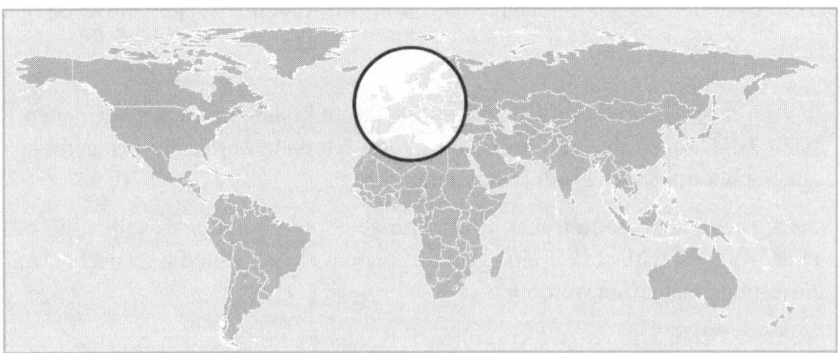

Bild B.15: Welt

Hierbei sind z. B. folgende Kriterien von Bedeutung: Attraktivität des Wirtschaftsraumes, insbes. des Absatzpotentials; politische Stabilität der Region; gesetzliche Vorschriften zur lokalen Produktion usw.

- Die weitere regionale Eingrenzung innerhalb des gewählten Landes oder Wirtschaftsraumes, z. B. innerhalb Europas die iberische Halbinsel und dort u. U. Portugal.

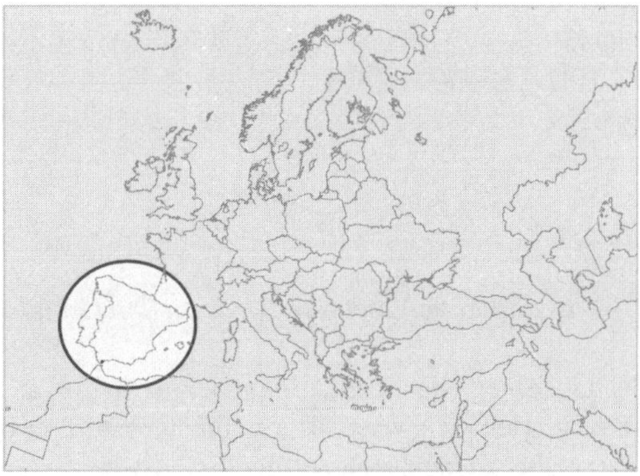

Bild B.16: Europa

Als typische Standortfaktoren in dieser Entscheidungsphase sind zu nennen: Verfügbarkeit und Qualität von Arbeitskräften; Lohnniveau; regionale Wirtschaftsförderung; Vorhandensein von Zulieferern; Transportmöglichkeiten; usw.

- Die Entscheidung für eine bestimmte Gemeinde, z. B. Porto.

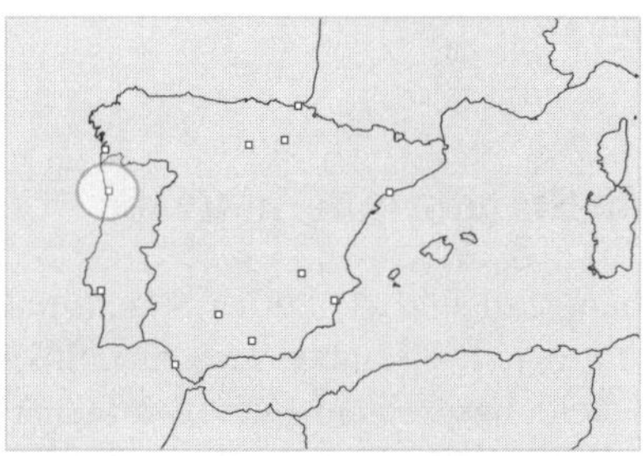

Bild B.17: Iberische Halbinsel

Die Wahl der Gemeinde richtet sich u. a. nach folgenden Kriterien: Infrastrukturanbindung; Vorhandensein attraktiver Grundstücke oder Bauobjekte; steuerliche Bedingungen; Subventionen; usw.

- Falls in einer Stadt mehrere Alternativen zur Verfügung stehen, die Wahl eines **Bauplatzes**, z. B. ein Grundstück im Industriegebiet am Stadtrand.

In diesem letzten Auswahlschritt sind folgende Kriterien zu beachten: Beschaffenheit der Grundstücke und der vorhandenen Gebäude; Grundstückskosten; Möglichkeit einer späteren Erweiterung; Umweltschutzrestriktionen; Verkehrswegeanbindung; usw.

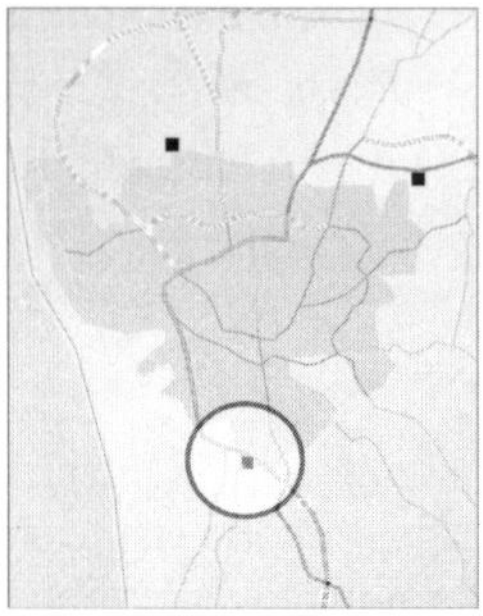

Bild B.18: Stadtplan mit mehreren potentiellen Grundstücken

Die Bedeutung der einzelnen Standortfaktoren richtet sich u. a. nach dem jeweiligen Wirtschaftszweig. Beispielsweise ist für die Rohstoffverarbeitung und die Schwerindustrie die Nähe zu den Rohstoffquellen ein besonders wichtiges Kriterium, während in der chemischen Industrie z. B. Umweltschutzrestriktionen die Standortwahl einschränken können oder in der Konsumgüterindustrie die Nähe zu den Abnehmern und günstige Verkehrsanbindungen als herausragende Kriterien zu betrachten sind.

Literaturhinweise
Chopra und Meindl (2004), Kapitel 11
Heizer und Render (2004), Kapitel 8
Zäpfel (1989a), Abschnitt 4.4

4.3 Bewertung von Standortalternativen

Im konkreten Entscheidungsfall sind vielfältige Standortfaktoren zu berücksichtigen, die teilweise qualitativ, teilweise aber auch quantifizierbar sind. Somit handelt es sich um ein Entscheidungsproblem unter mehrfacher Zielsetzung, zu dessen Lösung nicht zuletzt auch subjektive Bewertungen erforderlich sind. Im folgenden betrachten wir drei Teilaspekte der Bewertung und Auswahl von Standortalternativen:

- die Bewertung qualitativer Faktoren, für die als elementare Verfahrensweise die Nutzwertanalyse in Frage kommt (Abschnitt 4.3.1),
- die Break-Even-Analyse, die bei gegebenen Kostenfunktionen eine Sensitivitätsanalyse bezüglich mehrerer Standortalternativen erlaubt (Abschnitt 4.3.2)

- sowie ein einfaches Optimierungsmodell zur Standortwahl (Abschnitt 4.3.3).

Quantitative Standortfaktoren sind nach Möglichkeit wertmäßig darzustellen und wegen der langfristigen Natur des Entscheidungsproblems in eine umfassende Investitionsrechnung einzubetten. Auf diese Gesichtspunkte gehen wir im folgenden jedoch nicht ein. Vielmehr beschränken wir uns auf die einführende Darstellung einiger elementarer Vorgehensweisen zur Unterstützung einer Standortentscheidung.

4.3.1 Nutzwertanalyse

Hinter der sog. Nutzwertanalyse verbirgt sich ein einfaches Punktbewertungsverfahren, das in der Praxis vor allem wegen seiner leichten Handhabung und seines plausiblen Aufbaus weite Verbreitung gefunden hat. Allgemein geht es darum, die qualitative Bewertung verschiedener sich ausschließender Handlungsalternativen (Standorte, Produktideen, Investitionsprojekte o.ä.) in eine einheitliche quantitative Nutzenskala zu transformieren. Dabei geht man nach folgendem Grundschema vor:

1. Zunächst werden die verschiedenen Kriterien (Standortfaktoren) erhoben und operational formuliert.
2. Für die einzelnen Kriterien werden Gewichte festgelegt, die sich üblicherweise zu Eins addieren.
3. Jede Alternative wird hinsichtlich der einzelnen Kriterien auf einer normierten Skala bewertet. Hierdurch erhält man sog. „Teilnutzenwerte".
4. Der „Gesamtnutzen" einer Alternative wird durch Addition der einzelnen „Teilnutzenwerte" ermittelt, wobei die „Teilnutzenwerte" mit ihren jeweiligen Kriteriengewichten multipliziert werden.
5. Die Alternative mit dem höchsten „Gesamtnutzen" wird ausgewählt.

Um diese Vorgehensweise kurz zu erläutern, gleichzeitig aber auch um ihre Problematik zu verdeutlichen, betrachten wir das in Tabelle B.2 dargestellte einfache **Beispiel**.

		Bewertung für Standort		
Kriterium	Gewicht	A	B	C
(1) Arbeitskräfteverfügbarkeit	0.25	8	5	2
(2) Lohnkostenniveau	0.25	8	5	2
(3) Verkehrsanbindung	0.25	2	5	8
(4) Lebensqualität	0.25	2	5	8
Nutzwert		5	5	5

Tabelle B.2: Beispiel zur Nutzwertanalyse (vier Kriterien)

Es sind drei Wirtschaftsregionen A, B und C, die als Produktionsstandorte in Frage kommen, nach vier verschiedenen Standortfaktoren auf einer Skala von 0 (sehr schlecht) bis 10 Punkten (sehr gut) bewertet worden. Alle Standortfaktoren werden gleichgewichtet. Durch Summierung der gewichteten Teilnutzenwerte erhält man die folgenden mit μ_i bezeichneten „Nutzenwerte" der verschiedenen Alternativen i:

Alternative A: $\mu_A = 0.25 \cdot 8 + 0.25 \cdot 8 + 0.25 \cdot 2 + 0.25 \cdot 2 = 5$
Alternative B: $\mu_B = 0.25 \cdot 5 + 0.25 \cdot 5 + 0.25 \cdot 5 + 0.25 \cdot 5 = 5$
Alternative C: $\mu_C = 0.25 \cdot 2 + 0.25 \cdot 2 + 0.25 \cdot 8 + 0.25 \cdot 8 = 5$

Wie man sieht, erhalten alle Standortalternativen dieselbe Gesamtbewertung, obwohl es sich um völlig verschiedenartige Objekte handelt. Die Kritik an der Nutzwertanalyse richtet sich vor allem gegen das zugrundeliegende „additive Modell". Die wichtigsten Kritikpunkte lassen sich wie folgt zusammenfassen:[17]

- **Interpretierbarkeit**: Der „Gesamtnutzen" als Summe der nach verschiedenen Kriterien gebildeten „Teilnutzenwerte" ist ökonomisch nicht sinnvoll interpretierbar.
- **Substituierbarkeit**: Es wird die vollständige Substituierbarkeit einer bestimmten Kriterienerfüllung durch eine beliebige andere unterstellt, d. h. eine Schlechterbewertung hinsichtlich eines Kriteriums kann durch eine entsprechende Besserbewertung hinsichtlich eines beliebigen anderen Kriteriums vollständig aufgewogen werden.
- **Nutzenunabhängigkeit**: Es wird angenommen, die Bewertung einer Alternative hinsichtlich eines Kriteriums sei völlig unabhängig von der Bewertung hinsichtlich der übrigen Kriterien. In Wirklichkeit bestehen hier oft Interdependenzen, z. B. zwischen der Arbeitskräfteverfügbarkeit in einer Wirtschaftsregion und dem Niveau der Lohnkosten. Unterstellt wird auch die sog. „**Differenzunabhängigkeit**", die z. B. besagt, daß beim Autokauf ein Aufpreis von 5000 € für eine Klimaanlage völlig unabhängig davon bewertet wird, ob es sich um ein 100.000 € teures Luxusauto oder einen Kleinwagen für 20.000 € handelt. Neben der allgemeinen Nutzenunabhängigkeit ist auch die Differenzunabhängigkeit häufig nicht gegeben.
- **Gewichtung**: Die Kriteriengewichte müssen subjektiv festgelegt werden. Sie sind oft das Ergebnis von Verhandlungsprozessen zwischen den verschiedenen Entscheidungsträgern. Übersehen wird häufig der sog. „**Bandbreiteneffekt**". Dieser besagt, daß die Gewichte nicht unabhängig von der gewählten Bewertungsskala gewählt werden dürfen. Werden beispielsweise die Investitionsausgaben einer Standortalternative einmal im Intervall [0, 10] und zum anderen im Intervall [5, 10] Millionen € gemessen, so ergibt sich bei gleichem Gewicht ein unterschiedlicher Teilnutzen der bewerteten Alternativen. Daher bedeuten Kriteriengewichte nicht die Wichtigkeit eines Kriteriums schlechthin, sondern sie beziehen sich immer auf das zugrundeliegende Bewertungsintervall.

17 vgl. *Eisenführ und Weber* (2002), Kapitel 6 sowie *Schneeweiß* (1991), S. 120ff

- **Zielsplittung**: Um die Bewertung der einzelnen Alternativen zu erleichtern, ist es durchaus zweckmäßig, bestimmte Ziele in Unterziele aufzuspalten. Entscheidungsträger neigen jedoch häufig dazu, die Unterziele insgesamt höher zu bewerten als das übergeordnete (aggregierte) Ziel; d.h, die Summe der Kriteriengewichte der Unterziele ist größer als das Kriteriengewicht des Oberziels.

Kommen wir auf das in Tabelle B.2 dargestellte Zahlenbeispiel zurück und nehmen wir an, die Entscheidungsträger seien nach einer ausgiebigen Diskussion zu dem Ergebnis gelangt, eine hohe *Arbeitskräfteverfügbarkeit* führe zwangsläufig zu einem günstigen *Lohnkostenniveau*. Daher werden beide Faktoren zu einem einheitlichen Kriterium „*Arbeitsmarkt*" zusammengefaßt. Die nun verbleibenden drei Kriterien werden wiederum gleichgewichtet.

		Bewertung für Standort		
Kriterium	Gewicht	A	B	C
(1) Arbeitsmarkt	$\frac{1}{3}$	8	5	2
(2) Verkehrsanbindung	$\frac{1}{3}$	2	5	8
(3) Lebensqualität	$\frac{1}{3}$	2	5	8
Nutzwert		4	5	6

Tabelle B.3: Beispiel zur Nutzwertanalyse (drei Kriterien)

Aus der in Tabelle B.3 erneut durchgeführten Nutzwertanalyse ist nun eine eindeutige Rangfolge der Standortalternativen, und zwar C>B>A abzulesen. Dieses einfache Beispiel sollte Ihnen die Problematik der Nutzwertanalyse vor Augen geführt haben.

4.3.2 Break-Even-Analyse

Die einzelnen in Frage kommenden Produktionsstandorte weisen i. d. R. unterschiedliche Kostenstrukturen auf. Hierfür sind u. a. standortbedingte Unterschiede in den Lohn- und Transportkosten maßgeblich. Es schlagen sich aber auch regionale Fördermaßnahmen und Steuervorteile sowie die städtischen Gebühren und Abgaben in den Kosten eines Produktionsstandortes nieder. So kommt es aufgrund der jeweiligen Standortbedingungen einerseits zu unterschiedlichen laufenden Betriebskosten einer Produktionsstätte (**Fixkosten**, die unabhängig von der jeweiligen Produktionsmenge sind) und zu standortspezifischen **variablen Stückkosten**.

Für zwei Standorte A und B ergeben sich hieraus z. B. die spezifischen Kostenfunktionen:

Standort A: $K_A = 10000 + 10 \cdot x$
Standort B: $K_B = 15000 + 6 \cdot x$

wobei die Variable x die (unbekannte) Produktionsmenge bezeichnet. Die Break-Even-Analyse ermittelt durch Gleichsetzung der Kostenfunktionen diejenige kritische Produktionsmenge, von der ab sich der eine Produktionsstandort als kostengünstiger als der andere erweist. In Bild B.19 ist dieser Zusammenhang für die beiden obigen Kostenfunktionen graphisch dargestellt. Die Standortwahl hängt hier offensichtlich davon ab, welche *Produktionsmenge* als erreichbar angesehen wird.

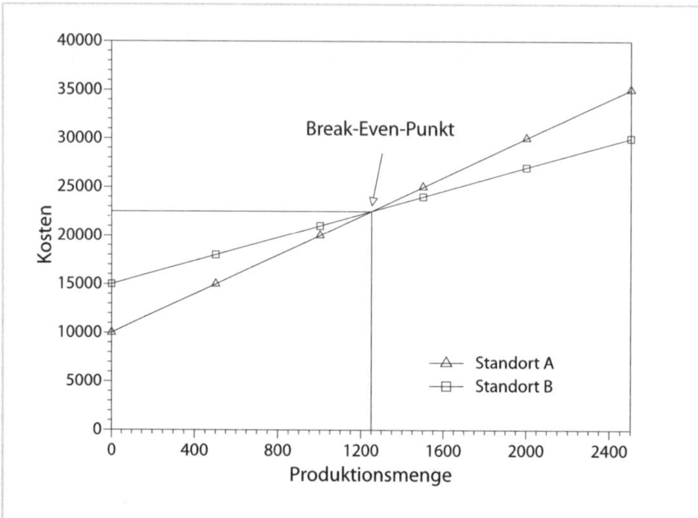

Bild B.19: Beispiel zur Break-Even-Analyse

Die Break-Even-Analyse ist einfach und anschaulich. Ihr liegen jedoch einige vereinfachende *Annahmen* zugrunde:

- Die Ausbringung wird als homogen betrachtet (Einproduktannahme!), obwohl sich die Zusammensetzung des Produktionsprogramms im Zeitablauf verändert.
- Lineare Kostenfunktionen sind für eine langfristige Betrachtung nur bedingt geeignet. In vielen Bereichen hat man beobachtet, daß die Stückkosten mit steigender Produktionserfahrung und mit zunehmender Betriebsgröße sinken.
- Die Betrachtungsweise ist statisch, d. h. die sich im Laufe der Jahre ergebenden Veränderungen in den Kostenstrukturen, Nachfragebedingungen und Absatzpreisen werden nicht berücksichtigt.
- Die notwendige langfristige investitionstheoretische Betrachtung unterbleibt.

Literaturhinweis

Heizer und Render (2004), Kapitel 7

4.3.3 Ein Optimierungsmodell zur Standortwahl

In vielen Fällen dominieren Kostengesichtspunkte als Standortkriterium. Hierbei bietet es sich an, die Standortwahl durch ein quantitatives Entscheidungsmodell zu unterstützen. Bei der Standortwahl für Produktionsstätten geht man oft von folgender Vorstellung aus. Es sind mehrere Abnehmerzentren gegeben, die mit Produkten der Unternehmung zu beliefern sind. Der Bedarf eines Abnehmerzentrums pro Jahr wird nicht produktbezogen, sondern in aggregierter Form in Mengeneinheiten (ME) ausgedrückt. Es stehen mehrere potentielle Standorte zur Verfügung, die durch einen Vorauswahlprozeß unter Berücksichtigung qualitativer Kriterien selektiert worden sind.

Durch die Beschränkung auf wenige potentielle Standorte erhält man somit ein **diskretes Standortproblem** – im Gegensatz zu einem kontinuierlichen Standortproblem, bei dem Standorte auf einer Ebene gesucht werden. Es wird angenommen, daß mit der Aufrechterhaltung der Betriebsbereitschaft einer Produktionsstätte an einem potentiellen Standort *Fixkosten* verbunden sind. Diese entstehen unabhängig davon, wieviel in einer Produktionsstätte produziert wird. Als weiteres relevantes Kriterium werden die *Transportkosten* betrachtet, die von der Menge x_{ij} abhängen, die von einem Produktionsstandort i an ein Abnehmerzentrum j geliefert wird. Es kann auch angenommen werden, daß die *Kapazität* einer Produktionsstätte – z. B. bedingt durch die maximale Größe der auf einem Grundstück zu errichtenden Fabrik – beschränkt ist, so daß es unmöglich ist, die gesamte Produktion an einem Standort zu konzentrieren.

In diesen Überlegungen werden die Investitionsausgaben, die zur Errichtung einer Produktionsstätte anfallen, nicht unmittelbar berücksichtigt. Es wird vielmehr unterstellt, daß die Investitionsausgaben anteilig bereits in den standortbezogenen „Fixkosten" enthalten sind und daß es sich bei den übrigen standort- und produktionsabhängigen Kosten um auszahlungsgleiche Größen handelt.

Das Problem der Bestimmung der kostenminimalen Anzahl und Standorte von Produktionsstätten kann durch das folgende Entscheidungsmodell erfaßt werden:

Modell STANDORT

$$\text{Minimiere } Z = \underbrace{\sum_{i=1}^{I} f_i \cdot \gamma_i}_{\text{Fixkosten}} + \underbrace{\sum_{i=1}^{I} \sum_{j=1}^{J} c_{ij} \cdot x_{ij}}_{\text{Transportkosten}} \qquad \text{(B.1)}$$

u. B. d. R.

$$\sum_{i=1}^{I} x_{ij} = \underbrace{d_j}_{\text{Bedarfsmenge des Abnehmerzentrums } j} \qquad j = 1, 2, \ldots, J \qquad \text{(B.2)}$$

$$\sum_{j=1}^{J} x_{ij} \leq b_i \cdot \gamma_i \qquad i = 1, 2, \ldots, I \tag{B.3}$$

↑ Binärvariable, die den Wert 1 annimmt, wenn Standort i genutzt wird

↑ Produktionskapazität des Standorts i

$$x_{ij} \geq 0 \qquad i = 1, 2, \ldots, I;\; j = 1, 2, \ldots, J \tag{B.4}$$

$$\gamma_i \in \{0, 1\} \qquad i = 1, 2, \ldots, I \tag{B.5}$$

Dabei bedeuten:

Daten:

b_i	Produktionskapazität des Standorts i
c_{ij}	Transportkosten zwischen Standort i und Abnehmerzentrum j (pro Mengeneinheit)
d_j	Bedarfsmenge des Abnehmerzentrums j
f_i	Fixkosten pro Jahr am Standort i
I	Anzahl der potentiellen Standorte $(i = 1, 2, \ldots, I)$
J	Anzahl der Abnehmerzentren $(j = 1, 2, \ldots, J)$

Variablen:

x_{ij} Transportmenge von Standort i zum Abnehmerzentrum j

$$\gamma_i = \begin{cases} 1 & \text{wenn an Standort } i \text{ eine Produktionsstätte errichtet wird} \\ 0 & \text{sonst} \end{cases}$$

Die Nebenbedingungen (B.2) stellen sicher, daß der gesamte Bedarf eines Abnehmerzentrums erfüllt wird. Die Ungleichungen (B.3) garantieren, daß an jedem Standort nur soviel produziert wird, wie die Kapazität zuläßt. Außerdem stellen sie eine Beziehung zwischen den binären Variablen γ_i und den Transportmengen x_{ij} her: Wird ein potentieller Standort i nicht genutzt (weil die Fixkosten im Vergleich zu den möglichen Transportkosteneinsparungen zu hoch sind), dann ist $\gamma_i = 0$, und die rechte Seite der Ungleichung nimmt den Wert $b_i \cdot 0 = 0$ an. Dies zwingt alle Transportvariablen x_{ij} $(j = 1, 2, \ldots, J)$, die diesen potentiellen Produktionsstandort i betreffen, ebenfalls auf den Wert 0. Anders ausgedrückt: Eine nicht existierende Produktionsstätte darf auch keine Abnehmerzentren beliefern. Die optimale Lösung kann mit Hilfe eines Verfahrens der gemischt-ganzzahligen linearen Optimierung bestimmt werden. Dabei wird i. d. R. die Tatsache ausgenutzt, daß für *gegebene Werte der Binärvariablen* γ_i $(i = 1, 2, \ldots, I)$ ein klassisches Transportproblem (siehe Abschnitt 11.1, S. 272 ff.) entsteht.

Betrachten wir ein **Beispiel**. Eine Unternehmung will fünf Abnehmerzentren mit Produkten beliefern. Es kommen vier Produktionsstandorte in Frage. Die Jahresbedarfsmengen der Abnehmerzentren und die maximalen Produktionsmengen (Produktionskapazitäten) der potentiellen Produktionsstandorte sind in Tabelle B.4 wiedergegeben.

Abnehmerzentren		Produktionsstandorte	
Ort	Bedarfsmenge	Ort	Kapazität
HH	100	DO	250
B	90	HB	350
M	110	KA	350
K	120	PA	250
F	50		

Tabelle B.4: Bedarfsmengen und Produktionskapazitäten

Die Transportkosten (pro Mengeneinheit) zwischen diesen Orten sind in Tabelle B.5 zusammengestellt. Es wird davon ausgegangen, daß bei der Errichtung einer Produktionsstätte jährliche Fixkosten in Höhe von 50000 Geldeinheiten (GE) einheitlich für alle Standorte anfallen.

Von/nach	HH	B	M	K	F
DO	342	500	612	94	219
HB	119	390	745	324	467
KA	631	687	277	313	145
PA	827	639	195	630	443

Tabelle B.5: Transportkosten je Mengeneinheit

Setzen wir zur Lösung dieses Problems das Modell STANDORT ein, dann erhalten wir das in Bild B.20 dargestellte Ergebnis. Zwei Produktionsstandorte werden genutzt: Bremen und Karlsruhe. Die Errichtung einer Produktionsstätte in Dortmund würde zwar zu einer Reduzierung der Transportkosten führen, da das Abnehmerzentrum Köln dann transportkostengünstiger von Dortmund aus beliefert werden könnte. Die zusätzlichen Fixkosten für den Standort Dortmund würden aber nicht durch die Transportkosteneinsparungen in Höhe von $120 \cdot (313 - 94) = 26280$ GE kompensiert.

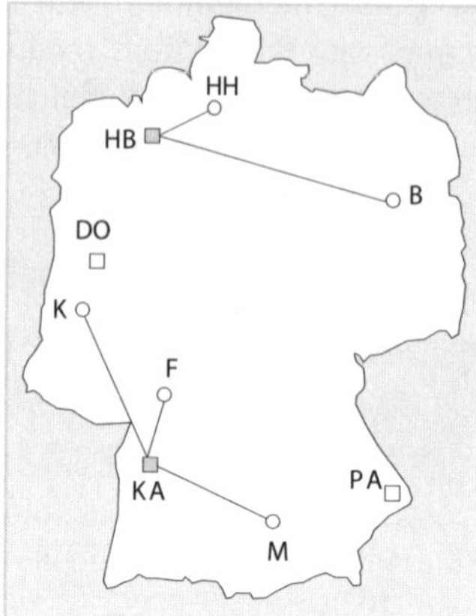

Bild B.20: Optimale Lösung

Das *Verhältnis der Fixkosten zu den Transportkosten* hat offensichtlich einen maßgeblichen Einfluß auf die Anzahl der zu errichtenden Produktionsstätten. Je höher die Fixkosten sind, umso geringer wird die Anzahl der genutzten Standorte sein. Da im Beispiel an allen potentiellen Standorten eine Kapazitätsbeschränkung besteht, die geringer ist als die Gesamtnachfragemenge aller Abnehmerzentren ($\sum d_j = 470$), sind mindestens zwei Produktionsstätten zu errichten. Sind andererseits die Fixkosten vernachlässigbar ($f_i = 0; i = 1, 2, \ldots, I$), dann wird jedes Abnehmerzentrum vom transportkostengünstigsten (nächstgelegenen) Standort aus beliefert. Diese letztgenannte Lösung ist in Bild B.21 dargestellt. Die minimalen Transportkosten betragen nun 86980 GE.

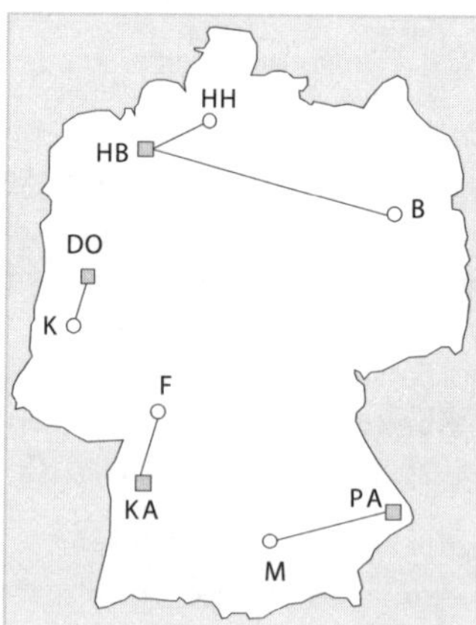

Bild B.21: Lösung bei Fixkosten $f_i = 0$ ($i = 1, 2, \ldots, I$)

Das hier dargestellte Beispiel kann in wenigen Sekunden auf einem PC mit Hilfe eines Standardverfahrens der gemischt-ganzzahligen linearen Optimierung exakt gelöst werden. Erhöht man die Problemgröße (Anzahl der Orte) aber nur geringfügig, dann versagen Standardverfahren aufgrund der durch die Binärvariablen γ_i entstandenen kombinatorischen Struktur des Problems. Zur Lösung von Problemen mit praxisnahen Größenordnungen werden daher i. a. heuristische Verfahren eingesetzt. Neben einfachen Lösungsstrategien, bei denen man die Menge der genutzten Standorte schrittweise um den jeweils günstigsten Standort vergrößert („ADD"-Heuristik) oder verkleinert („DROP"-Heuristik), haben sich vor allem Lagrange-Heuristiken als äußerst leistungsfähig erwiesen.[18]

Das Modell STANDORT kann auch eingesetzt werden, wenn es darum geht, in einem Unternehmen, das mehrere Produktionsstätten unterhält, über die Zuordnung von neuen Produkten zu den verschiedenen Produktionsstätten zu entscheiden. Wird in einem solchen Unternehmen bspw. ein neues Produkt eingeführt, dann ist festzulegen, an welchen bereits existierenden Produktionsstätten neue Produktionsanlagen für dieses Produkt installiert werden sollen. Planungsobjekte sind in diesem Fall nicht mehr die Standorte der Fabriken, sondern die Standorte der Produktionsanlagen, die den vorhandenen Fabrikstandorten zugeordnet werden müssen. In diesem Zusammenhang sind Erweiterungen des Modells STANDORT für den Fall mehrerer Produktarten oder auch für mehrere Größenklassen der Produktionsanlagen mit unterschiedlichen Kapazitäten und Kostenstrukturen praxisrelevant.

Nach Bestimmung der kostengünstigsten Standortstruktur ist diese Lösung im Lichte der anderen, nicht explizit im Modell STANDORT berücksichtigten Kriterien zu bewerten. Es kann u. U. notwendig werden, daß man von der kostengünstigsten Lösung abweicht und die zweitbeste Lösung implementiert, weil dies unter Beachtung der anderen Standortfaktoren die insgesamt bessere Lösung darstellt. Die Anwendung eines quantitativ fundierten Entscheidungsmodells zur Bestimmung der kostenminimalen Standortstruktur erlaubt es uns, die *zusätzlichen Kosten* zu quantifizieren, die in Kauf zu nehmen sind, wenn anderen Standortfaktoren ein so hohes Gewicht beigemessen wird, daß dies zu einer Abweichung vom Kostenminimum führt.

Standortmodelle der dargestellten Art können auch zur Lokalisierung von Regional- und Zentrallagern eingesetzt werden. Weitet man die Betrachtung in dieser Weise auf das gesamte Logistiksystem der Unternehmung aus, dann muß man auf mehrstufige Standortmodelle zurückgreifen.

Literaturhinweise

Chopra und Meindl (2004), Kapitel 11
Domschke und Drexl (1996), Abschnitt 3.2
Tempelmeier (2005b), Abschnitt A.1

18 vgl. hierzu insbes. *Domschke und Drexl* (1996); *Tempelmeier* (2005b), Abschnitt A.1

Teil C

Die Gestaltung der Infrastruktur des Produktionssystems

Im vorangegangenen Teil B dieses Buches haben wir mit der Auswahl von *Produktions- und Marktstrategien* sowie mit der Wahl der *Produktionsstandorte* die langfristigen Voraussetzungen für eine erfolgreiche Produktion und für die Wettbewerbsfähigkeit der Unternehmung behandelt. Um die in der strategischen Planung gesetzten Ziele schrittweise zu verwirklichen und die angestrebte Leistungsstärke nachhaltig aufzubauen, sind die Wege zur Erreichung der strategischen Ziele inhaltlich zu konkretisieren. Hierzu dient vor allem der Aufbau einer geeigneten **Infrastruktur des Produktionssystems**, der auf der Grundlage der gewählten Produktstrategie und Prozeßorientierung erfolgen muß. In Abschnitt 1.1 haben wir die

Infrastruktur als die Gesamtheit der physischen Gegebenheiten eines Produktionssystems sowie der Grundregeln ihres organisatorischen Zusammenwirkens definiert und die dispositiv sowie als Arbeitskräfte in der Produktion tätigen Menschen als die Träger der Infrastruktur herausgestellt. Im folgenden befassen wir uns mit drei wesentlichen Bereichen der Infrastrukturgestaltung. Zunächst erläutern wir in Kapitel 5 die Probleme der *Strukturierung der (sachlichen) Produktionspotentiale.* Kapitel 6 betrachtet die *personellen Ressourcen* als wesentlichen Erfolgsfaktor der Unternehmung. Schließlich werden in Kapitel 7 Fragen der *Qualitätssicherung* angesprochen.

5 Strukturierung der Produktionspotentiale

Damit ein geplantes Produktionsprogramm hergestellt und am Absatzmarkt angeboten werden kann, muß die Unternehmung über die benötigten sachlichen und personellen Ressourcen verfügen. Es müssen dabei nicht nur Entscheidungen über die **Art** der Ressourcen getroffen werden, sondern vor allem auch über die **Strukturierung** der Produktionspotentiale. Hierunter fallen drei wesentliche Aufgaben: (1) die Zerlegung des gesamten Produktionssystems in einzelne *Segmente*, die eigenständige Subsysteme der Produktion sowie Verantwortungsbereiche bilden und in geordneter Weise zusammenwirken; (2) die räumliche Anordnung der Produktionssegmente und Arbeitssysteme (*Layoutplanung*); (3) die *Konfigurierung*, insbes. die *Leistungsanalyse* der einzelnen Produktionssegmente gemäß ihren organisatorischen Gegebenheiten und ihren spezifischen Anforderungen aufgrund des herzustellenden Produktionsprogramms.

5.1 Produktionssegmentierung

Betrachten wir den Produktionsbereich einer typischen Industrieunternehmung, dann stellen wir fest, daß dort mehrere Organisationstypen der Produktion gleichzeitig nebeneinander anzutreffen sind.[1] So kann in der Teilefertigung ein Fließproduktionssystem vorhanden sein, das für die Produktion bestimmter Erzeugnisvarianten ausgelegt ist, die in großen Stückzahlen in verschiedenen nachfolgenden Produktionsstufen benötigt werden. Daneben findet man für andere Erzeugnisse, für die im Zeitablauf stark schwankender Bedarf auftritt, eine konventionelle Werkstattproduktion mit mehreren Werkstätten oder sogar ein flexibles Fertigungssystem. Die Endmontage einiger Erzeugnisse wird vielleicht in mehreren Produktionsinseln durchgeführt. All diese Organisationstypen der Produktion können in einer Mehrproduktunternehmung gleichzeitig vorkommen. Sie sind durch Material- und Informationsflüsse miteinander verbunden.

Wir wollen diese Subsysteme des Produktionsbereichs im folgenden als Produktionssegmente bezeichnen. Unter einem Produktionssegment verstehen wir ein Subsystem des Produktionsbereichs, das einem bestimmten *Organisationstyp* zugeord-

1 Vgl. auch das Anschauungsbeispiel in Abschnitt 1.4, S. 22 ff.

net werden kann. Aus dieser Zuordnung lassen sich typische segmentspezifische Produktionsplanungs- und -steuerungsprobleme ableiten. Ein Produktionssegment kann so gestaltet sein, daß es in der Lage ist, eine begrenzte Menge von Produkten vollständig zu produzieren (Komplettbearbeitung). In diesem Fall bestehen Materialflußbeziehungen ausschließlich zum Rohmaterial- und zum Fertigwarenlager (z. B. bei einer Anlage zur Herstellung von Stromkabeln). Ein Produktionssegment kann aber auch auf Teilausschnitte des Produktionsprozesses spezialisiert sein. Das bedeutet, daß an der Herstellung der Produkte mehrere Produktionssegmente beteiligt sind. Diese **Arbeitsteilung** hat umfangreiche Materialflüsse zwischen den beteiligten Produktionssegmenten und daraus resultierende Abstimmungsprobleme zur Folge.

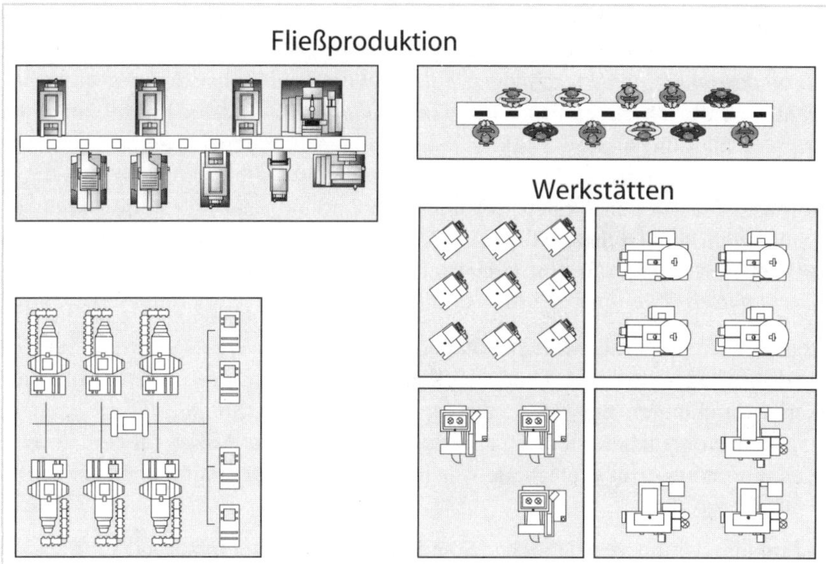

Bild C.1: Segmentierung des Produktionsbereichs

Für die einzelnen Produktionssegmente können in Abhängigkeit vom geltenden Organisationstyp typische Planungsprobleme identifiziert werden. So ist z. B. für ein Produktionssegment, das nach dem Flußprinzip organisiert werden soll, in der Phase der Strukturplanung die Fließbandabstimmung durchzuführen, aus der sich die Leistungsfähigkeit des Produktionssegments ergibt. Im Bereich der operativen Planung entsteht für ein Produktionssegment, das aus mehreren Werkstätten besteht, das Problem der mehrstufigen Mehrprodukt-Losgrößenplanung bei beschränkten Kapazitäten (der Werkstätten). Schließlich resultieren aus der strategischen Entscheidung für ein flexibles Fertigungssystem sowohl im Bereich der Systemplanung als auch in der operativen Planung spezifische Planungsprobleme, die so in anderen Produktionssegmenten nicht vorkommen.

Bild C.1 beschreibt die Vorstellung von der Strukturierung des Produktionsbereichs, die den folgenden Ausführungen zugrunde liegt. Im folgenden werden wir uns zunächst mit den Problemen der räumlichen Anordnung von Produktionssegmenten und Arbeitssystemen beschäftigen (Abschnitt 5.2). Im Anschluß daran werden Fragen der Konfigurierung von Fließproduktionssystemen (Abschnitt 5.3) und von Produktionszentren (Abschnitt 5.4) diskutiert.

5.2 Layoutplanung

Immer dann, wenn verschiedene Arbeitssysteme am Wertschöpfungsprozeß mitwirken, müssen für diese innerbetriebliche Standorte bestimmt werden. Das Ergebnis diesbezüglicher Festlegungen bezeichnet man als **Layout**. Layoutplanungsprobleme im Produktionsbereich können auf unterschiedlichen Aggregationsebenen entstehen. Auf der höchsten Ebene sind die günstigsten innerbetrieblichen Standorte für *Produktionssegmente* festzulegen. Hier geht es um die Frage der räumlichen Anordnung der arbeitsteiligen Produktionssegmente innerhalb einer Produktionsstätte. Betrachtet man die interne Struktur der einzelnen Produktionssegmente genauer, dann wird man weitere Probleme der Layoutplanung auf einer niedrigeren Aggregationsebene feststellen können. So sind z. B. innerhalb eines Produktionssegments, das am Organisationstyp der Werkstattproduktion orientiert ist, die Standorte für die einzelnen Werkstätten (Gruppen identischer Arbeitssysteme) zu bestimmen.

Wegen der vielfältigen Interpretationsmöglichkeiten bezeichnet man die Einheiten, für die innerbetriebliche Standorte gefunden werden müssen, auch als **Anordnungsobjekte** (AO). Die Produktionsaufträge bzw. das diesen zugeordnete Material durchlaufen diese AO entsprechend den Reihenfolgen, die in ihren Arbeitsplänen vorgegeben sind. Der insgesamt von einem Auftrag innerhalb einer Produktionsstätte zurückzulegende Weg hängt dabei von der räumlichen Anordnung der AO ab.

Das Problem der innerbetrieblichen Standortplanung (Layoutplanung) kann aus verschiedenen *Anlässen* auftreten:

- **Neugestaltung**. Nach der Errichtung einer Produktionsstätte sind in einer leeren Fabrikhalle Standorte für alle Produktionssegmente *erstmalig* zu bestimmen. Oder für eine neu eingerichtete Werkstattproduktion (oder auch ein Produktionszentrum) sind die Standorte für die einzelnen Arbeitssysteme (Werkstätten, Ressourcen) festzulegen.

- **Umstellung**. Aufgrund einer Veränderung der Struktur des Materialflusses zwischen einzelnen Ressourcengruppen sollen deren Standorte überprüft werden. Es kommt zu *Standortveränderungen* infolge eines geänderten Produktionsprogramms. Diese Situation tritt z. B. in der Textilindustrie auf.

- **Erweiterung**. Ein *zusätzliches Produktionssegment* ist in einer bereits z. T. durch andere Segmente belegten Fabrikhalle zu plazieren. Dieses Problem finden wir z. B. in der Automobilindustrie, wenn die Teilefertigung auf die Produktion eines neuen Motorentyps umgestellt werden muß.

Im folgenden wollen wir von dem erstgenannten Planungsanlaß ausgehen. Das zu bewältigende *Planungsproblem* besteht dann darin, für jedes AO den günstigsten Standort innerhalb einer Fabrik oder Werkshalle zu finden. Ein günstiges Layout wird vor allem dann erreicht, wenn man die AO so plaziert, daß die insgesamt zu erbringende Transportleistung (ermittelt als Produkt aus Transportmenge und Transportstrecke) möglichst gering ist. Die Verwendung dieses Ersatzkriteriums hat die folgenden ökonomischen Auswirkungen:

- Die variablen *Transportkosten* (z. B. Treibstoffkosten) werden minimiert.
- Die *Transportzeiten* sind kurz. Als Folge sinken die Durchlaufzeiten der Produktionsaufträge bei gleichzeitig verringerter Kapitalbindung durch Lagerbestände.
- Die benötigte *Transportmittelkapazität* wird reduziert. Der Investitionsbedarf sinkt.

Das **Problem der Layoutplanung** bei Werkstattproduktion kann wie folgt beschrieben werden:[2]

- Es wird eine abgegrenzte Fläche (Standortträger) betrachtet, z. B. eine leere Fabrikhalle.
- Auf dieser Fläche soll eine Menge von AO plaziert werden.
- Zwischen den AO bestehen Materialflußbeziehungen.
- Es sind u. U. Nebenbedingungen zu beachten, die die benachbarte Aufstellung von zwei AO verbieten bzw. erzwingen (*relative* Anordnungsbedingungen) oder die die Aufstellung von AO in bestimmten Bereichen des Standortträgers erzwingen oder verbieten (*absolute* Anordnungsbedingungen).
- Eine räumliche Anordnung der AO (Layout) kann mit Hilfe einer Menge von Zielen, z. B. Transportentfernungen, Transportkosten usw. bewertet werden.

Für die Entwicklung eines Entscheidungsmodells zur Unterstützung der Layoutplanung gehen wir von folgenden vereinfachenden Annahmen aus:

- **Potentielle Standorte**. Auf dem Standortträger kann eine Menge von potentiellen Standorten identifiziert werden, die *alle gleich groß* sind. So kann man z. B. die Werkshalle mit einem Raster von Planquadraten überziehen und diese als potentielle Standorte identifizieren. Dabei kann bereits Raum für die erforderlichen Fahrwege vorgesehen werden.

2 vgl. *Wäscher* (1993)

- **Entfernungen**. Die Entfernungen zwischen den potentiellen Standorten sind bekannt. Vernachlässigt man die zu erwartende Form des später aufgrund des Layouts entstehenden Wegenetzes zwischen den AO, dann können die Luftlinienentfernungen zwischen den Mittelpunkten der AO verwendet werden. Dies entspricht auch dem Arbeitsprinzip von Hängeförderern, die den direkten Weg zwischen zwei AO zurücklegen können. Geht man davon aus, daß Flurförderer eingesetzt werden, so muß zwischen den AO ein Netz aus *rechtwinkligen Strecken* eingerichtet werden. Die Transportentfernungen ergeben sich dann aus der Summe der in X- und Y-Richtung zurückzulegenden Wegstrecken. Die Rasterung des Standortträgers und beide Prinzipien der Entfernungsmessung sind in Bild C.2 dargestellt.

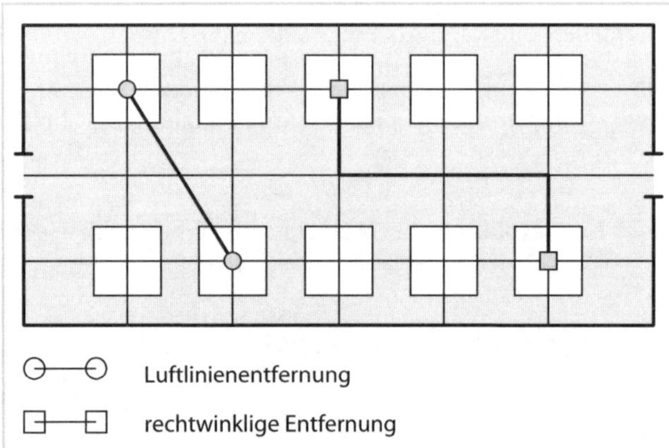

Bild C.2: Entfernungsberechnung

Die Entfernungen lassen sich übersichtlich in einer *Entfernungsmatrix* zusammenstellen (als Beispiel siehe Tabelle C.1).

von/nach	ORT1	ORT2	ORT3	ORT4	ORT5	ORT6
ORT1	0	60	80	20	60	100
ORT2	60	0	60	60	20	60
ORT3	80	60	0	100	60	20
ORT4	20	60	100	0	60	100
ORT5	60	20	60	60	0	60
ORT6	100	60	20	100	60	0

Tabelle C.1: Entfernungsmatrix

- **Transportmengen** zwischen den AO sind bekannt. Sie können aus dem geplanten Produktionsprogramm unter Berücksichtigung der Arbeitspläne ermittelt werden. Sie werden üblicherweise in einer *Transportmengenmatrix* zusammengefaßt (als Beispiel siehe Tabelle C.2). Aus der Transportmengenmatrix lassen sich die Intensitäten der Materialflüsse von und zu den AO durch Addition der Zeilen- und Spaltensummen ermitteln (siehe letzte Zeile in Tabelle C.2).

von/nach	AO1	AO2	AO3	AO4	AO5	AO6	Summe
AO1	0	85	20	18	6	13	142
AO2	30	0	3	1	5	9	48
AO3	32	0	0	0	0	2	34
AO4	36	7	0	0	1	0	44
AO5	9	11	0	4	0	1	25
AO6	27	33	8	0	0	0	68
Summe	134	136	31	23	12	25	
Transport-intensität	276	184	65	67	37	93	

Tabelle C.2: Transportmengenmatrix und Transportintensitäten

- **Transportkosten**. Die eingesetzten Transportmittel und die entsprechenden *variablen Transportkosten* (pro Mengeneinheit und Entfernungseinheit) sind gegeben.

Die insgesamt zu erbringende Transportleistung hängt nun offensichtlich davon ab, an welchen Standorten die AO plaziert werden. Betrachtet man die obigen Entfernungs- und Transportmengenmatrizen, dann beträgt die Transportleistung für die Aufstellung {AO1–ORT1, AO2–ORT2, AO3–ORT3, AO4–ORT4, AO5–ORT5, AO6–ORT6} insgesamt 21100 Leistungseinheiten (z. B. Stück·Meter).

Strebt man die Minimierung der variablen Transportkosten zwischen den AO an, dann kann diese Zielsetzung wie folgt formuliert werden:

$$\text{Minimiere } Z = \sum_{i=1}^{I} \sum_{j=1}^{J} m_{ij} \cdot c_{ij} \tag{C.1}$$

Transportkostensatz (Kosten pro Mengeneinheit)

Transportmenge von AO i nach AO j

Der Zielfunktion (C.1) zufolge sind die gesamten Kosten für den Transport der Erzeugnismengen zwischen allen AO zu minimieren. Die Transportkosten c_{ij} für den Transport einer Mengeneinheit von dem AO i zum AO j hängen nun aber von den Standorten der AO ab. Die Standorte sind noch *nicht bekannt*.

Zur Bestimmung des transportkostenminimalen Layouts muß die Zielfunktion (C.1) als Funktion der Standorte der einzelnen Maschinen umgeformt werden. Dabei müssen folgende Aspekte berücksichtigt werden.

Die **Transportkosten** zwischen zwei AO lassen sich erst ermitteln, wenn die Entfernungen zwischen den AO bekannt sind. Diese können aber erst errechnet werden, wenn man jedes AO einem potentiellen Standort zugewiesen hat. Diese Zuordnung kann durch Zuordnungsvariablen u_{ik} modelliert werden. Die Variable u_{ik} nimmt den Wert 1 an, wenn das AO i dem Standort k zugeordnet worden ist. Da Transporte immer zwischen zwei AO i und j stattfinden, muß eine Zuordnungsvariable für AO i und eine für AO j festgelegt werden, damit die Transportkosten ermittelbar sind. Die Transportkosten zwischen den AO i und j, die an den Standorten k und l aufgestellt werden, lassen sich dann wie folgt beschreiben:

$$\begin{aligned} c_{ij} &= c \cdot d_{[\text{Standort}_i, \text{Standort}_j]} \\ &= c \cdot d_{kl} \cdot u_{ik} \cdot u_{jl} \end{aligned} \tag{C.2}$$

- u_{jl}: =1, wenn AO j am Standort l plaziert wird
- u_{ik}: =1, wenn AO i am Standort k plaziert wird
- d_{kl}: Entfernung zwischen Standort k und Standort l
- c: Einheitstransportkostensatz (pro Mengeneinheit · Entfernungseinheit)

Das formale Entscheidungsproblem der Layoutplanung besteht darin, die Werte der u_{ik}-Variablen zu bestimmen. Diese Problemstellung kann durch das folgende quadratische Zuordnungsmodell erfaßt werden:

Modell LAYOUT

$$\begin{aligned} \text{Minimiere } Z &= \sum_{i=1}^{I} \sum_{j=1}^{I} m_{ij} \cdot c_{ij} \\ &= \sum_{i=1}^{I} \sum_{\substack{j=1 \\ j \neq i}}^{I} \sum_{k=1}^{J} \sum_{\substack{l=1 \\ l \neq k}}^{J} m_{ij} \cdot c \cdot d_{kl} \cdot u_{ik} \cdot u_{jl} \end{aligned} \tag{C.3}$$

u. B. d. R.

$$\sum_{i=1}^{I} u_{ik} = 1 \qquad k = 1, 2, \ldots, J \tag{C.4}$$

$$\sum_{k=1}^{J} u_{ik} = 1 \qquad i = 1, 2, \ldots, I \tag{C.5}$$

$$u_{ik} \in \{0, 1\} \qquad i = 1, 2, \ldots, I; k = 1, 2, \ldots, J \tag{C.6}$$

Dabei bedeuten:

Daten:

c	Einheitstransportkostensatz (pro Mengeneinheit und Entfernungseinheit)
d_{kl}	Entfernung zwischen den Standorten k und l
I, J	Anzahl der Anordnungsobjekte bzw. Standorte ($I = J$)
m_{ij}	Transportmenge zwischen den Anordnungsobjekten i und j

Variablen:

$$u_{ik} = \begin{cases} 1 & \text{wenn Anordnungsobjekt } i \text{ dem Standort } k \text{ zugeordnet wird} \\ 0 & \text{sonst} \end{cases}$$

Die Nebenbedingungen (C.4) stellen sicher, daß jedem Standort genau ein AO zugewiesen wird. Die Nebenbedingungen (C.5) garantieren, daß jedes AO an genau einem Standort plaziert wird.

Die exakte Lösung dieses zugegebenermaßen von zahlreichen praktischen Restriktionen abstrahierenden Modells ist äußerst schwierig. Daher wurden zahlreiche *heuristische Lösungsverfahren* entwickelt, die systematisch zulässige Zuordnungen von AO zu potentiellen Standorten generieren und nach einer endlichen Zahl von Schritten zu einer – hoffentlich – kostengünstigen Lösung gelangen.

Eine zulässige Lösung des Modells LAYOUT läßt sich sehr einfach in mehreren Iterationen nach folgendem **Eröffnungsverfahren** konstruieren. In jeder Iteration wird genau ein weiteres AO an einem noch nicht belegten potentiellen Standort plaziert. Die Auswahl des jeweiligen AO kann sich z. B. nach der Intensität der Materialflüsse von und zu allen bereits plazierten AO orientieren. Zu Beginn des Verfahrens, wenn noch keine AO plaziert worden sind, wählt man das AO, das zu allen anderen AO die intensivsten Materialflußbeziehungen hat. Der potentielle Standort, an dem das ausgewählte AO plaziert werden soll, kann z. B. nach den Transportkosten zwischen dem neuen AO und allen bereits plazierten AO gewählt werden. Zu Beginn des Verfahrens – für das erste AO – wählt man zweckmäßigerweise einen möglichst zentralen potentiellen Standort. Man fährt dann so lange fort, bis alle AO plaziert worden sind.

Schritt 1:

> Berechne für alle Paare (i, j) von Standorten die Veränderung der Kosten $\Delta Z(i, j)$, die sich ergibt, wenn man ihre AO austauscht.

Schritt 2:

> Bestimme aus den Vertauschungen, bei denen eine Kostensenkung eintritt, diejenige mit der größten Verringerung der Kosten:
>
> $(i^*, j^*) = (i, j) \mid [\min \{\Delta Z\,(i, j) \,|\Delta Z\,(i, j) < 0\,\}]$
>
> Falls es kein solches Standortpaar gibt, STOP; andernfalls tausche die AO der Standorte i^* und j^* aus und gehe zu Schritt 1.

Bild C.3: Zweieraustauschverfahren

Bei der Konstruktion einer zulässigen Lösung kann man auch anstelle von potentiellen Standorten einen in Planquadrate aufgeteilten Standortträger (z. B. eine Werkshalle) betrachten. Die Berücksichtigung zulässiger bzw. unzulässiger AO-Standort-Kombinationen (absolute Anordnungsbeziehungen) sowie von Nachbarschaftsbeziehungen einzelner AO-Kombinationen (relative Anordnungsbeziehungen) ist mit dem beschriebenen Eröffnungsverfahren ebenfalls problemlos möglich.

Ein einfaches **Verbesserungsverfahren** ist das sog. Zweieraustauschverfahren. Bei diesem Verfahren geht man von einer gegebenen Zuordnung von AO zu Standorten aus und tauscht iterativ AO an zwei verschiedenen Standorten so lange aus, bis keine Verbesserung der Lösung mehr möglich ist. Der Ablauf des Verfahrens ist in Bild C.3 wiedergegeben.

In jeder Iteration müssen dabei $\binom{I}{2}$ Vertauschungen bewertet werden. Betrachten wir das durch die Entfernungsmatrix (Tabelle C.1) und die Transportmengenmatrix (Tabelle C.2) beschriebene **Beispiel**. Die in Tabelle C.3 angegebene Zuordnung der AO zu Standorten verursacht bei einem Einheitstransportkostensatz von $c = 1$ Kosten in Höhe von 21100. Die Kosten können z. B. sehr einfach mit Hilfe eines Tabellenkalkulationsprogramms ermittelt werden.

Standort	1	2	3	4	5	6
AO	1	2	3	4	5	6

Tabelle C.3: Startlösung

Standort i	AO	Standort j	AO	Kostenveränderung	
1	1	2	2	22080-21100 = 980	
		3	3	23020-21100 = 1920	
		4	4	22140-21100 = 1040	
		5	5	16500-21100 = –4600	$\leftarrow i^* = 1, j^* = 5$
		6	6	22900-21100 = 1800	
2	2	3	3	22040-21100 = 940	
		4	4	20900-21100 = –200	
		5	5	21100-21100 = 0	
		6	6	25300-21100 = 4200	
3	3	4	4	22020-21100 = 920	
		5	5	21440-21100 = 340	
		6	6	21340-21100 = 240	
4	4	5	5	23020-21100 = 1920	
		6	6	23020-21100 = 1920	
5	5	6	6	19660-21100 = –1440	

Tabelle C.4: Bewertung aller Vertauschungen in Iteration 1

Vertauscht man nun systematisch die Standorte aller AO miteinander, dann erhält man die in Tabelle C.4 zusammengefaßten Ergebnisse. Da mit der Vertauschung der AO an den Standorten 1 und 5 die größte Kostensenkung erreicht wird, führen wir diese Vertauschung durch (siehe Tabelle C.5).

Standort	1	2	3	4	5	6
AO	**5**	2	3	4	**1**	6

Tabelle C.5: Zwischenlösung

Die Kosten der neuen Lösung betragen 16500. Wir versuchen nun in der nächsten Iteration, eine bessere Lösung zu finden (siehe Tabelle C.6).

Auch in der zweiten Iteration kann eine Kostensenkung (durch den Austausch der AO an den Standorten 3 und 6) erreicht werden. Die neue Lösung (siehe Tabelle C.7) verursacht Kosten in Höhe von 16480.

Eine weitere Kostensenkung ist durch Anwendung des Zweieraustauschverfahrens nicht mehr möglich. Dies wird man feststellen, indem man die dritte Iteration durchführt.

Standort i	AO	Standort j	AO	Kostenveränderung	
1	5	2	2	22080-16500 = 5580	
		3	3	17620-16500 = 1120	
		4	4	16500-16500 = 0	
		5	1	21100-16500 = 4600	
		6	6	17500-16500 = 1000	
2	2	3	3	18380-16500 = 1880	
		4	4	20300-16500 = 3800	
		5	1	16500-16500 = 0	
		6	6	20700-16500 = 4200	
3	3	4	4	17600-16500 = 1100	
		5	1	22240-16500 = 5740	
		6	6	16480-16500 = –20	$\leftarrow i^* = 3, j^* = 6$
4	4	5	1	24060-16500 = 7560	
		6	6	17620-16500 = 1120	
5	1	6	6	20460-16500 = 3960	

Tabelle C.6: Bewertung aller Vertauschungen in Iteration 2

Standort	1	2	3	4	5	6
Maschine	5	2	**6**	4	1	**3**

Tabelle C.7: Beste gefundene Lösung

Literaturhinweise

Arnold und Furmans (2005)
Domschke und Drexl (1996), Abschnitt 6.3
Wäscher (1985, 1993)

5.3 Konfigurierung von Fließproduktionssystemen

Bei **Fließproduktion** werden die Arbeitssysteme (Arbeitsstationen) im Hinblick auf einen als typisch angenommenen Produktionsprozeß linear hintereinander angeordnet. Jeder Station wird eine Menge von Bearbeitungsoperationen (Arbeitselementen) zugeordnet, die innerhalb einer bestimmten Zeitspanne zu erledigen sind.

Wird nur eine Erzeugnisart, z. B. ein bestimmter Fernsehertyp, in einem nach dem Prinzip der Fließproduktion organisierten Produktionssegment hergestellt, dann kann die Struktur des Produktionsprozesses direkt aus der im Arbeitsplan dokumentierten Arbeitsgangfolge abgeleitet werden (*Einproduktfließproduktion*). In diesem Fall sind die Bearbeitungszeiten an einer Station für alle Erzeugniseinheiten identisch.

Wesentlich schwieriger ist die Situation, wenn geplant ist, mehrere *Varianten eines Grundprodukts* mit unterschiedlichen Bearbeitungszeiten an den Stationen in mehr oder weniger wahlloser Reihenfolge zu produzieren. In diesem Fall kann eine typische zeitliche Belastung für eine Station nur dann ermittelt werden, wenn man angeben kann, mit welcher Mischung die einzelnen Varianten in dem Fließproduktionssystem bearbeitet werden sollen (*Mehrproduktfließproduktion*; *Variantenfließproduktion*). Probleme dieser Art sind z. B. in der Automobilmontage anzutreffen.

Neben der Anzahl der zu produzierenden Erzeugnisvarianten ist von Bedeutung, ob die Bearbeitungszeiten deterministisch bekannt sind oder ob sie zufälligen Schwankungen unterliegen. Dies ist z. B. bei Handarbeitsplätzen der Fall.

Im Hinblick auf die Ausführung der Arbeitsaufgaben kann die Fließproduktion einerseits so gestaltet werden, daß zwischen den Arbeitssystemen keine unmittelbare zeitliche Bindung besteht (*zeitlich ungebundene Fließproduktion* oder *Reihenproduktion*; siehe Abschnitt 1.3.2, S. 13 ff.). Die Bearbeitungsgegenstände müssen dabei nicht in zeitlicher Gleichmäßigkeit von vorgelagerten an nachfolgende Bearbeitungsstationen weitergeleitet werden. Damit in diesem Fall der reibungslose Produktionsablauf gesichert ist, müssen *Zwischenlager* (Puffer) eingerichtet werden.

Fließproduktionssysteme werden andererseits aber oft so aufgebaut, daß alle in der Produktion befindlichen Bearbeitungsgegenstände in *gleichem zeitlichen Rhythmus* von Station zu Station weitergegeben werden. Im Rahmen dieser zeitlich gebundenen Fließproduktion steht den Bearbeitungsstationen zur Bewältigung ihrer Arbeitsaufgaben jeweils eine gleichbleibende Zeitspanne, die Taktzeit, zur Verfügung. Die

Weitergabe der Erzeugnisse erfolgt oft durch ein Materialflußsystem mit kontinuierlichem Materialfluß (z. B. Fließband).

Wir wollen im folgenden zwei Grundtypen der Fließproduktion betrachten:

- Einproduktfließproduktion mit **deterministischen Bearbeitungszeiten** (Fließbandabstimmung; Abschnitt 5.3.1)
- Reihenproduktion mit **stochastischen Bearbeitungszeiten** (Leistungsanalyse; Abschnitt 5.3.2)

5.3.1 Fließbandabstimmung bei getaktetem Materialfluß

Nehmen wir an, der Bearbeitungsprozeß eines Erzeugnisses, das mit einem Fließproduktionssystem produziert werden soll, sei in kleinste nicht weiter teilbare Einheiten, sog. **Arbeitselemente**, zerlegt worden. Für jedes Arbeitselement ist eine **Vorgabezeit** bekannt. Das Problem der Fließbandabstimmung[3] besteht nun darin, die Arbeitselemente zu Aufgabengruppen mit möglichst gleichgroßer Arbeitslast zusammenzufassen, wobei die Arbeitslast einer Aufgabengruppe nicht größer als die vorgegebene **Taktzeit** sein darf. Für jede Aufgabengruppe wird eine Bearbeitungsstation, d. h. ein Arbeitsplatz mit der entsprechenden Maschinen- und Werkzeugausstattung sowie einem oder mehreren Mitarbeitern (Werkern), eingerichtet. Die Produkteinheiten werden nun von Station zu Station weiterbewegt, bis sie an der letzten Station das Fließproduktionssystem verlassen.

Bei der Konfigurationsplanung eines Fließproduktionssystems sind Entscheidungen darüber zu treffen, **wie viele Bearbeitungsstationen** zur Durchführung des Produktionsprozesses benötigt werden und in welcher Weise die einzelnen **Arbeitselemente** diesen Bearbeitungsstationen **zugeordnet** werden sollen.

Zwischen diesen beiden Fragen besteht ein enger Zusammenhang. Ausgangspunkt der Fließbandabstimmung bildet i. d. R. eine angestrebte Produktionsmenge bzw. eine daraus abgeleitete **Taktzeit** für die Ausführung der Arbeitsaufgaben an einer Station. Bei Fließproduktion mit zeitlicher Bindung wird aufgrund der fest einzuhaltenden Taktzeit und der synchronen Ausführung der Arbeitsaufgaben an allen Stationen jeweils nach Beendigung der Taktzeit eine Erzeugniseinheit fertiggestellt.

Nimmt man nun an, daß eine Planungsperiode T Zeiteinheiten umfaßt und daß in dieser Zeitspanne X Erzeugniseinheiten hergestellt werden sollen, dann ergibt sich

3 Auch wenn in vielen Fließproduktionssystemen mit zeitlicher Abstimmung kein Fließband, sondern automatisierte Fördertechnik eingesetzt wird, wollen wir in Übereinstimmung mit der Literatur weiterhin den Begriff Fließbandabstimmung verwenden. Im englischen Sprachraum spricht man von „assembly line balancing".

aus diesen Daten die **Taktzeit** einer Station wie folgt:

Planungszeitraum, z. B. 462 Minuten

$$C = \frac{T}{X} \tag{C.7}$$

geplante Produktionsmenge im Planungszeitraum T

Taktzeit

Die Taktzeit ist eine **zeitliche Obergrenze** für die zeitliche Belastung einer Station, die sich aus der Zuordnung der Arbeitselemente zu dieser Station ergibt. Für die Abgrenzung der Arbeitsaufgaben wird der Produktionsprozeß des betrachteten Produkts in Abschnitte zerlegt, die jeweils nicht mehr weiter aufteilbare Arbeitsaufgaben darstellen (z. B. Lötvorgänge, Schraubvorgänge, Prüfvorgänge). Die Durchführung eines solchen **Arbeitselements** (a_i) beansprucht eine bestimmte Zeit, die **Elementzeit** (t_i). Mehrere Arbeitselemente können einer Bearbeitungsstation zugeordnet werden, soweit die Summe der Elementzeiten – diese Summe wird auch Stationszeit genannt – die vorgegebene Taktzeit (C) nicht überschreitet. Dabei sind i. d. R. technisch bedingte **Reihenfolgevorschriften** für die einzelnen Arbeitselemente zu beachten. Die Arbeitselemente und ihre aus dem Arbeitsplan abgeleiteten Reihenfolgebeziehungen lassen sich sehr anschaulich mit dem sog. **Vorranggraphen** darstellen (siehe Bild C.4).

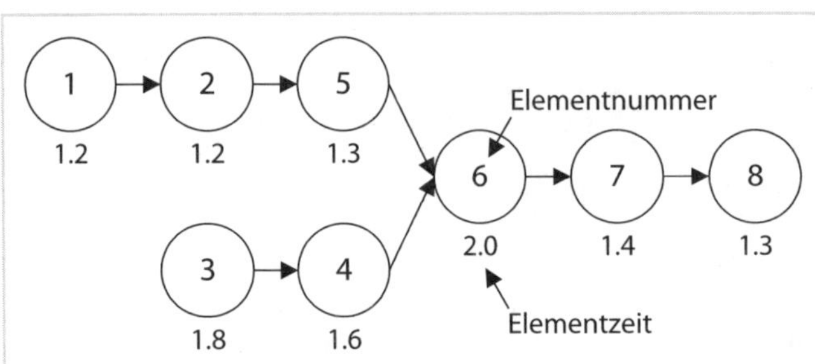

Bild C.4: Vorranggraph

Sind die angestrebte Produktionsmenge X und daraus abgeleitet die Taktzeit C als Datum gegeben, dann ist es ökonomisch sinnvoll, **möglichst wenige Stationen** einzurichten. Ein Fließproduktionssystem mit einer geringen Anzahl von Stationen benötigt nur wenige Maschinen, kommt mit wenigen Werkern aus, beansprucht nur eine geringe Fläche in der Fabrik und beinhaltet nur kurze Förderstrecken mit entsprechend niedrigen Anforderungen an die Fördertechnik. Ist die Taktzeit gegeben, dann kann die minimale Anzahl von Arbeitsstationen durch Lösung des folgenden **Optimierungsmodells** ermittelt werden, wobei davon ausgegangen wird, daß die Arbeitselemente im Vorranggraphen von links nach rechts aufsteigend nummeriert sind:

Modell SALBP[4]

$$\text{Minimiere } Z = \underbrace{\sum_{m=1}^{M} y_m}_{\text{Gesamtanzahl Stationen}} \tag{C.8}$$

u. B. d. R.

$$\underbrace{\sum_{i=1}^{I} t_i \cdot x_{im}}_{\text{Arbeitslast der Station } m} \leq C \cdot y_m \qquad m = 1, 2, \ldots, M \tag{C.9}$$

$$\sum_{m=1}^{M} x_{im} = 1 \qquad i = 1, 2, \ldots, I \tag{C.10}$$

$$\underbrace{\sum_{m=1}^{M} m \cdot x_{im}}_{\text{Stationsnummer des Arbeitselementes } i} \leq \underbrace{\sum_{m=1}^{M} m \cdot x_{jm}}_{\text{Stationsnummer des Arbeitselementes } j} \qquad i = 1, 2, \ldots, I; j \in \mathcal{N}_i \tag{C.11}$$

$$x_{im} \in \{0, 1\} \qquad i = 1, 2, \ldots, I;\ m = 1, 2, \ldots, M \tag{C.12}$$

$$y_m \in \{0, 1\} \qquad m = 1, 2, \ldots, M \tag{C.13}$$

Dabei bedeuten:

Daten:

C	Taktzeit
I	Anzahl der Arbeitselemente $i = 1, 2 \ldots, I$
M	Maximale Anzahl der Stationen $m = 1, 2 \ldots, M$
$\mathcal{N}_i$	Indexmenge der direkten Nachfolger des Arbeitselementes i im Vorranggraphen
t_i	Elementzeit des Arbeitselementes i

Variablen:

x_{im} = Binärvariable, die den Wert 1 annimmt, wenn Arbeitselement i der Station m zugeordnet wird

y_m = Binärvariable, die den Wert 1 annimmt, wenn Station m errichtet wird

Die Zielfunktion beschreibt die Anzahl der genutzten Stationen. Die Beziehungen (C.9) stellen sicher, daß die Arbeitslast der Station m nicht größer als die Taktzeit

4 SALBP = **S**imple-**A**ssembly **L**ine **B**alancing **P**roblem; vgl. *Scholl* (1999); *Scholl und Becker* (2006)

wird, falls die Station m mit der Variablen $y_m = 1$ in der Zielfunktion vertreten ist. Ist $y_m = 0$, dann dürfen der Station m keine Arbeitselemente zugeordnet werden. Die Gleichungen (C.10) garantieren, daß jedes Arbeitselement genau einer Station zugeordnet wird. Die Nebenbedingungen (C.11) beschreiben die Vorgänger-Nachfolger-Beziehungen zwischen den Arbeitselementen. Da auf beiden Seiten einer solchen Ungleichung jeweils nur ein x_{im}- bzw. x_{jm}-Wert gleich 1 ist, ergibt die Auswertung dieser Nebenbedingungen die Stationsnummern, denen die Arbeitselemente i und j zugeordnet sind. Aufgrund der angenommenen Nummerierung der Arbeitselemente ist dann sichergestellt, daß kein Arbeitselement mit einer höheren Nummer vor einem Arbeitselement mit einer niedrigeren Nummer ausgeführt wird.[5] Für die Arbeitselemente $i = 2$ und $j = 5$ aus Bild C.4 lautet die Nebenbedingung (C.11) z. B.:

$$\begin{aligned}
&1 \cdot x_{21} + 2 \cdot x_{22} + 3 \cdot x_{23} + 4 \cdot x_{24} + 5 \cdot x_{25} + 6 \cdot x_{26} + 7 \cdot x_{27} + 8 \cdot x_{28} \\
&\qquad \leq 1 \cdot x_{51} + 2 \cdot x_{52} + 3 \cdot x_{53} + 4 \cdot x_{54} + 5 \cdot x_{55} + 6 \cdot x_{56} + 7 \cdot x_{57} + 8 \cdot x_{58}
\end{aligned}$$

Die Lösung $x_{21} = 1$ und $x_{52} = 1$ wäre zulässig, da $1 \cdot x_{21} = 1 \leq 2 \cdot x_{52} = 2$. Die Lösung $x_{24} = 1$ und $x_{52} = 1$ wäre dagegen nicht zulässig, da $4 \cdot x_{24} = 4 > 2 \cdot x_{52} = 2$.

Betrachten wir zunächst folgendes **Beispiel** mit acht Arbeitselementen, deren Elementzeiten in Tabelle C.8 zusammengestellt sind. Nehmen wir vorerst an, daß die Arbeitselemente in beliebiger Reihenfolge ausgeführt werden können.

i	1	2	3	4	5	6	7	8
t_i	3	1	2	5	4	4	7	1

Tabelle C.8: Elementzeiten (Minuten)

Die Zeit, die benötigt wird, um eine komplette Erzeugniseinheit zu produzieren, beträgt 27. Dazu wäre lediglich eine einzige Arbeitsstation erforderlich, die alle Arbeitselemente erledigt. Pro Arbeitstag mit $T = 462$ Arbeitsminuten könnten dann maximal $X = \frac{T}{C} = \frac{462 \text{ Minuten pro Tag}}{27 \text{ Minuten pro Stück}} = 17.11$ Erzeugniseinheiten bei einer Taktzeit von $C = 27$ Minuten hergestellt werden. Bei nur einer Arbeitsstation ist die Taktzeit gleichzeitig die **Durchlaufzeit** eines Werkstücks.

Bei entsprechend hohem Tagesbedarf muß die Taktzeit u. U. erheblich reduziert werden. Eine **untere Grenze** für C ist die maximale Elementzeit (im Beispiel $C_{\min} = 7$). Nehmen wir nun an, daß die Taktzeit $C = 9$ festgelegt worden ist. Für diesen Fall ist eine **optimale Zuordnung** von Arbeitselementen zu Bearbeitungsstationen in Tabelle C.9 wiedergegeben.

5 Diese Modellierungstechnik entspricht der Erfassung der Vorgänger-Nachfolger-Beziehungen im Auftragsnetz bei der kapazitätsorientierten Terminplanung. Vgl. Beziehung (D.66) auf S. 215.

Station 1	Station 2	Station 3
$a_1; a_2; a_4$	$a_3; a_7$	$a_5; a_6; a_8$
$\tau_1 = 9$	$\tau_2 = 9$	$\tau_3 = 9$

Tabelle C.9: Optimale Lösung

Dabei bezeichnet τ_m die **Stationszeit** der Station m. Sie ergibt sich wie folgt:

$$\tau_m = \sum_{i \in \mathfrak{I}_m} t_i \tag{C.14}$$

wobei $\mathfrak{I}_m$ die Indexmenge der Arbeitselemente ist, die der Station m zugeordnet worden sind.

Die obige Lösung ist in zweierlei Hinsicht optimal. Zum einen ist für jede Station die Stationszeit genau gleich der Taktzeit. Jede Station ist also voll ausgelastet. Zum anderen ist die benötigte Anzahl von Stationen gleich der theoretisch minimalen Anzahl $M_{\min}$, die sich nach Gleichung (C.15) berechnet, wobei der Ausdruck $\lceil x \rceil$ die kleinste ganze Zahl $\geq x$ bezeichnet:

$$M_{\min} = \left\lceil \frac{\sum_{i=1}^{I} t_i}{C} \right\rceil \tag{C.15}$$

Realistischer ist der Fall, daß technisch vorgegebene **Reihenfolgebeschränkungen** zwischen den Arbeitselementen zu beachten sind. So muß z. B. erst ein Arbeitsgang ausgeführt worden sein, bevor sein Ergebnis geprüft werden kann. Nehmen wir für das obige Beispiel einmal an, daß die in Bild C.5 dargestellte Reihenfolge der Arbeitselemente eingehalten werden muß.

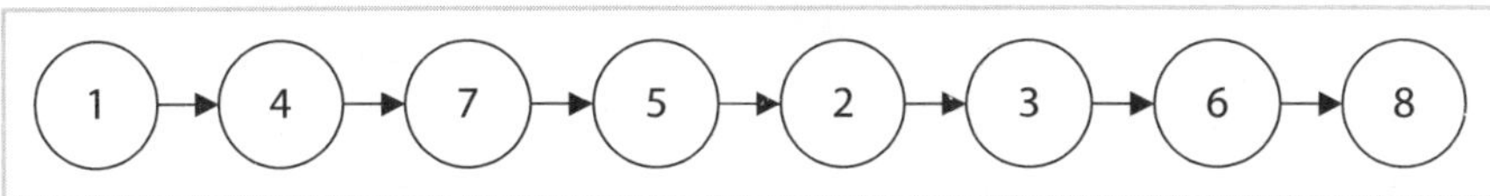

Bild C.5: Reihenfolgebedingungen

Bei einer maximalen Taktzeit von $C = 9$ erhält man die in Tabelle C.10 angegebene Zuordnung der Arbeitselemente zu den Bearbeitungsstationen.

Station 1	Station 2	Station 3	Station 4
$a_1; a_4$	a_7	$a_5; a_2; a_3$	$a_6; a_8$
$\tau_1 = 8$	$\tau_2 = 7$	$\tau_3 = 7$	$\tau_4 = 5$

Tabelle C.10: Lösung für $C = 9$

Es werden nun nicht mehr drei, sondern vier Stationen benötigt. Da die maximale Stationszeit 8 beträgt und damit kleiner als die Taktzeit $C = 9$ ist, sind die Arbeitsstationen nicht voll ausgelastet: es entstehen *Leerzeiten*. Da zudem in allen Stationen Leerzeiten anfallen, könnte bei dieser Fließbandabstimmung die Taktzeit verringert und die tägliche Produktionsmenge erhöht werden.

Zur Lösung des durch Modell SALBP beschriebenen Fließbandabstimmungsproblems gibt es eine große Anzahl von exakten und heuristischen Verfahren. Wir wollen ein einfaches heuristisches Verfahren anhand eines *Beispiels* erläutern.[6] Zur Herstellung eines Produkts sind acht Arbeitsgänge auszuführen, zwischen denen die in Bild C.6 dargestellten Reihenfolgebeziehungen bestehen.

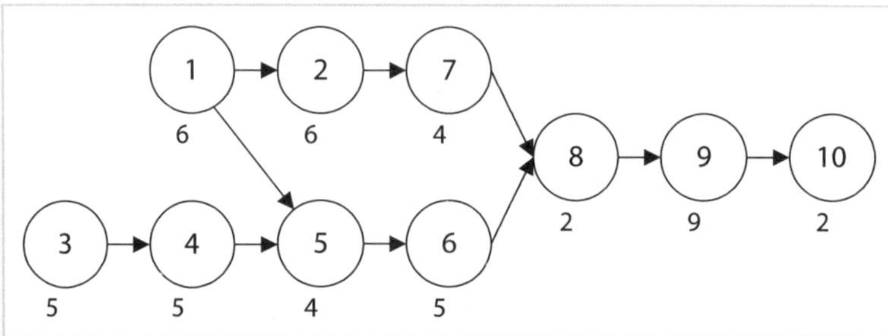

Bild C.6: Vorranggraph des Beispiels

Es sollen pro Arbeitstag, der 462 Minuten dauert, 42 Produkteinheiten hergestellt werden. Die *minimale Taktzeit* ist gleich der maximalen Arbeitselementzeit: 9 Minuten. Die *maximale Taktzeit* ergibt sich aus der Division der täglich verfügbaren Arbeitszeit $T = 462$ durch die geplante tägliche Produktionsmenge $x = 42$: $C_{\max} = \frac{462 \text{ Minuten pro Tag}}{42 \text{ Stück pro Tag}} = 11$ Minuten pro Stück.

Bei der Lösung des Problems durchläuft man den Vorranggraphen von links nach rechts und faßt die Arbeitselemente schrittweise zu Gruppen (bzw. Stationen) zusammen. **Einplanbar** sind dabei nur diejenigen Arbeitselemente, deren Vorgänger bereits einer Station zugeordnet worden sind. Falls mehrere Arbeitselemente einplanbar sind, wendet man eine **Prioritätsregel** zur Auswahl des nächsten Arbeitselementes an. Aus den Reihenfolgebeziehungen kann man ableiten, daß Arbeitselemente, die weit vorn im Arbeitsplan des Produkts stehen, die also viele Nachfolger haben, tendenziell auch einer der ersten Stationen des Fließproduktionssystems zugeordnet werden müssen. Offensichtlich muß das letzte Arbeitselement, das keinen Nachfolger hat, der letzten Station zugeordnet werden.

6 vgl. *Tempelmeier* (2005b)

Station	Einplanbare Arbeitselemente	Element	Elementzeit	Stationszeit	Verbleibende Zeit
1	{1, 3}	1	6	6	5
	{3}	3	5	11	0
	–				
2	{2, 4}	4	5	5	6
	{2, 5}	5	4	9	2
	–				
3	{2, 6}	2	6	6	5
	{6, 7}	7	4	10	1
	–				
4	{6}	6	5	5	6
	{8}	8	2	7	4
	–				
5	{9}	9	9	9	2
	{10}	10	2	11	0

Tabelle C.11: Lösung nach dem Kriterium der Anzahl Nachfolger

Eine plausible Regel zur Zusammenfassung der Arbeitselemente zu Stationen kann sich daher an der *Gesamtanzahl* aller Arbeitselemente orientieren, die nach einem Arbeitselement noch durchzuführen sind. In diesem Fall sortiert man die Arbeitselemente absteigend nach der Anzahl ihrer (direkten und indirekten) Nachfolger und baut dann schrittweise die einzelnen Stationen unter Berücksichtigung der vorgegebenen Taktzeit auf. Diese Vorgehensweise ist in Tabelle C.11 zusammengefaßt. Die Sortierreihenfolge ist dabei {Arbeitselement (Anzahl Nachfolger): 1(7), 3(6), 4(5), 5(4), 2(4), 7(3), 6(3), 8(2), 9(1), 10(0)}. Falls mehrere Arbeitselemente dieselbe Anzahl von Nachfolgern haben – im Beispiel ist dies für die Arbeitselemente 7 und 6 sowie 2 und 5 der Fall –, kann die Reihenfolge zufällig oder nach einer weiteren Prioritätsregel, z. B. nach der Länge der Elementzeit, festgelegt werden.

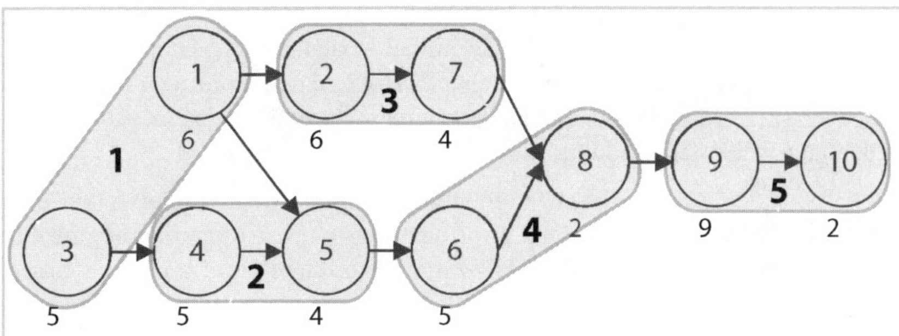

Bild C.7: Lösung

Es werden fünf Stationen benötigt. Die gefundene Lösung ist optimal, da die theoretische Mindestanzahl von Stationen erreicht wird: $M_{\min} = \left\lceil \frac{48}{11} \right\rceil = 5$. Die mittlere *Auslastung* aller Stationen (Bandwirkungsgrad) beträgt $U = \frac{48}{55} = 87.27\%$. Die resultierende Gruppierung der Arbeitselemente zeigt Bild C.7.

Während im Beispiel bei gleichen Prioritäten zunächst das Arbeitselement mit dem größten Index zugeordnet wurde, kann man z. B. beim Aufbau der Station 2 anstelle des Arbeitselementes 5 zunächst das Arbeitselement 2 zuordnen. Man erhält dann eine andere Lösung, die im vorliegenden Fall allerdings mit 5 Stationen ebenfalls optimal ist.

Literaturhinweise

Domschke et al. (1997), Kapitel 4
Scholl (1999)
Scholl und Becker (2006)
Tempelmeier (2005b), Abschnitt A.3

5.3.2 Leistungsanalyse bei nicht getaktetem Materialfluß

Während wir im vorangegangenen Abschnitt von einer getakteten, synchronen Werkstückbewegung ausgegangen sind, betrachten wir nun ein Produktionssystem, in dem die Stationen nicht fest miteinander verkettet sind. Die Werkstücke können *asynchron*, d. h. unabhängig voneinander von Station zu Station bewegt werden. Im Rahmen der Infrastrukturplanung fragen wir nach dem Leistungsverhalten eines derartigen Produktionssegments, um Anhaltspunkte für die optimale Konfiguration des Systems (z. B. Dimensionierung der Stationen) zu erhalten.

Die Fließproduktion mit asynchronem Materialfluß findet sich vor allem dann, wenn mehrere Erzeugnisarten mit *unterschiedlichen Bearbeitungszeiten* produziert werden sollen. Dabei können zum einen die Bearbeitungszeiten an den einzelnen Arbeitsstationen als fest vorgegeben angenommen werden (deterministische Betrachtungsweise), oder man nimmt an, daß sie zufälligen Schwankungen unterliegen (stochastische Betrachtungsweise). Die Annahme stochastischer Bearbeitungszeiten ist vor allem dann gerechtfertigt, wenn bei asynchronem Materialfluß die Arbeitsausführung ganz oder teilweise manuell erfolgt. Auch *Störungen* der Produktionsanlagen (z. B. Maschinenausfall, Werkzeugbruch) erzwingen eine stochastische Betrachtungsweise des Produktionssystems.

In den folgenden Ausführungen werden stochastische Bearbeitungszeiten unterstellt. In dieser Situation kann man zwar eine Leistungsabstimmung der einzelnen Stationen in bezug auf die mittleren Bearbeitungszeiten eines typischen Erzeugnisses an den einzelnen Stationen vornehmen. Die tatsächliche Durchlaufzeit eines konkreten Werkstücks läßt sich aber nicht mehr – wie im deterministischen Fall – als Summe der mittleren Bearbeitungszeiten errechnen. Denn unter stochastischen

Bedingungen kommen nun noch **zufällige Wartezeiten** der Werkstücke an den Bearbeitungsstationen hinzu.

Damit ein derartiges Fließproduktionssystem effizient genutzt werden kann, müssen zwischen den Bearbeitungsstationen **Puffer** (Warteräume) vorgesehen werden. Die Bestimmung der Puffergröße ist ein Optimierungsproblem, bei dem neben räumlichen Aspekten auch der Lagerbestand an angearbeiteten Erzeugnissen sowie Interdependenzen zwischen benachbarten Stationen zu berücksichtigen sind. Je kleiner der Pufferbereich zwischen zwei Stationen ist, um so eher kann der Fall eintreten, daß eine nachfolgende Station auf Material warten muß („starving") oder ein bearbeitetes Werkstück nicht an den nachfolgenden Puffer weitergegeben werden kann („blocking"). Bild C.8 zeigt ein Fließproduktionssystem, das aus drei Stationen besteht, vor denen Puffer mit begrenzter Kapazität plaziert sind. Die mittlere Station ist gerade unbeschäftigt.

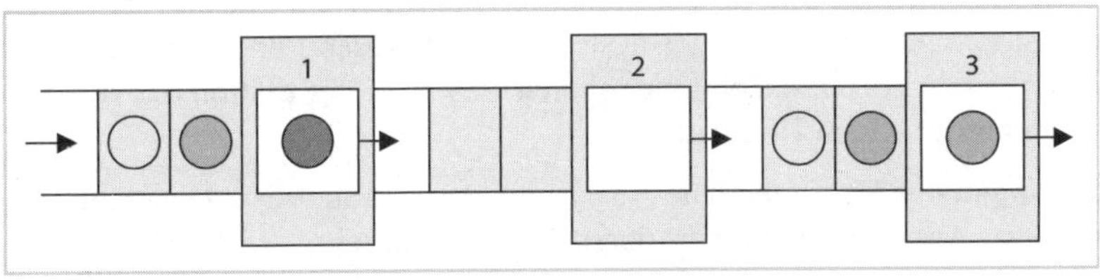

Bild C.8: Fließproduktionssystem mit asynchronem Materialfluß

Um die grundsätzliche Vorgehensweise der Analyse eines asynchronen Fließproduktionssystems mit stochastischen Bearbeitungszeiten zu erläutern, gehen wir von folgenden vereinfachenden Annahmen aus.

- Wir betrachten ein Fließproduktionssystem mit M Stationen, die jeweils aus einem Arbeitssystem bestehen.
- Werkstücke kommen mit *exponentialverteilten Zwischenankunftszeiten* mit dem Mittelwert $\frac{1}{\lambda}$ an der ersten Station an.
- Die *Bearbeitungszeiten* der Station m $(m = 1, 2, \ldots, M)$ sind mit dem Mittelwert b_m *exponentialverteilt*.
- Vor jeder Station ist ein Pufferbereich plaziert, der so groß ist, daß er als *unbegrenzt* angenommen werden kann.

Die getroffenen Annahmen ermöglichen es uns, das Fließproduktionssystem in einzelne Stationen zu zerlegen und diese unabhängig voneinander zu betrachten. Jede Station kann als ein $M/M/1$-Warteschlangensystem[7] analysiert werden. Für das

7 In der Notation $M/M/1$ bezeichnen die ersten beiden Parameter die Annahme exponentialverteilter (Markov-) Zwischenankunfts- bzw. Bearbeitungszeiten und der dritte Parameter die Anzahl der Bearbeitungsstationen in dem zugrundeliegenden Warteschlangensystem. Im vorliegenden Fall werden die Arbeitsstationen einzeln betrachtet. Zur Warteschlangentheorie vgl. *Neumann und Morlock* (1993).

$M/M/1$-Warteschlangenmodell ist bekannt, daß die Zwischenabgangszeiten exponentialverteilt sind. Da der Output einer Station m zum Input der Station $m+1$ wird, ist für jede Station die Annahme exponentialverteilter Zwischenankunftszeiten erfüllt. Das wiederum bedeutet, daß sich die interessierenden Leistungskenngrößen (Durchlaufzeiten, Warteschlangenlängen vor den Stationen) des betrachteten Fließproduktionssystems exakt berechnen lassen.

Produktionsrate. Die Produktionsrate X (Anzahl produzierter Erzeugniseinheiten pro Zeiteinheit) eines solchen Fließproduktionssystems ist gleich der mittleren Ankunftsrate λ an der ersten Station:

$$X = \lambda \tag{C.16}$$

Dies ist unmittelbar einsichtig, da ein linearer Werkstückfluß von Station 1 zur Station M vorliegt und kein Werkstück verloren geht. Allerdings muß sichergestellt sein, daß die Ankunftsrate an der ersten Station nicht die Leistungsfähigkeit der schwächsten Station (mit der geringsten Produktionsrate) überschreitet. Ist diese Bedingung nicht erfüllt, dann akkumulieren sich an dieser Station die Werkstücke, und es kommt zu einem Überlauf.

Auslastungen der Stationen. Die Auslastung der Station m ist gleich dem Produkt aus mittlerer Ankunftsrate und mittlerer Bearbeitungszeit:

$$U_m = \lambda \cdot b_m \qquad m = 1, 2, \ldots, M \tag{C.17}$$

Lagerbestand. Die mittleren Lagerbestände an den einzelnen Stationen ergeben sich aus den mittleren Warteschlangenlängen und den jeweils in Bearbeitung befindlichen Werkstücken.

$$Q = \sum_{m=1}^{M} Q_m \tag{C.18}$$

Die mittlere Anzahl von Werkstücken (wartend oder in Bearbeitung) in einem $M/M/1$-System beträgt

$$Q_m = \frac{U_m}{1 - U_m} \qquad m = 1, 2, \ldots, M \tag{C.19}$$

Durchlaufzeit. Die mittlere Durchlaufzeit eines Werkstücks durch das System ist gleich der Summe der stationsbezogenen Durchlaufzeiten:

$$W = \sum_{m=1}^{M} W_m \tag{C.20}$$

Die mittlere Durchlaufzeit in einem $M/M/1$-System ist

$$W_m = \frac{b_m}{1 - U_m} \qquad m = 1, 2, \ldots, M \tag{C.21}$$

Zur Veranschaulichung betrachten wir ein **Beispiel** mit $M = 5$ Stationen. Die mittlere Bearbeitungszeit beträgt für alle Stationen einheitlich jeweils $b_m = 10$ Minuten $(m = 1, 2, \ldots, 5)$. An der ersten Station kommen die Werkstücke mit mittleren Abständen von 12.5 Minuten an, d. h. die Ankunftsrate beträgt $\lambda = 0.08$ Stück pro Minute. Die Ergebnisse sind in Tabelle C.12 zusammengestellt.

Geht man nun davon aus, daß sich die mittlere Bearbeitungszeit an einer Station aus einem vorgegebenen Produktmix ergibt, dann kann man durch Veränderungen der Zusammensetzung des Produktionsprogramms die Leistung des Fließproduktionssystems beeinflussen.

Produktionsrate:	$X = 0.08$ Stück/Minute	
Auslastungen:	$U_m = 0.08 \cdot 10 = 80\%$	$(m = 1, 2, \ldots, 5)$
Lagerbestände:	$Q_m = \dfrac{0.8}{1 - 0.8} = 4.0$ Stück $Q = 5 \cdot 4.0 = 20$ Stück	$(m = 1, 2, \ldots, 5)$
Durchlaufzeiten:	$W_m = \dfrac{10}{1 - 0.8} = 50$ Minuten $W = 5 \cdot 50 = 250$ Minuten	$(m = 1, 2, \ldots, 5)$

Tabelle C.12: Ergebnisse

Das dargestellte Modell beschreibt einen sehr einfachen Dekompositionsansatz zur Analyse von Produktionssystemen. Realitätsnähere Modelle sind in der Lage, *andere Wahrscheinlichkeitsverteilungen* der Bearbeitungszeiten, *begrenzte Puffer* an den Stationen, *Abweichungen vom linearen Werkstückfluß* sowie *zufällige Maschinenausfälle* an den einzelnen Stationen zu berücksichtigen. Deren Darstellung würde jedoch den Rahmen der vorliegenden Einführung sprengen.

Literaturhinweise

Conway et al. (1988)
Helber (2004)
Kuhn (2002)
Tempelmeier (2003)
Tempelmeier und Kuhn (1996)

5.4 Konfigurierung von Produktionszentren

Bei der Zentrenproduktion werden unterschiedliche Typen von Arbeitssystemen, die zur Produktion einer bestimmten Menge von Erzeugnissen (Teilefamilie) benötigt werden, räumlich zusammengefaßt. Dadurch gelingt es, wie bei der Fließproduktion, das Objektprinzip zu realisieren, obwohl die zu bearbeitenden Erzeugnisse eine gewisse Variantenvielfalt aufweisen. Das Objektprinzip ist nun nicht auf ein einzelnes Objekt, sondern auf eine Gruppe verwandter Objekte bezogen.

Zwei Formen der Zentrenproduktion sollen hier betrachtet werden:

- Automatisierte Produktionszentren: *Flexible Fertigungssysteme* (FFS) (siehe Abschnitt 5.4.1)
- Nicht automatisierte Produktionszentren: *Produktionsinseln* (siehe Abschnitt 5.4.2)

5.4.1 Flexible Fertigungssysteme

Ein flexibles Fertigungssystem (FFS) ist ein Produktionssystem, das aus mehreren *numerisch gesteuerten Maschinen* besteht, die durch ein *automatisiertes Transportsystem* miteinander verbunden werden. Sämtliche Vorgänge in dem FFS werden durch einen *FFS-Zellenrechner* zentral gesteuert, der oft in eine Rechnerhierarchie eingebettet ist. Das FFS ist in der Lage, Werkstücke eines bestimmten Werkstückspektrums in wahlfreier Reihenfolge ohne nennenswerte Verzögerungen durch Umrüstvorgänge zu bearbeiten. Dies wird möglich, weil in einem FFS eine Menge von *voreingestellten Werkzeugen* z. T. in einem zentralen Werkzeuglager mit kurzen Zugriffszeiten und z. T. in lokalen Werkzeugmagazinen an den Maschinen in direktem Zugriff verfügbar ist und die Werkstücke i. d. R. an separaten Spannplätzen (zugleich Systemein- und -ausgang) auf speziellen Werkstückträgern (Paletten) fixiert werden, die eine schnelle Justierung der Werkstücke an den Bearbeitungsmaschinen ermöglichen. Der in der konventionellen Werkstattproduktion übliche zeitaufwendige Werkzeugwechsel erfolgt weitgehend automatisiert. Bild A.10 (siehe Seite 18) zeigt ein typisches Layout eines FFS.

Im Jahre 1988 existierten weltweit ca. 1000 FFS, von denen 800 „kleine" Systeme mit bis zu 5 Maschinen und 4 Mio US-$ Investitionsvolumen waren. „Große" FFS erreichen Werte von mehr als 120 Mio €. Man kann davon ausgehen, daß zu Beginn des dritten Jahrtausends eine wesentlich größere Anzahl von FFS existiert.

Mit der Einführung eines FFS werden in der betrieblichen Praxis zahlreiche ökonomische *Ziele* verfolgt, u. a. Einsparungen an Personalkosten, höhere Auslastungen der Produktionsanlagen, geringere Durchlaufzeiten der Aufträge mit der Konsequenz niedrigerer Lagerbestände und einer höheren Anpassungsfähigkeit an kurzfristig und auch langfristig sich verändernde Produktionsaufgaben.

Wird im Rahmen der Infrastrukturplanung die Einrichtung eines FFS erwogen, so stellt sich das Problem der optimalen **Konfiguration** eines derartigen Systems. Grundsätzlich sind hierbei folgende **Entscheidungstatbestände** zu betrachten:

Art und Anzahl der Produkte, die in dem FFS gefertigt werden sollen

- *Art der Produkte*

  Welche Produktarten sollen in dem FFS produziert werden? Gibt es Produktionssystem-Alternativen, z. B. eine evtl. vorhandene konventionelle Werkstattproduktion, die einzelne, für das FFS ungünstige Produktarten übernehmen können?

- *Produktionsmengen*

  Wie soll sich die gesamte Produktionsleistung des FFS in einer Periode auf die einzelnen Produktarten verteilen?

- *Struktur der Bearbeitungsprozesse (Arbeitspläne)*

  Nach welchen Arbeitsplänen sollen die Produktarten hergestellt werden?

- *Mix der Bearbeitungsprozesse*

  Sollen verschiedene Arbeitspläne einer Produktart – falls vorhanden – kombiniert eingesetzt werden, um eine günstigere Auslastung der Produktionskapazitäten im FFS zu erreichen?

Komponentenbezogene Entscheidungsvariablen

- *Art und Anzahl der einzusetzenden Maschinen*

  Sollen alle zur Komplettbearbeitung eines Werkstücks benötigten Maschinen in das FFS integriert werden, oder ist es sinnvoll, wenig genutzte Maschinen außerhalb des FFS aufzustellen, damit sie dort durch andere – nicht im FFS bearbeitete – Produkte in Anspruch genommen werden können? Wie viele Maschinen eines bestimmten Typs (z. B. Drehmaschinen, Fräsmaschinen) sollen in das FFS aufgenommen werden? Da eine Maschine mehr als eine Million € kosten kann, hat die Beantwortung dieser Frage einen signifikanten Einfluß auf die Wirtschaftlichkeit eines FFS.

- *Art und Anzahl der Be-/Entladestationen (Spannplätze)*

  Wie viele Spannplätze werden benötigt?

- *Art und Kapazität der Transportsysteme für Werkstücke und Werkzeuge*

  Soll ein schienengebundenes oder ein induktiv gesteuertes Transportsystem eingesetzt werden? Wie viele Fahrzeuge werden benötigt?

- *Art und Anzahl der Pufferplätze und der Lagersysteme*

  Sollen die Maschinen mit lokalen Werkstückpufferplätzen ausgestattet werden, oder soll vorwiegend zentrale Pufferkapazität bereitgestellt werden?

- *Art und Kapazität des Werkzeugversorgungssystems*

  Sollen Werkzeuge in einem zentralen Werkzeugmagazin bevorratet werden, oder sollen sie vorwiegend an den Maschinen in lokalen Werkzeugmagazinen gelagert werden?

- *Art und Anzahl der benötigten Paletten und Vorrichtungen*

  Wie viele Paletten (Universalpaletten oder Spezialpaletten) sollen im FFS zirkulieren? Hierdurch wird der Bestand an unfertigen Produkten direkt beeinflußt. Der Preis einer Palette kann im Einzelfall 25000 € betragen.

Strukturbezogene Entscheidungsvariablen

- *Layout des FFS*

  Wie sollen die Maschinen räumlich aufgestellt werden? Welche Auswirkungen hat diese Entscheidung auf die Auswahl des Transportsystems?

- *Aufbau und Struktur des Planungs- und Steuerungssystems*

  Wie soll die Rechnerhardware und die einzusetzende Planungs- und Steuerungssoftware strukturiert werden?

- *Anzahl und Qualifikation des Bedienungspersonals*

  Wieviel Bedienungspersonal welcher Qualifikation wird benötigt?

Neben *Simulationsmodellen* kann man zur Bestimmung der Leistungskenngrößen eines FFS auch auf die *Warteschlangentheorie* zurückgreifen. Bei Einsatz des klassischen Modells eines geschlossenen Warteschlangennetzwerks (**C**losed **Q**ueueing **N**etwork; CQN-Modell) wird das FFS als ein Netzwerk aus einstufigen $M/M/c$-Warteschlangensystemen mit exponentialverteilten Zwischenankunfts- und Bedienungszeiten (M) und c parallelen Bedienungseinrichtungen modelliert, durch das eine konstante Anzahl von „Kunden" (Paletten mit Werkstücken) zirkulieren.

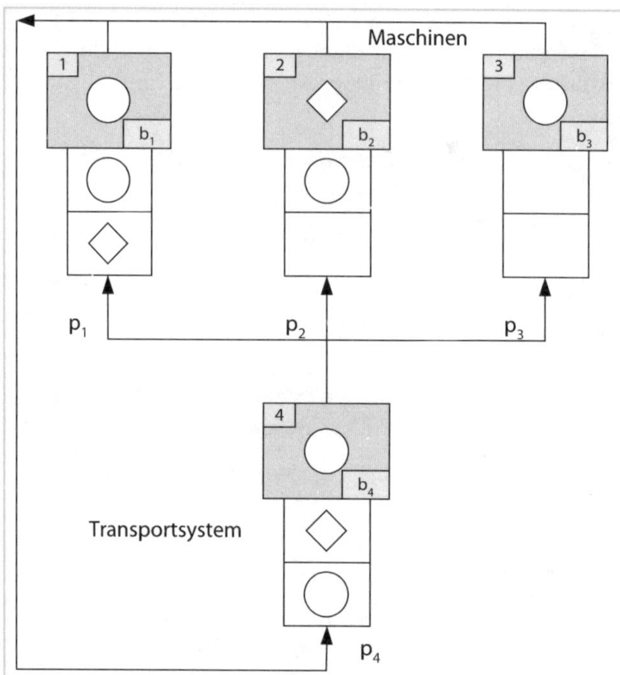

Bild C.9: FFS als geschlossenes Warteschlangennetzwerk

Bild C.9 zeigt eine Prinzipdarstellung eines CQN-Modells. Man erkennt die einzelnen Stationen (Maschinen, Spannplätze, Transportsystem), jeweils mit einem Bearbeitungsraum und einem Warteraum, sowie einige als Kreise dargestellte Werkstücke, die entweder warten oder gerade bearbeitet bzw. transportiert werden. Die Wahrscheinlichkeit dafür, daß eine Palette nach dem Verlassen einer Station zur Station m weitergeleitet wird, beträgt p_m $(m = 1, 2, \ldots, M)$.[8] Die mittlere Bearbeitungszeit eines beliebigen Werkstücks an Station m sei b_m. Durch Multiplikation dieser beiden Größen und Division durch die Anzahl Maschinen in der Station m, S_m, erhält man die mittlere Arbeitsbelastung einer Maschine der Station m, $w_m = \frac{b_m \cdot p_m}{S_m}$, bei einem einmaligen Durchlauf einer Palette durch das Warteschlangennetzwerk.

In der betrieblichen Praxis setzt man vermutlich am häufigsten äußerst einfache *statische Modelle* zur Berechnung der Leistungskenngrößen einer gegebenen FFS-Konfiguration ein. Sie basieren auf der Analyse des asymptotischen Verhaltens des FFS für große Palettenanzahlen, d. h. wenn so viele Paletten im FFS zirkulieren, daß die Engpaßstation immer beschäftigt ist. In diesem Fall ergibt sich die Produktionsrate $(\frac{\text{Mengeneinheiten}}{\text{Zeiteinheit}})$ der Engpaßstation e aus dem Quotienten der Anzahl der Bedienungseinrichtungen, S_e, und der mittleren Bearbeitungszeit, b_e:

$$X_e^{\max} = \frac{S_e}{b_e} \tag{C.22}$$

Der Index e der Engpaßstation ergibt sich als Resultat der Suche nach der maximalen Arbeitsbelastung pro Maschine wie folgt:

$$e = \arg \max_{m} \left\{ \frac{p_m \cdot b_m}{S_m} \right\} \tag{C.23}$$

Produktionsraten der Stationen $(\frac{\text{Mengeneinheiten}}{\text{Zeiteinheit}})$:

$$X_m = \frac{p_m}{p_e} \cdot X_e^{\max} \qquad m = 1, 2, \ldots, M \tag{C.24}$$

Auslastungen der Stationen:

$$U_m = \frac{b_m \cdot X_m}{S_m} \qquad m = 1, 2, \ldots, M \tag{C.25}$$

Es ist sehr einfach, diese Gleichungen in der Praxis anzuwenden. Ein Tabellenkalkulationsprogramm reicht hierzu aus. Wir erläutern die Berechnungen anhand des in Tabelle C.13 angegebenen **Beispiels**.

8 Diese Wahrscheinlichkeiten kann man aus den Arbeitsplänen der Produkte ableiten. Siehe *Tempelmeier und Kuhn* (1993), Abschnitt 31111.

	m	S_m	b_m	p_m	w_m
Station 1	1	1	90.00	0.5	45.000
Station 2	2	1	295.67	0.1	29.567
Station 3	3	1	193.33	0.4	77.332
Transport	4	1	5.90	1.0	5.900

Tabelle C.13: Beispieldaten

Wenden wir die obigen Formeln an, dann erhalten wir die in Tabelle C.14 wiedergegebenen Resultate.

	m	X_m	U_m
Station 1	1	0.006466	58.19%
Station 2	2	0.001293	38.23%
Station 3	3	0.005172	100.00%
Transport	4	0.012931	7.63%

Tabelle C.14: Ergebnisse bei Anwendung der statischen Analyse

Die statische Betrachtungsweise vernachlässigt den Umstand, daß bei *begrenzter* Anzahl Paletten im FFS – was üblicherweise der Fall ist – der Engpaß nicht zu 100% ausgelastet ist. Zirkulieren in dem obigen FFS z. B. nur vier Paletten, dann kommt es häufig vor, daß die Engpaßstation (Station 3) unbeschäftigt ist, weil sich gerade kein Werkstück im FFS befindet, dessen nächster Arbeitsgang an dieser Station durchzuführen ist. Dies wird umso häufiger vorkommen, je öfter die Paletten an den anderen Stationen „aufgehalten" werden. Um den angesprochenen systematischen Fehler der statischen Betrachtungsweise zu vermeiden, muß bei geringer Anzahl Paletten korrekterweise ein *Warteschlangenansatz* verwendet werden. Tabelle C.15 zeigt die Ergebnisse, die mit einem exakten Verfahren zur Berechnung der Kenngrößen eines geschlossenen Warteschlangennetzwerkes ermittelt wurden.

	m	X_m	U_m
Station 1	1	0.005881	52.93%
Station 2	2	0.001176	34.77%
Station 3	3	0.004704	90.95%
Transport	4	0.011761	6.94%

Tabelle C.15: Ergebnisse bei Anwendung des CQN-Modells (4 Paletten)

Die Bilder C.10 und C.11 veranschaulichen den Einfluß der Anzahl Paletten im FFS auf die Produktionsrate des Transportsystems (diese ist proportional zur Produktionsrate des FFS) und die Auslastungen der einzelnen Stationen. Man sieht, daß insbes. im Bereich geringer Palettenzahlen dramatische Fehleinschätzungen der Leistung des FFS auftreten.

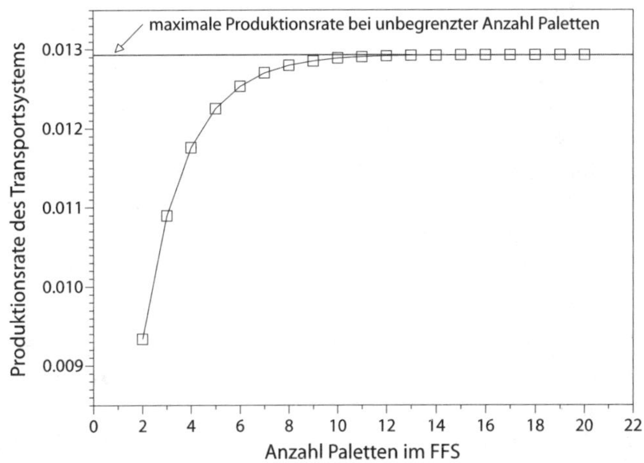

Bild C.10: Produktionsrate als Funktion der Anzahl Paletten im FFS

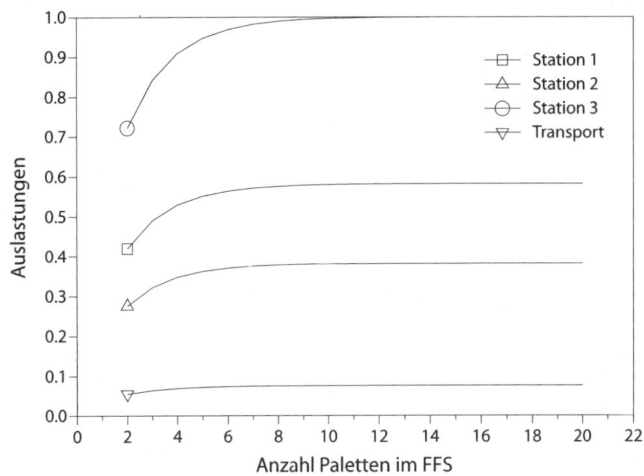

Bild C.11: Auslastungen als Funktion der Anzahl Paletten im FFS

Literaturhinweise
Kuhn (2004)
Tempelmeier (1992)
Tempelmeier und Kuhn (1993)

5.4.2 Produktionsinseln

Eine Produktionsinsel entsteht durch die räumliche Zusammenfassung von Arbeitssystemen unterschiedlicher Funktionen, die zur Produktion verwandter Erzeugnisse benötigt werden. Durch organisatorische Maßnahmen werden Produktionszentren mit *konventioneller Technologie* ohne eine aufwendige Automatisierung des Transportsystems und ohne eine ebenso aufwendige Integration des Informationssystems gebildet.

Die Integration von planenden, ausführenden und überwachenden Funktionen innerhalb einer Produktionsinsel mit weitgehender Autonomie bezüglich der Planung und Steuerung des Produktionsprozesses entspricht den Forderungen nach einer *Humanisierung der Arbeitswelt* und orientiert sich zum einen an den Sozialzielen der Unternehmung. Zum anderen ermöglicht eine Produktionsinsel aufgrund der räumlichen Nähe aller an der Produktion eines Erzeugnisses beteiligten Personen erhebliche *Vereinfachungen* im Bereich der Materialtransporte (Realisierung des Holprinzips) und der Planung und Steuerung. Betrachten wir z. B. den in Bild C.12 dargestellten Fluß zweier Erzeugnisfamilien durch ein Produktionssystem, das aus mehreren nach dem Verrichtungsprinzip gebildeten Werkstätten (**D**rehen, **B**ohren, **F**räsen, **S**tanzen) besteht.

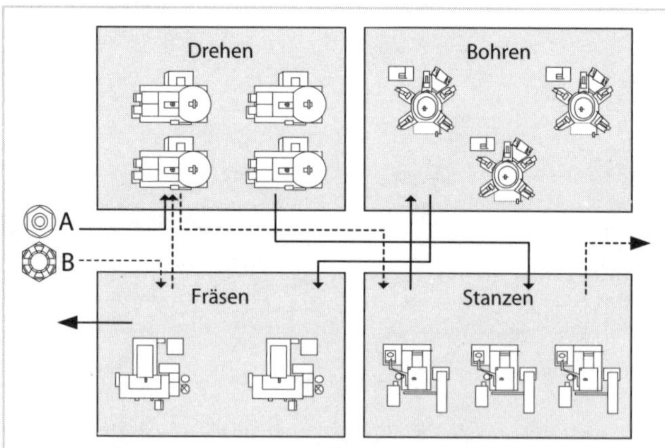

Bild C.12: Materialfluß bei Werkstattproduktion

Es sei angenommen, daß z. B. 170 Produktvarianten in den Werkstätten bearbeitet werden müssen, wobei die Varianten aufgrund der Ähnlichkeit ihrer Arbeitspläne zu Erzeugnisfamilien zusammengefaßt werden können. Da jede Erzeugnisfamilie mehrere Bearbeitungsoperationen erfordert, die in unterschiedlichen Werkstätten erfolgen, entstehen bei herkömmlicher Werkstattproduktion umfangreiche Materialflüsse.

Gelingt es dagegen, die vorhandenen Maschinen räumlich so zu Produktionsinseln zu gruppieren, daß innerhalb einer Insel sämtliche Bearbeitungsoperationen an einer Erzeugnisfamilie vorgenommen werden können, dann kann eine erhebliche Reduzierung der gesamten durch die Produktionsaufträge zurückgelegten Transportentfernung erreicht werden. Dies zeigt Bild C.13.

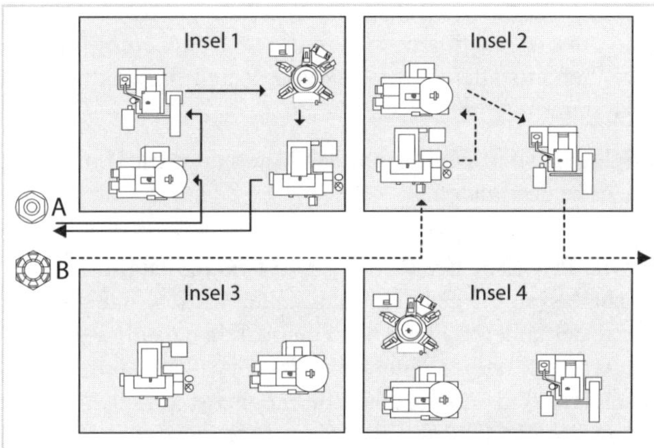

Bild C.13: Materialfluß bei Inselproduktion

Man verspricht sich von dem Organisationsprinzip der Inselproduktion zahlreiche **Vorteile**:

- kurze Transportwege und -zeiten, geringer Transportkapazitätsbedarf, da die meisten Transporte innerhalb einer Insel stattfinden;
- durch hohe Fertigungsverwandtschaft der Erzeugnisse geringe Umrüstzeiten;
- niedrige Losgrößen, geringe Lagerbestände, kurze Durchlaufzeiten;
- hohe Flexibilität der Anpassung an kurzfristige Änderungen der Produktionsaufgaben;
- einfache Produktionssteuerung aufgrund hoher Übersichtlichkeit des Produktionsgeschehens;
- Identifizierung der Mitarbeiter mit „ihren" Produkten, dadurch höhere Produktionsqualität;
- geringes Investitionsvolumen, da mit bestehender konventioneller Technologie realisierbar.

Sollen diese Vorteile aber realisiert werden, dann müssen Gemeinsamkeiten der Erzeugnisse bestehen, die eine sinnvolle Gruppierung erlauben.

Die Einführung einer Produktionsinsel erfolgt i. a. durch Reorganisation eines aus konventionellen Einzelarbeitsplätzen bestehenden Produktionssystems. Hierbei wird üblicherweise in folgenden *Schritten* vorgegangen:

1. Identifizierung von Erzeugnisfamilien unter Berücksichtigung der Produktionsähnlichkeit.
2. Auswahl der Arbeitssysteme, die zu einer Produktionsinsel zusammengefaßt werden sollen (Maschinen- bzw. Ressourcengruppierung).
3. Konzeption eines dezentralen Planungs- und Steuerungssystems und Definition von Schnittstellen zum übergeordneten Produktionsplanungs- und -steuerungssystem.
4. Auswahl, Schulung und Motivation der Mitarbeiter im Hinblick auf die neue Qualität der Arbeitsaufgaben.

Betrachten wir die Probleme der **Bildung von Erzeugnisfamilien** und der **Gruppierung der Arbeitssysteme** genauer, dann stellen wir fest, daß die eine Frage ohne die Beantwortung der anderen Frage nicht sinnvoll behandelt werden kann. Um eine Gruppe von Arbeitssystemen unterschiedlicher Art zu identifizieren, die in einer Produktionsinsel Erzeugnisse einer Familie möglichst komplett bearbeiten sollen, muß bekannt sein, *welche Erzeugnisse* zu der Erzeugnisfamilie gehören. Andererseits benötigt man zur Bildung einer Erzeugnisfamilie die Kenntnis der Arbeitssysteme der Produktionsinsel, da sich daraus die Menge der Bearbeitungsoperationen ergibt, die ein Erzeugnis erfordern darf, wenn es einer Erzeugnisfamilie zugeordnet werden soll.

Betrachten wir ein **Beispiel** mit vier Erzeugnissen, deren Arbeitspläne den Einsatz von insgesamt fünf Typen von Arbeitssystemen erfordern (siehe Tabelle C.16).

Erzeugnis	Drehen	Bohren	Fräsen	Entgraten	Waschen
1	X	X	X		
2			X	X	X
3	X	X			
4				X	X

Tabelle C.16: Arbeitspläne (Beispiel)

Da die Arbeitspläne der Erzeugnisse 1 und 3 sowie der Erzeugnisse 2 und 4 sehr ähnlich sind, drängt sich die Zusammenfassung dieser Erzeugnisse zu je einer Familie auf. Soll die erste Erzeugnisfamilie komplett durch eine Produktionsinsel bearbeitet werden, dann muß diese die Arbeitssysteme „Drehen", „Bohren" und

„Fräsen" enthalten. Soll das Arbeitssystem „Fräsen" dieser Produktionsinsel nicht zugeordnet werden, weil dieser Arbeitsgang auch noch in dem Arbeitsplan des Erzeugnisses 2 vorkommt, dann kann die Erzeugnisfamilie nicht komplett in der Produktionsinsel bearbeitet werden. In der vorliegenden Situation bestehen zwei Möglichkeiten:

- *Verzicht auf die Komplettbearbeitung* und Bildung von drei Produktionsinseln:
  1. {Drehen, Bohren}–{Erzeugnisse 1 und 3},
  2. {Fräsen}–{Erzeugnisse 1 und 2},
  3. {Entgraten, Waschen}–{Erzeugnisse 2 und 4};
- *Komplettbearbeitung* und Installation einer zusätzlichen Fräsmaschine:
  1. {Drehen, Bohren, Fräsen}–{Erzeugnisse 1 und 3},
  2. {Fräsen, Entgraten, Waschen}–{Erzeugnisse 2 und 4}.

Bereits an diesem einfachen Beispiel wird der Zielkonflikt deutlich, der bei der Einführung der Inselproduktion entstehen kann.

Prinzipiell könnte man – wie im Beispiel geschehen – die Erzeugnisfamilienbildung ausschließlich an der Ähnlichkeit der Bearbeitungsprozesse orientieren, eine bestimmte Anzahl von Erzeugnisfamilien bilden und für jede Familie die benötigten Arbeitssysteme in einer Produktionsinsel zusammenfassen. Diese allein an der Struktur der Arbeitspläne der Erzeugnisse orientierte Vorgehensweise hätte aber den großen *Nachteil*, daß ein Arbeitssystem bereits dann einer Produktionsinsel zugeordnet würde, wenn mindestens ein Erzeugnis dieses erfordert. Daraus könnte eine sehr *geringe Nutzung* dieses Arbeitssystems resultieren. Daraus folgt, daß bei der Erzeugnisfamilienbildung und Arbeitsplatzgruppierung auch Fragen der Auslastung der Ressourcen berücksichtigt werden müssen.

Das Problem der Erzeugnisfamilienbildung und Ressourcengruppierung besteht also vor allem darin, möglichst „ähnliche" Erzeugnisse so zu Gruppen zusammenzufassen, daß sie weitgehend komplett durch eine Produktionsinsel bearbeitet werden können. Dabei sollen bei Vorgabe einer geplanten Produktionsmenge insgesamt möglichst wenige Arbeitssysteme eingesetzt werden.

Eine einfache Vorgehensweise zur Identifizierung von Erzeugnisfamilien und Arbeitssystemgruppen baut auf einer Matrix auf, deren Zeilen die Arbeitssysteme und deren Spalten die Erzeugnisse markieren. Ein Element der Matrix enthält eine 1, wenn das Arbeitssystem m im Arbeitsplan des Erzeugnisses j vorkommt (siehe Bild C.17).

	E1	E2	E3	E4	E5	E6
M1			1		1	
M2		1	1			
M3	1			1		
M4		1	1		1	
M5	1			1		1

Tabelle C.17: Maschinen-Erzeugnis-Matrix

Durch geeignete Sortierung der Zeilen und Spalten der Matrix versucht man dann, eine möglichst perfekte *Blockdiagonalstruktur* der Matrix zu erreichen. Dazu interpretiert man die einzelnen Zeilen der Matrix als Binärzahlen (z. B. für M1: $001010_2 = 10_{10}$) und sortiert sie in absteigender Reihenfolge. Das Ergebnis ist in Bild C.18 dargestellt.

	E1	E2	E3	E4	E5	E6	Zeilenwert
M5	1			1		1	37
M3	1			1			36
M4		1	1		1		26
M2		1	1				24
M1			1		1		10

Tabelle C.18: Maschinen-Erzeugnis-Matrix nach Sortierung der Zeilen

Nun interpretiert man die Spalten als Binärzahlen (z. B. für E1: $11000_2 = 24_{10}$) und sortiert erneut nach der Größe. Bild C.19 zeigt die hier durch geschickte Wahl des Beispiels eingetretene Situation, daß eine perfekte Blockdiagonalstruktur erreicht wird. Im vorliegenden Fall könnte man die Maschine M5 und M3 in einer Produktionsinsel plazieren und dieser die Erzeugnisse E1, E4 und E6 zu ordnen. Die Maschinen M4, M2 und M1 werden zu einer zweiten Produktionsinsel gruppiert, deren Aufgabe die Bearbeitung der Erzeugnisse E3, E2 und E5 ist.

	E1	E4	E6	E3	E2	E5
M5	1	1	1			
M3	1	1				
M4				1	1	1
M2				1	1	
M1				1		1
Spaltenwert	24	24	16	7	6	5

Tabelle C.19: Maschinen-Erzeugnis-Matrix nach Sortierung der Spalten

Die hier gefundene Idealsituation wird nicht erreicht, wenn es Matrixelemente gibt, die nach der Sortierung noch außerhalb der Blockdiagonalen plaziert sind. Dieses Problem tritt in der Praxis aber regelmäßig auf. Die dargestellte Vorgehensweise vermittelt zwar einen ersten groben Überblick über die Beziehungen zwischen den Erzeugnissen und den Arbeitssystemen. Allerdings lassen sich so keine Aussagen über die Intensität dieser Beziehungen treffen. So bleiben hier die Fragen der Kapazitätsauslastungen der Arbeitssysteme oder des Umfangs der Transporte unberücksichtigt. Zahlreiche andere Gruppierungsverfahren versuchen aber, diese Aspekte in die Lösung mit einzubeziehen.

Die Identifizierung von Erzeugnisfamilien sowie die Festlegung der Struktur der benötigten Produktionsinseln ist in der Praxis ein äußerst schwer lösbares Problem, das oft allein durch seine Dimensionen enorme Schwierigkeiten bereitet. So stand z. B. ein Hersteller von Druckmaschinen vor der Aufgabe, die auf zwei Produktionsstätten verteilte Kleinteilefertigung in einer neu zu errichtenden Fabrik zu zentralisieren. Innerhalb der Fabrik sollten Produktionsinseln eingerichtet werden. Die Datengrundlage für die Werksplanung bildeten die Aufträge eines zurückliegenden Jahres, insgesamt 19961 Aufträge für 14029 Erzeugnisse (Sachnummern). In den beiden vorhandenen Produktionsstandorten existierten 747 Ressourcengruppen mit z. T. mehreren Ressourcen. Nach Anwendung eines hier nicht näher zu erläuternden Strukturierungsverfahrens ergab sich, daß selbst bei bestmöglicher Gruppierung der Erzeugnisse und Arbeitssysteme ca. 25% der Erzeugnisse einer Erzeugnisfamilie noch außerhalb ihrer jeweiligen Produktionsinsel weiterbearbeitet werden mußten.

Literaturhinweise

Askin und Standridge (1993), Kapitel 6
Kuhn (2004)

6 Personelle Ressourcen

Ressourcen sind Quellen, aus denen Leistungen geschöpft werden. Menschliche Arbeit ist als Leistungsquelle in der industriellen Produktion unersetzbar. Allerdings zeigt die industrielle Entwicklung sehr deutlich, daß immer mehr elementare Arbeitsverrichtungen durch Maschinen übernommen werden. Gleichzeitig steigen aber die Anforderungen an die fachliche Qualifikation der Mitarbeiter, die Arbeitsbedingungen werden menschengerechter und die Arbeitszeiten zunehmend kürzer. Menschliche Arbeit ist nicht zuletzt wegen der umfangreichen Sozialleistungen und der heute als selbstverständlich erachteten Lohnfortzahlungen bei Krankheit und Urlaub zu einem ausgesprochen teuren Produktionsfaktor geworden. Nicht nur die im internationalen Vergleich sehr hohen Stundenlohnkosten der hochentwickelten Industrieländer, sondern auch die fortschreitende Automatisierung der Produktionsverfahren haben das Arbeitsleben durchgreifend verändert. Angesichts dieser sich wandelnden Rahmenbedingungen werden die fachliche Kompetenz der Mitarbeiter und ihre Identifikation mit den gestellten Arbeitsaufgaben als wesentliche Beiträge zum Aufbau der Leistungsstärke der Unternehmung betrachtet. In dem Begriff „Humankapital" kommt dieser Einstellungswandel treffend zum Ausdruck.

Das Arbeitsleben wird wesentlich durch die jeweils geltenden *rechtlichen, wirtschaftlichen und technologischen Rahmenbedingungen* bestimmt. Diesen Gesichtspunkt behandeln wir einleitend in Abschnitt 6.1 Anschließend gehen wir im Abschnitt 6.2 ausführlicher auf die *innerbetrieblichen Arbeitsbedingungen* ein, von denen die menschliche Arbeitsleistung in starkem Maße abhängt. Den Schlußpunkt dieses Kapitels bildet ein Überblick über den Aufgabenbereich der *Personalkapazitätsplanung* im Industriebetrieb (Abschnitt 6.3).

6.1 Rahmenbedingungen der menschlichen Arbeit

Die menschliche Arbeit weist gegenüber den sachlichen Produktionsfaktoren (Material, Anlagen usw.) einige besondere Eigenschaften auf. Menschen bringen ihre *geistigen und körperlichen Kräfte* zur Erfüllung ihnen übertragener Aufgaben in den Produktionsprozeß ein. Für die meisten Menschen stellt die Arbeit einen erheblichen Lebensbestandteil dar, der ihnen die *materiellen Voraussetzungen* für die freie Entfaltung des privaten Lebens schaffen soll. Die industrielle Produktion ist stets arbeitsteilig. Daher bestehen enge *soziale Wechselbeziehungen* zu den unmittelbaren Arbeitskollegen, aber auch zu Untergebenen und Vorgesetzten. Den Absatz der erzeugten Produkte und die Beschaffung der benötigten Produktionsfaktoren führen nicht die Arbeitnehmer in eigener Verantwortung durch; vielmehr werden diese Aufgaben von der Unternehmung wahrgenommen. Gleichzeitig werden aber die Sicherheit der Arbeitsplätze, das persönliche Einkommen und die Arbeitszufriedenheit in starkem Maße durch die externen gesamtwirtschaftlichen und technologischen Rahmenbedingungen sowie durch den Erfolg der Unternehmensstrategien bestimmt. *Interessenkonflikte* zwischen einzelnen Mitarbeitern oder Mitarbeitergruppen, zwischen Arbeitnehmern und Unternehmensleitung oder zwischen Gewerkschaften und Arbeitgeberverbänden sind daher unausweichlich.

Die relevanten externen Rahmenbedingungen der menschlichen Arbeit lassen sich in drei Bereiche gliedern:[9]

Rechtliche Rahmenbedingungen. Die rechtliche Regelung der verschiedenen Problemkreise des Arbeitslebens ist auf eine Vielzahl von Einzelgesetzen verstreut.[10] Ein einheitliches „Arbeitsgesetzbuch" (vergleichbar z. B. mit dem Bürgerlichen Gesetzbuch) existiert im deutschen Recht nicht. Allgemeine Bestimmungen des Arbeitsrechts sind im Grundgesetz, im BGB und HGB sowie in der Gewerbeordnung enthalten. Daneben gibt es zahlreiche Einzelgesetze, die spezielle arbeitsrechtliche Bereiche betreffen (z. B. Kündigungsschutzgesetz, Lohnfortzahlungsgesetz, Jugendarbeitsschutzgesetz, Schwerbehindertengesetz, Mutterschutzgesetz sowie die Arbeitszeitordnung). Zusätzlich werden die Rechte und Pflichten von Arbeitgeber und Arbeitnehmer in einem *individuellen Arbeitsvertrag* geregelt. Weitere arbeitsrechtliche Vereinbarungen, insbes. über die Höhe von Mindestlöhnen, werden im Rahmen der *Tarifautonomie* zwischen Arbeitgeberverbänden und Gewerkschaften kollektivvertraglich getroffen. Schließlich ergeben sich *Mitwirkungs- und Mitbestimmungsmöglichkeiten* der Arbeitnehmer an den unternehmerischen und betrieblichen Entscheidungen u. a. aus dem Mitbestimmungs- und Betriebsverfassungsgesetz.

Gesamtwirtschaftliche und gesellschaftliche Rahmenbedingungen. Die Sicherung bestehender und die Schaffung neuer Arbeitsplätze sind nur bei entsprechender *Absatz- bzw. Auftragslage* der Unternehmung möglich. Der Absatz der Enderzeugnisse wird einerseits durch den Erfolg der Unternehmensstrategien, andererseits durch die gesamtwirtschaftliche Lage entscheidend beeinflußt. Aufgrund der engen internationalen wirtschaftlichen Verflechtung sind konjunkturelle Schwankungen und ihre arbeitsmarktlichen Auswirkungen nicht nur auf einzelne Volkswirtschaften beschränkt. Vor dem Hintergrund anhaltender Arbeitslosigkeit und der gleichzeitig eingetretenen Verteuerung der Arbeit haben *Arbeitszeitflexibilisierungen* (z. B. Teilzeitarbeit, Jahresarbeitszeitmodelle, flexible Schichtplanung) zunehmend an Verbreitung gewonnen.

Technologische Rahmenbedingungen. Vor allem durch die zunehmende Verbreitung von *automatisierten flexiblen Produktionssystemen* haben sich die industriellen Produktionsverfahren und damit die Arbeitsbedingungen grundlegend verändert. Einem sinkenden Personalbedarf stehen häufig steigende fachliche Anforderungen gegenüber. Während die physische Belastung i. d. R. abnimmt, wird den Arbeitskräften eine größere Eigenverantwortung und ein größerer Dispositionsspielraum übertragen. Vielfach ist auch der Übergang von der Einzel- zur *Gruppenarbeit* zu beobachten. Teamfähigkeit, Weiterbildungsbereitschaft und flexible Einsatzfähigkeit werden zunehmend gefragt. Nicht zuletzt haben sich durch die Einkehr der

9 Vgl. *Frese* (1994)

10 Vgl. z. B. *Kupsch und Marr* (1991)

Mikroelektronik in die Produktion ganze Berufsbilder entscheidend verändert (z. B. des technischen Zeichners und Konstrukteurs oder des Arbeitsplaners).

Literaturhinweise

Frese (1994), Abschnitt A.IV
Kupsch und Marr (1991)

6.2 Innerbetriebliche Arbeitsbedingungen

Gegenüber den anderen Produktionsfaktoren nimmt der Mensch als humaner Produktionsfaktor eine Sonderstellung ein. Seine Arbeitsleistung hängt von einer Reihe von Einflußfaktoren ab, z. B. seiner sozialen und sachlichen Arbeitsumgebung sowie psychischen Einflußfaktoren. Überdies ist der einzelne Mitarbeiter stets als Mitglied einer sozialen Betriebsgemeinschaft zu betrachten. Aus diesen Gründen kann die industrielle Arbeitsgestaltung nicht allein unter Kosten- und Ergiebigkeitsaspekten gesehen werden.

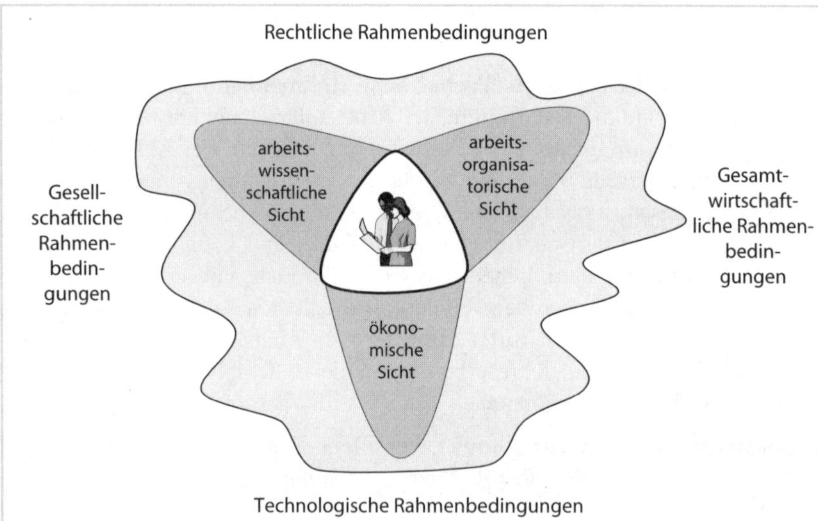

Bild C.14: Arbeitswissenschaftliche, arbeitsorganisatorische und ökonomische Sichtweise der menschlichen Arbeit

In Bild C.14 kommen die unterschiedlichen Sichtweisen des Menschen in der Produktion zum Ausdruck, bei der entweder arbeitswissenschaftliche, arbeitsorganisatorische oder ökonomische Aspekte betont werden. Im folgenden Abschnitt 6.2.1 fragen wir zunächst aus arbeitswissenschaftlicher Sicht nach den *für die menschliche Arbeitsleistung ausschlaggebenden Determinanten.* Anschließend wird im

Abschnitt 6.2.2 der Aufgabenbereich der *industriellen Arbeitsgestaltung* erläutert. Schließlich werden im Abschnitt 6.2.3 die *Bewertung und Entlohnung der Arbeit* als wichtigste ökonomische Gesichtspunkte herausgegriffen.

6.2.1 Determinanten der menschlichen Arbeitsleistung

Für die Gestaltung der industriellen Arbeitsprozesse werden vor allem Erkenntnisse über die *Höhe der menschlichen Arbeitsleistung* und deren *Einflußgrößen* benötigt. Seit mehr als 100 Jahren gibt es unterschiedlichste wissenschaftliche Ansätze, die Determinanten der menschlichen Arbeitsleistung zu erfassen. Einer der ersten Wissenschaftler, der sich in den 80er Jahren des vorigen Jahrhunderts mit diesem Problembereich systematisch auseinandergesetzt hat, war *F. W. Taylor*, der Begründer der sog. *wissenschaftlichen Betriebsführung* (scientific management). Seine Untersuchungen waren durch eine primär ingenieurwissenschaftliche Sichtweise geprägt, bei der der Mensch vorwiegend als Produktionsfaktor betrachtet, seine *sozialen Eigenschaften* aber weitgehend vernachlässigt wurden (*mechanistisches Grundmodell* des arbeitenden Menschen). Zentrales Element der wissenschaftlichen Betriebsführung bilden *Arbeits- und Zeitstudien*, deren Zielsetzung darin besteht, die Arbeitsbedingungen so zu gestalten, daß die menschliche Arbeitskraft optimal genutzt werden kann. Dabei vertrat *Taylor* das Postulat einer strikten Trennung von Planung und Ausführung.

Die Eigenschaften des Menschen als soziales Wesen wurden in dieser Betrachtungsweise vollständig vernachlässigt. Dieser Aspekt wurde insbes. durch die *Human-Relations-Bewegung* aufgegriffen. Hier wurde erstmals der Versuch unternommen, das Leistungsverhalten der Mitarbeiter auch mit nicht-ökonomischen Einflußgrößen zu erklären (*sozialwissenschaftliches Grundmodell* des Menschen). Leistungsveränderungen werden in diesem Ansatz durch Veränderungen der sozialen Bedingungen am Arbeitsplatz erklärt, die sich einerseits in einer besseren Zusammenarbeit zwischen Mitarbeitern und Vorgesetzten und dem Vertrauen zwischen ihnen (*vertikal*) und andererseits in einer besseren Zusammenarbeit mit gleichgestellten Kollegen (*horizontal*) entwickeln. Der Mensch wird hierbei als Mitglied einer sozialen (Arbeits-)Gemeinschaft betrachtet. Ziel des Human-Relations-Ansatzes war es, durch die Berücksichtigung informeller Gruppenstrukturen und -beziehungen die Zufriedenheit der Mitarbeiter zu erhöhen und damit gleichzeitig eine Leistungssteigerung zu erreichen. Aber auch dieser Ansatz muß letztlich wiederum als einseitig angesehen werden, da er lediglich die sozialen Bedingungen in den Mittelpunkt stellt.

Inzwischen ist die industrielle menschliche Arbeit Betrachtungsgegenstand einer Reihe von wissenschaftlichen Teildisziplinen geworden, die man unter der Sammelbezeichnung *Arbeitswissenschaften* zusammenfaßt (u. a. der Arbeitsmedizin, Arbeitspsychologie und der Arbeitssoziologie). Die Arbeitswissenschaften sind darum bemüht, interdisziplinär Erkenntnisse für die Gestaltung der industriellen Arbeitsprozesse bereitzustellen. Als Ergebnis arbeitswissenschaftlicher Untersuchungen läßt sich festhalten, daß die Ergiebigkeit der menschlichen Arbeitsleistung einerseits von *intrapersonellen* und andererseits von *extrapersonellen* Einflußgrößen abhängt.

Intrapersonelle Einflußgrößen. Hierunter werden alle Bestimmungsfaktoren des menschlichen Arbeitsverhaltens zusammengefaßt, die im wesentlichen im arbeitenden Menschen selber, d. h. *in seiner Person* begründet sind. Dies sind vor allem seine **Leistungsfähigkeit** und seine **Leistungsbereitschaft**.

Leistungsfähigkeit. Die Leistungsfähigkeit eines Menschen ist die größtmögliche Leistung, die er erbringen kann. Dabei ist zwischen einer *Höchstleistungsfähigkeit* – sie bezieht sich nur auf einen kurzen Zeitraum – und einer *Dauerleistungsfähigkeit* zu unterscheiden. Die Dauerleistungsfähigkeit ist diejenige Leistung, die unter Beachtung notwendiger Pausen während des Arbeitstages und über einen längeren Zeitraum ohne gesundheitliche Beeinträchtigung erbracht werden kann.

Die Höhe der menschlichen Leistungsfähigkeit wird durch zahlreiche Faktoren beeinflußt. Hier sind vor allem die angeborenen *Anlagen* eines Menschen zu nennen sowie deren *Entfaltung* durch Wachstum, Lernen und Übung. Die Entfaltung dieser Anlagen wird durch betriebliche *Schulungsmaßnahmen* oder durch *Lern- und Übungsprozesse* während der Arbeit direkt beeinflußt. Das betriebliche Aus- und Fortbildungswesen und die tätigkeitsbezogenen Lern- und Übungsprozesse bilden damit wichtige betriebliche Einwirkungsmöglichkeiten auf die menschliche Leistungsfähigkeit.

Leistungsbereitschaft. Die tatsächlich erbrachte Leistung eines Menschen hängt aber nicht nur von seiner Leistungsfähigkeit, sondern auch von seiner Bereitschaft zur Leistung ab. Die Leistungsbereitschaft umfaßt eine *psychische* und eine *physische* Komponente.

Die *physische Leistungsbereitschaft* (körperliche Disposition) wird vor allem durch die Tagesrhythmik und von bestimmten Ermüdungs- und Erholungsvorgängen des menschlichen Organismus beeinflußt. Nach empirisch ermittelten Tagesrhythmikkurven liegen die Leistungsmaxima des arbeitenden Menschen in den Morgenstunden zwischen 7 und 9 Uhr und in der Zeit der späten Nachmittags- und frühen Abendstunden (zwischen 17 und 20 Uhr). Tagesrhythmik sowie biologische, arbeitsbedingte Ermüdungserscheinungen haben für die betriebliche Arbeitsgestaltung, für Pausenregelungen (z. B. mehrere kurze Pausen statt einer langen Pause) und die Festlegung der täglichen Arbeitszeit erhebliche Bedeutung. Diese Aktionsparameter sind so zu gestalten, daß negative Auswirkungen auf die Leistungsbereitschaft der Arbeitskräfte ausbleiben.

Die *psychische Leistungsbereitschaft* (Leistungswille) hat ihre Ursachen im körperlichen und seelischen Wohlbefinden, im Interesse an der Arbeit, in den Erfahrungen mit der sachlichen und sozialen Arbeitsumgebung und in Ereignissen im privaten Bereich. Besonders wichtige Einflußgrößen sind die *materiellen und immateriellen Leistungsanreize* in Form von Entlohnung, Beförderung, Belobigung usw. Die psychische Leistungsbereitschaft wird häufig auch mit dem Begriff *Motivation* umschrieben.

Extrapersonelle Einflußgrößen. Bei den extrapersonellen Einflüssen handelt es sich um Bestimmungsfaktoren der *innerbetrieblichen Umwelt*. Durch vielfältige Maßnahmen der *industriellen Arbeitsgestaltung* versucht man, die innerbetriebliche Umwelt sowohl an den persönlichen Bedürfnissen der Mitarbeiter als auch an den Leistungsanforderungen des Betriebes auszurichten. Auf diese Gesichtspunkte gehen wir im folgenden Abschnitt ausführlicher ein.

Literaturhinweise
Kern (1992), Kapitel D.III.4
Luczak (1998), Kapitel 7 und 8

6.2.2 Industrielle Arbeitsgestaltung

Zufriedenheit der Mitarbeiter mit ihren persönlichen Arbeitsbedingungen und hohe Arbeitsproduktivität werden heute in den meisten Industriebetrieben nicht mehr als unvereinbare Zielvorstellungen betrachtet. Überwiegend hat sich die Erkenntnis durchgesetzt, daß die Arbeitszufriedenheit der Mitarbeiter ein wesentliches Potential zur Erreichung der langfristigen Ziele der Unternehmung darstellt. Im einzelnen umfaßt die industrielle Arbeitsgestaltung die folgenden Bereiche:

- Gestaltung der eigentlichen *Arbeitsaufgabe*,
- *Arbeitsplatzgestaltung*,
- Gestaltung der *Arbeitsmethodik*,
- *Arbeitszeitgestaltung* und
- angemessene *soziale Arbeitsumweltbedingungen*.

Arbeitsaufgabengestaltung. Eine Arbeitsaufgabe besteht aus einem Bündel von einzelnen Vorgängen, deren Ausführung einer einzelnen Arbeitskraft oder einer Gruppe von Arbeitskräften übertragen wird. Die Anforderungen einer Arbeitsaufgabe lassen sich durch ein *Anforderungsprofil* kennzeichnen, das u. a. die geforderten fachlichen Kenntnisse, die benötigte Geschicklichkeit, die eintretenden geistigen und körperlichen Belastungen, die zu übernehmende Verantwortung sowie die Belastungen der jeweiligen Arbeitsumwelt beschreibt. Das Anforderungsprofil einer Arbeitsaufgabe wird u. a. von den eingesetzten Produktionsverfahren, dem Grad der Mechanisierung und Automatisierung sowie dem Grad der Arbeitsteilung bestimmt.

In den letzten Jahren hat man im Rahmen der Humanisierung der Arbeit versucht, negativen Auswirkungen der Arbeitsteilung und Automation auf die Arbeitszufriedenheit und damit den Leistungswillen durch gezielte Maßnahmen entgegenzuwirken:

- *Aufgabenerweiterung* (job enlargement),
- *Ausweitung des Entscheidungsspielraums* (job enrichment) und
- *wechselseitigen Aufgabentausch* (job rotation).

Als wesentlicher Beitrag zur Erhöhung der Motivation der Mitarbeiter in der Produktion und als Kernpunkt der sog. **schlanken Produktion** (lean production) wird heute vielfach die Bildung **teilautonomer Gruppen** gesehen. Hierunter versteht man eine Kleingruppe, der ein größerer Aufgabenkomplex übertragen wird, wobei es der Gruppe selbst überlassen ist, wie die Arbeitsausführung im einzelnen geregelt wird. Insbes. wird hierbei die Steuerung und Kontrolle der eigenen Arbeit von der Arbeitsgruppe weitestgehend eigenverantwortlich wahrgenommen. Allerdings müssen entsprechende Rahmenbedingungen (Entlohnungsformen, Arbeitsplatzgestaltung, übergeordnete Koordination der Produktionsvorgänge usw.) geschaffen werden.

Generell wird heute bei der Gestaltung der Arbeitsaufgaben zunehmend den folgenden Empfehlungen gefolgt:

- taktgebundene Arbeitsprozesse zu vermeiden,
- Qualitätskontrollen den ausführenden Arbeitskräften zu übertragen, um Eigenverantwortlichkeit zu fördern,
- vorrangig monotone und physisch belastende Arbeitsaufgaben zu automatisieren,
- die Mitarbeiter in die Planung der Produktionsverfahren aktiv einzubeziehen,
- die Arbeitskräfte so auszubilden, daß sie an verschiedenen Arbeitsplätzen eingesetzt werden können.

Arbeitsplatzgestaltung. Im Rahmen der Arbeitsplatzgestaltung geht es u. a. um die körpergerechte Gestaltung von Arbeitstischen und -stühlen (Formgebung, Sitzhöhe, Sichtwinkel) sowie Arbeitsgeräten, um eine arbeitsgerechte Werkzeuggestaltung und um eine arbeitsablaufgerechte Anordnung des Materials, der Werkzeuge usw. am Arbeitsplatz. Hierbei müssen die physischen Eigenschaften des Menschen beachtet werden. Weiterhin zählen zur Arbeitsplatzgestaltung die Beachtung von Umgebungseinflüssen, die sich in Problemen der *Beleuchtung, Belüftung, Farbgebung, Lärmdämmung* usw. äußern. Besondere Anforderungen, die hier zu beachten sind, betreffen die *Sicherheit am Arbeitsplatz*, d. h. die Verhütung von Unfällen, und die *Vermeidung von Berufskrankheiten*. Bei der Arbeitsplatzgestaltung sind Erkenntnisse der Ergonomie zu beachten, einer Wissenschaftsdisziplin, die sich mit der Erforschung der arbeitsrelevanten Eigenschaften des Menschen und der Gestaltung der Arbeitsbedingungen beschäftigt.

Arbeitsmethodik. Hierunter fallen alle Regeln und Hilfsmittel, deren sich eine Arbeitskraft bei der Durchführung einer bestimmten Arbeitsaufgabe bedient. Die Arbeitsmethodik beeinflußt vor allem die körperliche Disposition und den Leistungswillen. Die größten leistungssteigernden Effekte gehen von Arbeitsmethoden aus, bei deren Gestaltung Ergebnisse von systematischen Bewegungsstudien berücksichtigt werden. Hierbei sind vor allem drei Gestaltungsprinzipien zu beachten:

- *Bewegungsvereinfachung* (z. B. Reduktion von Überkopfarbeit in der Automobilmontage, Vermeidung von zu großen Greifabständen, griffgünstige Anordnung der Materialbehälter),
- *Bewegungsverdichtung*, bei der es um die Optimierung der Abfolge von Bewegungen geht (z. B. Beidhandarbeit, Beseitigung unproduktiver Ablaufschritte) sowie
- *Mechanisierung* vor allem von monotonen und belastenden Bewegungen und Bewegungsabläufen.

Arbeitszeitgestaltung. Ein weiterer Problemkreis der industriellen Arbeitsumwelt betrifft die Arbeitszeit, deren Gestaltung durch eine Reihe von gesetzlichen Vorschriften eingeschränkt ist (Arbeitszeitordnung, Gewerbeordnung, Jugendarbeitsschutzgesetz usw.). Für die Arbeitszeitgestaltung sind u. a. auch *arbeitsphysiologische* Gesichtspunkte maßgeblich. So unterliegt z. B. die menschliche Leistungskurve innerhalb des Arbeitstages bestimmten Schwankungen. Daher sind Pausenregelungen, die Wahl zwischen Ein- und Mehrschichtbetrieb, die Lage und Dauer der täglichen Arbeitszeiten sowie der arbeitsfreien Zeiten usw. von erheblicher Bedeutung für die Erreichung der angestrebten Arbeitsproduktivität.

Arbeitsflexibilisierende Maßnahmen sollen sowohl dazu beitragen, den Mitarbeitern die Mitbestimmung bei der Wahl ihrer Arbeitszeiten und ihrer Arbeitseinsätze zu ermöglichen, als auch aus betriebswirtschaftlicher Sicht die Nutzungszeiten der Anlagen zu verlängern sowie Auslastungsschwankungen zu glätten. Als Vorreiter flexibler Arbeitszeitformen sind vor allem *Gleitzeitregelungen* und *Teilzeitarbeit* anzusehen, die mittlerweile einen weiten Verbreitungsgrad und breite Akzeptanz gefunden haben. Andere Flexibilisierungsformen, wie z. B. *Wechselschichtsysteme* oder *variabler Personaleinsatz* sind in vielen Bereichen seit langem gang und gäbe, haben heute jedoch angesichts veränderter personalwirtschaftlicher Rahmenbedingungen an Bedeutung zugenommen. Daneben werden neuartige Arbeitszeitformen diskutiert, z. B. *Cafeteriamodelle*, bei denen die Arbeitnehmer Arbeitszeitblöcke nach bestimmten Auswahlregeln frei wählen können, oder *flexible Teilzeitarbeit*.

Um die verschiedenen arbeitsflexibilisierenden Maßnahmen hinsichtlich ihrer Kapazitätswirkung zu kennzeichnen, bietet sich die folgende Systematisierung an:

- Eine Flexibilisierungsform wird als **quantitativ** bezeichnet, wenn der Personalbestand verändert wird bzw. wenn ein Austausch von Arbeitskräften zwischen verschiedenen Einsatzbereichen erfolgt. Hierzu zählen auch der Einsatz von Zeitarbeitskräften sowie die saisonale Steuerung von Einstellungen und Nachbesetzungen.

- Von **qualitativer Flexibilisierung** kann gesprochen werden, wenn die fachliche Eignung der Mitarbeiter differenziert wird, damit diese vielseitiger eingesetzt werden können, oder wenn das Ausbildungsniveau im Hinblick auf die steigenden fachlichen Anforderungen verbessert wird. Nicht zuletzt ist auch das Gruppenarbeitsprinzip, das im Rahmen des „lean production"-Konzepts wieder an Aktualität gewonnen hat, dieser Anpassungsform zuzurechnen.
- **Zeitliche Flexibilisierung** dient als Oberbegriff für zwei Anpassungsformen: zum einen kann die Arbeitszeit bzw. die Personalkapazität innerhalb eines gegebenen Zeitabschnittes unterschiedlich verteilt werden (**chronologische Flexibilisierung**; z. B. durch die Anwendung des Jahresarbeitszeitkonzeptes); zum anderen kann die Dauer der Arbeitszeit bzw. das Ausmaß der Personalkapazität während eines Bezugszeitraumes, z. B. einer Woche, eines Jahres oder während des Arbeitslebens erweitert oder verringert werden (**chronometrische Flexibilisierung**).

In Bild C.15[11] sind die wichtigsten Maßnahmen der Arbeitsflexibilisierung aufgeführt und hinsichtlich der genannten Flexibilisierungsformen eingeordnet.

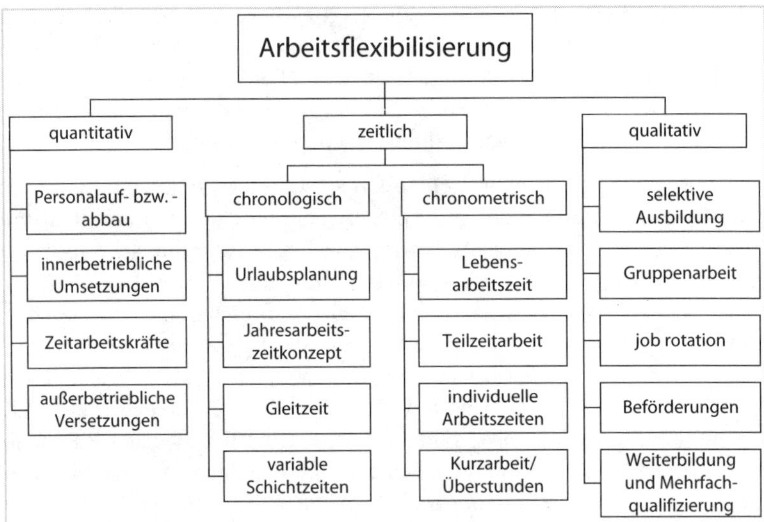

Bild C.15: Arbeitsflexibilisierende Maßnahmen

Soziale Arbeitsumweltbedingungen. Hierzu zählen vor allem *Gruppeneinflüsse*, der *Führungsstil* des Vorgesetzten sowie die *Leitungsorganisation* des Betriebes. Führungsstile lassen sich danach unterscheiden, inwieweit der Entscheidungsspielraum beim Vorgesetzten liegt (autoritärer Führungsstil) bzw. die Mitarbeitergruppen

11 *Günther und Strauß* (1994), S. 946

an den Entscheidungen beteiligt werden (kooperativer Führungsstil). Die Mitwirkung der Arbeitskräfte an den Entscheidungsprozessen sollte stets auf ihren *unmittelbaren Arbeitsbereich* begrenzt sein. Hiervon verspricht man sich nicht nur eine Verbesserung der Arbeitsproduktivität, sondern auch eine höhere Arbeitszufriedenheit und bessere Arbeitsmotivation.

Gleiches gilt für das *Arbeits- und Organisationsklima*, das durch offene und umfassende Kommunikation sowie den Abbau von innerbetrieblichen sozialen Schranken und Statussymbolen gekennzeichnet sein sollte. Die *Unternehmensphilosophie* sollte glaubhaft machen, daß die menschliche Arbeit einen wichtigen Bestandteil der Unternehmung ausmacht. Innerbetriebliches Vorschlagswesen, leistungsgerechte Entlohnungs- und Prämiensysteme, freiwillige betriebliche Sozialleistungen usw. sind das äußere Zeichen einer derartigen Grundeinstellung.

Literaturhinweise
Frese (1994), Kapitel B
Luczak (1998), Kapitel 18–22
Zink (1993)
Zülch (1996)

6.2.3 Bewertung und Entlohnung der Arbeit

Die menschliche Arbeitsleistung wird wesentlich durch *immaterielle* und *materielle Anreize* beeinflußt. Zu den ersteren gehören z. B. Ausbildungs- und Aufstiegsmöglichkeiten, der mit einer Stelle verbundene Status sowie der erreichte Grad der Selbstverwirklichung oder die ausgeübte Entscheidungsmacht. Zu den materiellen Anreizen zählen die regelmäßigen Lohn- bzw. Gehaltszahlungen, betriebliche Sozialleistungen, Prämien, Erfolgsbeteiligungen, usw.

Das Arbeitsentgelt (Lohn bzw. Gehalt) stellt einerseits die *monetäre* Vergütung für die erbrachte menschliche Arbeitsleistung dar. Andererseits wird der *relative Lohn* (d. h. das Verhältnis des bezogenen Lohnes zu den übrigen Löhnen) häufig als Wertmesser für die von einem Mitarbeiter erbrachte Arbeitsleistung angesehen. Die *Lohngerechtigkeit* hat daher einen unmittelbaren Einfluß auf den Leistungswillen der Mitarbeiter und damit auf die Produktivität des Betriebes. Nach objektiven Maßstäben läßt sich Lohngerechtigkeit nicht verwirklichen. Jedoch sollte das Entlohnungssystem den Arbeitskräften das *subjektive* Gefühl vermitteln, daß der eigene Lohn verglichen mit demjenigen der Kollegen als gerecht empfunden wird. Auch im *zwischenbetrieblichen Vergleich* ist Lohngerechtigkeit anzustreben.

Da naturgemäß sowohl die zu verrichtenden Arbeitstätigkeiten als auch die erbrachten Arbeitsleistungen höchst unterschiedlich sind, muß das Arbeitsentgelt *anforderungs- und leistungsgerecht* differenziert werden. Hierzu stehen zwei Mittel zur Verfügung:

- Mit Hilfe der Lohnsatzdifferenzierung sollen Leistungs- und Anforderungsunterschiede, die zwischen mehreren Personen bzw. Arbeitsaufgaben bestehen, ausgeglichen werden. Hierzu werden Methoden der **Arbeitsbewertung** eingesetzt, deren hauptsächliches Ziel darin besteht, die jeweiligen Arbeitsschwierigkeiten im Hinblick auf einen leistungsgerechten Lohn vergleichend zu bewerten.
- Die Lohnformendifferenzierung soll hingegen dazu beitragen, die zeitlichen Leistungsschwankungen einer Einzelperson oder einer Arbeitsgruppe im Arbeitsentgelt zu berücksichtigen. Hierzu erfolgt eine **Leistungsbewertung** der in einem bestimmten Zeitabschnitt erbrachten individuellen Arbeitsergebnisse.

Arbeitsbewertung. Im Rahmen der Arbeitsbewertung wird die Schwierigkeit einer bestimmten Arbeitsaufgabe ermittelt und vergleichend bewertet. Dies sollte stets personenunabhängig erfolgen. Man beschreibt dabei die Arbeitsaufgabe mit Hilfe verschiedener *Anforderungsarten*, die sich i. d. R. an den geistigen und körperlichen Anforderungen, der Verantwortung und den Arbeitsbedingungen orientieren. Von *summarischer* Arbeitsbewertung wird dann gesprochen, wenn die Arbeitsaufgabe als Ganzes, d. h. ohne Einzelerfassung der verschiedenen Anforderungsarten bewertet wird. Bekannte Verfahren der summarischen Arbeitsbewertung sind:

- das **Rangfolgeverfahren**, bei dem alle Arbeitsaufgaben eines Betriebes hinsichtlich ihrer Gesamtanforderungen miteinander verglichen und in eine Rangfolge gebracht werden, und
- das **Lohngruppenverfahren**, bei dem die Arbeitsaufgaben gemäß ihrer Gesamtanforderungen bestimmten Lohngruppen zugewiesen werden, wobei man sich für die Abstufung der Lohngruppen i. d. R. bestimmter Richtbeispiele bedient.

Eine differenzierte Arbeitsbewertung läßt sich mit Hilfe *analytischer* Verfahren durchführen. Sie zeichnen sich dadurch aus, daß Teilbewertungen bezüglich einzelner Anforderungsarten vorgenommen und anschließend zu einer Gesamtbewertung verdichtet werden. Gebräuchliche Verfahren der analytischen Arbeitsbewertung sind:

- das **Rangreihenverfahren**, bei dem zunächst eine Reihung der Arbeitsaufgaben hinsichtlich der einzelnen Anforderungsarten vorgenommen wird und anschließend die sich ergebenden (ggf. gewichteten) Platzziffern aufaddiert werden; die Summe der gewichteten Platzziffern bzw. entsprechender Punktbewertungen bildet den Arbeitswert;
- das **Stufenwertzahlverfahren**, bei dem zunächst für jede Anforderungsart Klassen gebildet werden, in denen z. B. die Bandbreite der möglichen körperlichen und geistigen Belastungen nach einer plausiblen Skala abgestuft wird; jeder Klasse wird eine Punktzahl zugeordnet; anschließend werden die Arbeitsaufgaben hinsichtlich der einzelnen Anforderungsarten in die jeweiligen Klassen

eingestuft und punktmäßig bewertet. Die Summe der gewichteten Punktbewertungen bildet den Arbeitswert.

Alle genannten Verfahren stellen lediglich einen unbefriedigenden Ersatz für eine objektive Arbeitsbewertung dar. In der Praxis durchgesetzt haben sich die analytischen Bewertungsverfahren, insbes. das Stufenwertzahlverfahren, da dessen Vorgangsweise noch am ehesten als transparent und nachvollziehbar empfunden wird.

Leistungsbewertung. Während die Arbeitsbewertung personenunabhängig erfolgt, wird bei der Leistungsbewertung die Erfassung und lohnmäßige Bewertung der individuellen Arbeitsleistung angestrebt. Hierdurch sollen vor allem zeitliche Leistungsschwankungen im Arbeitsentgelt berücksichtigt werden: wer bei einer vergleichbaren Arbeitsaufgabe mehr leistet, soll auch mehr Lohn erhalten. Bemessungsgrundlage einer leistungsorientierten Entlohnung ist i. d. R. das Arbeitsergebnis; aber auch andere Faktoren, wie z. B. die Fortbildungsbereitschaft oder die Arbeitsqualität, können in die Bestimmung des Arbeitsentgeltes mit eingehen. Das wichtigste Instrument der Leistungsbewertung ist die **Lohnformendifferenzierung**. Es lassen sich die folgenden grundlegenden Lohnformen unterscheiden:

- **Zeitlohn**. Hierbei ist der Lohnsatz pro Zeiteinheit konstant. Eine direkte Leistungsentlohnung erfolgt daher nicht. Der Zeitlohn wird häufig eingesetzt bei unregelmäßigen und unterbrochenen Arbeitsabläufen, getakteter Fließproduktion, Überwachungs- und Bereitschafts- sowie geistigen Tätigkeiten.
- **Akkordlohn**. Von *Geldakkord* wird gesprochen, wenn für jede erbrachte Leistungseinheit ein bestimmter Geldbetrag vergütet wird. In der industriellen Praxis hat sich jedoch der *Zeitakkord* durchgesetzt, bei dem für jede erbrachte Leistungseinheit dem Arbeitnehmer eine vorher bestimmte Vorgabezeit gutgeschrieben wird. Die Vorgabezeit wird auf der Grundlage einer Normalleistung und unter Berücksichtigung angemessener Erholungszeiten festgelegt (z. B. durch Zeitstudien auf der Grundlage des bekannten REFA-Verfahrens). Der für jede gutgeschriebene Vorgabezeitminute zu entrichtende Lohn ergibt sich aus dem jeweiligen Stundenlohnsatz der Arbeitsaufgabe zuzüglich eines pauschalen Akkordzuschlags.
- **Prämienlohn**. Hierbei wird zusätzlich zu einem vereinbarten Grundlohn eine Prämie für eine bestimmte Mehrleistung gezahlt. Bemessungsgrundlage für die Prämie sind z. B. Arbeitsqualität, Materialersparnis, Termineinhaltung und Nutzungsgrad der Anlagen.

Aufgrund der zunehmenden Automatisierung der Produktionsprozesse nimmt die Bedeutung des Akkordlohns stark ab. Der rigide Leistungsdruck, der durch den Akkordlohn ausgeübt wird, muß sowohl aus humanitärer Sicht (u. a. negative psychische und gesundheitliche Begleiterscheinungen) als auch aus betriebswirtschaftlicher Sicht (hoher Absentismus, Vernachlässigung der Arbeitssicherheit, geringere Arbeitsqualität) in Frage gestellt werden. In vielen Bereichen werden daher

Prämienlohn und qualifikationsorientierte Lohnformen zukünftig an Bedeutung gewinnen.

Literaturhinweise
Frese (1994), Kapitel B.III und D.III
Hamel (1996)
Kupsch und Marr (1991), Kapitel V
Luczak (1998), Kapitel 24

6.3 Personalkapazitätsplanung

Die Hauptaufgabe der Personalkapazitätsplanung besteht darin, geeignete personelle Ressourcen zur Abdeckung des erwarteten Kapazitätsbedarfs bereitzustellen. Hierbei sind zwei Besonderheiten zu beachten. Zum einen unterliegt der Kapazitätsbedarf *zeitlichen Schwankungen*, die zudem von Betriebsbereich zu Betriebsbereich unterschiedlich verlaufen. Zum anderen kann eine Glättung von Auslastungsschwankungen sowohl durch die *Anpassung des Kapazitätsbedarfs* (z. B. Lagerproduktion) erfolgen als auch durch die *Anpassung der Personalkapazität* (z. B. Überstunden und Arbeitsflexibilisierungen). Daher bestehen enge Wechselwirkungen zwischen Personalkapazitäts- und Produktionsplanung.

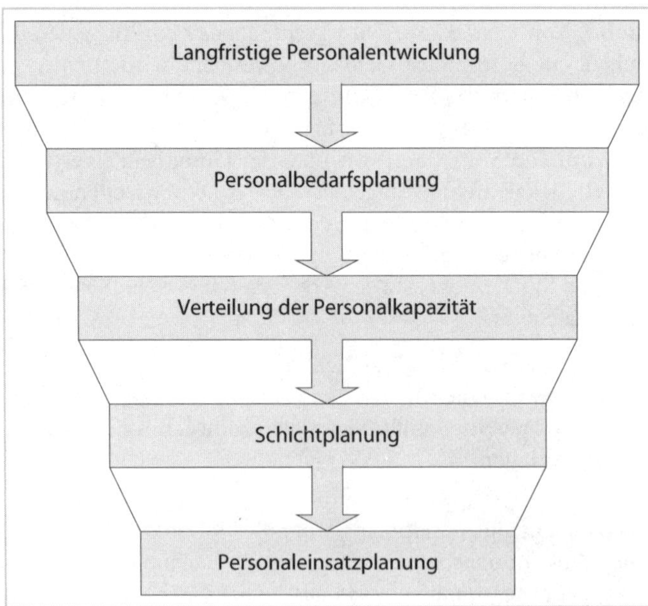

Bild C.16: Planung der Personalkapazität als hierarchisches System

Entscheidungen zur Abstimmung von Kapazitätsbedarf und -angebot werden auf allen Ebenen der Unternehmensplanung getroffen, sei es, daß eine Betriebsvereinbarung über die Einführung eines flexiblen Arbeitszeitmodells abgeschlossen, eine saisonale Personalbedarfsplanung durchgeführt wird oder die Schicht- und Personaleinsatzplanung aufgrund des kurzfristigen lokalen Kapazitätsbedarfs erfolgt. In Bild C.16 sind die wichtigsten Bereiche der Personalkapazitätsplanung als hierarchisches Planungssystem im Überblick dargestellt.

Im einzelnen lassen sich die Ebenen der Personalkapazitätsplanung wie folgt kennzeichnen:

- **Langfristige Personalentwicklung**. Strategische Überlegungen im Bereich der Personalplanung betreffen vor allem die langfristige Entwicklung einer qualifizierten Mitarbeiterschaft vor dem Hintergrund sich wandelnder technologischer Rahmenbedingungen sowie den Aufbau leistungsfördernder und menschengerechter Arbeitsstrukturen.

- **Personalbedarfsplanung**. Ausgehend von einer gegebenen Anfangsbelegschaft und einer erwarteten Fluktuationsrate wird in der Personalbedarfsplanung festgehalten, welcher Mehr- und Minderbedarf an Personal im Verlauf eines zumeist mittelfristigen Betrachtungshorizontes auftritt, wobei die gleichmäßige Entwicklung der Personalstärke zumeist im Vordergrund steht.

- **Verteilung der Personalkapazität**. Auf der Grundlage eines mittelfristigen Personalbedarfsplans geht es anschließend darum, konkrete Anpassungsmaßnahmen zur Verteilung der Personalkapazität vorzubereiten. Die in Frage kommenden Maßnahmen sind u. a. im Jahresverlauf variable Arbeitszeiten (*Jahresarbeitszeitkonzept*), innerbetriebliche *Umsetzungen*, Einstellung von *Zeitarbeitskräften* sowie Einplanung von *Überstunden.*

- **Schichtplanung**. Die Aufgabe der Schichtplanung besteht darin, die täglichen Arbeitszeiten des Fertigungspersonals so aufzuteilen und anzuordnen, daß der lokale Kapazitätsbedarf der einzelnen Einsatzstellen befriedigt wird. In Schichtmustern sind z. B. der Wechsel der einzelnen Arbeitstage und Tageszeiten, die Schichtdauer sowie der Einsatzort für einen mehrwöchigen Zeitraum festgehalten.

- **Personaleinsatzplanung**. Diese Planungsebene hat die Aufgabe, die Besetzung der zuvor eingeplanten Schichten und der Einsatzstellen mit geeigneten Mitarbeitern vorzunehmen. Konkret geht es um eine zeitliche Zuordnung von Arbeitseinsätzen und Einzelpersonen.

Arbeitsflexibilisierungen haben in der betrieblichen Praxis in den letzten Jahren erheblich an Verbreitung gewonnen. Sie sind daher zu einem wesentlichen Bestandteil der Personalkapazitätsplanung geworden. Mit der Auflockerung starrer Arbeitsverhältnisse verliert aber auch das traditionelle Verständnis der „*Einheit von Person und Arbeitsstelle*" zunehmend an Bedeutung, zumal in der Industrie die Betriebszeiten der Anlagen weit über die Arbeitszeiten des einzelnen Mitarbeiters hinausgehen. Um so notwendiger werden auch Übereinkünfte und Absprachen zwischen den Mitarbeitern und ihren unmittelbaren Vorgesetzten über die Regelung der Arbeitszeit und der täglichen Arbeitseinsätze. Die damit verbundene Flexibilisierung der Personalkapazität stellt jedoch kein in sich geschlossenes Entscheidungsproblem dar, sondern muß stets im Kontext einer mehrstufigen Unternehmensplanung gesehen werden.

Literaturhinweise

Günther (1989)
Günther und Strauß (1994)

7 Qualitätssicherung

Produktqualität ist ein vielschichtiges Phänomen, das einen ausschlaggebenden kaufentscheidenden Faktor sowohl bei Konsum- als auch bei Investitionsgütern darstellt. Auch für die Umsetzung einer produktionssynchronen Zulieferung nach dem Just-in-Time Prinzip ist eine annähernde „Null-Fehler-Produktion" unerläßliche Voraussetzung. So ist es verständlich, daß die Sicherung der Produktqualität in den letzten Jahrzehnten erheblich an Bedeutung zugewonnen hat. Unter **Qualitätssicherung** verstehen wir im folgenden alle Maßnahmen, die in den einzelnen Stufen der Wertschöpfungskette zur Erhaltung und Verbesserung der Produktqualität ergriffen werden können. Bevor wir im Abschnitt 7.2 die Qualitätssicherung als wichtige *Managementaufgabe* herausstellen und im Abschnitt 7.3 *statistische Verfahren der Qualitätskontrolle* beispielhaft erläutern, gehen wir zunächst im Abschnitt 7.1 auf die Bedeutung der *Qualität als Wertschöpfungsbeitrag* im Industriebetrieb ein.

7.1 Qualität als Wertschöpfungsbeitrag

Qualitätsgesicherte Produkte sind *wertgesteigerte* Produkte. Diese Erkenntnis hat sich inzwischen in den meisten Industriezweigen durchgesetzt. Während in den 50er und 60er Jahren zumeist kurzfristigen Wirtschaftlichkeits- und Produktivitätszielen Vorrang vor Qualitätszielen eingeräumt wurde, läßt sich die heute in der Industrie vorherrschende Auffassung zur Produktqualität in drei Kernaussagen zusammenfassen:

- Insbes. bei technisch anspruchsvollen Produkten erweist sich die Qualität neben dem Preis als **kaufentscheidender Faktor**.
- Produktqualität stellt einen **Wettbewerbsfaktor** dar, der in die strategischen Überlegungen der Unternehmung einzubeziehen ist.
- Bei überlegener Produktqualität läßt sich zumeist ein **höherer Absatzpreis** erzielen, während gleichzeitig die Folgekosten für die Behebung von Qualitätsmängeln sinken. Langfristig schlägt sich somit eine höhere Produktqualität in höherer Wertschöpfung nieder.

Die Qualität eines industriellen Produktes läßt sich nicht durch einen einzelnen Leistungsparameter, sondern nur durch eine Vielzahl von unterschiedlichen Eigenschaften beschreiben. Einige dieser Eigenschaften sind bequem meßbar (z. B. der Stromverbrauch eines Elektrogerätes oder die Lichtstärke eines Projektors); andere können nur hilfsweise oder gar nicht quantifiziert werden (z. B. die Klangqualität einer Stereoanlage oder der gesundheitliche Wert einer Tiefkühlkost). In vielen Fällen ist es für den Kunden schwierig, die Produktqualität vor dem Kaufentscheid verläßlich zu beurteilen, da sich die wirklichen Qualitätseigenschaften erst im Verlauf der Produktanwendung herausstellen. Oft stimmt die später wahrgenommene nicht mit der ursprünglich erwarteten Produktqualität überein. Kaufentscheidend ist in dieser Situation zumeist das Vertrauen, das der Kunde dem jeweiligen Produkt bzw. dem Hersteller entgegenbringt.

Die wichtigsten qualitativen Eigenschaften eines Produktes lassen sich unter den folgenden drei Aspekten betrachten:

- Die **funktionale Qualität** wird im wesentlichen durch die Gebrauchstauglichkeit („fitness for use") eines Produktes im Hinblick auf seinen Verwendungszweck bestimmt. Hierzu zählen zum einen seine physikalischen Leistungseigenschaften („quality of performance"). Bei einem Automobil geht es hier z. B. um die Motorstärke, den Benzinverbrauch und um andere relevante Leistungsdaten. Dabei ist zu berücksichtigen, daß die Produkteigenschaften von den einzelnen Käufern unterschiedlich bewertet werden. So kann z. B. die Beschleunigung eines Automobils für den einen Fahrer von hoher Bedeutung sein, während für einen anderen Fahrer die Fahrzeuggröße und der Fahrkomfort die herausragenden qualitätsrelevanten Eigenschaften darstellen. Weitere wichtige funktionale Qualitätseigenschaften sind die Haltbarkeit eines Produktes, seine Bedienungs- und Wartungsfreundlichkeit sowie seine Umweltverträglichkeit. Ausschlaggebend für die funktionale Qualität ist weniger der eigentliche Herstellungsprozeß, sondern die Konstruktion und technische Entwicklung des Produktes. Man spricht daher auch von „quality of design".
- Die **fertigungsbezogene Qualität** („quality of conformance") bezieht sich auf die Präzision der Produktion, d. h. auf die Einhaltung der in der Konstruktion und Verfahrensplanung festgelegten Produktspezifikationen (z. B. der möglichst exakten Einhaltung der Abmessungen bei Motorenteilen oder der genauen Einpassung von Montageteilen). Letztlich schlägt sich die geringe fertigungsbezogene Qualität einzelner Produktkomponenten in einer hohen Ausfallhäufigkeit des Enderzeugnisses nieder (z. B. in hoher Pannenhäufigkeit eines Automobils).
- Bei vielen Erzeugnissen, vor allem bei höherwertigen Konsumgütern, spielt die **ästhetische Qualität** eines Produktes eine erhebliche Rolle. Hierbei handelt es sich nicht um meßbare technische Eigenschaften, sondern um die äußere Gestaltung des Produktes, die zusätzlich kaufmotivierend wirken soll.

Die Erreichung hoher Qualitätsnormen wirkt sich wirtschaftlich in zweierlei Hinsicht aus. Zum einen stellt die *relative Produktqualität* (d. h. die Qualität des angebotenen Produktes im Vergleich zur Qualität der wichtigsten Konkurrenzprodukte) einen wesentlichen kaufentscheidenden Faktor dar, der sowohl zu einem höheren Marktanteil führen kann als auch einen höheren Absatzpreis rechtfertigt und somit die Wertschöpfung der Unternehmung steigert. Zum anderen wirkt die Produktqualität imagebildend für die Unternehmung und überträgt sich langfristig absatzfördernd auch auf andere Produkte. Allerdings stehen der erzielbaren Wertschöpfungssteigerung bestimmte **Qualitätskosten** gegenüber. Hierbei handelt es sich im wesentlichen um

- **Fehlerverhütungskosten**, die für alle vorbeugenden Maßnahmen zur Verhütung von Produktionsfehlern entstehen (z. B. die qualitätsgerechte Produktgestaltung und Verfahrensplanung, die Auswahl der Werkstoffe und Zukaufteile, die Aufstellung von Wartungsplänen oder qualitätsorientierte Schulungsmaßnahmen),
- **Prüfkosten**, die für die Kontrolle und Beurteilung der Produktionsergebnisse anfallen (z. B. Laborkosten, Aufstellung von Prüfplänen, Entnahme von Stichproben),
- **Fehlerfolgekosten**, bei denen es sich vor allem um Kosten handelt, die für Ausschuß, Nacharbeit und die Erfüllung von Regreßansprüchen entstehen.

Während mit einer Erhöhung des Anteils fehlerfreier Produkte die Fehlerverhütungs- und Prüfkosten zwangsläufig steigen, weisen die Fehlerfolgekosten eine gegenläufige Tendenz auf. Das exakte wirtschaftliche Optimum zu bestimmen, ist hier i. a. nicht möglich, da sich die entsprechenden Kostenfunktionen nicht ohne weiteres quantifizieren lassen. Mangelnde Produktqualität führt zudem zu Umsatzeinbußen (Opportunitätskosten) und Marktanteilsverschiebungen zugunsten konkurrierender Anbieter. Die Qualitätssicherung erfordert daher eine ganzheitliche Betrachtung, die alle Maßnahmen zur Qualitätsverbesserung der Produkte einschließt.

Literaturhinweise
Fox (1995), Part One
Ross (1994), Kapitel 4

7.2 Qualitätsmanagement

Zur Qualitätssicherung bedarf es geeigneter Maßnahmen zur Gestaltung der Rahmenbedingungen, unter denen die angestrebte Produktqualität erreicht werden soll. Hierin wird der Aufgabenbereich des Qualitätsmanagements gesehen, der weit über Fehlerverhütungsprogramme hinausgeht. Im Mittelpunkt der Überlegungen zum Qualitätsmanagement steht der Anwendungsnutzen, den ein Kunde mit dem Erwerb eines Produktes verbindet. Auf diese Weise erlangt die Produktqualität häufig eine erhebliche wettbewerbsstrategische Bedeutung.

Qualitätssichernde Maßnahmen können nicht nur im eigentlichen Produktionsbereich ergriffen werden, sondern erstrecken sich auf die gesamte Wertschöpfungskette (siehe Bild C.17).

So wurde erkannt, daß bereits in der *Produkt- und Verfahrensentwicklung* die Qualität eines Erzeugnisses entscheidend vorbestimmt wird. Die *Auswahl geeigneter Ressourcen* (Werkstoffe, Anlagen, Werkzeuge) trägt ebenfalls wesentlich zur Qualitätssicherung bei. Früher bezog sich die Qualitätssicherung hauptsächlich auf die Kontrolle der *Produktionsprozesse* und des *Produktionsoutputs*. Inzwischen hat sich jedoch die Erkenntnis durchgesetzt, daß Aspekte der Qualitätssicherung in allen Phasen des Produktentwicklungs- und Produktionsprozesses bis hin zur Verpackung, zum Versand, zur Entsorgung und zum technischen Service zu berücksichtigen sind. Erst durch das Zusammenwirken aller angesprochenen Bereiche gewinnt die Qualitätssicherung ihre unternehmensstrategische Bedeutung.

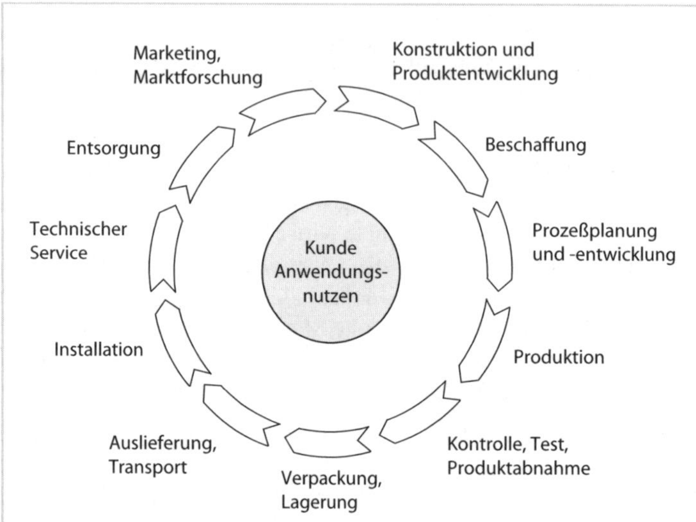

Bild C.17: Ring qualitätssichernder Maßnahmen[12]

In der industriellen Produktion hat das Qualitätsmanagement in den letzten Jahren einen erheblichen Bedeutungszuwachs erfahren, der im Begriff des „**Total Quality Management (TQM)**" schlagwortartig zum Ausdruck kommt. Hierunter wird eine auf ständige Qualitätsverbesserung ausgerichtete Grundeinstellung der Unternehmung verstanden. Wichtigstes Element einer derartigen Unternehmensphilosophie ist die aktive Beteiligung der Mitarbeiter in allen Bereichen der Qualitätssicherung von der Produktentwicklung bis zum Vertrieb. Man hat vielfach beobachtet, daß sich durch eine qualitätsbewußte Arbeitseinstellung der Mitarbeiter in der Produktion Qualitätsmängel deutlich reduzieren lassen. Darüber hinaus können die Mitarbeiter aufgrund ihrer Erfahrung und ihrer Detailkenntnis der Produktionsprozesse mögliche Fehlerursachen leichter erkennen und vorbeugende Maßnahmen zur Fehlerverhütung vorschlagen.

Häufig werden hierzu sog. **Qualitätszirkel** (quality circles) eingerichtet, in denen eine kleine Gruppe von Mitarbeitern auf freiwilliger Basis zusammenkommt, um qualitätsbezogene Probleme ihres Arbeitsbereiches zu diskutieren und Ansätze zur Qualitätsverbesserung der Produkte und Produktionsprozesse zu entwickeln.

12 vgl. *Fox* (1995), S. 14

Verläßliche Produktionsqualität und weitestgehende Fehlerfreiheit sind in vielen Industriezweigen unerläßlich für die Zusammenarbeit mehrerer Unternehmungen, z. B. im Anlagenbau oder bei der produktionssynchronen Zulieferung nach dem Just-in-Time-Prinzip. Entsprechende Kooperationsverträge schließen i. d. R. Vereinbarungen über qualitätssichernde Maßnahmen ein. Daher ist es verständlich, daß die Notwendigkeit entstand, *Qualitätsnormen* international einheitlich zu definieren. Aus einzelnen nationalen Qualitätsnormen entstand so der inzwischen von allen bedeutenden Industrienationen übernommene Qualitätsstandard **ISO 9000**.

Im einzelnen gehören hierzu die von der „International Standards Organization" definierten Normungsvorschriften ISO 9000 bis 9003, in denen Grundregeln für die Qualitätssicherung in der Produktentwicklung, der Produktion und Installation, im Service sowie für die Endkontrolle und den Test der Erzeugnisse festgehalten sind. Die Erfüllung der Qualitätsnormen kann durch unabhängige Gutachter nach einem genau festgelegten aufwendigen Begutachtungsverfahren bestätigt werden. Hierüber wird dann dem Industriebetrieb ein entsprechendes international anerkanntes Zertifikat ausgestellt. Nicht zuletzt aus wettbewerbsstrategischen Gründen und vor dem Hintergrund zunehmender internationaler Wirtschaftsverflechtungen streben immer mehr industrielle Zulieferer die Zertifizierung nach ISO 9000 an.

Die praktische Durchführung der Qualitätssicherung ist heute ohne Computereinsatz nicht mehr denkbar. „**Computer Aided Quality Assurance (CAQ)**" ist als Sammelbegriff für die Rechnerunterstützung der Qualitätssicherung weit verbreitet. Hierunter fallen sowohl die computergestützte Verwaltung und Erstellung von Prüfplänen als auch die Erfassung und Auswertung von Qualitätsdaten. Auch der eigentliche Prüfvorgang wird heute in vielen Fällen computergesteuert ausgeführt. So kann z. B. bei der Bestückung von Leiterplatten die Lage und Verbindung elektronischer Bauteile unmittelbar nach dem Bestückungs- bzw. Lötvorgang mit Hilfe automatischer Bildverarbeitungsverfahren überprüft werden, so daß fehlerhafte und fehlende Bauteile noch im Bestückungsprozeß erkannt werden.

Qualitätssichernde Maßnahmen sind heute integraler Bestandteil der industriellen Produktion. Die Gestaltung entsprechender *organisatorischer, personeller und technischer Rahmenbedingungen* bildet die Hauptaufgabe des Qualitätsmanagements. Daneben gibt es ein umfangreiches Werk statistischer Kontrollverfahren, auf die im folgenden kurz eingegangen werden soll.

Literaturhinweise

Fox (1995), Kapitel 8
Ross (1994), Kapitel 9 und 12
Zink (1992)

7.3 Statistische Qualitätskontrolle

Die Ausführungsqualität industrieller Erzeugnisse läßt sich durch bestimmte Merkmale (i. d. R. die Übereinstimmung mit vorgegebenen *technischen Normen*) überprüfen. Liegt die Abweichung außerhalb eines zulässigen *Toleranzbereiches*, so wird das Erzeugnis als fehlerhaft angesehen. In manchen Fällen (z. B. bei Einzel- oder Kleinserienproduktion oder bei bestimmten technischen Geräten, z. B. Computern) wird jedes Einzelstück geprüft. Man spricht hier von **Totalkontrolle**. In vielen Bereichen vor allem der Massenproduktion ist eine derartige Vorgehensweise jedoch zu aufwendig. Man führt daher eine **Partialkontrolle** mit Hilfe von *Stichproben* durch und versucht, aus den Ergebnissen der Stichprobe Aussagen über die Qualität aller Produkte (der Grundgesamtheit) abzuleiten. Hierbei ist der Einsatz statistischer Methoden unerläßlich.

Bei der Planung der statistischen Qualitätskontrolle sind i. a. folgende **Fragen** zu beantworten:

- **Was** soll kontrolliert werden? Anhand welcher Größen soll die Qualität der Erzeugnisse festgestellt werden? (Bei chemischen Produkten kann sich die Kontrolle z. B. auf mögliche Verunreinigungen beziehen, bei Metallteilen auf die Einhaltung geometrischer Vorgaben oder bei Glühbirnen auf einen einfachen Funktionstest.) Zum einen handelt es sich hierbei um meßbare **Variablen**, zum anderen um **Attribute** (z. B. die Beurteilung „defekt" oder „akzeptabel").
- **Wo** soll die Kontrolle erfolgen? Soll die Kontrolle direkt am Ort der Produktion oder in getrennten Qualitätskontrollbereichen erfolgen?
- **Wann** soll die Kontrolle erfolgen? Soll nach jedem einzelnen Produktionsschritt oder erst nach Fertigstellung des Endproduktes kontrolliert werden?
- **Wer** soll kontrollieren? Traditionell wird die Qualitätskontrolle von eigenständigen Abteilungen („Qualitätspolizisten") wahrgenommen. Die Qualitätskontrolle sowie die ggf. erforderliche Nacharbeit von den Arbeitskräften selbst durchführen zu lassen hat vielfach ein höheres Qualitätsbewußtsein und geringere Ausschußquoten bewirkt. Bei fremdbezogenen Teilen kann die Qualitätsverantwortung auch innerhalb einer Rahmenvereinbarung dem Zulieferer übertragen werden.
- **Wieviel** soll kontrolliert werden? Soll jedes Einzelstück überprüft werden, oder reichen Stichproben aus?

Grundsätzlich unterscheidet man bei der statistischen Qualitätskontrolle zwei Anwendungsbereiche, für die jeweils gesonderte Verfahren zum Einsatz kommen:

- Zum einen kann der Kontrollzweck darin gesehen werden, die Qualität einzelner **Produkte** zu überprüfen und bei Produktionsfehlern das betreffende Produktionslos bzw. die seit der letzten Qualitätsprüfung erzeugten Produkte zurückzuweisen. Im Mittelpunkt steht hier die *Produktkontrolle* (acceptance sampling;

Abnahmeprüfung), d. h. die Beantwortung der Frage, ob die Qualität der in der Vergangenheit erzeugten Produkte ausreichend war oder nicht. Die Produktkontrolle wird häufig in der Wareneingangsprüfung sowie in der Endabnahme der Fertigerzeugnisse eingesetzt.

- Andererseits kann sich die statistische Qualitätskontrolle auf die Überwachung des **Produktionsprozesses** beziehen. In diesem Fall werden aus der laufenden Produktion in regelmäßigen Abständen einige Produkteinheiten entnommen und überprüft. Entsprechen die Produkte nicht den gesetzten Qualitätsnormen, dann wird der Produktionsprozeß neu justiert. Diese *Prozeßkontrolle* (process control; kontinuierliche Stichprobenprüfung) zielt somit auf die Qualität der Produktion in der Zukunft ab.

Da beide Formen der statistischen Qualitätskontrolle auf einer Stichprobe aus der Grundgesamtheit aller produzierten Erzeugnisse beruhen, besteht grundsätzlich auch die Gefahr eines Fehlschlusses, z. B. wenn aus einer insgesamt „schlechten" Grundgesamtheit zufällig so viele „gute" Produkte entnommen werden, daß die Stichprobe als „gut" akzeptiert wird oder umgekehrt.

Im folgenden soll die Vorgehensweise der statistischen Qualitätskontrolle am Beispiel der **Prozeßkontrolle** erläutert werden. Bei der Prozeßkontrolle wird die Einhaltung der Produktionsqualität durch die regelmäßige Entnahme von Stichproben aus der laufenden Produktion überwacht. Dabei geht man davon aus, daß es *zufällige Schwankungen* der Produktionsqualität gibt, die nicht beeinflußbar sind und daher toleriert werden müssen. Man kann sie allenfalls durch Änderung der Produktionstechnik beseitigen. Beispielsweise kann eine Drehmaschine ein zylindrisches Werkstück so bearbeiten, daß der Durchmesser im Mittel $\mu = 0.256$ cm beträgt. Die konstruktiv bedingte Präzision der Maschine führt z. B. zu einer Standardabweichung des Durchmessers von $\sigma = 0.0015$ cm. Zusätzlich kann in dieser Streuung die Meßungenauigkeit des Prüfgerätes enthalten sein.

Darüber hinaus können aber nichtzufällige, *systematische Schwankungen* der Qualität auftreten, die auf eine fehlerhafte Einstellung des Produktionsprozesses hindeuten. Die wesentliche Aufgabe der Prozeßkontrolle besteht darin, die systematischen Abweichungen der Produktionsqualität von einer vorgegebenen Norm festzustellen, ihre Ursachen zu erkennen und zu beseitigen. Dabei kann die Qualitätskontrolle sowohl auf die Erfassung von *Variablen* (z. B. die Dicke eines Bleches) als auch von *Attributen* (z. B. die Fehlerrate) ausgerichtet sein. Im folgenden beschränken wir uns auf die Prozeßkontrolle einzelner Variablen.

Die eintretenden Schwankungen der Fertigungsqualität sind i. d. R. das Ergebnis einer großen Anzahl voneinander unabhängiger Einflußfaktoren. Daher ist die Annahme gerechtfertigt, daß die Qualitätsabweichungen *normalverteilt* sind. Wenn der Produktionsprozeß „richtig" eingestellt ist, d. h. wenn sich im obigen Beispiel tatsächlich ein Mittelwert der gemessenen Größe von $\mu = 0.256$ cm und eine Standardabweichung von $\sigma = 0.0015$ ergeben, dann folgt aus der Normalverteilungsannahme,

- daß 68.26% aller durch die Prozeßkontrolle beobachteten Abweichungen innerhalb eines Bereichs von $\pm$ einer Standardabweichung um den Mittelwert liegen,
- daß 95.45% aller Werte in den Bereich $\pm 2 \cdot \sigma$
- und 99.73% in den Bereich $\pm 3 \cdot \sigma$ fallen.[13]

Ein Bereich von drei Standardabweichungen auf jeder Seite wird i. a. als natürlicher Toleranzbereich angesehen. Tritt nun eine Abweichung auf, die außerhalb des vorgegebenen Toleranzbereichs liegt, dann ist zu vermuten, daß dies kein Zufall ist, und man wird nach der Ursache suchen.

Als Hilfsmittel der Prozeßkontrolle werden **Kontrollkarten** eingesetzt. Hierbei handelt es sich um graphische Darstellungen, bei denen auf der horizontalen Achse die laufende Nummer der entnommenen Stichprobe markiert wird und darüber die Stichprobenmittelwerte der Kontrollvariablen eingetragen werden. Eine zentrale Linie in der Kontrollkarte kennzeichnet den beobachteten Gesamtmittelwert der Kontrollvariablen; der zulässige Schwankungsbereich wird durch eine obere und eine untere Grenzlinie markiert.

Die obere Kontrollgrenze (upper control limit; UCL) und die untere Kontrollgrenze (lower control limit; LCL) ergeben sich wie folgt:

$$\text{UCL} = x + z \cdot s \tag{C.26}$$

$$\text{LCL} = x - z \cdot s \tag{C.27}$$

wobei x den Gesamtmittelwert aus allen Stichproben und s die durchschnittliche in den Stichproben ermittelte Standardabweichung bezeichnen.[14] Der Parameter z kennzeichnet die geforderte Kontrollgenauigkeit und hängt u. a. von Stichprobenumfang ab.

Für jede aus dem laufenden Produktionsprozeß entnommene Stichprobe wird der Mittelwert der Kontrollvariablen bestimmt und in die Kontrollkarte eingezeichnet. In folgenden Fällen wird man annehmen, daß die Abweichungen nicht mehr zufällig sind, und Gegenmaßnahmen ergreifen (z. B. einen Werkzeugwechsel oder eine Wartung vornehmen):

- ein einzelner Stichprobenmittelwert liegt außerhalb des Toleranzbereichs;
- mehrere aufeinanderfolgende Stichprobenmittelwerte liegen in der Nähe der Kontrollgrenzen;
- es zeigt sich eine Häufung der Stichprobenmittelwerte entweder unterhalb oder oberhalb des in der Vergangenheit beobachteten Gesamtmittelwertes, oder eine systematische Entwicklung stellt sich heraus;

---

13 Die %-Angaben lassen sich aus Tabellen der Normalverteilung ablesen.

14 Wir nehmen an, daß der tatsächliche Mittelwert und die tatsächliche Standardweichung der Grundgesamtheit nicht bekannt sind und daher aus den bisher vorliegenden Daten geschätzt werden müssen.

- der Kurvenverlauf weist starke Unregelmäßigkeiten innerhalb der Kontrollgrenzen auf.

Um die Berechnungen zu erleichtern, verwendet man in der Praxis zur Bestimmung der oberen und unteren Kontrollgrenzen i. d. R. nicht die Standardabweichungen, sondern die *Spannweiten* (Differenz zwischen größtem und kleinstem Beobachtungswert in einer Stichprobe). Die Berechnung der Kontrollgrenzen lautet dann:

$$\text{UCL} = x + A \cdot R \tag{C.28}$$

$$\text{LCL} = x - A \cdot R \tag{C.29}$$

wobei R die durchschnittliche Spannweite der Stichproben und A einen Faktor zur Abgrenzung der Kontrollschranken bezeichnet, der sich aufgrund der geforderten Kontrollgenauigkeit sowie des Stichprobenumfangs n ergibt. Die Werte dieses Faktors sind aus Tabellen abzulesen. Einem Kontrollbereich von $3 \cdot \sigma$ und einem Stichprobenumfang $n = 5$ entspricht z. B. der Faktorwert $A = 0.577$, der in dem folgenden Beispiel verwendet wird. Auf seine Herleitung soll hier verzichtet werden.[15]

Betrachten wir ein **Beispiel**. In einer Kaffeerösterei wird Kaffee mit Hilfe einer automatischen Verpackungsanlage in Tüten zu je 500 g verpackt. In regelmäßigen Abständen werden jeweils fünf Tüten aus dem Prozeß entnommen und gewogen. Tabelle C.20 zeigt die Ergebnisse.

Stichprobe	1	2	3	4	5
Beobachtungen	498	500	492	496	510
	505	501	513	506	507
	485	498	507	507	508
	499	503	508	503	501
	492	505	499	486	503
Spannweite	20	7	21	21	9

Tabelle C.20: Stichprobenergebnisse (Inhalt einer Tüte Kaffee in g)

Analysiert man die Stichproben, dann kommt man zu folgenden Ergebnissen:

Prozeßmittelwert über alle 25 Beobachtungen (MID) $= 501.28$ g

Mittelwert der Stichprobenspannweiten (R) $= \frac{78}{5} = 15.6$ g

Obere Kontrollgrenze (UCL) $= 501.28 \text{ g} + 0.577 \cdot 15.6 \text{ g}$
$= 510.28 \text{ g}$

Untere Kontrollgrenze (LCL) $= 501.28 \text{ g} - 0.577 \cdot 15.6 \text{ g}$
$= 492.28 \text{ g}$

15 vgl. *Heizer und Render* (2004), Kapitel 17

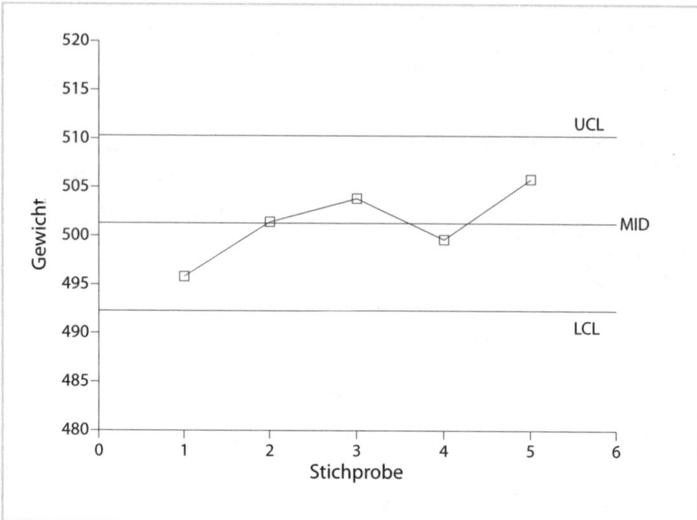

Bild C.18: Kontrollkarte für Stichprobenmittelwerte

Bild C.18 zeigt die Kontrollkarte für das Beispiel. Nach Erhebung und Auswertung der nächsten Stichprobe kann nun mit Hilfe der Kontrollgrenzen beurteilt werden, ob der Produktionsprozeß „normal" verläuft.

Literaturhinweise

Heizer und Render (2004), Supplement 4
Neumann (1996), Kapitel 8

Teil D

Elemente der operativen Produktionsplanung und -steuerung

Die Hauptaufgabe der operativen Produktionsplanung und -steuerung besteht darin, zur Ausschöpfung der Leistungspotentiale beizutragen, die durch die vorangegangenen Entscheidungen zur Gestaltung der Infrastruktur des Produktionssystems geschaffen wurden. Auf der Grundlage der produktpolitischen Entscheidungen werden nun Produktionsprogramme aufgestellt, in denen der Einsatz der vorhandenen Ressourcen für einen mittel- bis kurzfristigen Planungszeitraum festgelegt wird. Auf diese Weise wird die Erreichung der strategischen Ziele weiter vorangetrieben.

In einem **hierarchischen Planungssystem** bilden operative Entscheidungen das Bindeglied zwischen der Ressourcenbereitstellung und dem eigentlichen Produktionsgeschehen. Sie gehen der unmittelbaren Produktionsveranlassung voraus und sollen gewährleisten, daß die von den Kunden ausgehende Nachfrage mit dem vorhandenen Bestand an Ressourcen befriedigt werden kann.

In der operativen Produktionsplanung und -steuerung bestehen enge Wechselwirkungen zwischen der Produktion und den angrenzenden Funktionsbereichen der

Beschaffung und der Distribution. Auch werden aufgrund der Entscheidungen im Bereich der Produktionsplanung oft unmittelbar *logistische Prozesse*, z. B. der Lagerung oder des innerbetrieblichen Transports, ausgelöst. Insbes. in Unternehmungen, die mehrere Produktionsstätten betreiben, müssen die Entscheidungen über die Produktionsprogramme in den einzelnen Werken eng mit den Entscheidungen über Transporte zwischen den Werken abgestimmt werden. Gerade bei hohen regionalen Kostenunterschieden kann es kostengünstig sein, einzelne Abschnitte des Wertschöpfungsprozesses, z. B. personalintensive manuelle Verpackungsvorgänge, an einen Standort in einem Wirtschaftsraum mit niedrigeren Lohnkosten auszulagern.

Ausgehend von einem vorgegebenen Produktprogrammrahmen sowie einer gegebenen Ausstattung mit Produktionsanlagen und einem gegebenen Bestand an Stammarbeitskräften ist im Rahmen der operativen Produktionsplanung und -steuerung festzulegen,

- wie die **saisonalen Schwankungen** von Kapazitätsbedarf und Kapazitätsangebot auszugleichen sind;
- welche absatzfähigen **Produkte** in welchen Mengen in den einzelnen Perioden des Planungszeitraums produziert werden sollen;
- welche Mengen an **Verbrauchsfaktoren** (Rohstoffe, fremdbezogene Teile, eigengefertigte Einzelteile und Baugruppen) dazu bereitzustellen sind;
- in welcher Form die **Produktionsprozesse** ablaufen sollen.

Die Ausführungen in diesem Teil D orientieren sich an dem in Bild D.1 wiedergegebenen **Konzept eines hierarchischen kapazitätsorientierten Systems zur operativen Produktionsplanung und -steuerung**, wie es von *Drexl et al.*[1] vorgeschlagen wurde. Für jedes Entscheidungsproblem beschreiben wir zunächst jeweils ein typisches Optimierungsmodell und diskutieren geeignete Lösungsverfahren. Soweit dies nötig ist, erläutern wir auch die Vorgehensweise der betrieblichen Praxis, die nach dem **MRP-Sukzessivplanungskonzept**[2] mit nicht modellgestützten Konzepten arbeitet und dabei weitgehend auf die Nutzung wissenschaftlicher Erkenntnisse verzichtet. Auf die derzeitige Realität der Softwaresysteme zur Produktionsplanung und -steuerung sowie sich abzeichnende neuere Entwicklungen gehen wir erst in Teil F ein. Dort werden auch die unterschiedlichen Systementwürfe zur Computerunterstützung in diesem Bereich (MRP-Sukzessivplanung bzw. PPS-Systeme, Advanced Planning Systems) erläutert.

Zunächst werden nun die Fragen der *Produktionsprogrammplanung* diskutiert, die unabhängig von den Besonderheiten der einzelnen Produktionssegmente zu lösen sind (Kapitel 8). Kapitel 9 befaßt sich dann mit der produktionssegmentspezifischen

---

1 Vgl. *Drexl et al.* (1994). Siehe hierzu insbes. auch S. 316 ff.

2 MRP ist die Abkürzung für Material Requirements Planning.

Ausgestaltung der *Losgrößen- und Ressourceneinsatzplanung*, wobei auf die spezifischen Planungsprobleme bei *Werkstattproduktion* (Abschnitt 9.1), bei *Fließproduktion* (Abschnitt 9.2) sowie bei *Zentrenproduktion* (Abschnitt 9.3) eingegangen wird.

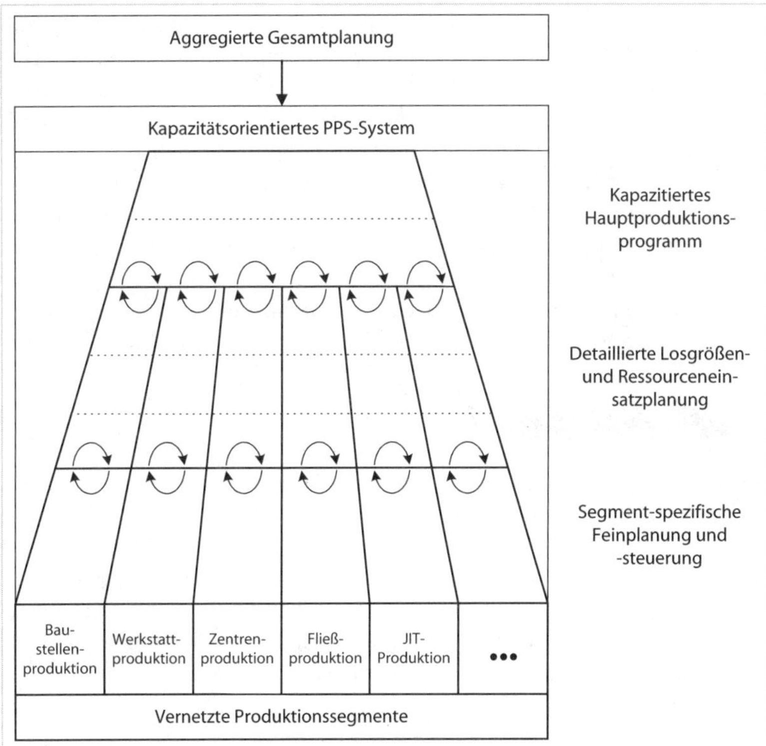

Bild D.1: Grundstruktur einer kapazitätsorientierten operativen Produktionsplanung und -steuerung

8 Planung des Produktionsprogramms

Bei der Produktionsprogrammplanung im Rahmen der operativen Planung geht es um die Festlegung von Art und Menge der in den nächsten Perioden zu produzierenden Erzeugnisse. Dieses Problem stellt sich vor allem bei *Serienproduktion* und auftragsbezogener *Einzelproduktion*, da hier die Nachfrage nach den einzelnen Erzeugnissen i. a. starken zeitlichen Schwankungen unterworfen ist. Bei *Massenproduktion* weisen die Erzeugnisse zumeist eine hohe und gleichmäßige Nachfrage auf. Daher tritt hier das Problem, die kurzfristige Zusammensetzung des Produktionsprogramms zu optimieren, oft in den Hintergrund. Die grundlegende Zusammensetzung des Produktionsprogramms wird hier i. a. bereits bei der Gestaltung der

Infrastruktur und der damit verbundenen Dimensionierung der Produktionssegmente vorbestimmt. Wurde z. B. ein Fließproduktionssystem auf eine bestimmte jährliche Produktionsmenge hin ausgelegt, dann geht es im Rahmen der kurzfristigen Produktionsplanung hauptsächlich um die Versorgung der Arbeitssysteme mit dem benötigten Material und um die Wahl der Anlagenfahrweisen.

Kernpunkte der **operativen Produktionsprogrammplanung** bilden die Beschäftigungsglättung und die kapazitierte Hauptproduktionsprogrammplanung. Die **Beschäftigungsglättung** hat als aggregierte Gesamtplanung die Aufgabe, unterschiedliche Kapazitätsbeanspruchungen der Produktionsstätten bzw. größerer Betriebseinheiten im Zeitablauf eines oder mehrerer Jahre auszugleichen und mit der Entwicklung der Nachfrage abzustimmen, wobei auch logistische Verflechtungen der Produktionsstätten zu berücksichtigen sind. Die **kapazitierte Hauptproduktionsprogrammplanung** (kurzfristige Produktionsprogrammplanung) legt fest, welche konkreten Endproduktmengen in den einzelnen Perioden des unmittelbar bevorstehenden Planungszeitraums produziert werden sollen. Beide Planungsstufen gehen von *Nachfrageprognosen* aus, die zunächst in Abschnitt 8.1 behandelt werden.

8.1 Nachfrageprognose

Von besonderer Bedeutung für die Produktionsprogrammplanung sind Prognosen der zukünftigen Entwicklung der Nachfrage. Prognosen können sowohl subjektiv aufgrund von persönlichen Erfahrungen als auch mit Hilfe spezieller Prognoseverfahren erstellt werden. Zur Nachfrageprognose eignen sich insbes. quantitative Prognoseverfahren. In modernen Softwaresystemen zur „Supply-Chain-Optimierung" wird die Nachfrageprognose unter dem Begriff „Demand Planning" geführt. Probleme der Nachfrageprognose treten auf mehreren Planungsebenen auf:

- **Aggregierte mehrperiodige Nachfrageprognosen** für Produktgruppen werden als Vorstufe der Beschäftigungsglättung in enger Abstimmung mit dem Marketingbereich durchgeführt. Hier kommen Prognosemodelle zum Einsatz, mit denen die mittel- bis langfristige Entwicklung einer Zeitreihe vorhergesagt werden kann.
- **Disaggregierte kurzfristige Prognosen** für einzelne Produkte werden vorwiegend zu Beginn der Hauptproduktionsprogrammplanung und im Bereich der stochastischen Materialbedarfsermittlung eingesetzt.

Dabei wird wie folgt vorgegangen. Ausgangspunkt für die Prognose der zukünftigen Nachfragemengen bildet die in der Vergangenheit aufgetretene Nachfrage nach einem Produkttyp oder einem einzelnen Produkt. Diese empirisch beobachtete Nachfrageentwicklung wird zunächst analysiert. Ziel der sog. *Zeitreihenanalyse* sind Erkenntnisse über die Struktur der wichtigsten Einflußfaktoren, die zu dem beobachteten Verlauf der Nachfrage geführt haben. Anschließend wird die Nachfrageentwicklung mit Hilfe eines Prognoseverfahrens in die Zukunft extrapoliert.

Die beobachtete Nachfrage wird als eine *Zeitreihe*, d. h. als eine zeitlich geordnete Folge von Beobachtungswerten interpretiert. Bezeichnet man mit y_t die beobachtete Nachfragemenge in der Periode t, dann kann die Zeitreihe der Periodennachfragemengen durch die Folge $\{y_1, y_2, \ldots, y_t, \ldots\}$ beschrieben werden. Prognosen bezüglich der Nachfragemengen in den zukünftigen Perioden $(t + j, j = 1, 2, \ldots)$ werden am Ende der aktuellen Periode (t) erstellt.

Nach Analyse der vorhandenen Daten werden unter Anwendung eines **Prognosemodells** die erwarteten zukünftigen Nachfragemengen prognostiziert. Ein Prognosemodell beschreibt die angenommene Gesetzmäßigkeit, die dem Verlauf einer Zeitreihe zugrunde liegt. Herrscht z. B. ein linearer Trend vor, dann kann die Zeitreihe durch eine Geradengleichung beschrieben werden.

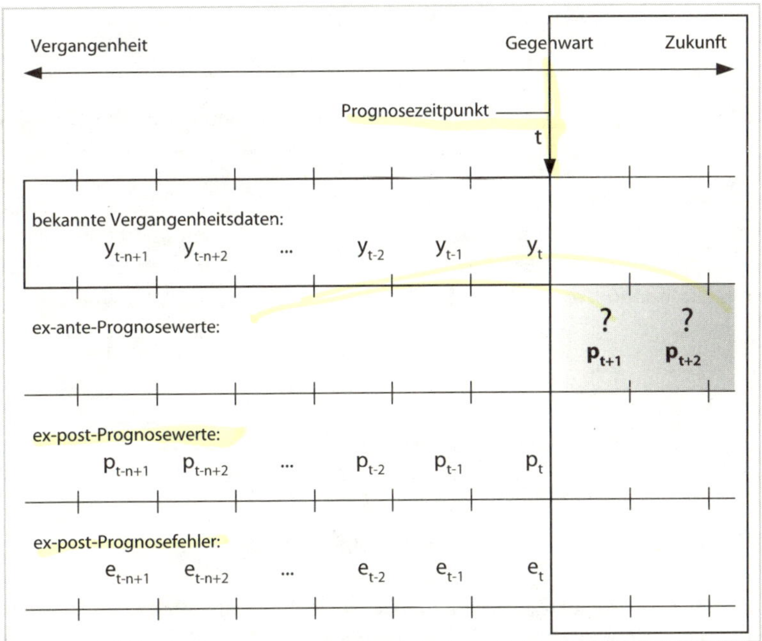

Bild D.2: Datenstruktur der Nachfrageprognose

Da die Zukunft i. a. nicht mit Sicherheit vorhergesagt werden kann, muß davon ausgegangen werden, daß eine Prognose grundsätzlich falsch ist. Die einzelnen Prognoseverfahren und die ihnen zugrundeliegenden Prognosemodelle unterscheiden sich vor allem darin, *wie falsch* eine Prognose ist. Um die Eignung eines Prognosemodells für eine bestimmte Zeitreihe festzustellen, wendet man das Modell zunächst auf die bekannten Werte der Zeitreihe an. Diese *ex-post-Prognose* erlaubt Aussagen über die Struktur der bei Anwendung des Prognosemodells zu erwartenden Prognosefehler (e_t). Die bei der Prognose vorliegende Datenstruktur für ein Erzeugnis läßt sich wie in Bild D.2 darstellen.

Zur quantitativen Prognose wurden zahlreiche Prognosemodelle mit sehr unterschiedlichen Strukturen und Komplexitätsgraden entwickelt. Wir wollen im folgenden lediglich sog. *univariate Modelle* betrachten, bei denen die Entwicklung einer Zeitreihe unabhängig vom Verlauf anderer möglicherweise existierender Einflußgrößen in die Zukunft extrapoliert wird. Dies bedeutet, daß die Zeit als einzige Einflußgröße für den Zeitreihenverlauf angesehen wird. Demgegenüber stehen *multivariate* Prognoseverfahren, mit denen die Entwicklung der Zeitreihe als Funktion der Entwicklung von anderen Zeitreihen modelliert wird.

Beim Einsatz eines quantitativen Prognoseverfahrens geht man in folgenden Schritten vor:

1. Untersuchung der *charakteristischen Merkmale* der Zeitreihe,
2. Auswahl eines geeigneten *Prognosemodells*,
3. Schätzung der *Koeffizienten* des Prognosemodells,
4. Laufende Anwendung des Prognosemodells (Berechnung der *Prognosewerte*),
5. *Beobachtung und Analyse* der Prognosegenauigkeit im Zeitablauf.

Bei der Auswahl eines Prognosemodells kann mit Hilfe der Zeitreihenanalyse das Bildungsgesetz einer Zeitreihe ermittelt werden. **Zeitreihen** werden üblicherweise in vier *Komponenten* zerlegt, die multiplikativ oder additiv miteinander verknüpft sein können:

T – langfristiger Trend,

C – mittelfristige zyklische Schwankungen,

S – saisonale Schwankungen,

I – unregelmäßige, zufällige Schwankungen.

Die meisten Ansätze zur Zeitreihenanalyse versuchen nun, einzelne oder Kombinationen dieser Komponenten der Zeitreihe zu isolieren, d. h. deren *Regelmäßigkeiten* zu erkennen. So könnte man z. B. die lang- und mittelfristige Komponente $T \cdot C$, d. h. die Verbindung von Trend und Konjunkturzyklen, aus der Zeitreihe herauslösen und damit getrennt von den anderen Komponenten prognostizieren. Je nachdem, welche der genannten Komponenten das Bild einer Zeitreihe prägen, lassen sich folgende grundsätzliche **Nachfrageentwicklungen** unterscheiden:

Gleichbleibende Nachfrage. In diesem Fall liegen weder Trend noch Saisonschwankungen vor. Die Schwankungen der Zeitreihe basieren ausschließlich auf der irregulären Komponente I. Bild D.3 zeigt eine solche Zeitreihe.

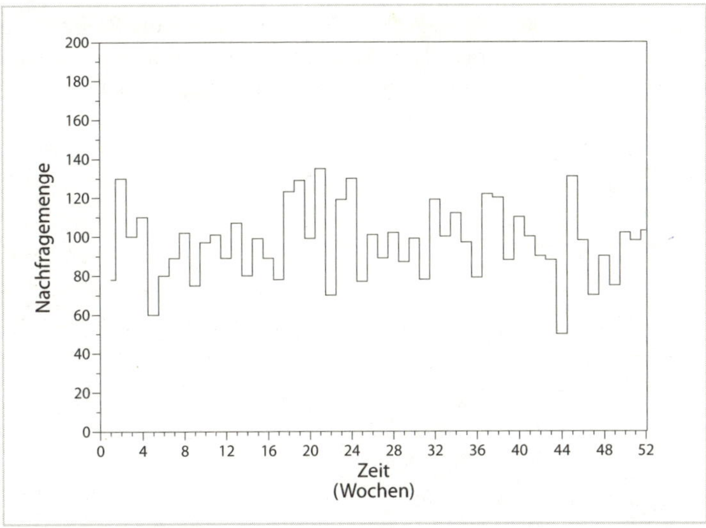

Bild D.3: Gleichbleibende Nachfrage

Trendförmig ansteigende Nachfrage. Hier besteht die Zeitreihe aus den Komponenten T und I. Bei mehrjährigen Entwicklungen ist oft auch der Einfluß der Komponente C erkennbar (z. B. Konjunkturentwicklung). Ein trendförmiger Zeitreihenverlauf ist in Bild D.4 dargestellt.

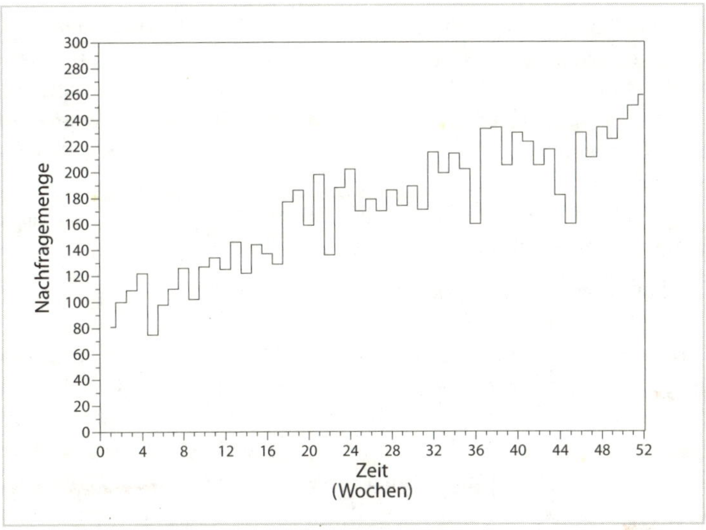

Bild D.4: Trendförmig ansteigende Nachfrage

Saisonal schwankende Nachfrage. Hier bleibt das Niveau der Zeitreihe im Zeitablauf zwar konstant; es treten aber systematische, regelmäßig wiederkehrende Schwankungen auf. Die Zeitreihe enthält dann die Komponenten S und I (siehe Bild D.5).

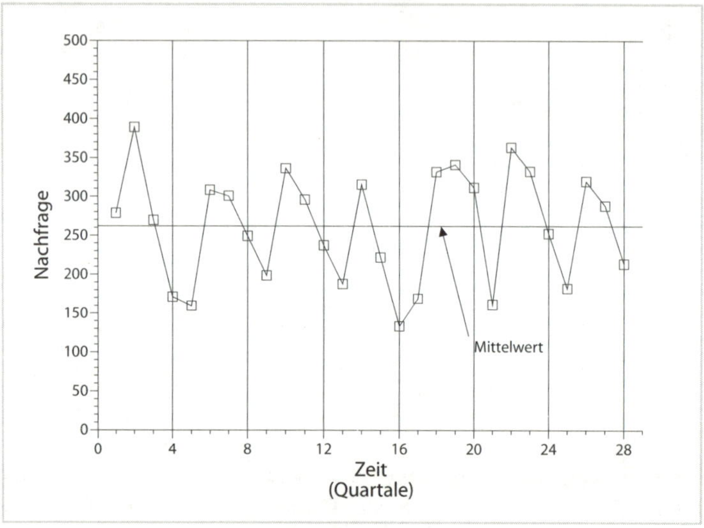

Bild D.5: Saisonal schwankende Nachfrage

Diesen typischen Verlaufsformen ist gemeinsam, daß die Zeitreihenentwicklung einer gewissen Regelmäßigkeit unterliegt, wobei die einzelnen Komponenten in der Praxis in unterschiedlichen Kombinationen anzutreffen sind. So sind bei Zeitreihen, die sich über mehrere Jahre hinziehen, vielfach Trend- und Saisoneinflüsse zu beobachten. Daneben sind – z. B. bei Produkten, die die Degenerationsphase ihres Lebenszyklus erreicht haben – *unregelmäßige* Bedarfsverläufe zu erkennen, die sich weitgehend einer systematischen, modellgestützten Prognose entziehen. Bild D.6 vermittelt einen Überblick über mögliche Zeitreihenverläufe.

Zur Zeitreihenprognose existieren eine Vielzahl von Prognoseverfahren, die sich hinsichtlich ihrer Prognosegenauigkeit und hinsichtlich der Prognosekosten (Datenbedarf, Rechenaufwand) unterscheiden. Wir wollen im folgenden die **exponentielle Glättung** als ein Verfahren zur kurzfristigen Nachfrageprognose darstellen. Dabei wird zunächst davon ausgegangen, daß die zu prognostizierende Zeitreihe einen konstanten Verlauf aufweist, d. h. daß weder ein Trend noch saisonale Schwankungen vorhanden sind. Die für diese Situation geeignete sog. *exponentielle Glättung erster Ordnung* (einfache exponentielle Glättung) erweitern wir dann für den Fall eines Nachfrageverlaufs, der einem linearen Trend folgt. Das entsprechende Prognoseverfahren wird als *exponentielle Glättung mit Trendkorrektur* bzw. *exponentielle Glättung zweiter Ordnung* bezeichnet.

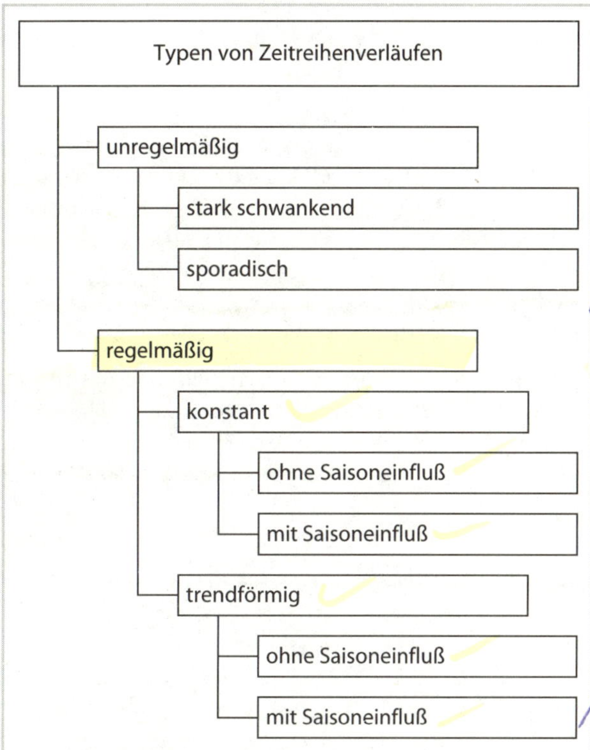

Bild D.6: Typen von Zeitreihenverläufen

Bei der **exponentiellen Glättung**[3] wird die Nachfragezeitreihe einer gewogenen gleitenden Durchschnittsbildung unterzogen. Der gleitende Durchschnitt am Ende der Periode t wird aus dem aktuellen Beobachtungswert der Periode t und dem am Ende der Vorperiode errechneten Durchschnittswert ermittelt. Der zuletzt ermittelte Durchschnittswert wird dann zur Prognose der Nachfragemenge der nächsten Periode verwendet. Am Ende der Periode t ergibt sich der Prognosewert für die Nachfrage der Periode $(t+1)$ nach Gleichung (D.1).

$$p_{t+1} = y_t^{(1)} = \alpha \cdot y_t + (1-\alpha) \cdot y_{t-1}^{(1)} \qquad \text{(D.1)}$$

- $y_{t-1}^{(1)}$: geglättete Nachfrage in Periode $t-1$ (= Prognose für Periode t)
- y_t: beobachtete Nachfrage in Periode t
- $y_t^{(1)}$: geglättete Nachfrage in Periode t
- p_{t+1}: Prognose für Periode $t+1$

Dabei nennt man $0 \leq \alpha \leq 1$ den **Glättungsparameter**. I. a. werden Werte zwischen 0.1 und 0.3 verwendet. Je größer α ist, umso stärker ist der Einfluß der neuesten Be-

3 vgl. *Tempelmeier* (2005a), Abschnitt C.2.1.2

obachtungswerte der Nachfragezeitreihe auf den neuen Prognosewert. Der Name des Verfahrens rührt daher, daß die *Gewichte*, mit denen die einzelnen Beobachtungswerte y_{t-k} die Prognose beeinflussen, mit zunehmendem Alter k exponentiell abnehmen.

Um den Prognoseprozeß zu initialisieren, benötigt man einen *Startwert*. Dieser muß extern geschätzt werden. Prinzipiell kann man jeden Wert vorgeben, z. B. den Durchschnitt der ersten n Beobachtungen einer Zeitreihe oder auch nur die erste Beobachtung. Da der Einfluß des Startwertes später aufgrund des Gewichtungsschemas sowieso verschwindet, ist auch ein grober Schätzwert verwendbar. Bei einem konstanten Zeitreihenmodell mit einer relativ schwachen irregulären Komponente I kann man ohne weiteres die erste Beobachtung der Zeitreihe einsetzen.

Ein **Beispiel** zur exponentiellen Glättung erster Ordnung mit $\alpha = 0.1$ und $\alpha = 0.3$ ist in Tabelle D.1 wiedergegeben. Die prognostizierte Nachfrage der Periode 3 errechnet sich z. B. bei Anwendung von $\alpha = 0.1$ wie folgt: $0.1 \cdot 36 + (1 - 0.1) \cdot 49.80 = 48.42$. Bild D.7 stellt die Prognosewerte den Beobachtungswerten gegenüber.

Monat	Nachfrage	$\alpha = 0.1$		$\alpha = 0.3$	
t	y_t	$y_t^{(1)}$	p_t	$y_t^{(1)}$	p_t
0		50.00		50.00	
1	48	49.80	50.00	49.40	50.00
2	36	48.42	49.80	45.38	49.40
3	49	48.48	48.42	46.47	45.38
4	65	50.13	48.48	52.03	46.47
5	54	50.52	50.13	52.62	52.03
6	60	51.47	50.52	54.83	52.62
7	48	51.12	51.47	52.78	54.83
8	51	51.11	51.12	52.25	52.78
9	62	52.20	51.11	55.17	52.25
10	66	53.58	52.20	58.42	55.17
11			53.58		58.42

Tabelle D.1: Exponentielle Glättung erster Ordnung

Die exponentielle Glättung erster Ordnung ist nur dann ein geeignetes Prognoseverfahren zur kurzfristigen Nachfrageprognose, wenn die Beobachtungswerte um einen im Zeitablauf *konstanten Mittelwert* schwanken. Im obigen Beispiel kann man bereits Zweifel haben, ob nicht schon ein schwacher Trend in der Zeitreihe vorhanden ist. Dies wird erst die weitere Nachfrageentwicklung zeigen.

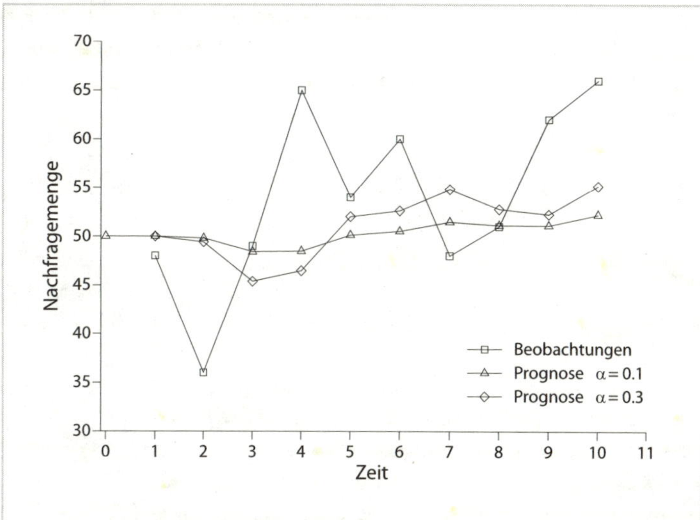

Bild D.7: Prognose- versus Beobachtungswerte

Wendet man dieses Prognoseverfahren auf eine Zeitreihe an, die einen durch die Geradengleichung $y_t = a + b \cdot t$ beschriebenen *linearen Trend* aufweist, dann entsteht ein verfahrensbedingter, *systematischer Fehler*, wobei zwischen den Beobachtungswerten und der geglätteten Zeitreihe die Beziehung

$$E\left\{y_t^{(1)}\right\} = E\{y_t\} - \frac{(1-\alpha)}{\alpha} \cdot b \qquad t = 1, 2, \ldots \tag{D.2}$$

besteht.[4] Das heißt, der nach dem Verfahren der exponentiellen Glättung erster Ordnung am Ende der Periode t berechnete gleitende Durchschnitt (Prognosewert für Periode $t + 1$) ist im Mittel um den Betrag $b \cdot \frac{1-\alpha}{\alpha}$ kleiner als der Beobachtungswert der Periode t.

Eine einfache Möglichkeit, diese Tatsache zu berücksichtigen, bietet das Verfahren der **exponentiellen Glättung mit Trendkorrektur**. Hier wird zunächst eine „Beobachtung" der aktuellen Steigung der Trendgeraden, b_t, ermittelt:

$$b_t = y_t^{(1)} - y_{t-1}^{(1)} . \qquad t = 1, 2, \ldots \tag{D.3}$$

Dann wird die *Steigung* exponentiell geglättet:

$$b_t^{(1)} = \alpha \cdot b_t + (1-\alpha) \cdot b_{t-1}^{(1)} \qquad t = 1, 2, \ldots \tag{D.4}$$

4 vgl. *Tempelmeier* (2005a), S. 65

Schließlich verwendet man diesen aktuellen Durchschnittswert der Steigung, um den aktuellen Schätzwert des *Achsenabschnitts* der Trendgeraden (mit einer auf den neuen Ursprung t verschobenen Ordinate) um den o.a. systematischen Fehler zu korrigieren:

$$a_t^{(1)} = y_t^{(1)} + \frac{(1-\alpha)}{\alpha} \cdot b_t^{(1)} \qquad t = 1, 2, \ldots \qquad \text{(D.5)}$$

Der *Prognosewert* für Periode $(t+1)$ beträgt dann

$$p_{t+1} = a_t^{(1)} + b_t^{(1)} \qquad t = 1, 2, \ldots \qquad \text{(D.6)}$$

Betrachten wir ein **Beispiel**. Für die in der Spalte „y_t" der Tabelle D.2 angegebene Zeitreihe schätzen wir als Startwert für den Achsenabschnitt (für $t = 0$) den Durchschnitt der ersten beiden Beobachtungswerte $\frac{15+21}{2} = 18$ und als Steigung die mittlere Differenz zwischen benachbarten Beobachtungswerten $\frac{6-4+1+4}{4} = 1.75$. Bei einem Glättungsfaktor $\alpha = 0.2$ ist der systematische Fehler $1.75 \cdot \frac{1-0.2}{0.2} = 7$. Für den Startwert der Durchschnittswerte erster Ordnung erhält man wegen Gleichung (D.5) $18 - 7 = 11$.

t	y_t	$y_t^{(1)}$	b_t	$b_t^{(1)}$	$a_t^{(1)}$	p_t
0		11		1.75	18	
1	15	11.80	0.80	1.56	18.04	19.75
2	21	13.64	1.84	1.62	20.10	19.60
3	17	14.31	0.67	1.43	20.02	21.72
4	18	15.05	0.74	1.29	20.21	21.45
5	22	16.44	1.39	1.31	21.68	21.50
6						22.99

Tabelle D.2: Beispiel zur exponentiellen Glättung mit Trendkorrektur

Ein zu denselben Ergebnissen führendes Verfahren ist die sog. **exponentielle Glättung zweiter Ordnung**. Dabei wendet man auf die Zeitreihe der Prognosewerte, d. h. auf die nach dem Verfahren der exponentiellen Glättung erster Ordnung berechneten Mittelwerte das gleiche Glättungsverfahren erneut an. Man erhält dann exponentiell geglättete *Mittelwerte zweiter Ordnung*, d. h. Durchschnitte aus Durchschnitten erster Ordnung:

$$y_t^{(2)} = \alpha \cdot y_t^{(1)} + (1-\alpha) \cdot y_{t-1}^{(2)} \qquad t = 1, 2, \ldots \qquad \text{(D.7)}$$

Mit Hilfe der Durchschnitte erster und zweiter Ordnung wird dann der Prognosewert für die zukünfige Periode $t + \ell$ $(\ell = 1, 2 \ldots)$ bestimmt:

$$p_{t+\ell} = \underbrace{2 \cdot y_t^{(1)} - y_t^{(2)}}_{a_t^{(1)}} + \underbrace{\frac{\alpha}{(1-\alpha)} \cdot \left(y_t^{(1)} - y_t^{(2)}\right)}_{b_t^{(1)}} \cdot \ell \qquad \ell = 1, 2, \ldots \tag{D.8}$$

Um diese Beziehung zu erklären, betrachten wir Bild D.8.

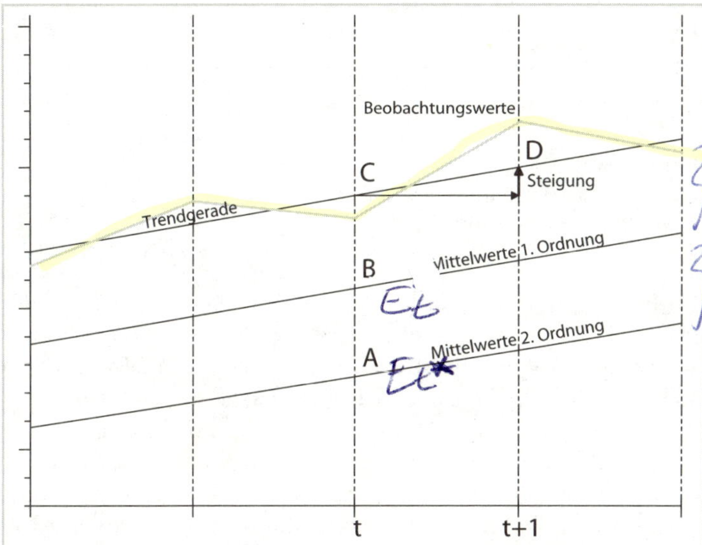

Bild D.8: Erläuterung der exponentiellen Glättung zweiter Ordnung

Hier sind die Zeitreihe der Beobachtungswerte, die unbekannte Trendgerade (oberste Gerade) sowie die idealisierten Zeitreihen der Mittelwerte erster und zweiter Ordnung dargestellt. Zunächst kann man feststellen, daß eine Beziehung der Form (D.2) auch die erwartete Differenz der Zeitreihen der Mittelwerte erster und zweiter Ordnung beschreibt. Ersetzt man in Gleichung (D.2) $y_t^{(1)}$ durch $y_t^{(2)}$ und y_t durch $y_t^{(1)}$, dann erhält man:

$$E\left\{y_t^{(2)}\right\} = E\left\{y_t^{(1)}\right\} - \frac{(1-\alpha)}{\alpha} \cdot \underbrace{b}_{\text{Steigung der Trendgeraden}} \qquad t = 1, 2, \ldots \tag{D.9}$$

Im Bild ist der Abstand der Punkte B und A gleich dem Abstand der Punkte C und B. Da A ($= y_t^{(2)}$) und B ($= y_t^{(1)}$) am Ende der Periode t bekannt sind, kann man auch C, den geschätzten Achsenabschnitt der unbekannten Trendgeraden bezogen auf Periode t, errechnen: $C = B + (B - A) = 2 \cdot B - A = 2 \cdot y_t^{(1)} - y_t^{(2)}$. Der Schätzwert der Steigung der Trendgeraden ergibt sich durch Umformung der Gleichung (D.9). Der gesuchte Prognosewert für Periode $t+1$ (Punkt D) ergibt sich dann durch Punkt C zuzüglich der Steigung.

Damit haben wir aus der Tatsache, daß die erwarteten Abstände zwischen den Zeitreihen der Beobachtungen und der Mittelwerte erster und zweiter Ordnung identisch sind, auf sehr einfache Weise ein geeignetes Prognoseverfahren abgeleitet.

Neben den beschriebenen einfachen Prognoseverfahren, die sich vor allem für die kurzfristige Prognose eignen, existiert eine nahezu unübersehbare Vielzahl weiterer Verfahren.[5] So basiert das für die Berücksichtigung von saisonalen Einflüssen geeignete Verfahren von Winters ebenfalls auf der exponentiellen Glättung. Zur Erfassung externer Einflußgrößen eignet sich die multiple lineare Regressionsrechnung. Diese Methoden sind auch in einigen Standard-Softwaresystemen zum Advanced Planning[6] implementiert.

Literaturhinweise
Tempelmeier (2005a), Abschnitt C
Tempelmeier (2005b), Abschnitt C.3

8.2 Beschäftigungsglättung

Die Beschäftigungsglättung (aggregierte Gesamtplanung) umfaßt das gesamte Produktprogramm und die jeweiligen Produktionsstätten der Unternehmung mit ihren wechselseitigen logistischen Verflechtungen. Sie hat die Aufgabe, die erlös- und kostenwirksamen Entscheidungen unternehmensweit für einen mittelfristigen Zeitraum entsprechend den Unternehmenszielen *funktions- und standortübergreifend* zu koordinieren. Dabei müssen insbes. die Vorstellungen des Absatz-, des Beschaffungs- und des Personalbereichs mit den Möglichkeiten und Erfordernissen der Produktion abgestimmt werden. Im Rahmen einer aggregierten Gesamtplanung müssen prognostizierte Umweltentwicklungen, konjunkturelle Schwankungen und langfristige Absatztrends rechtzeitig in der Produktionsplanung berücksichtigt sowie der erforderliche Ausgleich von *saisonalen Beschäftigungsschwankungen* vorgenommen werden.

Aufgabe der Beschäftigungsglättung ist es, durch den Einsatz von Überstunden und Kurzarbeit sowie die Fremdvergabe von Aufträgen an externe Lieferanten und durch andere geeignete Maßnahmen, z. B. saisonbedingte Sonder- und Freischichtenregelungen oder Urlaubsplanung, die Auslastung der Ressourcen im Zeitablauf zu glätten.[7] Bei schwankenden Nachfragemengen ist eine ausgeglichene Kapazitätsbelastung immer mit dem Auf- und Abbau von Lagerbeständen verbunden. Voraussetzung ist dabei, daß die Produkte lagerfähig sind.

Planungsobjekte der Beschäftigungsglättung sind nicht einzelne Produktarten, sondern aggregierte **Produkttypen** sowie aggregierte **Gruppen von Arbeitssystemen** (Betriebseinheiten). Ein Produkttyp repräsentiert eine Menge von Produkten, z. B. PKW-Motoren, die ähnliche Kosten- und Nachfragestrukturen sowie Produktionsprozesse aufweisen und daher dieselben Ressourcen in Anspruch nehmen. I. a. wer-

5 vgl. auch *Tempelmeier* (2005a), Abschnitt C
6 vgl. Abschnitt 15
7 vgl. *Günther* (1989)

den nur Endprodukte zu betrachten sein. Als Betriebseinheiten kann man sich eine Produktionsstätte vorstellen, z. B. das Motorenwerk eines Automobilherstellers oder größere Abteilungen in einem Werk. Aufgrund des hohen Aggregationsgrades werden alle Mengen in Zeiteinheiten (z. B. Personalmonate) umgerechnet. Die Produktionskapazitäten werden in Form globaler werks- oder produktionssegmentspezifischer Kapazitäten erfaßt. Als Planungshorizont kann ein Zeitraum von ein bis zwei Jahren betrachtet werden.

Als Ergebnis dieser aggregierten Gesamtplanung erhält man produktionsstättenbezogene Produktionsvorgaben für die Produkttypen sowie eine Vorausschau der zu erwartenden Transportströme zwischen den einzelnen Produktionsstandorten. Hieraus läßt sich ableiten, welche logistischen Kapazitäten bereitzustellen sind, inwieweit vorübergehende Anpassungen der Produktionskapazitäten, z. B. durch Überstunden, vorgenommen werden müssen und in welchem Umfang für den Aufbau saisonal bedingter Lagerbestände zusätzliche Lagerkapazitäten, z. B. durch Anmietung, bereitgestellt werden müssen.

Das Ergebnis der Planungsüberlegungen kann zu folgenden Formen der zeitlichen Abstimmung zwischen aggregierten Produktions- und Nachfragemengen führen:

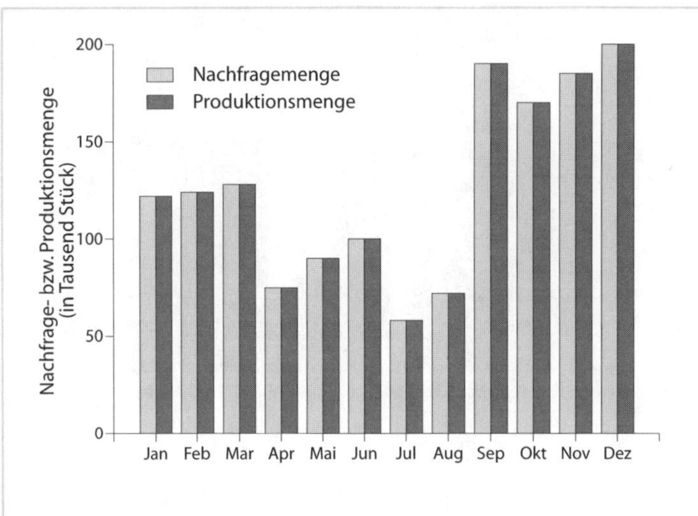

Bild D.9: Synchronisation von Produktion und Nachfrage

- **Synchronisation.** Hier ist die Produktionsmenge einer Periode identisch mit der Periodennachfragemenge. Die Unternehmung verhält sich *reaktiv* und wartet einfach die Auftragseingänge ab, die dann erfüllt werden. Eine solche Vorgehensweise ist nur dann möglich, wenn die personelle und technische Produktionskapazität so hoch ist, daß sie auch für die maximale Periodennachfrage ausreicht. Hierbei werden – in Abhängigkeit von den Nachfrageschwankungen –

die Ressourcen im Zeitablauf u. U. sehr unregelmäßig mit schwankenden Auslastungen oder Intensitäten eingesetzt.

Die resultierenden Abweichungen von der kostenminimalen Intensität können eine Erhöhung der variablen Produktionskosten (z. B. erhöhten Ausschuß, erhöhten Verschleiß der Aggregate usw.) zur Folge haben. Ein Vorteil ist jedoch darin zu sehen, daß *keine Lagerkosten* entstehen – weder für die Kapitalbindung noch für die Zurverfügungstellung von Lagerraum oder Handlingeinrichtungen. Bild D.9 zeigt den jahreszeitlichen Verlauf der aggregierten Nachfrage nach Videorekordern in einem Zweigwerk einer Unternehmung und die vollständige Anpassung der aggregierten Produktionsmengen in den einzelnen Perioden des Planungszeitraums.

- **Emanzipation**. Bei Emanzipation (Bild D.10) bleibt die Produktionsmenge pro Periode während des ganzen Planungszeitraums konstant. Dies führt bei schwankenden Periodennachfragemengen zwangsläufig zum Auf- und Abbau von Lagerbeständen.

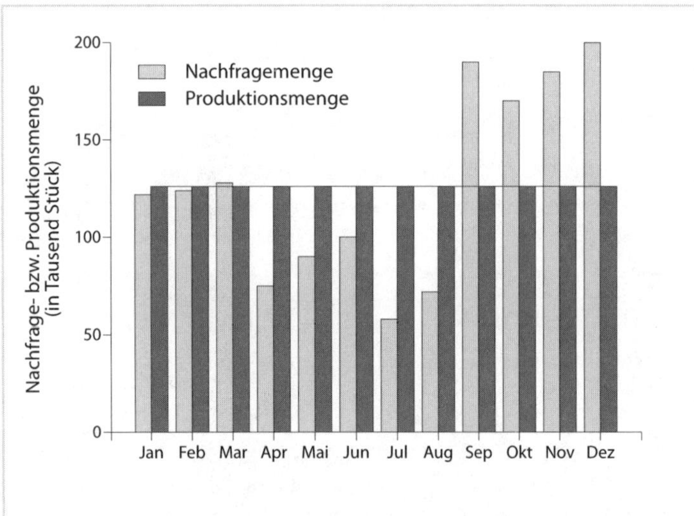

Bild D.10: Emanzipation der Produktion von der Nachfrage

Bei emanzipierter Produktion treten keine Schwankungen der Auslastungen der Ressourcen auf. Es kann gleichmäßig bei *optimaler Intensität* produziert werden. Als Nachteil sind jedoch Lagerkosten und evtl. Fehlmengen, d. h. Verzögerungen in der Belieferung der Kunden, in Kauf zu nehmen. Neben den durch die Kapitalbindung verursachten Lagerkosten treten durch den in Abhängigkeit von der Nachfrage schwankenden Lagerraumbedarf oft erhebliche Folgekosten auf. So hat bei einem bekannten Hersteller von Konsumgütern die emanzipierte, vom Verlauf der Nachfrage unabhängige Produktion zur Folge, daß ein Assistent des Produktionsvorstands einen beträchtlichen Teil seiner Arbeitszeit mit der Anmietung von Lagerraum verbringt. Da Lagerraum nicht in unmittelbarer Nähe der Produktionsstätte verfügbar ist, müssen die Erzeugnisse per LKW (Fremdspediteure) zum Ort der Zwischenlagerung *transportiert* werden. Hier wird die Notwendigkeit einer integrierten Betrachtung von Produktion und Logistik wieder sehr deutlich.

Zwischen diesen beiden extremen Ausprägungen liegt ein Kontinuum von Zwischenformen. Das *Entscheidungsproblem der Beschäftigungsglättung* besteht nun darin, die optimale Form der Abstimmung von Kapazitätsbedarf und Kapazitätsangebot zu finden. Zur Lösung dieses Problems sind verschiedene quantitative Entscheidungsmodelle vorgeschlagen worden. Wir werden ein einfaches lineares Optimierungsmodell darstellen. Dabei werden folgende Annahmen getroffen:

- Der Planungszeitraum besteht aus T Perioden $(t = 1, 2, \ldots, T)$.
- Es werden mehrere Produkttypen betrachtet, die durch die Indexmenge $\mathcal{K}$ beschrieben werden $(k \in \mathcal{K})$.
- Für jede Periode t und jeden Produkttyp k ist eine aggregierte Nachfragemenge (d_{kt}) bekannt, die unverzüglich, d. h. in Periode t erfüllt werden muß.
- Für jeden Produkttyp k ist ein Anfangslagerbestand L_{k0} gegeben.
- Die technische Produktionskapazität beträgt $C_t^{\max}$ Einheiten in Periode t. Sie ergibt sich aus der maximalen Einsatzdauer der Maschinen abzüglich der durchschnittlichen Instandhaltungs- und Störungszeiten. Zur Produktion einer Einheit des Produkttyps k werden b_k Einheiten der technischen Kapazität benötigt.
- Die personelle Produktionskapazität beträgt $N_t^{\max}$ Einheiten in Periode t. $N_t^{\max}$ ergibt sich aus der Anzahl Mitarbeiter und der durchschnittlichen Arbeitszeit in Periode t, wobei u. U. auch geplante Urlaubszeiten und Teilnahmen der Mitarbeiter an Lehrgängen usw. berücksichtigt worden sind. Zur Produktion einer Einheit des Produkttyps k werden a_k Einheiten der personellen Kapazität benötigt.
- Die personelle Produktionskapazität kann um höchstens $U_t^{\max}$ Einheiten in Periode t erweitert werden (z. B. durch Überstunden).
- Als Entscheidungsvariablen der Beschäftigungsglättung betrachten wir die produkttypbezogenen Produktionsmengen X_{kt} sowie die Überstunden U_t. Weitere Entscheidungsvariablen sind die Lagerbestände L_{kt}. Sie ergeben sich zwangsläufig durch Gegenüberstellung der kumulierten Produktionsmengen und der kumulierten Nachfragemengen.

Gesucht sind die Produktionsmengen, bei denen die Summe aus Lagerkosten und Kosten für Zusatzkapazität (Überstunden) minimal wird. Das Entscheidungsmodell lautet:

Modell AGGRPLAN

$$\text{Minimiere } Z = \sum_{k\in\mathcal{K}} \sum_{t=1}^{T} \underbrace{l_k \cdot L_{kt}}_{\text{Lagerkosten für Produkttyp } k \text{ am Ende der Periode } t} + \sum_{t=1}^{T} \underbrace{u_t \cdot U_t}_{\text{Kosten für Zusatzkapazität (Überstunden)}} \quad (D.10)$$

u. B. d. R.

$$X_{kt} + L_{k,t-1} - L_{kt} = d_{kt} \qquad k \in \mathcal{K}; t = 1, 2, \ldots, T \quad (D.11)$$

- d_{kt}: Nachfrage des Produkttyps k in Periode t
- $L_{k,t-1}$: Lagerbestand des Produkttyps k am Ende der Vorperiode $(t-1)$
- X_{kt}: Produktionsmenge des Produkttyps k in Periode t

$$\sum_{k\in\mathcal{K}} \underbrace{b_k \cdot X_{kt}}_{\text{technischer Kapazitätsbedarf des Produkttyps } k} \le C_t^{\max} \qquad t = 1, 2, \ldots, T \quad (D.12)$$

$$\sum_{k\in\mathcal{K}} \underbrace{a_k \cdot X_{kt}}_{\text{personeller Kapazitätsbedarf des Produkttyps } k} - U_t \le N_t^{\max} \qquad t = 1, 2, \ldots, T \quad (D.13)$$

$$U_t \le U_t^{\max} \qquad t = 1, 2, \ldots, T \quad (D.14)$$

- $U_t^{\max}$: maximale personelle Zusatzkapazität in Periode t

$$X_{kt}, L_{kt}, U_t \ge 0 \qquad k \in \mathcal{K}; t = 1, 2, \ldots, T \quad (D.15)$$

$$L_{k0} = \text{gegeben} \qquad k \in \mathcal{K} \quad (D.16)$$

Dabei bedeuten:

Daten:

a_k	Produktionskoeffizient für Produkttyp k in bezug auf die personelle Kapazität
b_k	Produktionskoeffizient für Produkttyp k in bezug auf die technische Kapazität
$C_t^{\max}$	technische Kapazität in Periode t
d_{kt}	Nachfrage für Produkttyp k in Periode t
$\mathcal{K}$	Indexmenge der Produkttypen
l_k	Lagerkostensatz für Produkttyp k pro Mengeneinheit und Periode
$N_t^{\max}$	personelle Kapazität in Periode t
T	Länge des Planungszeitraums in Perioden $(t = 1, 2, \ldots, T)$
$U_t^{\max}$	maximale personelle Zusatzkapazität in Periode t
u_t	Kosten für eine Einheit zusätzlicher personeller Kapazität in Periode t

Variablen:

L_{kt} Lagerbestand für Produkttyp k am Ende von Periode t
U_t genutzte personelle Zusatzkapazität in Periode t
X_{kt} Produktionsmenge von Produkttyp k in Periode t

Das Modell AGGRPLAN strebt einen Ausgleich zwischen den durch die Vorproduktion verursachten Lagerkosten und den durch den Einsatz zusätzlicher personeller Kapazität (Überstunden) bedingten zusätzlichen Produktionskosten an. Andere Entscheidungsoptionen, z. B. die Beschaffung bei Fremdlieferanten oder auch die Produktion in einer weiteren Produktionsstätte derselben Unternehmung einschl. der dann zu berücksichtigenden Transporte, können ebenfalls einbezogen werden, ohne daß sich prinzipiell an der Struktur des Modells etwas ändert. Auch zeitabhängige variable Produktionskosten können durch einfache Erweiterung der Zielfunktion erfaßt werden.

Die Lösung dieses Modells kann mit Hilfe eines Standardverfahrens zur linearen Optimierung[8] erfolgen. Hierzu ist eine große Anzahl von Software-Systemen (MOPS, OSL, LINDO, XPRESS-MP, CPLEX usw.) verfügbar, die auch auf PCs und Workstations lauffähig sind. Auch die in Kapitel 15 dargestellten „Advanced Planning Systems" sind in der Lage, das Modell AGGRPLAN zu generieren und zu lösen. Kleinere Probleme lassen sich auch mit den heute weit verbreiteten Standardprogrammen zur Tabellenkalkulation (z. B. Microsoft Excel) bearbeiten.[9]

Darüber hinaus gibt es mehrere leistungsfähige Programmsysteme, die dem Anwender eine einfache *Modellierungssprache* zur Generierung der Eingabedaten für ein Softwaresystem der linearen Optimierung zur Verfügung stellen. Der Anwender kann sich dann auf die Probleme der Modellierung konzentrieren und ist weitgehend von der mühsamen und fehleranfälligen Aufgabe des Aufbaus der Eingabematrix befreit. Besonders vorteilhaft ist es, wenn ein Modellierungssystem die Trennung von Modellbeschreibung und Datenbereitstellung unterstützt. In diesem Fall kann man einmalig die Modellstruktur definieren und das Modell dann mit unterschiedlichen Daten einsetzen.

Wir wollen dies anhand eines **Beispiels** unter Verwendung der Modellierungssoftware AMPL[10] zeigen. Für zwei Produkttypen ($k \in \{A, B\}$) und vier Perioden ($t = 1, 2, 3, 4$) liegen die in Tabelle D.3 angegebenen Nachfrageprognosen vor.

k/t	1	2	3	4
A	100	90	110	100
B	200	190	210	200

Tabelle D.3: Prognostizierte Nachfragemengen

8 Zur linearen Optimierung siehe z. B. *Neumann und Morlock* (1993); *Berens und Delfmann* (2002); *Domschke und Drexl* (2007).

9 vgl. *Günther* (1999a,b)

10 vgl. *Fourer et al.* (2002)

Die Lageranfangsbestände der Produkttypen betragen $L_{A0} = 36$ und $L_{B0} = 220$ Einheiten. Für die Lagerung einer Mengeneinheit eines Produkttyps werden pro Periode Lagerkosten in Höhe von $l_A = l_B = 4$ Geldeinheiten verrechnet. Die Kosten pro Einheit personeller Zusatzkapazität betragen periodenunabhängig $u_t = 5$ Geldeinheiten. In jeder Periode stehen $N_t^{\max} = 160$ Einheiten personeller Kapazität und $C_t^{\max} = 200$ Einheiten technischer Kapazität zur Verfügung. In jeder Periode kann die personelle Kapazität um maximal $U_t^{\max} = 100$ Einheiten erhöht werden. Die Herstellung einer Einheit des Produkttyps A erfordert genau $a_A = 1.0$ Einheiten der personellen Kapazität, während zur Produktion einer Einheit des Produkttyps B nur $a_B = 0.5$ Einheiten benötigt werden. Von der technischen Kapazität werden $b_A = 0.5$ Einheiten für Produkttyp A und $b_B = 1.0$ Einheiten für Produkttyp B benötigt.

Bei Verwendung des Modellierungssystems AMPL müssen zwei Dateien angelegt werden. Die *Modelldefinition* (siehe Bild D.11) enthält einen Deklarationsteil und einen Abschnitt, in dem die obigen Gleichungen und Ungleichungen des linearen Optimierungsmodells beschrieben werden. Dieser Teil dürfte unmittelbar selbsterklärend sein.

```
# Problemdimensionen: ---------------------------------------------------
set PROD;                      # Menge der Produkttypen
param T                > 0;    # Länge des Planungshorizontes
# Variablen: ------------------------------------------------------------
var X {PROD,1..T}      >= 0;   # Produktionsmenge je Produkttyp in Periode t
var L {PROD,0..T}      >= 0;   # Lagerbestand je Produkttyp k am Ende der
                               # Periode t
var U {1..T}           >= 0;   # genutzte personelle Zusatzkapazität in
                               # Periode t
# Daten: ----------------------------------------------------------------
param l {PROD}         >= 0;   # Lagerkostensatz
param u {1..t}         >= 0;   # Kosten der personellen Zusatzkapazität
param a {PROD}         >= 0;   # Produktionskoeffizient Personal
param b {PROD}         >= 0;   # Produktionskoeffizient Technik
param d {PROD, 1..T}   >= 0;   # Nachfrage je Produkttyp k in Periode t
param L0 {PROD}        >= 0;   # Anfangsbestand je Produkttyp k
param Nmax {1..T}      >= 0;   # personelle Kapazität
param Umax {1..T}      >= 0;   # maximale personelle Kapazitätserweiterung
param Cmax {1..T}      >= 0;   # technische Kapazität
# Modell: ---------------------------------------------------------------
minimize Kosten:
   sum {k in PROD, t in 1..T} (l[k]*L[k,t]) +
   sum {t in 1..T} (u[t]*U[t]);
subject to Lagerbilanz {k in PROD, t in 1..T}:
   X[k,t]+L[k,t-1]-L[k,t]=d[k,t];
subject to Anfangsbestand {k in PROD}:
   L[k,0] = L0[k];
subject to Technische_Kapazitaet {t in 1..T}:
   sum {k in PROD} b[k]*X[k,t] <= Cmax[t];
subject to Personal_Kapazitaet {t in 1..T}:
   sum {k in PROD} a[k]*X[k,t]-U[t] <= Nmax[t];
subject to Max_Zusatzkapazitaet {t in 1..T}:
   U[t] <= Umax[t];
```

Bild D.11: AMPL-Modelldefinition für Modell AGGRPLAN

In einer zweiten Datei (siehe Bild D.12) gibt man die Daten für das konkret betrachtete Problem an: Anzahl Perioden (`T`), Menge der Produkttypen (`PROD`), Anfangsbestände, Nachfragemengen sowie die Koeffizienten der Zielfunktion und der Nebenbedingungen, wobei zunächst der Index und dann der betreffende Wert anzugeben ist. Doppelt indizierte Koeffizienten können tabellarisch angegeben werden.

```
param T := 4;
set PROD := A B;
param L0   := A 36 B 220;                      # Produktindex Wert usw.
param Nmax := 1 160 2 160 3 160 4 160;         # Periodenindex Wert usw.
param Cmax := 1 200 2 200 3 200 4 200;
param Umax := 1 100 2 100 3 100 4 100;
param l  := A 4 B 4;
param a  := A 1.0 B 0.5;
param b  := A 0.5 B 1.0;
param u  := 1 5  2 5  3 5  4 5;
param d:    1     2     3     4 :=
      A   100    90   110   100
      B   200   190   210   200 ;
```

Bild D.12: AMPL-Problemdaten zum Modell AGGRPLAN

Die Modelldefinition wird von AMPL um die Problemdaten ergänzt und in ein Eingabetableau umgesetzt, das von Standardprogrammen zur Lösung von linearen Optimierungsmodellen (z. B. LINDO, CPLEX) verarbeitet werden kann. Für das betrachtete Beispiel erhalten wir die in Tabelle D.4 angegebenen optimalen Produktions- und Lagermengen der beiden Produkttypen. Der optimale Zielfunktionswert beträgt 1467.5 Geldeinheiten.

Periode	Produktion A	Lager A	Produktion B	Lager B	Zusatzkapazität
0		36		220	
1	74	10	125	145	0
2	80	0	160	115	0
3	110	0	145	50	22.5
4	100	0	150	0	15

Tabelle D.4: Optimale Produktions- und Lagermengen

Aus der in Tabelle D.5 zusammengestellten Übersicht über die Auslastung der verschiedenen Kapazitätsarten in den einzelnen Perioden ergeben sich Anhaltspunkte für die Interpretation der Lösung. Sowohl die Personalkapazität als auch die technische Kapazität werden in den Perioden 2 bis 4 voll ausgeschöpft. Da eine Erweiterung der technischen Kapazität in der gewählten Problemformulierung nicht vorgesehen ist, müssen die zusätzlichen Kapazitätsbedarfe durch Vorausproduktion in Periode 1 erfüllt werden. Dies verursacht beträchtliche Lagerbestände und entsprechende Lagerkosten. Erhöht man die technische Kapazität, dann verschieben sich die optimalen Produktionsmengen in spätere Perioden, und es kommt folglich zu einer Reduktion der Lagerbestände. Bei unbeschränkter technischer Kapazität beträgt der optimale Zielfunktionswert nur noch 615 Geldeinheiten.

Periode	Kapazitätsnutzung		
	Personal-kapazität	Zusatz-kapazität	technische Kapazität
1	136.5	0	162
2	160	0	200
3	160	22.5	200
4	160	15	200

Tabelle D.5: Belastungen der Kapazitäten

Ein Vorteil des dargestellten linearen Optimierungsmodells besteht darin, daß man mehrere Ressourcentypen simultan berücksichtigen kann. Die lineare Optimierung bietet zudem die Möglichkeit der Durchführung von *Sensitivitätsanalysen* und erlaubt damit Aussagen darüber, in welchem Bereich bestimmte Daten variieren dürfen, ohne daß sich die Struktur der optimalen Lösung ändert. Die mit der optimalen Lösung verbundenen *Schattenpreise* der knappen Ressourcen bieten zudem Anhaltspunkte für die Beurteilung der Vorteilhaftigkeit von Kapazitätserweiterungen. Die lineare Optimierung gehört seit langem zum Grundwissen eines jeden Absolventen der Wirtschaftswissenschaften und steht dem Anwender in einer großen Anzahl von Softwareprodukten zur Verfügung.

Eine noch **einfachere Lösungsmöglichkeit** des Problems der Beschäftigungsglättung bietet sich an, wenn lediglich ein Produkttyp und ein Ressourcentyp, z. B. nur die Personalkapazität, zu berücksichtigen sind.[11] In diesem Fall kann das Problem mit Hilfe eines einfachen tabellarischen Verfahrens optimal gelöst werden. Den Zeilen der Tabelle werden die Produktionsperioden (mit den jeweiligen Produktionskapazitäten, in Mengeneinheiten) und den Spalten der Tabelle werden die Nachfrageperioden (mit den zugehörigen Nachfragemengen) zugeordnet. In einem Feld (Zeile t, Spalte τ) der Tabelle wird die Produktionsmenge der Periode t eingetragen, die zur Deckung der Nachfrage in Periode τ vorgesehen ist. Jedem Feld (Zeile t, Spalte τ) sind Lagerkosten zugeordnet, die man nach Gleichung (D.17) leicht durch Multiplikation des (konstanten) Lagerkostensatzes l mit der jeweiligen Lagerdauer $(\tau - t)$ errechnen kann.

$$c_{t\tau} = \underbrace{l}_{\text{Lagerkostensatz}} \cdot \underbrace{(\tau - t)}_{\text{Lagerdauer}} \qquad \text{(D.17)}$$

Die optimale Lösung des Problems kann ohne direkte Beachtung der Lagerkosten dadurch bestimmt werden, daß man die Nachfragemengen *so spät wie möglich* pro-

11 vgl. *Günther* (1990)

duziert. In der Tabelle arbeitet man die Nachfrageperioden $\tau = 1, 2, \ldots$ nacheinander ab und produziert jeweils die (noch nicht erfüllte) Nachfrage aus der Periode τ mit der kostengünstigsten, d. h. letzten noch verfügbaren Kapazität der Produktionsperioden (Zeilen) $t = \tau, \tau - 1, \tau - 2, \ldots$

Periode	1	2	3	4	5	6	Angebot	Produktion
1	90	10					100	100
2		100					100	100
3			50	10		30	100	90
4				100			100	100
5					100		100	100
6						100	100	100
Nachfrage	90	110	50	110	100	130		
Lagerbestand	10	0	40	30	30	0		

Tabelle D.6: Lösungstabelle

In Tabelle D.6 ist der Lösungsprozeß für ein einfaches **Beispiel** veranschaulicht, das selbsterklärend sein dürfte. Die Lagerbestände können nach Aufstellung des Produktionsplans durch Gegenüberstellung der kumulierten Produktionsmengen und der kumulierten Nachfragemengen ermittelt werden.

Auch wenn *mehrere Kapazitätsquellen* $(j = 1, 2, \ldots, J)$ zur Verfügung stehen, kann die Lösung mit Hilfe eines einfachen Verfahrens, der sog. „**column minima procedure**" (Spaltenminimumverfahren), tabellarisch bestimmt werden. Hierzu greifen wir die in Tabelle D.6 enthaltenen Ausgangsdaten auf und nehmen an, daß in jeder Periode die reguläre Personalkapazität um eine Zusatzkapazität von 10 Einheiten (z. B. durch Überstunden oder Fremdbezug) erweitert werden kann. Nun ist zu beachten, daß im Falle eines Kapazitätsengpasses stets zwei Möglichkeiten zur Befriedigung der Nachfrage herangezogen werden können, nämlich die *Lagerproduktion* in den Vorperioden und die *Inanspruchnahme der Zusatzkapazität.* Hierzu ist im Lösungstableau jede Zeile (Produktionsperiode) entsprechend zu unterteilen, und jedem Feld des Tableaus, das eine zulässige Produktionsmöglichkeit kennzeichnet, sind die jeweiligen Einheitskosten zuzuordnen.

Für jedes Feld (Zeile t, Kapazitätsart j, Spalte τ) ergeben sich die Einheitskosten wie folgt:

$$c_{tj\tau} = u_j + \underline{l \cdot (\tau - t)} \qquad \text{(D.18)}$$

↑ Lagerkosten (zu $l \cdot (\tau - t)$)

↑ Mehrkosten für die Produktion innerhalb der Zusatzkapazität j (zu u_j)

Bei einem Lagerkostensatz von 1.0 Geldeinheit je Mengeneinheit und Periode und Mehrkosten von 1.5 Geldeinheiten für jede innerhalb der Zusatzkapazität produzierte Mengeneinheit erhält man die in Tabelle D.7 dargestellte Matrix der Kostenkoeffizienten, wobei zu beachten ist, daß bei einem Rückgriff auf die Zusatzkapazität der Vorperioden sowohl die Mehrkosten der Produktion als auch die Lagerkosten entsprechend der Lagerdauer anfallen.

Periode	1	2	3	4	5	6	Angebot
1	0	1.0	2.0	3.0	4.0	5.0	100
	1.5	2.5	3.5	4.5	5.5	6.5	10
2		0	1.0	2.0	3.0	4.0	100
		1.5	2.5	3.5	4.5	5.5	10
3			0	1.0	2.0	3.0	100
			1.5	2.5	3.5	4.5	10
4				0	1.0	2.0	100
				1.5	2.5	3.5	10
5					0	1.0	100
					1.5	2.5	10
6						0	100
						1.5	10
Nachfrage	90	110	50	110	100	130	

Tabelle D.7: Kostenkoeffizienten

Periode	1	2	3	4	5	6	Angebot
1	90	10					100
							10
2		100					100
							10
3			50	10		10	100
							10
4				100			100
							10
5					100		100
						10	10
6						100	100
						10	10
Nachfrage	90	110	50	110	100	130	

Tabelle D.8: Lösung

Der kostenminimale Produktionsplan wird bestimmt, indem man spaltenweise, beginnend mit der Spalte (Nachfrageperiode) $\tau = 1$, die Nachfrage aus der jeweils kostengünstigsten Alternative befriedigt, bis die Kapazitätsgrenze wirksam wird, und dann zur nächstgünstigeren Alternative innerhalb derselben Spalte übergeht, usw. Anschließend wird das Verfahren mit den nächsten Spalten (Nachfrageperioden) $\tau = 2, 3, \ldots$ usw. fortgesetzt. Für das Beispiel erhält man die in Tabelle D.8 dargestellte Abschlußlösung.

Literaturhinweise
Günther (1989, 1990)
Heizer und Render (2004), Kapitel 13
Nahmias (2001), Kapitel 3
Tempelmeier (2005b), Abschnitt B.1

8.3 Kapazitierte Hauptproduktionsprogrammplanung

An die Beschäftigungsglättung schließt sich die Hauptproduktionsprogrammplanung an, die als zentrales Planungsmodul alle Produktionssegmente innerhalb einer Produktionsstätte mit ihren Haupterzeugnissen und ihren aggregierten Kapazitätsbeanspruchungen erfaßt. Die Hauptproduktionsprogrammplanung erfüllt zwei Aufgaben, nämlich die jeweiligen *dezentralen Produktionsprogramme* für einen mehrperiodigen Zeitraum aufzustellen und die Produktionsprogramme *über die einzelnen Produktionssegmente hinweg zu koordinieren.*

Bei der Aufstellung des Produktionsprogramms sind Maßnahmen zur Abstimmung der Produktionsmengen mit den *vorhandenen Kapazitäten* zu ergreifen. Potentielle Engpaßbereiche und -faktoren sollen rechtzeitig sichtbar gemacht und die notwendigen Anpassungsmaßnahmen eingeleitet werden. Hierzu kommt sowohl die Anpassung der Belastung an die Kapazität (z. B. durch Vorausproduktion und die damit einhergehenden Lagerbestände) als auch die Anpassung der Kapazität an die Belastung (z. B. durch Inanspruchnahme von Überstunden) in Frage.

Die Koordinationsfunktion der Hauptproduktionsprogrammplanung betrifft zum einen die *horizontale Abstimmung* zwischen mehreren Produktionssegmenten derselben Ebene. Sind z. B. sowohl eine konventionelle Werkstattproduktion als auch ein flexibles Fertigungssystem zur Produktion derselben Erzeugnisse alternativ einsetzbar, dann kann im Rahmen der Hauptproduktionsprogrammplanung über die Verteilung der Produktionsmengen auf die einzelnen Produktionssegmente entschieden werden. Zum anderen muß eine *vertikale Abstimmung* zwischen den verschiedenen Stufen des Produktionsprozesses erfolgen. Hierbei muß vor allem die leistungsmäßige Verflechtung zwischen den einzelnen Produktionssegmenten beachtet werden. So müssen z. B. bei der Aufstellung des Produktionsprogramms für Endprodukte auch die potentiellen Kapazitätsengpässe berücksichtigt werden, die in einem vorgelagerten Produktionssegment bei der Produktion der Vorerzeugnisse auftreten können.

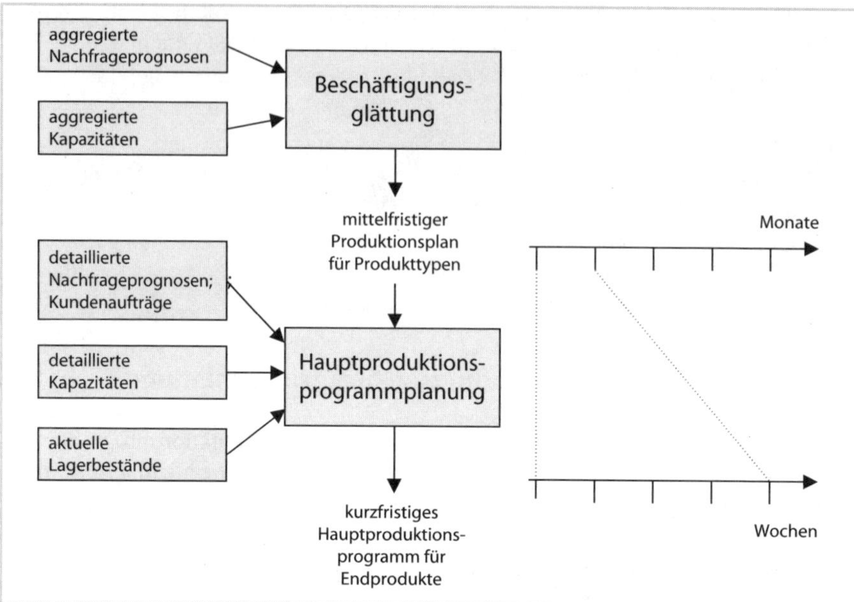

Bild D.13: Zusammenhang zwischen Beschäftigungsglättung und Hauptproduktionsprogrammplanung

Im Gegensatz zur Beschäftigungsglättung geht die Hauptproduktionsprogrammplanung nicht von langfristigen Marktentwicklungen und mittelfristigen Nachfrageprognosen aus, sondern von bereits *vorhandenen Kundenaufträgen* und *kurzfristigen Nachfrageprognosen* für Endprodukte, wobei auch die produktbezogene *Lagerbestandsentwicklung* berücksichtigt wird. Der Zusammenhang zwischen der Beschäftigungsglättung und der kurzfristigen Hauptproduktionsprogrammplanung ist in Bild D.13 veranschaulicht.

Im Rahmen der Hauptproduktionsprogrammplanung werden die einzelnen Ressourcen zu Gruppen mit funktions- und kostengleichen Einheiten verdichtet. Solche Ressourcengruppen müssen allerdings nur dann explizit betrachtet werden, wenn sie im Planungszeitraum potentiell zum Engpaß werden können. Die beschränkten Kapazitäten der Ressourcen sind explizit zu berücksichtigen. *Zielsetzung* der Hauptproduktionsprogrammplanung ist die Minimierung der relevanten Produktions-, Lager- und ressourcenabhängigen Kosten unter der Nebenbedingung einer *termingerechten Erreichung der Produktionsziele.* Das bedeutet: Kundenaufträge müssen termingerecht erfüllt werden, und Produktionsmengen, die in nachfolgenden Produktionsstufen als Input benötigt werden, müssen zur Vermeidung von Produktionsstillstand rechtzeitig bereitgestellt werden.

Dabei ist auf Konsistenz mit den Vorgaben aus der Planungsphase der Beschäftigungsglättung zu achten. Dies kann in der Weise geschehen, daß die in der Beschäftigungsglättung festgelegten Produktionsmengen über eine Nebenbedingung in die Hauptproduktionsprogrammplanung einbezogen werden. Ist z. B. für einen Produkttyp für den Monat Januar eine Produktionsmenge von X^* Einheiten geplant worden, dann muß die Summe der Produktionsmengen für alle Mitglieder dieses Produkttyps in dem betreffenden Monat genau gleich X^* betragen.

Welche methodischen Hilfsmittel zur Hauptproduktionsprogrammplanung eingesetzt werden können, hängt im wesentlichen von den jeweiligen programm- und prozeßbezogenen Eigenschaften des Produktionssystems ab. Bei Einzelproduktion, die überwiegend projektorientiert durchgeführt wird, dominieren netzplanorientierte Planungsmodelle. Hingegen lassen sich bei Serien- und bei Massenproduktion **Modelle auf der Grundlage der linearen Programmierung** einsetzen. Die Struktur dieser Modelle entspricht den linearen Optimierungsmodellen, die zur Beschäftigungsglättung verwendet werden.

Bevor wir ein LP-Modell zur Hauptproduktionsprogrammplanung darstellen, sollen zunächst einige Möglichkeiten zur Beschreibung der Kapazitätsbelastung erläutert werden, die mit einem gegebenen Hauptproduktionsprogramm verbunden ist. Im anglo-amerikanischen Sprachraum werden Überlegungen dieser Art unter dem Stichwort „rough cut capacity check"[12] (RCCC), oft etwas irreführend auch als „rough cut capacity planning"[13] (RCCP) behandelt.

Da die Hauptproduktionsprogrammplanung, wie eingangs erläutert, auch die Koordination der verschiedenen dezentralen Produktionsprogramme vornimmt, müssen zwangsläufig mehrere Produktionssegmente mit ihren jeweiligen Verbundwirkungen simultan betrachtet werden. Eine detaillierte Abbildung des gesamten Produktionssystems kommt hierbei aus naheliegenden Gründen nicht in Frage. Die Erfassung aller Arbeitssysteme (in der industriellen Praxis oft mehrere Hundert) mit ihren spezifischen organisatorischen Gegebenheiten und aller Vorerzeugnisse (bei Serienproduktion oft mehr als 10000 Teile) mit ihren einzelnen Arbeitsgängen sowie aller Ausführungsvarianten der Endprodukte würde zu linearen Optimierungsmodellen führen, die auch mit der leistungsfähigsten Soft- und Hardware nicht annähernd rechenbar sind.

Daher muß beim Einsatz linearer Optimierungsmodelle ein angemessener *Aggregationsgrad* gewahrt werden. Dieser besteht i. d. R. darin, daß alle Kapazitätsbelastungen über die verschiedenen Erzeugnisstufen und Arbeitsgänge verdichtet und den *Enderzeugnissen* und *Produktionssegmenten* zugeordnet werden. In Abhängigkeit davon, ob auch die zeitliche Struktur der Produktion über die verschiedenen Erzeugnisstufen und Produktionssegmente hinweg erfaßt wird oder nicht, unterscheidet man verschiedene Formen der Ermittlung der sich aus einem Hauptproduktionsprogramm ergebenden Kapazitätsbelastungen.

Globale Belastungsfaktoren. Die gröbste und einfachste Form der Kapazitätsbedarfsanalyse besteht darin, daß man den sich aus der Produktion einer Mengeneinheit eines Hauptproduktes ergebenden Kapazitätsbedarf in allen Produktionssegmenten bzw. Arbeitssystemen pauschal aus Erfahrungswerten der Vergangen-

12 vgl. *Wortman et al.* (1996)
13 vgl. *Vollmann et al.* (2004)

heit abschätzt. Diese *globalen Belastungsfaktoren* werden dann eingesetzt, um die zeitliche Entwicklung der Ressourcenbelastung für ein gegebenes Hauptproduktionsprogramm zu ermitteln.

Nehmen wir einmal an, ein kurzfristiger Produktionsplan für Endprodukte (Hauptproduktionsprogramm) sei fixiert worden, und wir wollen nun feststellen, ob dieser im Hinblick auf die vorhandenen Kapazitäten realisierbar ist. Diese Frage läßt sich sehr einfach mit Hilfe der Matrizenrechnung beantworten. Wir verwenden hierzu eine $(K \times T)$-Matrix $\underline{P}$, in der die produkt- und periodenbezogenen geplanten Produktionsmengen zusammengefaßt werden. Im folgenden Beispiel mit $K = 2$ Produkten sei ein Produktionsprogramm für $T = 6$ Perioden aufgestellt worden:

$$\underset{(K \times T)}{\underline{P}} = \overset{\text{Perioden}}{\begin{bmatrix} 100 & 80 & 120 & 100 & 120 & 60 \\ 40 & 0 & 60 & 0 & 40 & 0 \end{bmatrix}} \text{Produkte}$$

Weiterhin seien produktbezogene Kapazitätsbelastungsfaktoren für $J = 3$ Arbeitssysteme innerhalb der betrachteten Produktionssegmente gegeben. Diese fassen wir in der $(J \times K)$-Matrix $\underline{F}$ zusammen. Jedes Element dieser Matrix stellt einen globalen Kapazitätsbelastungsfaktor f_{jk} dar. In diesem sind die gesamten Belastungen des Arbeitssystems j kumuliert, die sich aus der Produktion des Erzeugnisses k einschließlich aller seiner Vorprodukte ergeben.

$$\underset{(J \times K)}{\underline{F}} = \overset{\text{Produkte}}{\begin{bmatrix} 0.4 & 1.6 \\ 0.6 & 2.4 \\ 2.0 & 2.0 \end{bmatrix}} \text{Arbeitssysteme}$$

Die *periodenbezogene Belastung* der drei Arbeitssysteme kann nun durch Multiplikation der Matrizen $\underline{F}$ und $\underline{P}$ ermittelt werden. Als Ergebnis erhält man die $(J \times T)$-Matrix $\underline{B}$:

$$\underset{(J \times T)}{\underline{B}} = \overset{\text{Perioden}}{\begin{bmatrix} 104 & 32 & 144 & 40 & 112 & 24 \\ 156 & 48 & 216 & 60 & 168 & 36 \\ 280 & 160 & 360 & 200 & 320 & 120 \end{bmatrix}} \text{Arbeitssysteme}$$

Eine Zeile der Belastungsmatrix $\underline{B}$ enthält die zeitliche Entwicklung des Kapazitätsbedarfs eines Arbeitssystems, der sich aus dem vorgegebenen Produktionsprogramm ergibt. Man erkennt deutlich die sich im Zeitablauf ergebenden Belastungsschwankungen. Die Zulässigkeit des Produktionsprogramms kann durch Vergleich mit den Periodenkapazitäten der einzelnen Arbeitssysteme festgestellt werden. Liegen diese – wie in Bild D.14 dargestellt – z. B. bei 200, dann kommt es in einigen Perioden zu erheblichen Überlastungen und in anderen Perioden zu Unterauslastungen.

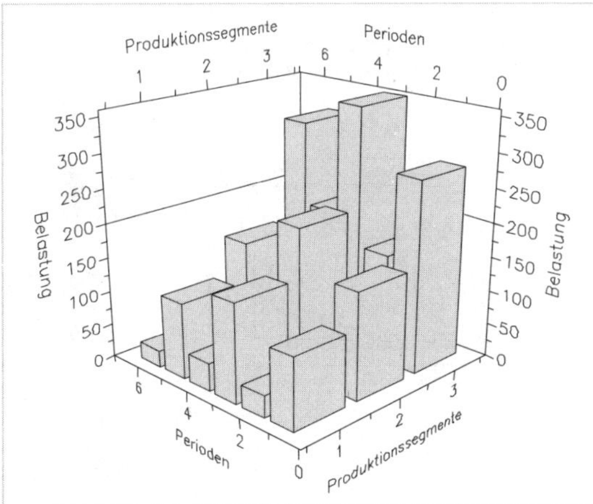

Bild D.14: Zeitliche Entwicklung der Belastungen

Kapazitätsbelastungsprofil. Da die Durchlaufzeit eines Hauptproduktes über alle Erzeugnis- und Produktionsstufen zumeist länger ist als eine Teilperiode der Hauptproduktionsprogrammplanung (z. B. eine Woche), ist auch die zeitliche Verteilung der Kapazitätsbelastung in geeigneter Weise zu erfassen. Dies kann dadurch geschehen, daß man die globalen Belastungsfaktoren um die Dimension Zeit erweitert. Man erhält dann vorlaufzeitbezogene *Kapazitätsbelastungsfaktoren* f_{jkz}, die angeben, welche Kapazitätsbelastung in dem Produktionssegment j aufgrund der Produktion einer Einheit des Enderzeugnisses k in der Vorlaufperiode z eintritt. Hierbei wird zweckmäßigerweise die Fertigstellung des Enderzeugnisses der Vorlaufperiode $z = 0$ zugeordnet, während die Produktion der verschiedenen Vorerzeugnisse in den einzelnen Vorlaufperioden $z = 1, 2, \ldots, Z_k$ erfolgt. Die zeitliche Verteilung der Kapazitätsbelastung infolge der Produktion einer Einheit eines Hauptproduktes kann in einem *Kapazitätsbelastungsprofil* zusammengefaßt werden.

Um die Berechnung der Kapazitätsbelastungsfaktoren f_{jkz} zu erläutern, betrachten wir ein einfaches **Beispiel**. Es werden zwei Enderzeugnisse A und B hergestellt, die sich aus den Einzelteilen C, D sowie der Baugruppe E zusammensetzen, wobei letztere aus den Einzelteilen F und G besteht. In Bild D.15 ist die Erzeugnisstruktur dargestellt. Die mengenmäßigen Beziehungen zwischen den Produkten sind jeweils an den Pfeilen notiert. Das Produktionssystem ist in drei Segmente gegliedert, wobei im Produktionssegment 1 die beiden Endprodukte A und B, im Produktionssegment 2 die Einzelteile C und D und im Produktionssegment 3 die übrigen Vorprodukte produziert werden. Der Kapazitätsbedarf je Mengeneinheit der einzelnen Erzeugnisse ist aufgrund der jeweiligen Arbeitspläne bekannt (siehe die Zahlenangaben in den Erzeugnisknoten).

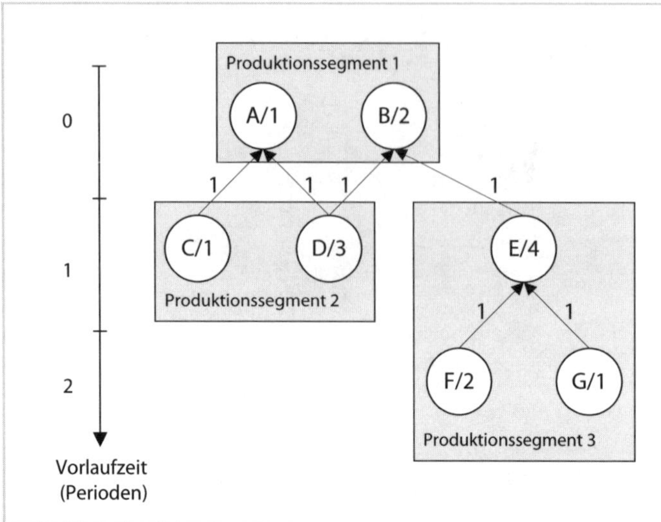

Bild D.15: Erzeugnisstrukturen/Produktionssegmente

Beachtet man, daß die Produktion der Baugruppen C, D und E um jeweils eine Periode und daß die Produktion der Einzelteile F und G um jeweils zwei Perioden vor der Fertigstellung der Endprodukte A und B erfolgen muß (siehe Bild D.15), dann erhält man die in Tabelle D.9 zusammengefaßte Verteilung der Kapazitätsbelastung.

Vorlaufperiode	2	1	0
Endprodukt A			
Produktionssegment 1	–	–	1
Produktionssegment 2	–	4	–
Produktionssegment 3	–	–	–
Endprodukt B			
Produktionssegment 1	–	–	2
Produktionssegment 2	–	3	–
Produktionssegment 3	3	4	–

Tabelle D.9: Zeitliche Verteilung der Kapazitätsbelastung

Beispielsweise verursacht eine Einheit von Endprodukt A im Produktionssegment 2 in der Vorlaufperiode $z = 1$ eine Kapazitätsbelastung von 4 Einheiten aufgrund des Kapazitätsbedarfs der beiden Baugruppen C und D von zusammen $1 + 3 = 4$ Zeiteinheiten.

Während man im betrachteten Beispiel die vorlaufzeitbezogenen Kapazitätsbelastungsfaktoren noch recht einfach ermitteln kann, benötigt man für komplexere Problemstellungen ein systematisches Verfahren, das auch auf einem Computer implementiert werden kann. Ordnet man den Pfeilen in Bild D.15 jeweils die Durchlaufzeit des Vorproduktes (Startknotens) zu, dann kann die Vorlaufperiode z eines Vorproduktes als längster Weg in dem Graphen von einem Hauptprodukt (Endkonten) zu dem Produkt ermittelt werden.

Die bisher dargestellten Überlegungen beziehen sich lediglich auf die Überprüfung der Zulässigkeit eines *gegebenen* Hauptproduktionsprogramms. Zur Bestimmung des *optimalen* Produktionsprogramms kann auf Modelle der linearen Optimierung zurückgegriffen werden, in denen die Zulässigkeit der Lösung von vornherein durch geeignete Nebenbedingungen berücksichtigt wird.

Bei Verwendung von Kapazitätsbelastungsprofilen kann man z. B. das folgende lineare Optimierungsmodell zur Bestimmung der Produktionsmengen der Enderzeugnisse einsetzen, bei denen die Lagerkosten und die Kosten für die Inanspruchnahme von Zusatzkapazität (z. B. Überstunden) ihr Minimum annehmen. Das Entscheidungsmodell lautet:

Modell HPPLAN

$$\text{Minimiere } Z = \sum_{k=1}^{K} \sum_{t=1}^{T} \underline{h_k \cdot y_{kt}} + \sum_{t=1}^{T} \sum_{j=1}^{J} \underline{u_t \cdot U_{jt}} \tag{D.19}$$

- $u_t \cdot U_{jt}$: Kosten für Zusatzkapazität im Produktionssegment j in Periode t
- $h_k \cdot y_{kt}$: Lagerkosten für Produkt k am Ende der Periode t

u. B. d. R.

$$x_{kt} + y_{k,t-1} - y_{kt} = d_{kt} \qquad k = 1, 2, \ldots, K; t = 1, 2, \ldots, T \tag{D.20}$$

- d_{kt}: Nachfrage für Produkt k in Periode t
- $y_{k,t-1}$: Lagerbestand des Produkts k am Ende der Vorperiode $(t-1)$
- x_{kt}: Produktionsmenge des Produkts k in Periode t

$$\sum_{k=1}^{K} \sum_{z=0}^{Z_k} \underline{f_{jkz} \cdot x_{k,\,t+z}} - U_{jt} \le b_{jt} \qquad j = 1, 2, \ldots, J; t = 1, 2, \ldots, T \tag{D.21}$$

- b_{jt}: Kapazität des Produktionssegments j in Periode t
- U_{jt}: Inanspruchnahme von Zusatzkapazität im Produktionssegment j in Periode t
- $\sum \sum f_{jkz} \cdot x_{k,t+z}$: Kapazitätsbelastung von Produktionssegment j durch Produkt k in Periode t

$$U_{jt} \le U_{jt}^{\max} \qquad j = 1, 2, \ldots, J; t = 1, 2, \ldots, T \tag{D.22}$$

- $U_{jt}^{\max}$: maximale Zusatzkapazität im Produktionssegment j in Periode t

$$x_{kt}, y_{kt}, U_{jt} \geq 0 \qquad \begin{array}{r} j = 1, 2, \ldots, J; k = 1, 2, \ldots, K \\ t = 1, 2, \ldots, T \end{array} \qquad \text{(D.23)}$$

$$y_{k0} = \text{gegeben} \qquad k = 1, 2, \ldots, K \qquad \text{(D.24)}$$

Dabei bedeuten:

Daten:

b_{jt}	Produktionskapazität von Produktionssegment j in Periode t
d_{kt}	Nachfrage für Produkt k in Periode t
f_{jkz}	durch Produkt k verursachte Kapazitätsbelastung von Produktionssegment j in der Vorlaufperiode z
h_k	Lagerkostensatz für Produkt k pro Mengeneinheit und Periode
J	Anzahl der Produktionssegmente ($j = 1, 2, \ldots, J$)
K	Anzahl der Produkte ($k = 1, 2, \ldots, K$)
T	Länge des Planungszeitraums in Perioden ($t = 1, 2, \ldots, T$)
$U_{jt}^{\max}$	maximale Zusatzkapazität in Produktionssegment j in Periode t
u_t	Kosten für eine Einheit der Zusatzkapazität in Periode t
Z_k	Anzahl der Vorlaufperioden für Produkt k ($z = 0, 1, \ldots, Z_k$)

Variablen:

U_{jt}	genutzte Zusatzkapazität in Produktionssegment j in Periode t
x_{kt}	Produktionsmenge von Produkt k in Periode t
y_{kt}	Lagerbestand für Produkt k am Ende von Periode t

Für das Beispiel aus Bild D.15 sind nach dem Modell HPPLAN die folgenden *Kapazitätsrestriktionen* für die drei betrachteten Produktionssegmente zu berücksichtigen:

Produktionssegment 1 (Produkte A und B)

$$\underline{1 \cdot x_{At}} + \underline{2 \cdot x_{Bt}} - U_{1t} \leq b_{1t} \qquad t = 1, 2, \ldots, T$$

↑ Kapazitätsbedarf für das Endprodukt B

└ Kapazitätsbedarf für das Endprodukt A

Produktionssegment 2 (Produkte C und D)

$$\underline{4 \cdot x_{A,t+1}} + \underline{3 \cdot x_{B,t+1}} - U_{2t} \leq b_{2t} \qquad t = 1, 2, \ldots, T$$

↑ Kapazitätsbelastung verursacht durch Vorprodukt D (zugerechnet der Produktion von Endprodukt B in der Periode $t+1$)

└ Kapazitätsbelastung verursacht durch Vorprodukte C und D (zugerechnet der Produktion von Endprodukt A in der Periode $t+1$)

Produktionssegment 3 (Produkte E, F und G)

$$\underline{4 \cdot x_{B,t+1}} + \underline{3 \cdot x_{B,t+2}} - U_{3t} \leq b_{3t} \qquad t = 1, 2, \ldots, T$$

↑ Kapazitätsbelastung verursacht durch Vorprodukte F und G (zugerechnet der Produktion von Endprodukt B in der Periode $t + 2$)

↑ Kapazitätsbelastung verursacht durch Vorprodukt E (zugerechnet der Produktion von Endprodukt B in der Periode $t + 1$)

Diese Restriktionen stellen eine Beziehung zwischen der Kapazitätsbelastung des Produktionssegmentes j in der Periode t und der Produktionsmenge des Endproduktes k in der (zukünftigen) Periode $t + z$ her. Die Produktion eines Endproduktes k zu Beginn des Planungszeitraumes, d. h. in den Perioden 1 bis Z_k würde zu Kapazitätsbelastungen in der Vergangenheit führen und muß durch zusätzliche, in die obige Formulierung nicht aufgenommene Nebenbedingungen ausgeschlossen werden.

Hinzu kommen die Zielfunktion und die übrigen Nebenbedingungen des Modells HPPLAN. Da sämtliche Kapazitätsbedarfe den Endprodukten zugerechnet werden, ergibt sich eine kompakte Modellformulierung. Verzichtet man auf die Betrachtung der oftmals unzähligen Ausstattungsvarianten der Endprodukte und beschränkt man sich auf die jeweiligen Grundausführungen, so läßt sich das dargestellte lineare Optimierungsmodell ohne weiteres in der industriellen Praxis für die Hauptproduktionsprogrammplanung bei Serienproduktion einsetzen, zumal leistungsfähige Software für derartige Optimierungsprobleme allgemein verfügbar ist.

Zur Veranschaulichung des Modells HPPLAN seien für das Beispiel aus Bild D.15 die in Tabelle D.10 wiedergegebenen Nachfragemengen der Endprodukte angenommen.

	Periode							
	1	2	3	4	5	6	7	8
Endprodukt A	–	45	30	10	30	50	10	20
B	–	–	25	30	25	30	20	10

Tabelle D.10: Nachfragemengen

Die normalen Kapazitäten aller Produktionssegmente in allen Perioden seien $b_{jt} = 100$. Hinzu kommen jeweils Zusatzkapazitäten je Produktionssegment und Periode von maximal $U_{jt}^{\max} = 100$. Nimmt man nun Lagerkostensätze von $h_1 = h_2 = 40$ und Überstundenkosten von $u_t = 5$ in allen Perioden an, dann erhält man das in Tabelle D.11 und Bild D.16 wiedergegebene optimale Hauptproduktionsprogramm.

	Periode							
	1	2	3	4	5	6	7	8
Endprodukt A	–	47.50	27.50	31.25	31.25	27.5	10.0	20.0
B	–	–	30.0	25.0	25.0	30.0	20.0	10.0

Tabelle D.11: Produktionsmengen

Anhand des oben entwickelten Kapazitätsbelastungsprofils (siehe Tabelle D.9) kann die Zulässigkeit dieses Hauptproduktionsprogramms bezüglich der Kapazitäten aller Produktionssegmente überprüft werden. Man erkennt aus Bild D.16, daß die Kapazität des Produktionssegmentes 2 (einschl. der Zusatzkapazität) in den Perioden 2 bis 5 voll ausgeschöpft wird. Diese Kapazitätsknappheit erzwingt eine Vorausproduktion für beide Endprodukte, die bei unbeschränkten Kapazitäten wegen der relativ hohen Lagerkosten nicht optimal wäre.

Ergebnis der Hauptproduktionsprogrammplanung sind die geplanten Produktionsprogramme für die verschiedenen Produktionssegmente, in denen Endprodukte hergestellt werden. Andere Formulierungen des Planungsproblems, deren Darstellung den Rahmen dieses einführenden Lehrbuch sprengen würde, erfassen auch die Entscheidungsoption, bestimmte Produkte in alternativen Produktionssegmenten zu produzieren.

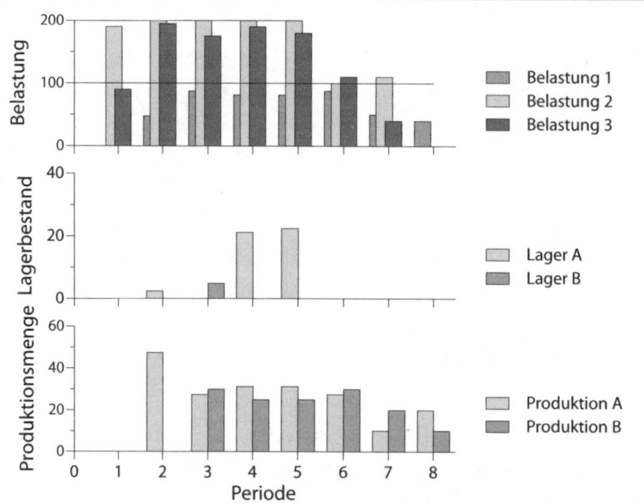

Bild D.16: Produktionsmengen, Lagerbestände, Kapazitätsbelastungen

Die mengen- und terminmäßig vorgegebenen Produktionsmengen der Endprodukte (Primärbedarfsmengen) dienen als Ausgangsgröße für die nachfolgende Planungsebene der Losgrößen- und Ressourceneinsatzplanung, die für jedes Produktionssegment gesondert erfolgt und bei der auch die verschiedenen Vorerzeugnisse explizit betrachtet werden. Hierauf gehen wir im nächsten Kapitel ausführlich ein.

Literaturhinweise

Nahmias (2001), Kapitel 3
Schonberger und Knod Jr. (1997), Kapitel 6
Vollmann et al. (2004), Kapitel 6

9 Losgrößen- und Ressourceneinsatzplanung

Nachdem wir uns in Kapitel 8 damit beschäftigt haben, welche Endprodukte in welchen Mengen in den zukünftigen Perioden hergestellt werden sollen, müssen wir uns nun damit befassen, in welcher Weise die dazu benötigten Verbrauchsfaktoren (Roh-, Hilfs- und Betriebsstoffe, Zwischenprodukte) bereitgestellt und wie schließlich die vorhandenen Ressourcen zur Erzeugung des geplanten Produktionsprogramms eingesetzt werden sollen. Dies ist Gegenstand der Losgrößen- und Ressourceneinsatzplanung. Ihre Einbettung in die Gesamtstruktur der Produktionsplanung und -steuerung ist in Bild D.17 dargestellt.

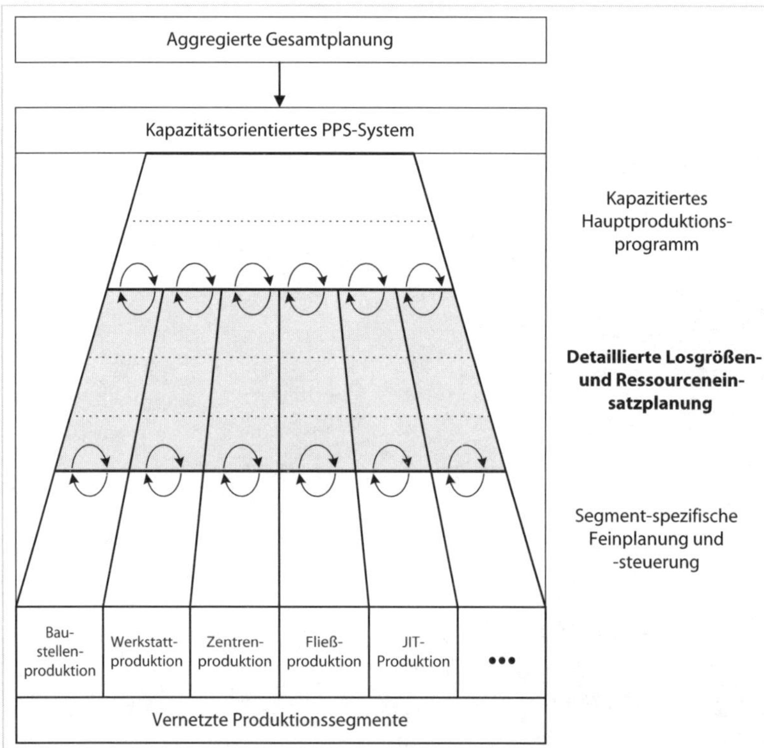

Bild D.17: Einbettung der Losgrößen- und Ressourceneinsatzplanung in die Produktionsplanung und -steuerung

Die *detaillierte Losgrößen- und Ressourceneinsatzplanung* strebt die gemeinsame Planung von Losgrößen und Produktionsterminen der Produktionsaufträge an. Während die vorgelagerte Hauptproduktionsprogrammplanung eine umfassende segmentübergreifende Abstimmung der Produktionsmengen der Endprodukte vornimmt, geht es in der sich nun anschließenden Planungsebene darum, für jedes

Produktionssegment die diesem zugewiesenen terminierten Produktionsmengen der Endprodukte in Produktions- bzw. Beschaffungsauftragsgrößen der jeweils benötigten Baugruppen und Einzelteile umzusetzen. Dabei kann davon ausgegangen werden, daß in jedem Produktionssegment nur ein begrenztes Erzeugnisspektrum (das jedoch sehr umfangreich sein kann) produziert wird und daß die dort auszuführenden Produktionsvorgänge technisch hinlänglich verwandt sind.

Im Rahmen der detaillierten Losgrößen- und Ressourceneinsatzplanung sind vor allem zwei Beschränkungen zu berücksichtigen. Zum einen sind dies die Einhaltung der aus der übergeordneten Planungsebene übernommenen **Bedarfstermine** (Ecktermine) der in einem Segment zu produzierenden Erzeugnismengen. Diese Termine markieren die spätestzulässigen Zeitpunkte für die Weitergabe der Produkte an das unmittelbar nachfolgende Produktionssegment (evtl. auch an einen Kunden). Zum anderen müssen die jeweils verfügbaren **Kapazitäten** der zur Herstellung der Produkte benötigten Ressourcen beachtet werden. Die Berücksichtigung der Ressourcen macht i. d. R. eine detaillierte *arbeitsganggenaue* Betrachtung sowie die Berücksichtigung der Kapazitäten einzelner Maschinen oder Maschinengruppen unter Beachtung anderweitiger Ressourcen, z. B. Werkzeuge, Transportmittel, Handlingeinrichtungen erforderlich. Die im einzelnen anzuwendenden Planungsverfahren werden maßgeblich durch das in einem Produktionssegment angewandte Organisationsprinzip bestimmt.

Als Ergebnis der Planung erhält man terminierte Produktionsaufträge für alle Vor- und Endprodukte, die durch die jeweiligen Ressourcen bzw. Ressourcengruppen des betrachteten Produktionssegments bearbeitet werden. Bei absehbarer Nichteinhaltung der Ecktermine kann neben der Rückkoppelung zur übergeordneten Hauptproduktionsprogrammplanung auch eine direkte Abstimmung zwischen den beteiligten Produktionssegmenten erfolgen.

In der nachfolgenden Planungsebene, der segmentspezifischen *Feinplanung und -steuerung*, können sowohl die spätesten Freigabezeitpunkte als auch die in jeder Periode erforderliche Ressourcenbereitstellung als Richtwerte aus der Losgrößen- und Ressourceneinsatzplanung übernommen werden.

Da in der detaillierten Losgrößen- und Ressourceneinsatzplanung der Übergang von einer auf die Produktionsstätten bezogenen zu einer dezentralen Betrachtungsweise vollzogen wird, die jeweils nur die besonderen Probleme eines einzelnen Produktionssegments erfaßt, muß in dieser Planungsphase auch verstärkt auf die spezifischen Gegebenheiten der Produktionssegmente Rücksicht genommen werden. Wir werden daher im folgenden auf die Eigenheiten der produktionssegmentspezifischen Planungsprobleme genauer eingehen. Diejenigen Probleme, die in mehreren Produktionssegmenttypen auftreten, werden jeweils im Zusammenhang mit dem Segmenttyp behandelt, in dem sie am häufigsten zu finden sind.

Zunächst werden in Abschnitt 9.1 die typischen Planungsprobleme bei *Werkstattproduktion* diskutiert. Im Anschluß daran folgen die Betrachtung der *Fließproduktion* (Abschnitt 9.2) und der *Zentrenproduktion* (Abschnitt 9.3).

9.1 Losgrößen- und Ressourceneinsatzplanung bei Werkstattproduktion

Bei Werkstattproduktion sind die Arbeitssysteme nach dem Verrichtungsprinzip räumlich angeordnet. Dieses Organisationsprinzip wird i. d. R. dann eingesetzt, wenn die Produktion kleiner Lose vorherrscht. Das ist vor allem bei Kleinserienproduktion der Fall, kann aber auch in Unternehmungen vorkommen, die die Endprodukte in Einzelproduktion aufgrund eines vorliegenden Kundenauftrags herstellen, aber auf der Ebene der Komponenten in kleineren Serien auf Lager produzieren („assemble-to-order").

Nachdem in der kapazitierten Hauptproduktionsprogrammplanung die in einem Produktionssegment herzustellenden Endproduktmengen (im folgenden auch Primärbedarfsmengen genannt) festgelegt worden sind, geht es nun um die Bestimmung der Bedarfsmengen der untergeordneten Erzeugnisse sowie die Größe der Produktions- bzw. Beschaffungsaufträge. Zunächst stellen wir Verfahren zur *Bestimmung des Materialbedarfs* dar (Abschnitt 9.1.1) und charakterisieren diese als *Teilproblem der Losgrößenplanung* (Abschnitt 9.1.2). Nach der anschließenden Betrachtung der Probleme der Losgrößenplanung (Abschnitt 9.1.3) folgt die Diskussion der *Ressourceneinsatzplanung* (Abschnitt 9.1.4) und der Probleme der *Feinplanung und Steuerung* (Abschnitt 9.1.5).

9.1.1 Bestimmung des Materialbedarfs

Gegenstand der Planung des Materialbedarfs ist die Bestimmung von Art, Menge und Bereitstellungstermin der Verbrauchsfaktoren, die für die Erzeugung des geplanten Hauptproduktionsprogramms benötigt werden. Da in der Hauptproduktionsprogrammplanung vor allem Endprodukte betrachtet wurden, muß nun eine Programmplanung für die untergeordneten Erzeugnisse, d. h. für die Einzelteile und Baugruppen, die in die Endprodukte eingebaut werden, folgen. Eng verbunden damit ist die Bestimmung der Beschaffungsmengen und -zeitpunkte für fremdbezogene Verbrauchsfaktoren.[14]

Prinzipiell kann man zwei Formen der Bestimmung des Materialbedarfs unterscheiden:

- **programmorientierte (Losgrößen- und) Bedarfsplanung**;
- **stochastische Bedarfsprognose**.

Die **(hauptproduktions-)programmorientierte Losgrößen- und Materialbedarfsplanung** leitet aus dem vorgegebenen Hauptproduktionsprogramm für absatzbestimmte Erzeugnisse unter Rückgriff auf Informationen über den Zusammenhang

14 Auf die in diesem Zusammenhang auftretenden speziellen Probleme der Beschaffungsmengenplanung bei alternativen Lieferanten, Mengenrabatten, zeitvariablen Beschaffungspreisen usw. sei an dieser Stelle lediglich hingewiesen, ohne daß eine umfassende Diskussion erfolgen kann.

zwischen den Erzeugnissen (Erzeugnisstruktur), über die aktuellen Lagerbestände sowie über zu erwartende Durchlaufzeiten den Bedarf für die untergeordneten Produkte ab. Man spricht hier auch von *deterministischer Bedarfsrechnung*, weil alle Planungsdaten, vor allem aber der Bedarfsverlauf der Endprodukte als mit Sicherheit bekannt vorausgesetzt werden.

Anders ist es bei der **stochastischen Bedarfsprognose**. Diese basiert auf empirischen Aufzeichnungen über den Materialbedarf[15] in der Vergangenheit. Aufgrund der beobachteten Bedarfsentwicklung für einen Verbrauchsfaktor wird dann durch Anwendung eines Prognoseverfahrens auf den zukünftigen Bedarf geschlossen. Dabei kommen prinzipiell dieselben Verfahren zum Einsatz, die wir im Zusammenhang mit der Bedarfsprognose für Endprodukte behandelt haben.[16]

Üblicherweise werden nach dem Kriterium der Bedarfsursache drei Bedarfsarten unterschieden:

Primärbedarf. Als Primärbedarf bezeichnet man den Bedarf an absatzbestimmten Endprodukten und Ersatzteilen. Der Primärbedarf wird sowohl mengenmäßig als auch in seiner zeitlichen Struktur durch das Hauptproduktionsprogramm festgelegt und für die Bedarfsermittlung als Datum vorgegeben.

Sekundärbedarf. Unter Sekundärbedarf versteht man den Bedarf an Rohstoffen, Einzelteilen und Baugruppen, der sich aus dem vorgegebenen Primärbedarf ergibt. Er kann bei Kenntnis der Erzeugnisstruktur direkt aus dem Primärbedarf abgeleitet werden. Mit der Ermittlung des Sekundärbedarfs werden wir uns im folgenden eingehend befassen.

Tertiärbedarf. Mit Tertiärbedarf schließlich wird der Bedarf an Hilfs- und Betriebsstoffen sowie an billigen Verschleißwerkzeugen für die Produktion bezeichnet. Die Vorhersage des Tertiärbedarfs kann unter Verwendung von technologischen Kennzahlen erfolgen (z. B. *Schmiermittelverbrauch pro Betriebsstunde* einer Maschine). Häufig wird jedoch auch hierfür ein Prognoseverfahren verwendet.

Ziel der Materialbedarfsermittlung ist es, den sich aus dem Hauptproduktionsprogramm ergebenden Materialbedarf nach Menge und Termin so genau wie möglich zu bestimmen. Wird Material zu früh bereitgestellt, dann entstehen unnötige Lagerkosten. Wird Material zu spät bereitgestellt, dann kommt es u. U. zu unerwünschten Produktionsunterbrechungen und Verzögerungen in der Auslieferung von Kundenaufträgen.

Sofern das Hauptproduktionsprogramm gegeben ist und auch alle anderen Einflußgrößen mit Sicherheit bekannt sind, wenn z. B. Ausschuß und zufällige Durchlaufzeitschwankungen ausgeschlossen werden können, dann ist die Berechnung des

15 In der Literatur wird i. d. R. der Begriff „verbrauchsorientierte" Bedarfsermittlung verwendet. Für die Bedarfsprognose sind jedoch nicht nur die tatsächlichen periodisierten Verbrauchsmengen, sondern auch die wegen Lieferunfähigkeit eines Lagers nicht erfüllten Bedarfsmengen von Interesse. Diese werden aber durch den Begriff „Verbrauch" nicht erfaßt. Tatsächlich speichern einige PPS-Systeme nur die tatsächlichen Lagerabgänge, nicht aber die aufgetretenen Bedarfsmengen. Auf dieser Datengrundlage ist eine realitätsnahe Bedarfsprognose unmöglich.

16 siehe Abschnitt 8.1, S. 144 ff.

Materialbedarfs im Prinzip auch für alle benötigten Materialarten, Einzelteile und Baugruppen möglich. Aus Planungskostengründen ist es aber i. a. nicht sinnvoll, für alle Verbrauchsfaktoren eine exakte Ermittlung des Bedarfs durchzuführen. So ist es z. B. zu aufwendig, den Bedarf an Hilfsstoffen (z. B. Leim, Politur, Nägel, Schrauben) direkt aus dem geplanten Primärbedarf abzuleiten. Zwar stellen die dazu notwendigen Rechenoperationen bei der heute verfügbaren Computerleistung kein nennenswertes Problem mehr dar, jedoch müssen die zu verarbeitenden Daten aus einer Datenbank des Produktionsbereichs abgerufen werden, was immer noch erheblichen Zeitaufwand verursacht. Wegen des Zugriffs auf externe Speichermedien dauern Computerläufe zur Materialbedarfsrechnung in der Praxis trotz der Einfachheit der eingesetzten Berechnungsmethoden nicht selten mehrere Stunden.

Der sinnvolle **Genauigkeitsgrad der Bedarfsermittlung** hängt davon ab, ob die mit einem aufwendigeren Verfahren ermittelte höhere Qualität des Planungsergebnisses (z. B. erwartete Lagerkosteneinsparungen) die höheren Planungskosten rechtfertigt. Es leuchtet ein, daß bei einem geringen Materialwert, der nur eine niedrige Kapitalbindung verursacht, eine grobe Schätzung des Bedarfs oft völlig ausreicht, da das Kosteneinsparungspotential in diesem Fall sehr beschränkt ist.

Zur Bestimmung der Materialarten, auf die sich die Planungsaktivitäten vorwiegend konzentrieren sollen, wird in der Praxis die sog. **ABC-Analyse**, ein Verfahren zur Klassifizierung von Verbrauchsfaktoren nach ihrer wertmäßigen Bedeutung, eingesetzt. Die ABC-Analyse geht von der Beobachtung aus, daß in vielen Industriebetrieben ein großer Teil der mit den Lagerbeständen zusammenhängenden Kapitalbindung durch nur wenige Materialarten verursacht wird. Man klassifiziert daher die Materialarten in sog. *A-Güter*, die hauptverantwortlich für die Kapitalbindung sind, in *C-Güter* mit geringfügigem Anteil an der Kapitalbindung und in *B-Güter*, die eine mittlere Stellung einnehmen. Die ABC-Einteilung erhält man, wenn man die Erzeugnisse entsprechend ihrem Anteil am Jahresverbrauchswert in absteigender Reihenfolge sortiert und dann eine Klasseneinteilung vornimmt.

Produkt	Verbrauchswert
1	10
2	130
3	5
4	780
5	20
6	30
7	450
8	25
Summe	1450

Tabelle D.12: Jahresverbrauchswerte

Betrachten wir dazu das in Tabelle D.12 angegebene **Beispiel**. Sortiert man die Produkte nach ihrem Verbrauchswert, dann erhält man Tabelle D.13 und die graphische Darstellung in Bild D.18.

Produkt	Verbrauchswert	kumulierter Anteil an der Anzahl der Produkte (%)	kumulierter Anteil am Verbrauchswert (%)
4	780	12.5	53.79
7	450	25.0	84.83
2	130	37.5	93.79
6	30	50.0	95.86
8	25	62.5	97.59
5	20	75.0	98.97
1	10	87.5	99.66
3	5	100.0	100.00

Tabelle D.13: Werthäufigkeitsverteilung

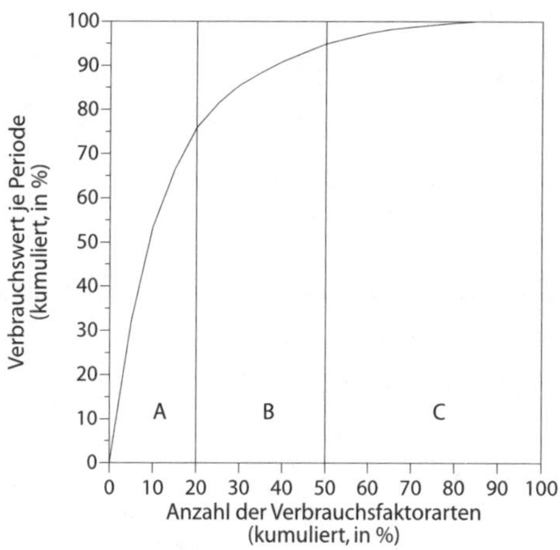

Bild D.18: Werthäufigkeitsverteilung

Die Werthäufigkeitsverteilung zeigt sehr anschaulich das Ausmaß der Konzentration der Verbrauchswerte auf die verbrauchsintensivsten Materialarten. Je weiter die Kurve nach oben durchgebogen ist, umso höher ist die Konzentration. Häufig vereinen ca. 20% der Materialarten ca. 70%-80% des Verbrauchswerts einer Periode auf sich, während ca. 40%-50% der Materialarten nur 5%-10% des Verbrauchswerts stellen. Auf der Grundlage dieser Darstellung wird nun in der Praxis eine Zuordnung der Produkte zu den Gruppen A, B und C vorgenommen, wobei die Festlegung der Grenzen zwischen den Gruppen allerdings willkürlich ist. Für die einzelnen Gruppen wird dann die Anwendung spezifischer **Materialbereitstellungsprinzipien** (Vorratshaltung, Einzelbeschaffung im Bedarfsfall, einsatzsynchrone Bereitstellung) empfohlen.[17]

Die Möglichkeit der ABC-Klassifikation ist übrigens nicht auf Materialarten beschränkt. Sie kann auch eingesetzt werden, um z. B. *Kunden* nach ihrem Umsatz zu klassifizieren. Auch hier wird man ähnliche Konzentrationserscheinungen feststellen.

9.1.2 Programmorientierte Bedarfsermittlung als Teilproblem der Losgrößenplanung

Zahlreiche Verbrauchsfaktoren zeigen in ihrem mengenmäßigen Verbrauch einen deterministischen Zusammenhang mit den produzierten Mengen der absatzbestimmten Produkte. So kann man aus den geplanten Produktionsmengen eines Automobils den Bedarf an Rädern deterministisch ableiten. Mit der Bestimmung dieser abgeleiteten Bedarfsmengen an untergeordneten Baugruppen und Einzelteilen (oft als Teile oder Material bezeichnet) befaßt sich die programmorientierte Bedarfsermittlung.

Die programmorientierte Bedarfsermittlung greift auf vier wichtige **Informationsquellen** zurück:

- das geplante **Hauptproduktionsprogramm**,
- den **Erzeugniszusammenhang**,
- die geplanten **Durchlaufzeiten** der Erzeugnisse (bzw. bei Zukaufteilen die Wiederbeschaffungszeiten),
- die Entwicklung der **Lagerbestände**.

Hauptproduktionsprogramm. Im geplanten Hauptproduktionsprogramm sind die Art und Menge der in den einzelnen Perioden des Planungszeitraums herzustellenden Endprodukte und Ersatzteile festgelegt.[18]

Erzeugniszusammenhang. Erzeugnisse in der zusammenbauenden, stückorientierten Industrie (Fertigungsindustrie, z. B. Maschinenbau) werden i. d. R. in einem *mehrstufigen Produktionsprozeß* aus *Einzelteilen* und vormontierten *Baugruppen* zusammengesetzt. Damit man nun den für ein gegebenes Hauptproduktionsprogramm benötigten und bereitzustellenden Materialbedarf bestimmen kann, muß der Erzeugniszusammenhang bekannt sein, d. h. man muß wissen, aus welchen Einzelteilen und Baugruppen ein Endprodukt zusammengesetzt ist und aus welchen

17 vgl. *Tempelmeier* (2005a), S. 31–33
18 siehe Abschnitt 8.3, S. 165 ff.

Materialarten und Zwischenprodukten die Baugruppen bestehen. Diese Informationen werden üblicherweise in einer Datenbank des Produktionsbereichs gespeichert. Die Ableitung des Bedarfs an untergeordneten Erzeugnissen aus dem vorgegebenen Hauptproduktionsprogramm bezeichnet man als *nicht-terminierte (Sekundär-)Bedarfsermittlung*, wenn die zeitliche Dimension unberücksichtigt bleibt. Diese Form der Bedarfsermittlung wird z. B. eingesetzt, wenn man die gesamten Materialkosten eines Erzeugnisses errechnen will.

Durchlaufzeiten. Darüber hinaus muß bekannt sein, *wie lange es dauert*, bis ein für ein bestimmtes Erzeugnis ausgelöster Produktionsauftrag fertiggestellt ist. Benötigt man z. B. für die Produktion zwei Tage und geht das Erzeugnis in eine übergeordnete Baugruppe ein, mit deren Produktion zum Zeitpunkt t begonnen werden soll, dann muß mit der Produktion des betrachteten Erzeugnisses selbst unter günstigsten Umständen spätestens zwei Tage vorher, d. h. zum Zeitpunkt $(t-2)$, begonnen werden, damit keine unerwünschten Verzögerungen bei der Herstellung der Baugruppe auftreten. Werden die zeitlichen Gesichtspunkte bei der Bedarfsrechnung mitberücksichtigt, dann spricht man von *terminierter Bedarfsermittlung*.

Lagerbestände. Nicht die gesamte ermittelte (Brutto-)Bedarfsmenge muß auch tatsächlich produziert werden. Häufig ist es möglich, einen Teil davon aus verfügbaren Lagerbeständen zu decken. Aus diesem Grund ist eine sorgfältige Überwachung der Entwicklung des Lagerbestands von großer Bedeutung.

Wir wollen uns im folgenden zunächst mit den Möglichkeiten der Darstellung des Erzeugniszusammenhangs befassen und im Anschluß daran die grundsätzliche Vorgehensweise zur Berechnung terminierter Sekundärbedarfsmengen behandeln. Dies ist das Handwerkszeug, auf das in der dann folgenden (mehrstufigen) Losgrößenplanung zurückgegriffen wird.

a) Darstellung der Erzeugnisstruktur

Der Zusammenhang zwischen den Erzeugnissen, d. h. zwischen den Endprodukten, Baugruppen und Einzelteilen, läßt sich *graphisch*, *tabellarisch* und mit Hilfe eines *linearen Gleichungssystems* darstellen.

Gozintograph. Der Erzeugniszusammenhang kann in Form eines gerichteten Graphen dargestellt werden. Ein solcher Graph besteht aus Knoten und Pfeilen. Die **Knoten** repräsentieren die Erzeugnisse, während die **Pfeile** die mengenmäßigen Input-Output-Beziehungen zwischen den Erzeugnissen beschreiben. So signalisiert ein Pfeil, der im Knoten i startet und im Knoten j endet: das (untergeordnete) Erzeugnis i geht in das (übergeordnete) Erzeugnis j ein, d. h. es wird dessen Bestandteil. Jedem Pfeil ist eine Bewertung zugeordnet, die angibt, wie viele Mengeneinheiten des untergeordneten Erzeugnisses i (Startknoten des Pfeils) zur Herstellung einer Mengeneinheit des übergeordneten Erzeugnisses j (Zielknoten des Pfeils) benötigt werden. Diese Größe heißt *Direktbedarfskoeffizient* oder *Produktionskoeffizient*.

Der Begriff „Gozintograph" wurde von *Vaszonyi* geprägt, der einen nicht existenten italienischen Mathematiker *Zepartzat Gozinto* zitierte. Ein „oberflächlicher" Vergleich mit den englischen Worten „the part that goes into" zeigt, was *Vaszonyi* mit dieser Bezeichnung gemeint hat und damit auch, was der eigentliche Inhalt des Gozintographen ist.

Mit Hilfe des Gozintographen lassen sich beliebige Formen von Erzeugnisstrukturen redundanzfrei darstellen. Nach ihrer Komplexität unterscheidet man die Grundformen der *linearen*, der *konvergierenden*, der *divergierenden* und der *generellen* Erzeugnisstruktur.

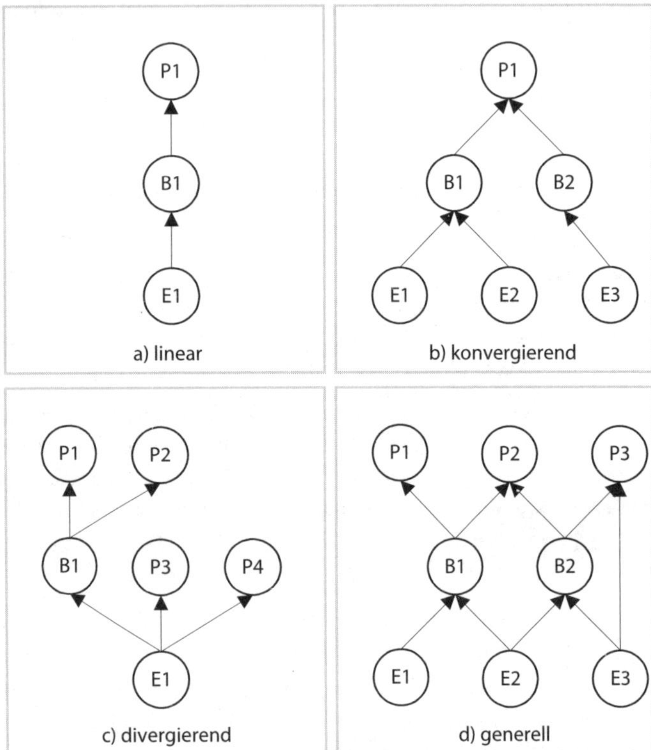

Bild D.19: Gozintographendarstellungen für lineare, konvergierende, divergierende und generelle Erzeugnisstrukturen

Lineare Erzeugnisstruktur. Bei der linearen Erzeugnisstruktur hat jedes Erzeugnis maximal einen direkten Nachfolger und maximal einen direkten Vorgänger (siehe Bild D.19a). Hier kann man sich den Produktionsprozeß als die Bearbeitung eines Rohmaterials in mehreren Arbeitsgängen vorstellen, wobei nach jedem Arbeitsgang ein neues identifizierbares und evtl. gelagertes Zwischenprodukt (Sachnummer) vorliegt.

Konvergierende Erzeugnisstruktur. Diese Erzeugnisstruktur ist dadurch gekennzeichnet, daß jedes Erzeugnis maximal einen direkten Nachfolger hat, aber mehrere direkte Vorgänger haben kann (siehe Bild D.19b). Eine solche Erzeugnisstruktur ist für Montageprozesse typisch.

Divergierende Erzeugnisstruktur. Bei der divergierenden Erzeugnisstruktur hat jedes Erzeugnis maximal einen direkten Vorgänger, kann aber mehrere direkte Nachfolger haben (siehe Bild D.19c).

Generelle Erzeugnisstruktur. Die generelle Erzeugnisstruktur vereint die Merkmale aller oder einiger der oben genannten Erzeugnisstrukturen in sich (siehe Bild D.19d). Sie ist in der betrieblichen Praxis wohl am häufigsten anzutreffen.

Die Form der Erzeugnisstruktur bestimmt in hohem Maße die *Komplexität* der bei der Produktionsplanung und -steuerung auftretenden Probleme. Dies wird auch im Zusammenhang mit der in Abschnitt 9.1.3, S. 195 ff., behandelten Losgrößenplanung deutlich werden. Wir werden sehen, daß für eine kapazitätsorientierte Losgrößenplanung anstelle der produktorientierten Erzeugnisstruktur die ressourcenorientierte Erzeugnis- und Prozeßstruktur benötigt wird.

Stücklisten. Die graphische Darstellung des Erzeugniszusammenhangs ist sehr anschaulich, solange nur wenige Erzeugnisse zu betrachten sind. In der betrieblichen Praxis, mit einer großen Anzahl zusammenhängender Erzeugnisse, wird der Erzeugnisaufbau daher vor allem tabellarisch mit Hilfe von Stücklisten dargestellt. Stücklisten sind mengenmäßige Verzeichnisse der in ein Endprodukt oder eine Baugruppe eingehenden Erzeugnisse (Baugruppen oder Einzelteile). Sie werden entsprechend der Perspektive, mit der sie den Zusammenhang zwischen den Erzeugnissen darstellen, als (analytische) **Stücklisten** oder als (synthetische) **Teileverwendungsnachweise** bezeichnet. Während bei der analytischen Stückliste gefragt wird: *„Aus welchen untergeordneten Komponenten besteht ein Erzeugnis?"*, lautet die Fragestellung beim synthetischen Teileverwendungsnachweis: *„In welche übergeordneten Erzeugnisse geht eine bestimmte Komponente ein?"*.

Beide Fragestellungen sind für die Produktionsplanung und -steuerung von großer Bedeutung. So kann die *analytische Betrachtungsweise* Aufschluß darüber geben, welche Einzelteile und Baugruppen in welchen Mengen beschafft bzw. produziert werden müssen, damit ein Kundenauftrag für ein Endprodukt zum gewünschten Termin fertiggestellt werden kann. Die *synthetische Betrachtungsweise* gibt z. B. Auskunft darüber, welche Erzeugnisse betroffen sind, wenn die technischen Eigenschaften eines Einzelteils durch eine konstruktive Maßnahme verändert werden. In der Praxis sind verschiedene Typen von Stücklisten gebräuchlich.

Mengenübersichtsstückliste. In einer Mengenübersichtsstückliste wird lediglich aufgelistet, aus welchen Bestandteilen ein Erzeugnis insgesamt besteht und mit welchen Mengen diese in eine Einheit des Erzeugnisses eingehen. Dabei bleibt unbeachtet, in welcher Weise die einzelnen Komponenten ihrerseits aufgebaut sind, ob z. B. ein Einzelteil direkt in das Enderzeugnis eingebaut wird oder ob es Bestandteil einer Baugruppe ist. Damit geben Mengenübersichtsstücklisten keinen

Hinweis auf die Form der Erzeugnisstruktur. Die Mengenangaben beziehen sich jeweils auf *eine* Mengeneinheit des Erzeugnisses, für das die Liste aufgestellt wurde. Sie bezeichnen somit den *Gesamtbedarf* einer Komponente pro Mengeneinheit des betrachteten Erzeugnisses. Gegebenenfalls muß eine Kumulation der Bedarfsmengen über mehrere Produktionsstufen erfolgen.

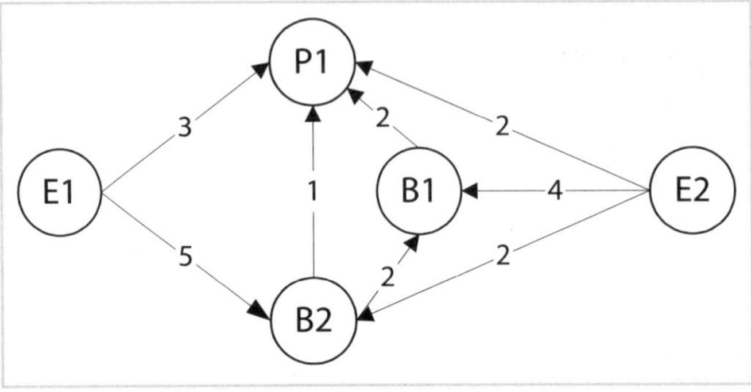

Bild D.20: Gozintograph des Beispiels

Zur Erläuterung betrachten wir den in Bild D.20 dargestellten Gozintographen. Dieser wird durch die in Tabelle D.14 wiedergegebene Mengenübersichtsstückliste beschrieben. Die Angaben in der Spalte „Menge" resultieren aus der Betrachtung aller Wege von einem untergeordneten Knoten zum Knoten $P1$. So gibt es z. B. zwei Wege von $B2$ nach $P1$. Auf dem ersten Weg ($B2 \rightarrow P1$) entsteht ein Sekundärbedarf von einer Mengeneinheit und auf dem zweiten Weg ($B2 \rightarrow B1 \rightarrow P1$) fließen $2 \cdot 2 = 4$ Mengeneinheiten. Wird eine Mengeneinheit des Endprodukts $P1$ produziert, dann entsteht somit ein Sekundärbedarf für die Baugruppe $B2$ von 5 Mengeneinheiten.

Erzeugnis P1		
Sachnummer	Menge	Bezeichnung
B1	2	Baugruppe
B2	5	Baugruppe
E1	28	Einzelteil
E2	20	Einzelteil

Tabelle D.14: Mengenübersichtsstückliste

Mengenübersichtsstücklisten bieten einen schnellen, umfassenden Überblick über den *gesamten* Verbrauchsfaktorbedarf, der mit der Produktion einer Mengeneinheit des betrachteten Erzeugnisses verbunden ist. Sie liefern damit wertvolle Informationen für die Stückkostenermittlung.

Erzeugnis P1			
Position	Sachnummer	Menge	Bezeichnung
1	E1	3	Einzelteil
2	B1	2	Baugruppe
3	B2	1	Baugruppe
4	E2	2	Einzelteil
Erzeugnis B1			
1	B2	2	Baugruppe
2	E2	4	Einzelteil
Erzeugnis B2			
1	E1	5	Einzelteil
2	E2	2	Einzelteil

Tabelle D.15: Baukastenstücklisten

Baukastenstückliste. Die Baukastenstückliste enthält nur die Baugruppen oder Einzelteile, die *direkt* in ein Erzeugnis eingehen. Sie ist im Gegensatz zur Mengenübersichtsstückliste eine *einstufige* Liste. Zur Beschreibung einer mehrstufigen Erzeugnisstruktur, also dann, wenn ein Erzeugnis z. T. aus Baugruppen besteht, die sich ihrerseits aus mehreren Komponenten zusammensetzen, sind daher mehrere Baukastenstücklisten erforderlich. Für das obige Beispiel mit zwei Baugruppen müssen die in Tabelle D.15 angegebenen drei Baukastenstücklisten aufgestellt werden.

Lineares Gleichungssystem. Betrachtet man einen Gozintographen, dann drängt sich unmittelbar die Analogie zu einem Leitungs- oder Straßennetz auf, durch das Material in Pfeilrichtung hindurchfließt. Man kann für jeden Knoten eine Gleichung formulieren, die den *Output* des Knotens (Gesamtmenge, die in die ausgehenden Pfeile eines Knotens fließt) als *Funktion* des erforderlichen *Inputs* an allen direkten Folgeknoten (Menge, die an den Zielknoten der Pfeile ankommt) beschreibt. So können wir z. B. für das Einzelteil $E1$ des in Bild D.20 dargestellten Gozintographen die Gleichung (D.25) aufstellen, die den *Sekundärbedarf* y_{E1} als Funktion der insgesamt von den Nachfolgern $B2$ und $P1$ des Einzelteils $E1$ bereitzustellenden Gesamtbedarfsmengen r_{B2} und r_{P1} beschreibt.

$$y_{E1} = 5 \cdot r_{B2} + 3 \cdot r_{P1} \tag{D.25}$$

Dabei bedeuten:

r_k Gesamtbedarf des Erzeugnisses k, d. h. die insgesamt bereitzustellende Menge des Erzeugnisses k

y_k Sekundärbedarf des Erzeugnisses k, d. h. der aus dem Gesamtbedarf der übergeordneten Erzeugnisse abgeleitete Bedarf des Erzeugnisses k

Der *Sekundärbedarf* des Einzelteils $E1$ setzt sich damit zusammen aus dem Fünffachen des Gesamtbedarfs der Baugruppe $B2$ und dem Dreifachen des Gesamtbedarfs des Endprodukts $P1$. Eine derartige Gleichung kann *für jedes Erzeugnis*, d. h.

für jeden Knoten des Gozintographen, aufgestellt werden. Allgemein wird der Sekundärbedarf des Erzeugnisses k durch Gleichung (D.26) beschrieben.

$$y_k = \sum_{j \in \mathcal{N}_k} a_{kj} \cdot r_j \qquad k = 1, 2, \ldots, K \tag{D.26}$$

- r_j: Gesamtbedarf des übergeordneten Erzeugnisses j
- a_{kj}: Direktbedarfskoeffizient, d. h. Anzahl der Mengeneinheiten des Erzeugnisses k, die zur Produktion einer Mengeneinheit des Erzeugnisses j benötigt werden
- $\mathcal{N}_k$: Menge der dem Erzeugnis k direkt übergeordneten Erzeugnisse (Nachfolger des Erzeugnisses k)

Für den in Bild D.20 auf S. 186 dargestellten Gozintographen erhalten wir das folgende, aus fünf Gleichungen bestehende, lineare Gleichungssystem zur Berechnung der Sekundärbedarfsmengen:

$$\begin{aligned}
y_{E1} &= 0 \cdot r_{E1} + 0 \cdot r_{E2} + 0 \cdot r_{B1} + 5 \cdot r_{B2} + 3 \cdot r_{P1} \\
y_{E2} &= 0 \cdot r_{E1} + 0 \cdot r_{E2} + 4 \cdot r_{B1} + 2 \cdot r_{B2} + 2 \cdot r_{P1} \\
y_{B1} &= 0 \cdot r_{E1} + 0 \cdot r_{E2} + 0 \cdot r_{B1} + 0 \cdot r_{B2} + 2 \cdot r_{P1} \\
y_{B2} &= 0 \cdot r_{E1} + 0 \cdot r_{E2} + 2 \cdot r_{B1} + 0 \cdot r_{B2} + 1 \cdot r_{P1} \\
y_{P1} &= 0 \cdot r_{E1} + 0 \cdot r_{E2} + 0 \cdot r_{B1} + 0 \cdot r_{B2} + 0 \cdot r_{P1}
\end{aligned} \tag{D.27}$$

Der *Gesamtbedarf* r_k des Erzeugnisses k setzt sich nach Gleichung (D.28) zusammen aus dem *Sekundärbedarf* y_k und einem extern vorgegebenen *Primärbedarf* d_k.

$$r_k = y_k + d_k \qquad k = 1, 2, \ldots, K \tag{D.28}$$

- d_k: Primärbedarf
- y_k: Sekundärbedarf
- r_k: Gesamtbedarf

Für *Endprodukte* können die Primärbedarfsmengen aus dem Hauptproduktionsprogramm übernommen werden. Ihr Sekundärbedarf ist definitionsgemäß gleich Null, da sie keine Nachfolger im Gozintographen haben. Primärbedarf kann aber auch für selbständig *absatzfähige Zwischenprodukte* auftreten, die z. B. als Ersatzteile verkauft werden. Zur Quantifizierung dieser Bedarfsmengen kann auf Prognoseverfahren[19] zurückgegriffen werden. Setzt man Gleichung (D.26) in (D.28) ein, dann ergibt sich der *Gesamtbedarf* des Erzeugnisses k, r_k, wie folgt:

$$r_k = \underbrace{\sum_{j \in \mathcal{N}_k} a_{kj} \cdot r_j}_{\text{Sekundärbedarf}} + \underbrace{d_k}_{\text{Primärbedarf}} \qquad k = 1, 2, \ldots, K \tag{D.29}$$

19 siehe Abschnitt 8.1, S. 144 ff.

In Matrixschreibweise erhalten wir:

$$\underline{r} = \underline{A} \cdot \underline{r} + \underline{d} \tag{D.30}$$

$$\underline{r} - \underline{A} \cdot \underline{r} = \underline{d} \tag{D.31}$$

$$\underline{r} = (\underline{E} - \underline{A})^{-1} \cdot \underline{d} \tag{D.32}$$

Die Matrix $\underline{A}$ bezeichnet man als Direktbedarfsmatrix. Die Gleichungen (D.29) bilden die Materialbedarfskomponente in mehrstufigen Losgrößenmodellen. Hierauf werden wir in Abschnitt 9.1.3 noch einmal zurückkommen.

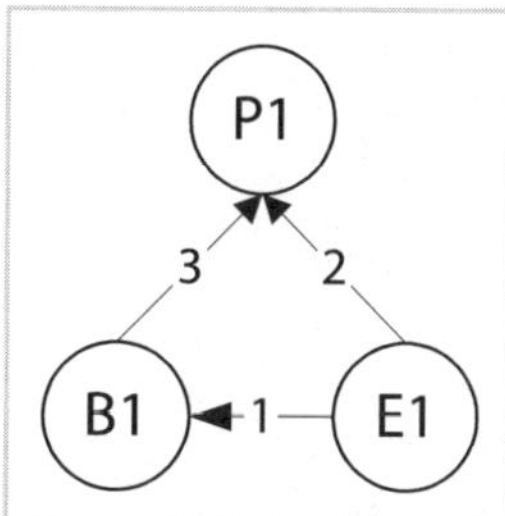

Bild D.21: Gozintograph

Zur Veranschaulichung betrachten wir den im Bild D.21 dargestellten Gozintographen. Wenn der Primärbedarf für das Endprodukt $P1$ z. B. $d_{P1} = 10$ beträgt, dann erhalten wir folgendes Gleichungssystem:

$$r_{P1} = 10$$
$$r_{B1} = 3 \cdot r_{P1}$$
$$r_{E1} = 2 \cdot r_{P1} + 1 \cdot r_{B1}$$

Die Matrizen $\underline{A}$ und $\underline{E} - \underline{A}$ lauten in diesem Fall:

$$\underline{A} = \begin{bmatrix} 0 & 0 & 0 \\ 3 & 0 & 0 \\ 2 & 1 & 0 \end{bmatrix}$$

$$\underline{E} - \underline{A} = \begin{bmatrix} 1 & 0 & 0 \\ -3 & 1 & 0 \\ -2 & -1 & 1 \end{bmatrix}$$

Bilden wir die Inverse $(\underline{E} - \underline{A})^{-1}$ und multiplizieren wir sie mit dem Primärbedarfsvektor $\underline{d}$, dann erhalten wir den Vektor der Gesamtbedarfsmengen, $\underline{r}$:

$$\begin{bmatrix} 1 & 0 & 0 \\ 3 & 1 & 0 \\ 5 & 1 & 1 \end{bmatrix} \cdot \begin{bmatrix} 10 \\ 0 \\ 0 \end{bmatrix} = \begin{bmatrix} 10 \\ 30 \\ 50 \end{bmatrix}$$

Die Inverse $(\underline{E} - \underline{A})^{-1}$ nennt man auch *Verflechtungsbedarfsmatrix* $\underline{V}$. Sie beantwortet die Frage danach, wie viele Mengeneinheiten für ein Produkt k benötigt werden, wenn *eine Einheit* des Produkts j produziert werden soll. Dies ist genau das, was auch in einer *Mengenübersichtsstückliste* angegeben wird.

Für die *gesamte Menge* des Einzelteils $E1$, die bei der Produktion einer Mengeneinheit des Endprodukts $P1$ benötigt wird, gilt:

$$v_{E1,P1} = a_{E1,P1} \cdot v_{P1,P1} + a_{E1,B1} \cdot v_{B1,P1} \tag{D.33}$$

- $a_{E1,P1}$: Direktbedarfskoeffizient $E1 - P1$
- $v_{P1,P1}$: Verflechtungsbedarf $P1 - P1 (= 1)$
- $a_{E1,B1}$: Direktbedarfskoeffizient $E1 - B1$
- $v_{B1,P1}$: Verflechtungsbedarf $B1 - P1$

Beachten wir nun, daß

$$v_{B1,P1} = a_{B1,P1} \cdot v_{P1,P1} = 3 \cdot 1 \tag{D.34}$$

und

$$v_{P1,P1} = 1 \tag{D.35}$$

dann können wir schreiben:

$$v_{E1,P1} = 2 \cdot 1 + 1 \cdot (3 \cdot 1) = 5 \tag{D.36}$$

Der Verflechtungsbedarf v_{kj} zwischen dem Erzeugnis k und dem Erzeugnis j läßt sich allgemein wie folgt darstellen:

$$v_{kj} = \sum_{i \in \mathcal{N}_k} a_{ki} \cdot v_{ij} \qquad k \neq j \tag{D.37}$$

$\mathcal{N}_k$: Indexmenge der direkten Nachfolger des Erzeugnisses (Knotens) k

$$v_{kj} = 1 \qquad k = j \tag{D.38}$$

b) Vorgehensweise der Bedarfsermittlung

Bei der Bedarfsermittlung müssen nicht nur die beschriebenen Input-Output-Beziehungen zwischen den Erzeugnissen, sondern auch die u. U. noch vorhandenen Lagerbestände und die Produktions- bzw. Beschaffungszeiten berücksichtigt werden. Die grundsätzliche Vorgehensweise der Bedarfsermittlung besteht aus folgenden Schritten:

1. Gegeben ist ein mengen- und terminmäßig spezifiziertes Hauptproduktionsprogramm, das als **Primärbedarf** bezeichnet wird.

2. Aus den geplanten Produktionsmengen der Endprodukte werden unter Beachtung der Erzeugnisstruktur die **Sekundärbedarfsmengen** der untergeordneten Erzeugnisse abgeleitet. Für jedes untergeordnete Produkt wird zum Sekundärbedarf der evtl. auftretende Primärbedarf (z. B. Ersatzteilbedarf) addiert. Dazu werden schließlich noch der prognostizierte Bedarf und der sog. Zusatzbedarf addiert. Letzterer ist ein über einen pauschalen Zuschlag erfaßter Bedarf, der evtl. auftretende Verluste durch Ausschuß abdecken soll. Die Summe bildet den *Bruttobedarf* eines Erzeugnisses.[20] Für das Erzeugnis k ergibt sich in bezug auf die Periode t die in Tabelle D.16 zusammengestellte Liste von Komponenten des Bruttobedarfs.

Primärbedarf (= direkt absatzbestimmter Bedarf)
+ Sekundärbedarf (= abgeleiteter Bedarf)
+ prognostizierter Bedarf
+ Zusatzbedarf
= Bruttobedarf des Produkts k in Periode t, BRUTTO_{kt}

Tabelle D.16: Berechnung des terminierten Bruttobedarfs eines Produkts

Der Bruttobedarf ist *terminiert*, d. h. er wird zu einem bestimmten Zeitpunkt benötigt, und zwar zum frühesten Termin, an dem mit der Produktion eines übergeordneten Produkts begonnen werden soll.

3. Nun subtrahiert man vom terminierten Bruttobedarf des Erzeugnisses k in der Periode t, BRUTTO_{kt}, den disponiblen Lagerbestand, DISPON_{kt}. Der **disponible Lagerbestand** des Produkts k in Periode t gibt an, welche Produktmenge zu Beginn der Periode tatsächlich zur Bedarfsdeckung zur Verfügung steht. Er setzt sich wie folgt zusammen:

physischer Bestand
+ noch ausstehende Bestellungen
– reservierter Bestand
– Sicherheitsbestand
= disponibler Bestand des Produkts k in Periode t, DISPON_{kt}

Tabelle D.17: Berechnung des disponiblen Lagerbestands eines Produkts

Subtrahieren wir vom Bruttobedarf des Erzeugnisses k in der Periode t den disponiblen Lagerbestand, dann erhalten wir den Nettobedarf des Erzeugnisses k in Periode t. Ein Nettobedarf entsteht aber nur dann, wenn der disponible Lagerbestand kleiner als der Bruttobedarf ist, andernfalls ist der Nettobedarf 0. Der

20 Diese Aufzählung erfaßt alle möglichen Bestandteile des Bruttobedarfs. Für ein konkretes Erzeugnis werden i. d. R. einzelne dieser Summanden Null sein. So hat ein Endprodukt keinen Sekundärbedarf und für die meisten Einzelteile wird kein Primärbedarf auftreten. Prognostizierter Bedarf wird vor allem für B-Produkte vorliegen.

periodenspezifische Nettobedarf eines Erzeugnisses läßt sich damit durch Gleichung (D.39) beschreiben.

$$\text{NETTO}_{kt} = \max\{\text{BRUTTO}_{kt} - \text{DISPON}_{kt}, 0\} \qquad k = 1,2,\ldots,K; t = 1,2,\ldots,T \tag{D.39}$$

4. Da die Beschaffung bzw. Produktion der in übergeordnete Erzeugnisse eingehenden Komponenten eine bestimmte Zeitdauer in Anspruch nimmt, müssen die Nettobedarfsmengen um die sog. Vorlaufzeit (geplante Beschaffungs- bzw. Produktionszeit; geplante Durchlaufzeit) vorgezogen werden, woraus dann die periodenspezifischen **Beschaffungs-** bzw. **Produktionsmengen** ermittelt werden können.

   Allerdings ist die Vorlaufzeit eines Erzeugnisses zum Planungszeitpunkt i. d. R. nicht bekannt oder zumindest mit hoher Unsicherheit behaftet. Dies gilt sowohl für eigengefertigte Produkte als auch für Fremdbezugsteile. Daraus können erhebliche Probleme für die Durchführbarkeit eines aufgestellten Produktionsplans entstehen.

c) Dispositionsstufenverfahren

Die beschriebene grundsätzliche Vorgehensweise zur Ermittlung des periodenbezogenen Produktions- und Beschaffungsprogramms an Endprodukten, Baugruppen und Einzelteilen ist *für jedes Erzeugnis und für jede Periode* des Planungszeitraums durchzuführen. Diese Rechnung kann nun auf unterschiedliche Arten algorithmisch umgesetzt werden. Eine Variante, die Lösung eines linearen Gleichungssystems, haben wir bereits weiter oben dargestellt. In der betrieblichen Praxis wird vor allem ein Verfahren eingesetzt, das auf der Zuordnung der Erzeugnisse zu sog. *Dispositionsstufen* (englisch: low level code) basiert. Die Dispositionsstufe des Erzeugnisses k, u_k, kann nach Gleichung (D.40) bestimmt werden.

$$u_k = \begin{cases} \max\limits_{j \in \mathcal{N}_k}\{u_j\} + 1 & \mathcal{N}_k \neq \emptyset \\ 0 & \mathcal{N}_k = \emptyset \end{cases} \tag{D.40}$$

Dabei bedeuten:

u_k Dispositionsstufe des Erzeugnisses k

$\mathcal{N}_k$ Indexmenge der Erzeugnisse, in die das Erzeugnis k direkt eingeht (im Gozintographen: Menge der Nachfolgeknoten des Knotens k)

Die Dispositionsstufe des Produkts k entspricht damit dem *längsten Weg* (gemessen durch die Anzahl der Pfeile) im Gozintographen von dem betrachteten Produkt zu den Endprodukten. In dem in Bild D.22 dargestellten Gozintographen sind die Dispositionsstufennummern in den Rechtecken neben den Erzeugnisknoten vermerkt.

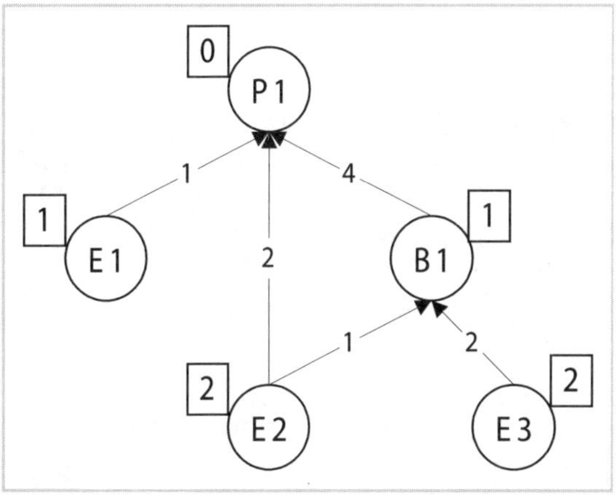

Bild D.22: Gozintograph mit Angabe der Dispositionsstufen

Die *Bedarfsermittlung* erfolgt nach dem oben dargestellten allgemeinen Verfahren. Die Produkte werden dabei in der Reihenfolge ihrer Dispositionsstufenzuordnung abgearbeitet. Dadurch wird sichergestellt, daß man bei der Berechnung des Sekundärbedarfs eines Erzeugnisses bereits die Nettobedarfsmengen aller Nachfolger dieses Produkts kennt. In EDV-gestützten PPS-Systemen wird für jede Dispositionsstufe eine *Aktivitätskette* geführt, über die alle Erzeugnisse miteinander verkettet werden, die derselben Dispositionsstufe angehören. Alle Erzeugnisse einer Dispositionsstufe werden nacheinander betrachtet. Für jedes Erzeugnis werden dann der Reihe nach die um die Vorlaufzeit verschobenen terminierten Nettobedarfsmengen der direkt übergeordneten Produkte kumuliert.

Die Anwendung des Dispositionsstufenverfahrens zur Nettobedarfsrechnung wird in Tabelle D.18 anhand der in Bild D.22 dargestellten Erzeugnisstruktur demonstriert. Die Zeile „Bedarf für die Auflösung" gibt dabei jeweils die spätesten Produktions- bzw. Beschaffungstermine der angegebenen Mengen an. Mit z_k wird jeweils die geplante Vorlaufzeit des Erzeugnisses k bezeichnet.

In dem Beispiel werden die Bedarfsmengen mehrerer Perioden nicht zu größeren Produktionsaufträgen bzw. Bestellmengen zusammengefaßt. Dies ist Aufgabe der Bestellmengen- bzw. Losgrößenplanung. In der betrieblichen Praxis erfolgt die Losbildung jeweils unmittelbar nachdem die terminierten Nettobedarfsmengen[21] eines Erzeugnisses für alle Perioden feststehen. Dabei wird das Dispositionsstufenverfahren als Rahmen angesehen, innerhalb dessen für die einzelnen Erzeugnisse vereinfachte dynamische Einprodukt-Losgrößenprobleme gelöst werden. Auf die Probleme der Losgrößenplanung werden wir im nächsten Abschnitt eingehen.

Literaturhinweise

Neumann (1996), Kapitel 4

21 „Bedarf für die Auflösung"

$u = 0$	Endprodukt **P1** (Hauptproduktionsprogramm)										
	Periode	1	2	3	4	5	6	7	8	9	10
	Bedarf für die Auflösung		240			330		250		310	
$u = 1$	Einzelteil **E1** ($a_{E1,P1} = 1; z_{E1} = 3$)										
	Periode	1	2	3	4	5	6	7	8	9	10
	Sekundärbedarf		240			330		250		310	
	Primärbedarf				10		10			10	
	Bruttobedarf		240		10	330	10	250		320	
	Lagerbestand	700	700	460	460	450	120	110			
	Nettobedarf							140		320	
	Bedarf für die Auflösung				140		320				
	Baugruppe **B1** ($a_{B1,P1} = 4; z_{B1} = 1$)										
	Periode	1	2	3	4	5	6	7	8	9	10
	Sekundärbedarf		960			1320		1000		1240	
	Primärbedarf										
	Bruttobedarf		960			1320		1000		1240	
	Lagerbestand	990	990	30	30	30					
	Nettobedarf					1290		1000		1240	
	Bedarf für die Auflösung				1290		1000		1240		
$u = 2$	Einzelteil **E3** ($a_{E3,B1} = 2; z_{E3} = 2$)										
	Periode	1	2	3	4	5	6	7	8	9	10
	Sekundärbedarf				2580		2000		2480		
	Primärbedarf		100		420				600		
	Bruttobedarf		100		3000		2000		3080		
	Lagerbestand	500	500	400	400						
	Nettobedarf				2600		2000		3080		
	Bedarf für die Auflösung		2600		2000		3080				
	Einzelteil **E2** ($a_{E2,B1} = 1; a_{E2,P1} = 2; z_{E2} = 1$)										
	Periode	1	2	3	4	5	6	7	8	9	10
	Sekundärbedarf P1		480			660		500		620	
	Sekundärbedarf B1				1290		1000		1240		
	$\sum$Sekundärbedarf		480		1290	660	1000	500	1240	620	
	Lagerbestand	900	900	420	420						
	Nettobedarf				870	660	1000	500	1240	620	
	Bedarf für die Auflösung			870	660	1000	500	1240	620		

Tabelle D.18: Bedarfsrechnung nach dem Dispositionsstufenverfahren

Schneeweiß (2002), Kapitel 6
Tempelmeier (2005a), Abschnitt D.2
Tempelmeier (2005b), Abschnitt C.4

9.1.3 Losgrößenplanung

Hat man für ein Erzeugnis die periodenspezifischen Nettobedarfsmengen ermittelt, dann könnte man versuchen, diese jeweils so spät wie möglich, d. h. unmittelbar vor dem Bedarfszeitpunkt (just in time) zu produzieren. Da mit jeder erneuten Produktion eines Erzeugnisses *Rüstzeiten* für die Vorbereitung des Arbeitssystems und z. T. auch *Rüstkosten* (z. B. Kosten für Reinigungsmaterial; Einrichterlöhne, sofern diese zeitabhängig sind) entstehen, wird man bemüht sein, Bedarfsmengen aus mehreren Perioden zu einem größeren Los zusammenzufassen und diese gemeinsam zu produzieren. Da dies aber zu *Lagerkosten* für die vorzeitig produzierten Erzeugnismengen führt, entsteht ein **Losgrößenproblem**. Es ist allerdings zu beachten, daß zwischen den Erzeugnissen – wie in Abschnitt 9.1.2 beschrieben – Input-Output-Beziehungen bestehen. Daher beeinflußt die Entscheidung über die Losgröße für ein übergeordnetes Erzeugnis die Struktur des „Bedarfs für die Auflösung"[22] der untergeordneten Erzeugnisse.

Neben den Input-Output-Beziehungen zwischen den Erzeugnissen ist zudem zu berücksichtigen, daß die Arbeitssysteme, die die zur Produktion der Erzeugnisse notwendigen Arbeitsgänge durchführen müssen, nur eine *beschränkte Kapazität* haben und daß die Produkte i. d. R. um diese Kapazität konkurrieren. Wir dürfen daher die einzelnen Produkte nicht isoliert betrachten, sondern müssen ihre **Interdependenzen** explizit berücksichtigen. Das führt uns zum Problem der mehrstufigen dynamischen Losgrößen- und Materialbedarfsplanung mit Kapazitätsbeschränkungen. Wir stellen zunächst ein Optimierungsmodell zur mehrstufigen dynamischen Losgrößenplanung dar und erläutern die Notwendigkeit der Berücksichtigung von beschränkten Kapazitäten. Im Anschluß daran stellen wir die in der betrieblichen Praxis zwar vorherrschende, aber zur Losgrößenplanung im betrachteten Problemzusammenhang völlig ungeeignete (und auch vielfach kritisierte) Vorgehensweise nach dem MRP-Sukzessivplanungskonzept dar.

9.1.3.1 Ein Optimierungsmodell zur kapazitätsorientierten Losgrößenplanung

Das Problem der dynamischen mehrstufigen Losgrößenplanung unter Berücksichtigung der Kapazitäten der Ressourcen kann in vereinfachter Form durch das folgende Entscheidungsmodell MLCLSP abgebildet werden, wobei neben den *Endererzeugnissen* und den extern zu beschaffenden Produkten die nach den einzelnen Ar-

22 siehe Tabelle D.18, S. 194

beitsgängen vorliegenden *Zwischenprodukte* sowie die *Arbeitssysteme bzw. Ressourcen* mit ihren beschränkten Kapazitäten explizit betrachtet werden:[23]

Modell MLCLSP[24]

$$\text{Minimiere } Z = \sum_{k=1}^{K} \sum_{t=1}^{T} \left(\underbrace{s_k \cdot \gamma_{kt}}_{\text{Rüstkosten für Produkt } k \text{ in Periode } t} + \underbrace{h_k \cdot y_{kt}}_{\text{Lagerkosten für Produkt } k \text{ am Ende der Periode } t} \right) \tag{D.41}$$

u. B. d. R.

$$y_{k,t-1} + \overbrace{q_{k,t-z_k}}^{\text{Losgröße für Produkt } k \text{ in Periode } t} - \underbrace{\sum_{i \in \mathcal{N}_k} a_{ki} \cdot q_{it}}_{\text{Sekundärbedarf für Produkt } k \text{ in Periode } t} - y_{kt} = d_{kt} \qquad k = 1,2,\ldots,K;\ t = 1,2,\ldots,T \tag{D.42}$$

$$\sum_{k \in \mathcal{K}_j} \left(\underbrace{tb_k}_{\text{Stückbearbeitungszeit für Arbeitsgang } k} \cdot q_{kt} + \underbrace{tr_k}_{\text{Rüstzeit für Arbeitsgang } k} \cdot \gamma_{kt} \right) \le \underbrace{b_{jt}}_{\text{Kapazität der Ressource } j \text{ in Periode } t} \qquad j = 1,2,\ldots,J;\ t = 1,2,\ldots,T \tag{D.43}$$

$$q_{kt} - M \cdot \gamma_{kt} \le 0 \qquad k = 1,2,\ldots,K;\ t = 1,2,\ldots,T \tag{D.44}$$

$$q_{kt} \ge 0 \qquad k = 1,2,\ldots,K;\ t = 1,2,\ldots,T \tag{D.45}$$

$$y_{kt} \ge 0 \qquad k = 1,2,\ldots,K;\ t = 1,2,\ldots,T \tag{D.46}$$

$$y_{k0} = 0;\ y_{kT} = 0 \qquad k = 1,2,\ldots,K \tag{D.47}$$

$$\gamma_{kt} \in \{0,1\} \qquad k = 1,2,\ldots,K;\ t = 1,2,\ldots,T \tag{D.48}$$

23 Im folgenden werden **Arbeitgänge** und **Produkte** als **synonym** betrachtet. Aus jedem Arbeitsgang resultiert also ein identifizierbares (Zwischen-)Produkt. Die dem Gozintographen entsprechende graphische Darstellung bezeichnen wir als Erzeugnis- und Prozeßstruktur.

24 MLCLSP = **M**ulti-**L**evel **C**apacitated **L**ot**S**izing **P**roblem

Dabei bedeuten:

Daten:

a_{ki}	Direktbedarfskoeffizient bezüglich Produkt k und i
b_{jt}	verfügbare Kapazität der Ressource j in Periode t
d_{kt}	Primärbedarf für Produkt k in Periode t
h_k	voller Lagerkostensatz des Produkts k (dieser kann auch periodenabhängig definiert werden)
J	Anzahl der Ressourcen $(j = 1, 2, \ldots, J)$
K	Anzahl der Produkte bzw. Arbeitsgänge $(k = 1, 2, \ldots, K)$
$\mathcal{K}_j$	Indexmenge der Arbeitsgänge, die durch die Ressource j vollzogen werden
M	große Zahl
$\mathcal{N}_k$	Indexmenge der Nachfolger des Produkts k (direkt übergeordnete Produkte bzw. nachfolgende Arbeitsgänge)
s_k	Rüstkostensatz des Produkts k (dieser kann auch periodenabhängig definiert werden)
T	Länge des Planungszeitraums in Perioden $(t = 1, 2, \ldots, T)$
tb_k	Stückbearbeitungszeit für Arbeitsgang k
tr_k	Rüstzeit für Arbeitsgang k
z_k	Mindestvorlaufzeit eines Auftrags für Produkt k

Variablen:

q_{kt}	Losgröße für Arbeitsgang k in Periode t
y_{kt}	Lagerbestand für Produkt k am Ende der Periode t
γ_{kt}	binäre Rüstvariable für Arbeitsgang bzw. Produkt k in Periode t

Die Größe z_k bezeichnet hier die *minimale arbeitsgangbezogene Vorlaufzeit* eines Produktionsauftrags. Verschiebungen des Produktionsbeginns eines Auftrags, die aufgrund mangelnder Bearbeitungskapazität in einer Periode notwendig werden können, werden in der vorliegenden Modellformulierung durch die Kapazitätsrestriktionen (D.43) modellintern ermittelt. Reicht die Kapazität einer Ressource in einer Periode t nicht aus, um die bezüglich der Lager- und Rüstkosten optimalen Losgrößen der Erzeugnisse zu produzieren, dann wird die Produktion (mindestens) eines Erzeugnisses zeitlich in eine frühere Periode τ vorgezogen, wodurch eine geplante *Wartezeit* bzw. Lagerdauer der Zwischenprodukte *nach Beendigung der Produktion* entsteht. In diesem Fall trifft die häufig undifferenziert vorgebrachte Behauptung „Bestände verdecken Probleme!" nicht zu. Hier ist das Gegenteil richtig: „Bestände beseitigen Probleme!"

Die Kapazitätsrestriktion (D.43) erfaßt auch die *Rüstzeit*, die mit der Vorbereitung eines Arbeitssystems für einen Arbeitsgang verlorengeht. Vielfach wird auf die Berücksichtigung von Rüstzeiten wegen der sich daraus ergebenden Schwierigkeiten bei der Lösung eines dynamischen Losgrößenproblems verzichtet. Man erhöht statt dessen die Rüstkosten um einen geschätzten *Opportunitätskostenanteil*, um die durch Rüstvorgänge verlorene Kapazität zu bewerten.

Die obige Formulierung des Modells MLCLSP bezieht sich auf **Arbeitsgänge** bzw. deren Ergebnisse, die Zwischen- und Endprodukte. Denn nur auf dieser Aggregationsebene läßt sich ein Bezug zur periodenbezogenen Kapazitätsbeanspruchung der einzelnen Ressourcen herstellen.

Um den *Einfluß der Kapazitätsbeschränkungen* auf die Produktionsmengen zu veranschaulichen, betrachten wir das folgende einfache **Beispiel**. Für ein Endprodukt $P1$ liegen für die nächsten 4 Perioden geplante Primärbedarfsmengen in Höhe von 10, 10, 30 und 15 ME vor. Das Endprodukt $P1$ wird aus zwei Komponenten $B1$ und $B2$ hergestellt, die ihrerseits wiederum auf einem gemeinsamen Ausgangsmaterial $E1$ basieren. Die Erzeugnis- und Prozeßstruktur ist in Bild D.23 wiedergegeben.

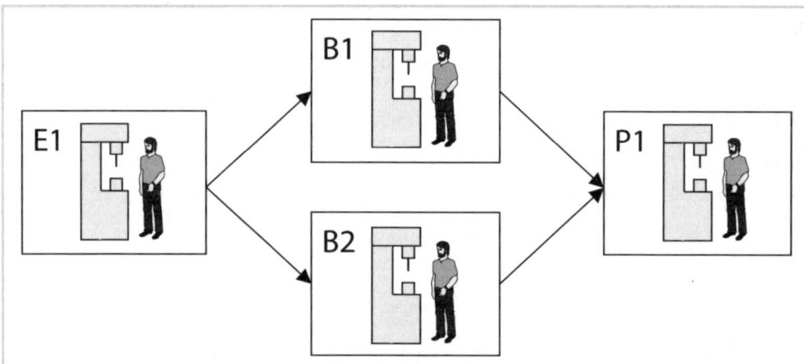

Bild D.23: Erzeugnis- und Prozeßstruktur des Beispiels

Dabei wird jedes durch ein Rechteck dargestellte Zwischenprodukt in einem Arbeitsgang bearbeitet. Der Einfachheit halber gehen wir davon aus, daß alle Arbeitsgänge auf derselben Ressource stattfinden, und daß alle Direktbedarfskoeffizienten und Stückbearbeitungszeiten gleich 1 und die Rüstzeiten gleich 0 sind. Nehmen wir nun an, daß die Lagerkosten pro ZE und ME für das Erzeugnis $P1$, $B1$, $B2$ bzw. $E1$ 4.0, 1.1, 1.1 bzw. 1.0 GE und die Rüstkosten jeweils 100 GE betragen. Setzen wir diese Daten in das Modell MLCLSP ein und vernachlässigen wir die Kapazitätsrestriktionen, dann ergibt sich der in Tabelle D.19 angegebene, mit einem Standard-Programm (CPLEX) ermittelte, optimale Produktionsplan.

	Rüstvorgänge Periode				Produktionsmengen Periode				Lagerbestände Periode			
Produkt	1	2	3	4	1	2	3	4	1	2	3	4
P1	1	0	1	0	20	0	45	0	10	0	15	0
B1	1	0	0	0	65	0	0	0	45	45	0	0
B2	1	0	0	0	65	0	0	0	45	45	0	0
E1	1	0	0	0	130	0	0	0	0	0	0	0
	Kapazitätsbedarfe:				280	0	45	0				

Tabelle D.19: Optimaler Produktionsplan bei unbeschränkter Kapazität

Man erkennt, daß die relativ hohen Rüstkosten dazu geführt haben, daß alle Bedarfsmengen der untergeordneten Erzeugnisse bereits in der ersten Periode produziert werden. Weiterhin wird deutlich, daß für das Einzelteil keine Lagerung stattfindet, da dessen Produktionsmengen bereits in Periode 1 physisch in die übergeordneten Erzeugnisse eingehen. Der Kapazitätsbedarf verteilt sich auf die Perioden 1 und 3.

Nehmen wir nun an, daß die *Kapazität* der Ressource in jeder Periode auf 90 ZE *begrenzt* ist. Unter dieser Annahme ist die obige Lösung offensichtlich nicht mehr zulässig. Versucht man dennoch, diesen Produktionsplan als Vorgabe für die Durchführung der Produktion beizubehalten, dann ergibt sich folgender Produktionsablauf. In Periode 1 wird die Kapazität der Ressource nicht einmal zur Produktion der geplanten Menge des Erzeugnisses E1 ausreichen. Spätestens am Ende der ersten Periode wird erkannt, daß nur 90 ME von $E1$ und die geplanten Produktionsmengen von $B1$, $B2$ und $P1$ überhaupt nicht produziert werden konnten. Die Konsequenz ist, daß die Produktion dieser Produkte in den folgenden Perioden nun mit höchster Priorität fortgesetzt werden muß, bis die gesamte Menge des Endproduktes P1 fertiggestellt ist. Orientiert man sich bei der Einplanung der Aufträge an der Erzeugnis- und Prozeßstruktur, dann wird zum Zeitpunkt 130 mit der Produktion der Baugruppe $B1$ begonnen. Im Anschluß daran folgt die Produktion der Baugruppe $B2$, die zum Zeitpunkt 260 – gegen Ende der Periode 3 – abgeschlossen ist. Erst dann kann mit der Bearbeitung des für Periode 1 eingeplanten Auftrags des Endprodukts $P1$ begonnen werden, die sich bis in die Periode 4 hinein erstreckt. Im Anschluß daran wird der zweite, für Periode 3 eingeplante Auftrag des Endprodukts $P1$ produziert.

Wir sehen an diesem einfachen Beispiel: Durch die Vernachlässigung der knappen Kapazität der Resource kommt es zu **ungeplanten Erhöhungen der Durchlaufzeiten** und damit zu einer zu späten Fertigstellung der beiden in den Periode 1 und 3 eingeplanten Aufträge des Endprodukts. Bild D.24 veranschaulicht die Konsequenzen der Vernachlässigung der beschränkten Kapazität der betrachteten Ressource anhand eines Gantt-Diagramms. Jede Periode hat eine Länge von 90 Zeiteinheiten.

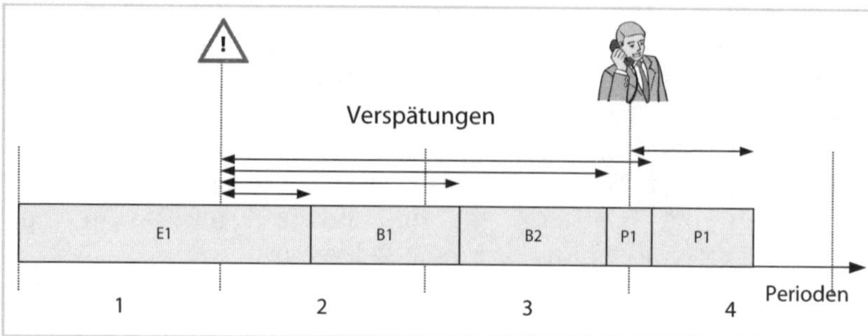

Bild D.24: Planungsbedingte Terminabweichungen

Existiert im vorliegenden Beispiel kein *Sicherheitsbestand* für das Endprodukt, dann können die für die Perioden 1 und 3 zugesagten Auslieferungen des Endprodukts an die Kunden nicht eingehalten werden, da die Produktion des Endprodukts noch nicht erfolgt ist. Es kommt in zwei Perioden zu *Fehlmengen*. Die geschilderte Situation ist für die betriebliche Praxis nicht ungewöhnlich.

Die optimale Lösung des Modells MLCLSP, bei der auch die knappe Kapazität der Ressource mit berücksichtigt worden ist, ist in Tabelle D.20 wiedergegeben. Man erkennt, daß hier in jeder Periode nur soviel Produktion vorgesehen ist, daß die Kapazität der Ressource nicht überschritten wird. Damit kommt es auch nicht mehr zu ungeplanten Erhöhungen der Durchlaufzeiten.

	Rüstvorgänge Periode				Produktionsmengen Periode				Lagerbestände Periode			
Produkt	1	2	3	4	1	2	3	4	1	2	3	4
P1	1	1	1	1	10	10	30	15	0	0	0	0
B1	1	0	1	1	20	0	30	15	10	0	0	0
B2	1	0	1	1	20	0	30	15	10	0	0	0
E1	1	1	0	1	40	60	0	30	0	60	0	0
	Kapazitätsbedarfe:				90	70	90	75				

Tabelle D.20: Optimaler Produktionsplan bei beschränkter Kapazität

Prinzipiell kann man versuchen, das oben beschriebene Problem in einem konkreten Anwendungsfall durch ein Standardverfahren der gemischt-ganzzahligen linearen Optimierung zu lösen. Dies führt aber bereits bei sehr kleinen Problemen zu außerordentlich langen Rechenzeiten, so daß eine exakte Optimierung des Problems in der betrieblichen Praxis nicht möglich ist. Im folgenden soll nun dargestellt werden, in welcher Weise das Problem *in der betrieblichen Praxis* behandelt wird.

9.1.3.2 Heuristische Vorgehensweise der Praxis: Produktbezogene Sukzessivplanung

Prinzipiell geht man in der Praxis (bzw. in den Standardsoftwaresystemen zur Produktionsplanung und -steuerung) so vor, daß man das mehrstufige Mehrprodukt-Losgrößenproblem mit Kapazitätsbeschränkungen in mehrere Einprodukt-Losgrößenprobleme ohne Berücksichtigung von Kapazitätsbeschränkungen zerlegt.[25] Dieser Dekompositionsvorgang ist in Bild D.25 veranschaulicht.

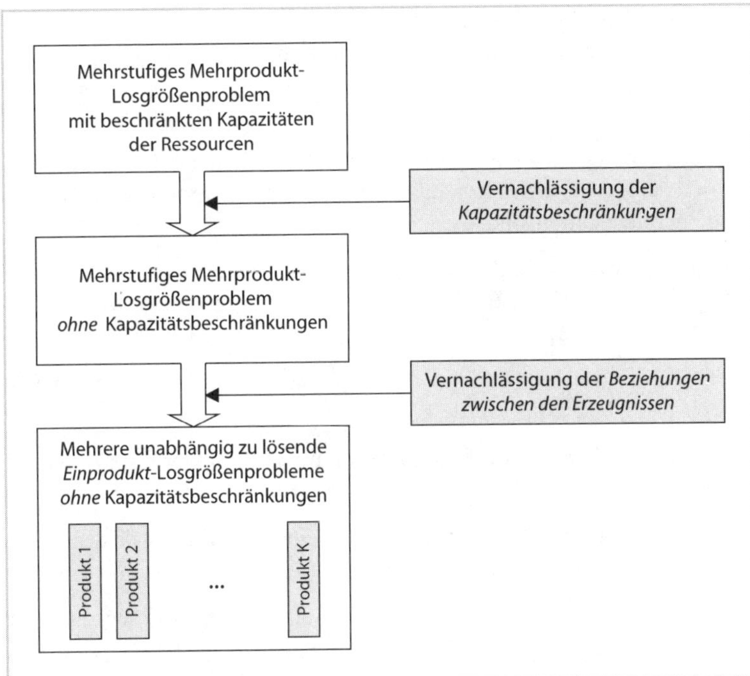

Bild D.25: Reduktionsschritte zur Lösung des Losgrößenproblems

Zunächst entsteht durch die Vernachlässigung der Kapazitätsrestriktionen ein mehrstufiges dynamisches Losgrößenproblem, in dem die Input-Output-Beziehungen zwischen den Erzeugnissen noch berücksichtigt werden.[26] Die Knappheit der Kapazitäten versucht man durch Vorgabe von Rüstkosten zu berücksichtigen. Diese erzwingen i. a. die Zusammenfassung von Bedarfsmengen mehrerer Perioden zu einem größeren Auftrag. Aber auch dieses mehrstufige Losgrößenproblem wird in

25 Genau genommen scheinen die Entwickler des Sukzessivplanungsansatzes überhaupt keine Modellvorstellung gehabt zu haben. Denn in den sechziger Jahren, als die produktbezogene Sukzessivplanung populär wurde, existierte noch keine Formulierung des mehrstufigen dynamischen Losgrößenproblems.

26 vgl. *Tempelmeier* (2005a), Abschnitt D.3.4.3

der Praxis nicht direkt gelöst. Vielmehr wird es produktbezogen in **Einprodukt-Losgrößenprobleme** zerlegt, die wiederum auch nicht optimal, sondern lediglich mit Hilfe einfacher heuristischer Verfahren gelöst werden.

Durch diese Dekomposition entsteht also für jedes Erzeugnis ein dynamisches Losgrößenproblem, das im Rahmen des Dispositionsstufenverfahrens unmittelbar im Anschluß an die Bestimmung der Nettobedarfsmengen gelöst wird. Daß dabei weder die kostenmäßigen Beziehungen zu den resultierenden Losgrößenprobleme der untergeordneten Produkte noch die Kapazitäten der Ressourcen berücksichtigt werden, ist ein charakteristisches Merkmal – und ein schwerwiegender Mangel – des sog. **MRP-Sukzessivplanungskonzepts.**[27]

Das resultierende **Einprodukt-Losgrößenproblem** läßt sich wie folgt beschreiben.[28]

- Für einen Planungszeitraum von T Perioden seien geplante Nettobedarfsmengen d_t $(t = 1, 2, \ldots, T)$ eines Erzeugnisses gegeben, die jeweils zum Beginn einer Periode bereitzustellen sind.
- Der Lagerbestand des Produkts zu Beginn der Periode 1 bzw. am Ende der Periode 0, y_0, sei Null. Der Lagerbestand am Ende des Planungszeitraums, y_T, soll ebenfalls Null betragen.
- Fehlmengen sind nicht erlaubt, d. h. der Bedarf einer Periode muß vollständig und rechtzeitig befriedigt werden.
- Das Produkt wird durch eine Ressource mit unbeschränkter Kapazität produziert oder von einem externen Lieferanten beschafft.
- Jede Beschaffungsmaßnahme bzw. Auflage eines Produktionsloses[29] verursacht fixe Bestell- bzw. Rüstkosten in Höhe von s GE.
- Lagerungskosten in Höhe von h GE je ME und Periode werden immer auf die am Ende einer Periode gelagerte Produktmenge berechnet.

Es ist die kostenminimale Folge von Losen q_t $(t = 1, 2, \ldots, T)$ (Produktionsplan) zu bestimmen. Das beschriebene Problem kann durch folgendes Entscheidungsmodell dargestellt werden:

---

27 siehe hierzu auch Abschnitt 13.1, S. 311ff.

28 Dieses Problem wird auch als Wagner-Whitin-Problem bezeichnet. Vgl. *Tempelmeier* (2005a), Abschnitt D.3.2.

29 Im folgenden soll nur noch auf Produktionsvorgänge Bezug genommen werden.

Modell SLULSP[30]

$$\text{Minimiere } Z = \sum_{t=1}^{T} \big(\underbrace{h \cdot y_t}_{\text{Lagerungskosten in Periode } t} + \underbrace{s \cdot \gamma_t}_{\text{Rüstkosten in Periode } t}\big) \qquad \text{(D.49)}$$

u. B. d. R.

$$y_{t-1} + q_t - y_t = d_t \qquad t = 1, 2, \ldots, T \qquad \text{(D.50)}$$

$$q_t - M \cdot \gamma_t \leq 0 \qquad t = 1, 2, \ldots, T \qquad \text{(D.51)}$$

$$q_t \geq 0 \qquad t = 1, 2, \ldots, T \qquad \text{(D.52)}$$

$$y_t \geq 0 \qquad t = 1, 2, \ldots, T \qquad \text{(D.53)}$$

$$\gamma_t \in \{0,\ 1\} \qquad t = 1, 2, \ldots, T \qquad \text{(D.54)}$$

Dabei bedeuten:

Daten:

d_t	Nettobedarfsmenge in Periode t
h	Lagerkostensatz
M	große Zahl (M muß größer als die maximal mögliche Losgröße sein)
s	Rüstkostensatz
T	Länge des Planungszeitraums

Variablen:

q_t	Losgröße in Periode t
y_t	Lagerbestand am Ende der Periode t
γ_t	binäre Rüstvariable

Bei genauer Betrachtung des Modells stellen wir fest, daß es sich um den auf ein isoliert betrachtetes Produkt bezogenen Ausschnitt des Modells MLCLSP handelt. Der Produktindex k sowie die Kapazitätsbeschränkung wurden gestrichen. Die Sekundärbedarfsmengen und die Vorlaufzeitverschiebung wurden ebenfalls vernachlässigt. Sie werden bei Anwendung des Dispositionsstufenverfahrens außerhalb der Losgrößenplanung erfaßt.

Das Modell SLULSP hat eine spezielle Struktur, die es gestattet, es auf das Problem der Bestimmung des *kürzesten Weges in einem Netzwerk* zurückzuführen. Dabei

30 SLULSP = **S**ingle **L**evel **U**ncapacitated **L**ot**S**izing **P**roblem

führt man für jede Periode (einschl. einer fiktiven Endperiode $T + 1$) einen *Knoten* ein. Die Knoten werden durch *Pfeile* mit allen nachfolgenden Knoten verbunden. Ein Pfeil, der im Knoten (Periode) τ startet und im Knoten t endet, bedeutet: in Periode τ wird der gesamte Bedarf der Perioden τ bis $t-1$ produziert. Diesem Pfeil kann man dann die Rüstkosten und die resultierenden Lagerkosten zuordnen. In Bild D.26 ist ein solches Netzwerk für das Endprodukt $P1$ aus dem obigen Beispiel abgebildet. Die Bedarfszeitreihe für dieses Produkt lautet 10, 10, 30 und 15. Die Rüstkosten betragen 100 GE und die Lagerkosten 4 GE je ME und Periode.

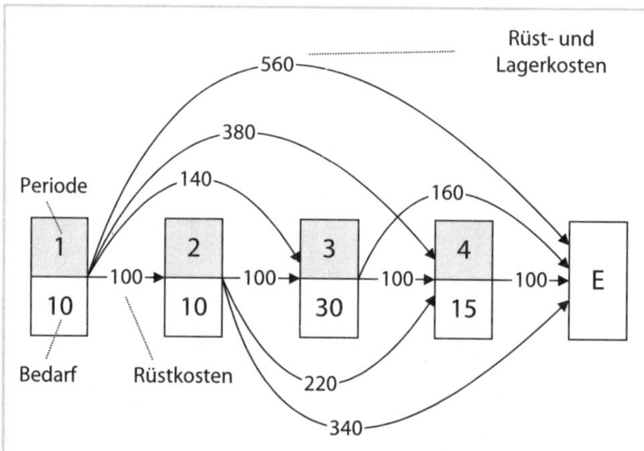

Bild D.26: Losgrößenproblem dargestellt als Kürzeste-Wege-Problem

Beispielsweise wird der Pfeil von Knoten 1 nach Knoten 4, der einer Losgröße von $10 + 10 + 30 = 50$ Einheiten in der ersten Periode entspricht, mit Kosten von 380 bewertet. Diese Kosten setzen sich aus den Lagerkosten zusammen, die sich jeweils als Produkt aus Lagerkostensatz, Lagermenge und Lagerdauer ergeben, nämlich als $4 \cdot 10 \cdot 1 + 4 \cdot 30 \cdot 2 = 280$, sowie den Rüstkosten von 100.

Die Optimierung der Losgrößen entspricht der Ermittlung eines kostenminimalen Pfades vom Anfangsknoten 1 zum Endknoten $E = T + 1$. Dabei geht man wie folgt vor: Man beginnt mit dem Knoten $\tau = 1$ und notiert die Kosten zu allen Folgeknoten $t > \tau$, zu denen Pfeile führen. Dann geht man zum nächsten Knoten $\tau := \tau + 1$ über und betrachtet wiederum die Kosten zu den jeweiligen Folgeknoten $t > \tau$, wobei sich diese Kosten aus den bisher ermittelten minimalen Kosten von Knoten 1 nach τ sowie aus den Kostenbewertungen von Knoten τ nach t zusammensetzen. Zweckmäßigerweise notiert man die Gesamtkosten von Knoten 1 nach t nur dann, wenn sie auf eine bessere als die beste bisher erhaltene Teillösung führen.

Auf diese Weise erhält man schließlich die gesuchten kostenminimalen Losgrößen, ohne daß man die gesamte Menge aller möglichen Losgrößenkombinationen betrachten muß. Insbesondere macht man immer wieder von den kostenminimalen Teillösungen Gebrauch, die man in den vorangegangenen Rechenschritten für die

Vorgängerknoten ermittelt hat. Der Rechengang ist in Tabelle D.21 zusammengefaßt.

Folgeknoten		letzte Zwischenstation auf dem Weg vom Knoten 1 zum Folgeknoten $\tau = 1$	$\tau = 2$	$\tau = 3$	$\tau = 4$
$t = 2$	Weg	1→2	–	–	–
	Kosten	100	–	–	–
	Summe	100	–	–	–
$t = 3$	Weg	1→3	1→2→3	–	–
	Kosten	140	100 + 100	–	–
	Summe	140	200	–	–
$t = 4$	Weg	1→4	1→2→4	1→3→4	–
	Kosten	380	100 + 220	140 + 100	–
	Summe	380	320	240	–
$t = E$	Weg	1→ E	1→2→ E	1→3→ E	1→3→4→ E
	Kosten	560	100 + 340	140 + 160	240+100
	Summe	560	440	300	340

Tabelle D.21: Netzwerkoptimierung des dynamischen Losgrößenproblems

Wie man sieht, wurde die in Zeile E der Tabelle D.21 eingetragene kostenminimale Lösung von 300 Geldeinheiten auf dem Pfad (Spalte) über den Knoten 3 ermittelt. Dessen minimale Kosten von 140 (Zeile 3) ergaben sich auf dem Pfad (Spalte) über den Knoten 1. Die beiden Knoten 1 und 3, über die der kostenminimale Pfad verläuft, entsprechen den jeweiligen Produktionsperioden. Die zugehörigen Losgrößen lauten: $q_1 = 20; q_3 = 45$.

Der oben beispielhaft aufgezeigte Lösungsweg entspricht der Anwendung eines *Kürzeste-Wege-Algorithmus.* Auf diese Weise können derartige Losgrößenprobleme mit praxisrelevanten Dimensionen in Bruchteilen von Sekunden auf einem PC optimal gelöst werden. *Heady und Zhu*[31] geben hierzu ein FORTRAN-Programm an, das lediglich aus 12 Zeilen besteht. Durch Anwendung sog. *Planungshorizont-Theoreme,* auf die wir aber nicht eingehen wollen, können zudem einige Pfeile identifiziert werden, die offensichtlich nicht in einer optimalen Lösung enthalten sein können und die man daher streichen kann. Dies führt zu einer weiteren Vereinfachung des Problems.

In der betrieblichen Praxis setzt man vorwiegend einfachste heuristische Verfahren ein. Urahn dieser Heuristiken ist das sog. **klassische Modell der optimalen Losgröße.** Dieses Modell läßt sich wie folgt beschreiben.

31 vgl. *Heady und Zhu* (1994)

- Es tritt ein *kontinuierlicher und konstanter Bedarf* mit der Bedarfsrate D (ME/ZE) auf.
- Die *Rüstkosten* betragen s (GE/Rüstvorgang).
- Jede gelagerte Produkteinheit verursacht *Lagerkosten* in Höhe von h GE pro (ME·ZE).
- Der Lagerzugang durch ein produziertes Los erfolgt unendlich schnell.

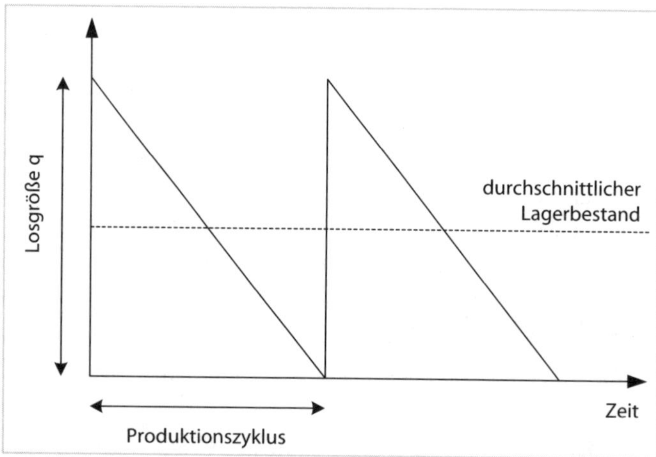

Bild D.27: Entwicklung des Lagerbestands im klassischen Losgrößenmodell

Unter diesen Annahmen weist die Entwicklung des Lagerbestands einen typischen „sägezahnartigen" Verlauf auf (siehe Bild D.27). Zur Bestimmung der optimalen Losgröße beschreibt man die Summe aus Rüst- und Lagerkosten pro Zeiteinheit in Abhängigkeit von der Losgröße q wie folgt:

$$C(q) = \frac{D}{q} \cdot s + \frac{q}{2} \cdot h \qquad \text{(D.55)}$$

$\frac{q}{2}$: durchschnittlicher Lagerbestand

$\frac{D}{q}$: durchschnittliche Anzahl von Produktionszyklen pro Periode

Die optimale Losgröße q_{opt} findet man durch Nullsetzung und Auflösung der ersten Ableitung der Gleichung (D.55):

$$\frac{dC(q)}{dq} = -\frac{D \cdot s}{q^2} + \frac{h}{2} \overset{!}{=} 0 \qquad \text{(D.56)}$$

$$q_{\text{opt}} = \sqrt{\frac{2 \cdot D \cdot s}{h}} \qquad \text{(D.57)}$$

Setzt man die optimale Losgröße in die Zielfunktion (D.55) ein, dann erhält man die minimalen Kosten gemäß Beziehung (D.58).

$$C\left(q_{\text{opt}}\right) = \sqrt{2 \cdot D \cdot s \cdot h} \tag{D.58}$$

Betrachtet man die Kostenfunktion (D.55) genauer, dann stellt man im Optimum, d. h. an der Stelle $\frac{dC(q)}{dq} = 0$ einige interessante Eigenschaften fest. So sind an dieser Stelle die durchschnittlichen Kosten pro Zeiteinheit minimal. Außerdem sind hier die durchschnittlichen Rüstkosten pro Zeiteinheit gleich den durchschnittlichen Lagerkosten pro Zeiteinheit. Schließlich sind die Grenz-Rüstkosten pro Zeiteinheit gleich den Grenz-Lagerkosten pro Zeiteinheit. Diese Eigenschaften des statischen Losgrößenmodells kann man – wie unten gezeigt wird – zur heuristischen Lösung des dynamischen Losgrößenmodells einsetzen.

Betrachten wir ein **Beispiel** mit $s = 15$, $h = 0.05$ und $D = 600$. Die optimale Losgröße beträgt 600. Die minimalen Kosten betragen 30. Sie setzen sich je zur Hälfte aus den Rüstkosten und den Lagerkosten zusammen. Tabelle D.22 und Bild D.28 stellen die Verläufe der Kostenfunktionen in Abhängigkeit von der Losgröße für das betrachtete Beispiel dar.

q	Gesamt-kosten	Rüst-kosten	Lager-kosten	Grenz-Rüstkosten	Grenz-Lagerkosten
400	32.50	22.50	10.00	0.0563	0.0250
450	31.25	20.00	11.25	0.0444	0.0250
500	30.50	18.00	12.50	0.0360	0.0250
550	30.11	16.36	13.75	0.0298	0.0250
600	30.00	15.00	15.00	0.0250	0.0250
650	30.10	13.85	16.25	0.0213	0.0250
700	30.36	12.86	17.50	0.0184	0.0250
750	30.75	12.00	18.75	0.0160	0.0250
800	31.25	11.25	20.00	0.0141	0.0250

Tabelle D.22: Verläufe der Kostenfunktionen

Das dargestellte klassische Modell der optimalen Losgröße ist für den im Modell SLULSP vorliegenden Fall *dynamischer*, d. h. von Periode zu Periode schwankender Bedarfsmengen ungeeignet. Die beschriebenen Verläufe der Kostenfunktionen haben aber zur Entwicklung von heuristischen Verfahren zur Lösung des Modells SLULSP geführt. Von den mehr als 30 heuristischen Verfahren wollen wir mit dem *Silver-Meal-Verfahren* und dem *Groff-Verfahren* zwei besonders leistungsfähige Varianten darstellen. Die Verfahren gehen im Prinzip wie folgt vor. Beginnend mit der ersten möglichen Produktionsperiode $\tau = 1$ wird anhand eines Kostenkriteriums geprüft, ob es sich lohnt, die Bedarfe der nächsten Perioden $t = \tau+1, \tau+2, \ldots$ in das in Periode τ aufgelegte Los mit aufzunehmen. Sobald sich dies für eine Periode t nicht mehr lohnt, wird das in Periode τ aufgelegte Los mit den Bedarfsmengen der Perioden τ bis $t - 1$ fixiert und als nächste Produktionsperiode die Periode

t vorgesehen. Das Verfahren wird solange fortgesetzt, bis für jede Bedarfsperiode des Planungshorizontes der Produktionstermin feststeht.

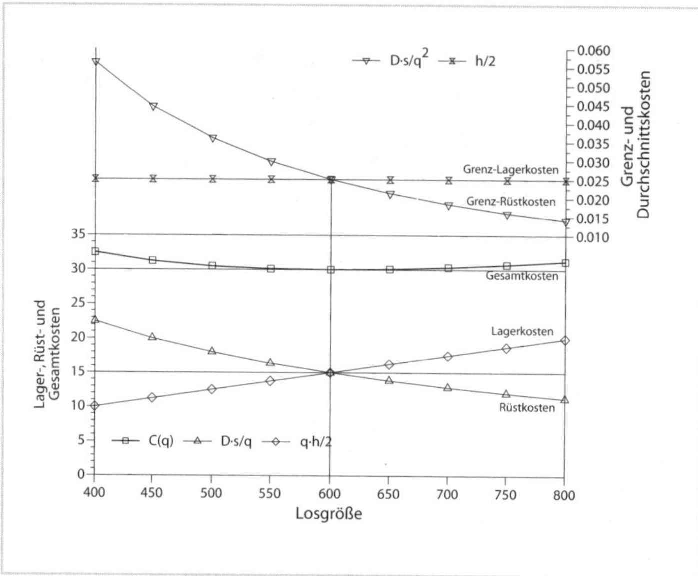

Bild D.28: Verläufe der Kostenfunktionen

Bild D.29 zeigt die Grundstruktur der heuristischen Verfahren zur Lösung des Modells SLULSP.

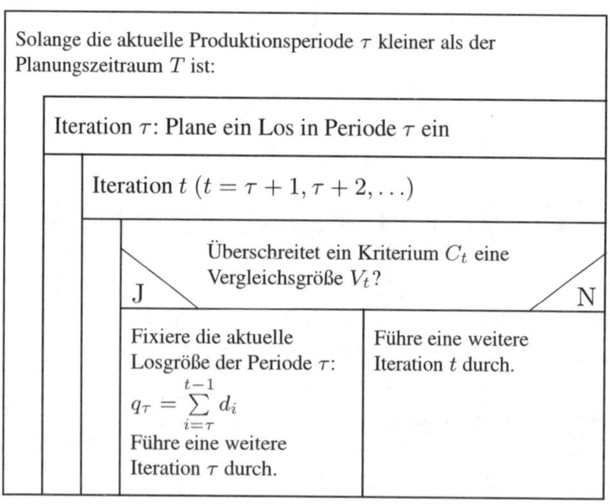

Bild D.29: Grundstruktur eines heuristischen Verfahrens zur Lösung des Modells SLULSP

Die einzelnen Verfahren unterscheiden sich nun durch die Wahl des Kriteriums C_t und der Vergleichsgröße V_t.

Silver-Meal-Verfahren. Das Verfahren von *Silver und Meal* basiert auf der Eigenschaft des klassischen Losgrößenmodells, daß bei der optimalen Losgröße die *durchschnittlichen Kosten pro Zeiteinheit* ihr Minimum annehmen. Nach dem *Silver-Meal-Verfahren* wird nun versucht, dieses Ergebnis auch in der dynamischen Situation zu erreichen. Werden in der Produktionsperiode τ die Bedarfsmengen der Perioden τ bis t produziert, dann betragen die durchschnittlichen Kosten pro Zeiteinheit:

$$c_{\tau t} = \frac{s + h \cdot \sum_{l=\tau}^{t} (l-\tau) \cdot d_l}{\underline{t - \tau + 1}} \qquad \tau \leq t \qquad \text{(D.59)}$$

↳ Anzahl der Perioden, für die ein Los aufgelegt wird (einschl. der ersten Periode, für die nicht gelagert wird)

Im Silver-Meal-Verfahren verwendet man nun als Kriterium C_t die Kosten $c_{\tau t}$ und als Vergleichkriterium V_t die Kosten $c_{\tau,t-1}$ und geht nach dem oben beschriebenen Verfahren vor. Betrachten wir ein **Beispiel**. Für einen Planungszeitraum von 6 Perioden werden die in Tabelle D.23 wiedergegebenen Bedarfsmengen eines Verbrauchsfaktors prognostiziert.

t	1	2	3	4	5	6
d_t	100	120	80	110	80	40

Tabelle D.23: Bedarfsmengen eines Verbrauchsfaktors

Die Rüst- bzw. fixen Bestellkosten betragen $s = 250$ GE. Die Lagerung einer ME des Verbrauchsfaktors verursacht Kosten von $h = 2$ GE pro Periode. Variable Produktionskosten werden vernachlässigt. Tabelle D.24 zeigt die Anwendung des *Silver-Meal-Verfahrens* auf das Beispiel.

Groff-Verfahren. Auch das Verfahren von *Groff* basiert auf einer Eigenschaft des klassischen Losgrößenmodells, und zwar darauf, daß bei der optimalen Losgröße die *marginale Verringerung der durchschnittlichen Rüstkosten* pro Periode gleich dem *marginalen Anstieg der durchschnittlichen Lagerkosten* pro Periode ist. D.h. Grenz-Rüstkosten und Grenz-Lagerkosten sind bei der optimalen Losgröße gleich.

Wird eine gegebene Losgröße, die den Bedarf der Perioden 1 bis t abdeckt, um die Bedarfsmenge der Periode $(t+1)$ vergrößert, dann sinken die durchschnittlichen Rüstkosten pro Periode um den Betrag:

$$\underline{\frac{s}{t} - \frac{s}{t+1}} = \frac{s}{t \cdot (t+1)} \qquad t = 1, 2, \ldots, T-1 \qquad \text{(D.60)}$$

↳ marginale Verringerung der durchschnittlichen Rüstkosten pro Periode

τ	t	C_t	V_t	Bedarf t in τ produzieren?
1	1	$c_{11} = \frac{250}{1} = 250$	∞	ja ($250 \leq \infty$)
	2	$c_{12} = \frac{490}{2} = 245$	250	ja ($245 \leq 250$)
	3	$c_{13} = \frac{810}{3} = 270$	245	nein ($270 > 245$)
Losgröße $q_1 = 100 + 120 = 220$				
3	3	$c_{33} = \frac{250}{1} = 250$	∞	ja ($250 \leq \infty$)
	4	$c_{34} = \frac{470}{2} = 235$	250	ja ($235 \leq 250$)
	5	$c_{35} = \frac{790}{3} = 263.33$	235	nein ($263.3 > 235$)
Losgröße $q_3 = 80 + 110 = 190$				
5	5	$c_{55} = \frac{250}{1} = 250$	∞	ja ($250 \leq \infty$)
	6 Ende	$c_{56} = \frac{330}{2} = 165$	250	
Losgröße $q_5 = 80 + 40 = 120$				
Kosten = (250+240)+(250+220)+(250+80)=1290				

Tabelle D.24: Rechenbeispiel zum Silver-Meal-Verfahren

Der marginale Anstieg der durchschnittlichen Lagerkosten pro Periode wird wie folgt angenähert:

$$\underbrace{\frac{d_{t+1}}{2} \cdot h}_{\text{Approximation des marginalen Anstiegs der durchschnittlichen Lagerkosten pro Periode}} \qquad t = 1, 2, \ldots, T-1 \tag{D.61}$$

Groff schlägt vor, ausgehend von einer bestimmten Periode τ die Losgröße dieser Periode, q_τ, solange um Bedarfsmengen zukünftiger Perioden zu vergrößern, bis der Anstieg der durchschnittlichen Lagerkosten pro Periode erstmals größer ist als die Verringerung der durchschnittlichen Bestell- bzw. Rüstkosten pro Periode. Das Los der Periode τ sollte also um den Bedarf der Periode $\tau + j$ vergrößert werden, wenn gilt:

$$\frac{d_{\tau+j}}{2} \cdot h \leq \frac{s}{j \cdot (j+1)} \tag{D.62}$$

oder

$$d_{\tau+j} \cdot j \cdot (j+1) \leq 2 \cdot \frac{s}{h} \tag{D.63}$$

Die Vergleichsgröße V_t ist in diesem Fall die Konstante $\frac{2 \cdot s}{h}$, während als Kriterium C_t das Produkt $d_{\tau+j} \cdot j \cdot (j+1)$ verwendet wird. Für das obige Beispiel ergibt sich der in Tabelle D.25 zusammengefaßte Verfahrensablauf.

τ	t	j	C_t	V_t	Bedarf t in τ produzieren?
1	2	1	$120 \cdot 1 \cdot 2 = 240$	250	ja ($240 \leq 250$)
	3	2	$80 \cdot 2 \cdot 3 = 480$	250	nein ($480 > 250$)
Losgröße $q_1 = 100 + 120 = 220$					
3	4	1	$110 \cdot 1 \cdot 2 = 220$	250	ja ($220 \leq 250$)
	5	2	$80 \cdot 2 \cdot 3 = 480$	250	nein ($480 > 250$)
Losgröße $q_3 = 80 + 110 = 190$					
5	6	1	$40 \cdot 1 \cdot 2 = 80$	250	ja ($80 \leq 250$)
	Ende				
Losgröße $q_5 = 80 + 40 = 120$					
Kosten = (250+240)+(250+220)+(250+80)=1290					

Tabelle D.25: Rechenbeispiel zum Groff-Verfahren

In den vergangenen Jahren sind zahlreiche numerische Untersuchungen durchgeführt worden, in denen die verschiedenen heuristischen Verfahren zur Lösung des dynamischen Einprodukt-Losgrößenproblems hinsichtlich ihrer zu erwartenden Lösungsgüte miteinander verglichen werden. Dabei erwiesen sich das *Silver-Meal-Verfahren* und das *Groff-Verfahren* i. a. als sehr leistungsfähig.[32]

Zwar ist es heute kein Problem mehr, exakte oder heuristische Lösungen des Modells SLULSP in kürzester Rechenzeit zu finden. Problematisch ist aber der in der betrieblichen Praxis weit verbreitete Ansatz, die Losgrößenplanung in den Rahmen des Dispositionsstufenverfahrens einzubetten und dabei jeweils Einprodukt-Losgrößenprobleme *ohne Kapazitätsbeschränkungen* zu lösen. Diese Vorgehensweise ist eine der Ursachen dafür, daß es in der Praxis immer wieder zu unvorhergesehenen Verlängerungen der Durchlaufzeiten und Problemen bei der Einhaltung von Lieferterminen kommt. Es stehen mittlerweile sehr gute Verfahren zur Lösung des SLULSP zur Verfügung, diese lösen aber im hier betrachteten Anwendungszusammenhang das **falsche Problem**.

Damit die genannten Probleme vermieden werden, muß die **Trennung von Materialbedarfsplanung und Losgrößenplanung aufgehoben** werden. Problemadäquat ist ein Planungsansatz, der die direkte Lösung des kapazitierten mehrstufigen Mehrprodukt-Losgrößenproblems MLCLSP beinhaltet. In den vergangenen Jahren sind umfangreiche Forschungsanstrengungen unternommen worden, die zwar nicht zu für die Praxis geeigneten exakten Lösungsverfahren geführt haben. Dies ist angesichts der Problemkomplexität auch nicht zu erwarten. Es wurden aber einige heuristische Lösungsansätze entwickelt, die dem aktuellen Stand der Planung in der Praxis konzeptionell überlegen sind und die auch leistungsfähig genug sind, um sich im praktischen Einsatz zu bewähren.

Je besser die Probleme der Losgrößenplanung gelöst werden, umso einfacher werden die in den folgenden Abschnitten zu behandelnden Probleme der Ressourceneinsatzplanung sowie der Feinplanung und Steuerung zu lösen sein.

32 vgl. *Tempelmeier* (2005a), Abschnitt D.3.2.2.2 und die dort angegebene Literatur

Literaturhinweise
Derstroff (1995), Abschnitt 3
Geselle (1997)
Günther und Tempelmeier (1995), Abschnitt D.14.1
Helber (1994), Abschnitt 3
Küpper und Helber (1995), Abschnitt 4.3
Tempelmeier (2005a), Abschnitt D.3.4

9.1.4 Ressourceneinsatzplanung

Nachdem in der Losgrößenplanung die Produktionsaufträge gebildet worden sind, geht es in der Ressourceneinsatzplanung nun darum, sie zur Produktion freizugeben (Auftragsfreigabe) und konkreten Arbeitssystemen zur Bearbeitung zuzuweisen. Dabei müssen wiederum die begrenzten Kapazitäten der Ressourcen berücksichtigt werden. Während sich die Losgrößenplanung oft nur auf die wichtigsten Erzeugnisse (z. B. A-Produkte) bezieht, die in einem Produktionssegment zu bearbeiten sind, müssen nun alle Produktionsaufträge – auch die Aufträge für B- und C-Produkte und Aufträge, die z. B. nur zur Auffüllung angegriffener Sicherheitsbestandsmengen gebildet worden sind – in die Planung einbezogen werden.

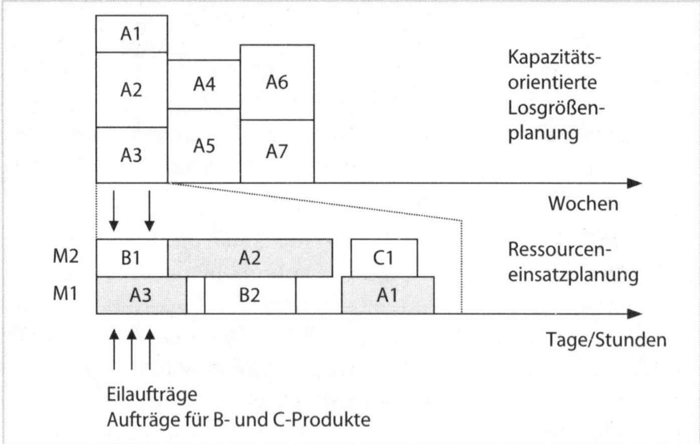

Bild D.30: Zusammenhang zwischen kapazitätsorientierter Losgrößenplanung und Ressourceneinsatzplanung

Da bei der Losgrößenplanung die Transportvorgänge zwischen den einzelnen Arbeitsgängen sowie i. d. R. auch die Rüstzeiten an den Maschinen nicht explizit beachtet wurden, konnte dort nur mit einem vergleichsweise groben Zeitraster, z. B. auf Wochenbasis, gearbeitet werden. Im Vergleich zur Losgrößenplanung verfeinert sich nun die Periodeneinteilung, und es werden alle zeitverbrauchenden Vorgänge in die Betrachtung einbezogen.

Der Zusammenhang zwischen der (kapazitätsorientierten) Losgrößenplanung und der Ressourceneinsatzplanung ist in Bild D.30 veranschaulicht. In der Terminplanung wird hier auf der Basis von Tagen oder Stunden geplant. Die für die erste Woche geplanten Produktionsaufträge für A-Produkte, die im Rahmen der kapazitätsorientierten Losgrößenplanung festgelegt worden sind, werden in der Terminplanung nun zeitlich nacheinander auf den beiden betrachteten Arbeitssystemen $M1$ und $M2$ eingeplant. Zusätzlich werden Aufträge für B- und C-Produkte, die nicht in die kapazitätsorientierte Losgrößenplanung einbezogen wurden, in der Ressourceneinsatzplanung berücksichtigt.

Die Ressourceneinsatzplanung bzw. Terminplanung[33] basiert auf den in der Losgrößenplanung festgelegten **Eckterminen** der Aufträge (bezogen auf Endprodukte, Baugruppen oder Einzelteile) sowie auf den **Arbeitsplänen** der Erzeugnisse. Ein Arbeitsplan ist eine Liste derjenigen Arbeitsgänge, die zur Herstellung eines bestimmten Erzeugnisses notwendig sind. Aus der Reihenfolge der Arbeitsgänge im Arbeitsplan lassen sich auch die notwendigen *Transportvorgänge* ableiten. Weiterhin enthält der Arbeitsplan für jeden Arbeitsgang Angaben über die *Bearbeitungszeit* (Rüstzeit sowie Stückbearbeitungszeit). Schließlich kann aus der Beschreibung eines Arbeitsgangs entnommen werden, ob dieser durch einen bestimmten *Ressourcentyp* ausgeführt werden muß oder ob evtl. auch alternative Ressourcen eingesetzt werden können. Ist die vorangegangene Losgrößenplanung unter Berücksichtigung der Kapazitäten der Ressourcen erfolgt, dann sind die Arbeitspläne bereits dort berücksichtigt worden. Für die Terminplanung werden nun noch Angaben über die *Transportzeiten* benötigt.

Ausgehend von den in der Losgrößenplanung festgelegten Produktionsperioden (Eckterminen) der Aufträge besteht die **Aufgabe der Terminplanung** darin, für alle Aufträge, die im aktuellen Planungszeitraum fertiggestellt werden müssen, die *Start- und Endtermine* ihrer Bearbeitung zu bestimmen und die *Aufträge den Ressourcen zuzuordnen*, falls alternative Zuordnungsmöglichkeiten bestehen.

Die arbeitsgangbezogene Terminplanung unterstellt deterministische Rüst-, Bearbeitungs- und Transportzeiten. Da die tatsächliche Durchführung der Produktion aber noch zahlreichen zufälligen Störungen unterworfen sein kann (Maschinenausfälle, Werkzeugbruch, Schwankungen der Leistungsgrade der Werker, zusätzlich notwendige Bearbeitungsoperationen aufgrund von im Rahmen der Qualitätskontrolle festgestellten Qualitätsmängeln), muß davon ausgegangen werden, daß es trotz der genauen Terminplanung zu zeitlichen Überschneidungen der Aufträge an einzelnen Ressourcen kommen wird. Diese noch bestehende Unsicherheit wird durch die Berücksichtigung von *geschätzten Wartezeiten* der Aufträge vor den Arbeitssystemen erfaßt.

Zur Lösung des beschriebenen Terminplanungsproblems werden Verfahren der **Pro-**

33 Wir verwenden die Begiffe Ressourceneinsatzplanung und Terminplanung im Folgenden synonym.

jektplanung eingesetzt. Dabei werden die Arbeitsgänge und ihre Vorgänger-Nachfolger-Beziehungen üblicherweise in einem vorgangsknotenorientierten Netzplan entsprechend der MPM-Netzplantechnik abgebildet.[34] Zunächst werden alle zu berücksichtigenden Arbeitsgänge (die sich auf mehrere Aufträge beziehen) zu einem **Auftragsnetz** (Erzeugnis- und Prozeßstruktur) zusammengefaßt (siehe Bild D.31). Das Auftragsnetz entsteht durch Zusammenführung der Informationen über die Erzeugnisstruktur und über die Arbeitspläne der einzelnen Erzeugnisse.[35] Erfolgte die *Losgrößenplanung* unter Berücksichtigung der Kapazitäten der Ressourcen, dann ist das Auftragsnetz für die A-Produkte bereits in dieser Planungsphase entwickelt worden und muß nun noch durch die Arbeitsgänge der B- und C-Produkte ergänzt werden.

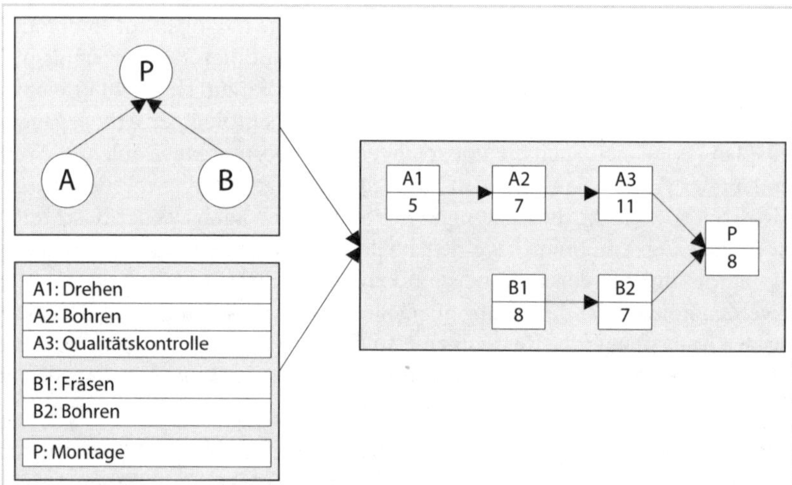

Bild D.31: Bildung eines Auftragsnetzes aus der Erzeugnisstruktur und den Arbeitsplänen

Im Folgenden stellen wir zunächst ein Optimierungsmodell zur kapazitätsorientierten Terminplanung dar. Im Anschluß daran beschreiben wir die seit vielen Jahrzehnten in der Praxis übliche Vorgehensweise des **MRP-Sukzessivplanungskonzepts**, die zunächst im Rahmen der sog. **Durchlaufterminierung** die Kapazitäten der Ressourcen vernachlässigt und anschließend mit einem sog. **Kapazitätsbelastungsausgleich** versucht, einen im Hinblick auf die Ressourcenbelastung zulässigen Terminplan aufzustellen.

34 MPM = **M**etra-**P**otential-**M**ethode; vgl. *Domschke und Drexl* (2007)

35 vgl. *Günther* (1992)

9.1.4.1 Ein Optimierungsmodell zur kapazitätsorientierten Terminplanung

Das Problem der Terminplanung bei beschränkten Kapazitäten der Ressourcen wird in seiner einfachsten Form durch das folgende binäre Optimierungsmodell beschrieben:

Modell RCPSP[36]

$$\text{Minimiere } Z = \underbrace{\sum_{t=\text{FEZ}_J}^{\text{SEZ}_J} t \cdot x_{Jt}}_{\text{Fertigstellungstermin des Auftragsnetzes (Zykluszeit)}} \tag{D.64}$$

u. B. d. R.

$$\sum_{t=\text{FEZ}_j}^{\text{SEZ}_j} x_{jt} = 1 \qquad j = 1, 2, \ldots, J \tag{D.65}$$

$$\underbrace{\sum_{t=\text{FEZ}_h}^{\text{SEZ}_h} t \cdot x_{ht}}_{\text{Fertigstellungstermin des Arbeitsgangs } h} \leq \underbrace{\sum_{t=\text{FEZ}_j}^{\text{SEZ}_j} (t - d_j) \cdot x_{jt}}_{\text{Starttermin des Arbeitsgangs } j} \qquad j = 1, 2, \ldots, J;\ h \in \mathcal{V}_j \tag{D.66}$$

$$\sum_{j=1}^{J} k_{jr} \cdot \sum_{q=t}^{t+d_j-1} x_{jq} \leq K_r \qquad r = 1, 2, \ldots, R;\ t = 1, 2, \ldots, T \tag{D.67}$$

$$x_{jt} \in \{0, 1\} \qquad j = 1, 2, \ldots, J;\ t = 1, 2, \ldots, T \tag{D.68}$$

Dabei bedeuten:

Daten:

d_j	Dauer des Arbeitsgangs j
FEZ_j	frühestmöglicher Endtermin des Arbeitsgangs j
J	Anzahl der Arbeitsgänge ($j = 1, 2, \ldots, J$)
k_{jr}	Kapazitätsbedarf des Arbeitsgangs j bezüglich der Ressource r je Periode
K_r	Periodenkapazität der Ressource r
R	Anzahl der Ressourcen ($r = 1, 2, \ldots, R$)
SEZ_j	spätestzulässiger Endtermin des Arbeitsgangs j
T	angenommener spätester Fertigstellungstermin des letzten Arbeitsgangs J
$\mathcal{V}_j$	Indexmenge der Vorgängerknoten des Knotens j im Netzplan

36 RCPSP = **R**esource **C**onstrained **P**roject **S**cheduling **P**roblem; vgl. *Domschke und Drexl* (2007)

Variablen:

x_{jt} Binärvariable, die den Wert 1 annimmt, wenn der Arbeitsgang j in Periode t beendet wird

Die *Entscheidungsvariable* x_{jt} nimmt den Wert 1 an, wenn der *Arbeitsgang* j *genau in der Periode* t *beendet* wird. In allen anderen Perioden ist $x_{jt} = 0$. Die Nebenbedingungen (D.65) stellen sicher, daß jeder Arbeitsgang in genau einer Periode, d. h. zwischen dem frühestmöglichen und dem spätestzulässigen Endtermin (FEZ_j bzw. SEZ_j) abgeschlossen wird.

Die Ungleichungen (D.66) stellen eine Beziehung zwischen dem Starttermin eines Arbeitsgangs j und den Endterminen aller seiner unmittelbaren Vorgänger $h \in \mathcal{V}_j$ im Netzplan her. Dadurch werden die Reihenfolgebeziehungen zwischen den Arbeitsgängen erfaßt.[37] Schließlich stellen die Restriktionen (D.67) sicher, daß die Periodenkapazitäten der insgesamt R Ressourcen nicht überschritten werden. Eingabedaten sind frühestmögliche und spätestzulässige Endtermine aller Vorgänge, FEZ_j und SEZ_j $(j = 1, 2, \ldots, J)$, wie sie mit Hilfe der im nächsten Abschnitt dargestellten MPM-Netzplantechnik errechnet werden können. Die *Zielfunktion* des Modells verlangt, daß der gesamte Auftragsbestand so früh wie möglich fertiggestellt wird (Minimierung der Zykluszeit). Andere Zielsetzungen, z. B. Minimierung der Terminabweichungen der Endproduktaufträge, lassen sich ebenfalls modellieren.

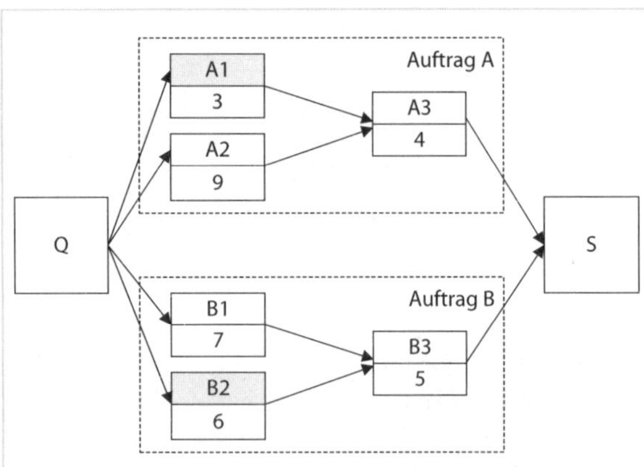

Bild D.32: Gemeinsamer Netzplan für zwei Aufträge

Betrachten wir als Beispiel das in Bild D.32 dargestellte Auftragsnetz mit zwei Aufträgen, deren Arbeitsgänge aus formalen Gründen zwischen einem Dummy-Startknoten und einem Dummy-Zielknoten – jeweils mit der Vorgangsdauer 0 –

37 Diese Modellierungstechnik entspricht der Erfassung der Vorgänger-Nachfolger-Beziehungen im Vorranggraphen bei der Fließbandabstimmung. Vgl. Beziehung (C.11) auf S. 95.

eingebettet sind. Zur Durchführung der Arbeitsgänge werden **Ressourcen** eingesetzt, die nur in beschränktem Umfang verfügbar sind (z. B. Maschinen, Monteure etc). Nehmen wir in unserem Beispiel an, daß die **Vorgänge A1 und B2 von demselben Mitarbeiter durchgeführt** werden müssen.

Zunächst bestimmt man die frühestmöglichen Start- und Endtermine aller Arbeitsgänge. Im vorliegenden Beispiel kann man hierzu den gesunden Menschenverstand oder den im folgenden Abschnitt beschriebenen Algorithmus einsetzen. Das Ergebnis ist in Tabelle D.26 wiedergegeben. Dabei wurde als geplanter Auslieferungstermin an die Kunden für beide Aufträge der frühestmögliche Fertigstellungstermin (13) eingesetzt.

Arbeitsgang j	Dauer	FEZ_j	SEZ_j
Q	0	0	0
A1	3	3	9
A2	9	9	9
A3	4	13	13
B1	7	7	8
B2	6	6	8
B3	5	12	13
S	0	13	13

Tabelle D.26: Ergebnisse der Zeitplanung

Analysiert man die zeitliche Lage der Arbeitsgänge $A1$ und $B2$, welche von demselben Mitarbeiter ausgeführt werden, dann stellt man fest, daß es zu zeitlichen Überschneidungen kommt. Es können nicht beide Vorgänge jeweils zu ihrem frühestmöglichen Starttermin begonnen werden, da der Mitarbeiter nicht beide Vorgänge gleichzeitig erledigen kann. Vielmehr müssen die Termine der beiden Arbeitsgänge im Hinblick auf die Verfügbarkeit des Mitarbeiters aufeinander abgestimmt werden. Im vorliegenden Fall bietet es sich an, den Arbeitsgangs $A1$ um sechs Perioden in die Zukunft zu verschieben. Der Mitarbeiter führt dann zunächst den Arbeitsgang $B2$ (von 0 bis 6) und dann den Arbeitsgang $A1$ (von 6 bis 9) durch.

In Bild D.33 ist die optimale Lösung für das oben abgebildete Beispiel dargestellt. Eine „1" bedeutet, daß in der optimalen Lösung des Modells RCPSP die betreffende x_{jt}-Variable den Wert 1 annimmt. Die horizontalen Balken geben die Bearbeitungszeiten wieder. Die beiden Arbeitsgänge $A1$ und $B2$ sind nun zeitlich hintereinander angeordnet, so daß die Kapazität des Mitarbeiters nicht überschritten wird.

Im betrachteten Beispiel gibt es also einen im Hinblick auf die Kapazität der Ressourcen zulässigen Terminplan, der auch ohne das Modell RCPSP durch ein wenig Nachdenken gefunden werden konnte. In der **Praxis** sind nun aber i. a. größere Probleme mit vielen Aufträgen und Arbeitsgängen sowie mehreren Ressourcentypen (Mechaniker, Elektroniker usw.) zu lösen. Bereits die Ermittlung eines *zulässigen* Terminplans stellt den Planer dann regelmäßig vor unlösbare Probleme. Die Folge ist, daß es häufig zu **Produktionsunterbrechungen** kommt, weil entweder die benötigten Ressourcen nicht zu den geplanten Terminen verfügbar sind oder weil zum geplanten Starttermin eines Arbeitsgangs dessen unmittelbare Vorgänger im Netzplan noch nicht abgeschlossen sind (ungeplante Erhöhung der Durchlaufzeit), was wiederum die Folge der mangelnden Berücksichtigung der knappen Ressourcen ist. Die menschliche Auffassungs- und Problemlösungsfähigkeit, auf die sich die betriebliche Praxis auch bei Einsatz computergestützter Produktionsplanungs- und steuerungssysteme weitgehend verläßt, ist durch die Komplexität des betrachteten Problems bei weitem überfordert.

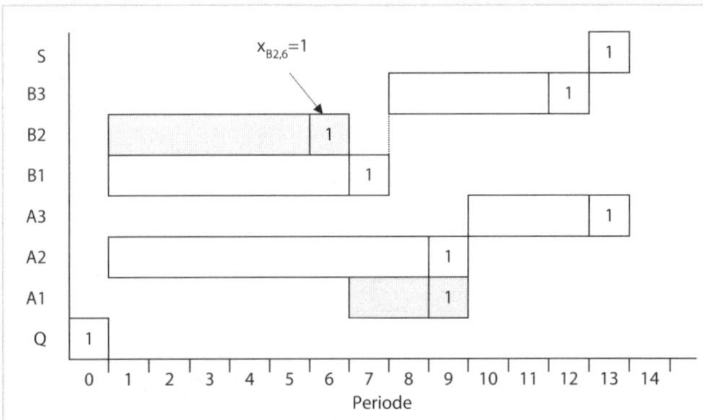

Bild D.33: Optimale Lösung bei Ressourcenkonkurrenz der Arbeitsgänge $A1$ und $B2$

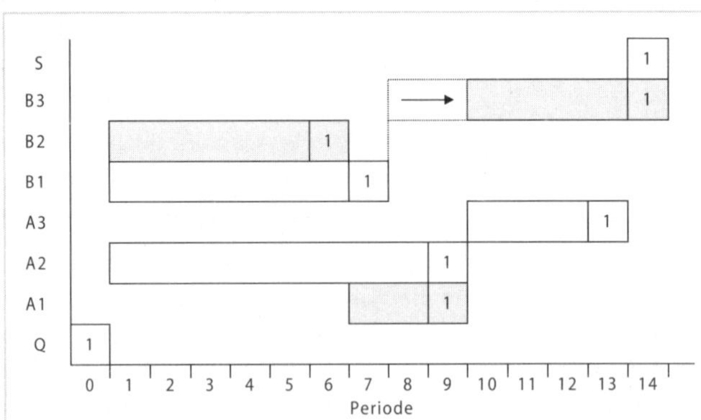

Bild D.34: Optimale Lösung bei verändertem Liefertermin und Ressourcenkonkurrenz der Arbeitsgänge $A1$, $B2$ und $B3$

In vielen Fällen wird sich auch zeigen, daß bei Ressourcenkonkurrenz ein extern vorgegebener Fertigstellungstermin eines Auftrags nicht eingehalten werden kann. Das bedeutet u. U., daß die den Kunden zugesagten Liefertermine selbst unter günstigsten Umständen verfehlt werden. Dies soll anhand einer **Modifikation des Beispiels** gezeigt werden. Wir nehmen an, daß nun auch der Arbeitsgang $B3$ durch den betrachteten Mitarbeiter ausgeführt werden soll. In diesem Fall kommt es zu Überschneidungen der Arbeitsgänge $A1$ und $B3$ in den Perioden 8 und 9. Zwar könnte man den Arbeitsgang $B3$ um eine Periode in die Zukunft verschieben. Allerdings reicht dies nicht aus. Eine zulässige Lösung kann in diesem Fall nicht mehr gefunden werden. Erst wenn wir von der engen Lieferterminsetzung für die beiden Kundenaufträge abweichen und eine Verspätung um mindestens eine Periode zulassen, erhalten wir durch Lösung des Modells RCPSP den in Bild D.34 wiedergegebenen Terminplan.

Die *exakte Lösung* des Modells RCPSP für Probleme realistischer Größenordnungen ist auch mit schnellen Großrechnern nicht mehr in vertretbarer Rechenzeit möglich. Daher muß man auf *heuristische Verfahren* zurückgreifen, die versuchen, in einer endlichen systematischen Folge von Schritten zu einer zulässigen und hoffentlich auch im Sinne der Zielsetzung guten Lösung zu gelangen. Hier sind in den letzten Jahren große Fortschritte erzielt worden.[38] Ein charakteristisches Merkmal vieler heuristischen Verfahren ist es, daß bereits bei der Terminierung der Vorgänge die Zulässigkeit im Hinblick auf die Ressourcenbelastung berücksichtigt wird. Dies steht im Gegensatz zu der in der Praxis üblichen Vorgehensweise, nach der zunächst ein Terminplan aufgestellt und im Anschluß daran die Ressourcenbelastung betrachtet wird.

9.1.4.2 Heuristische Vorgehensweise der Praxis: Durchlaufterminierung mit Vernachlässigung der Kapazitäten

In der betrieblichen Praxis wird im Rahmen des **MRP-Sukzessivplanungskonzepts** bei der Terminplanung in zwei aufeinanderfolgenden Schritten vorgegangen (siehe Bild D.35).

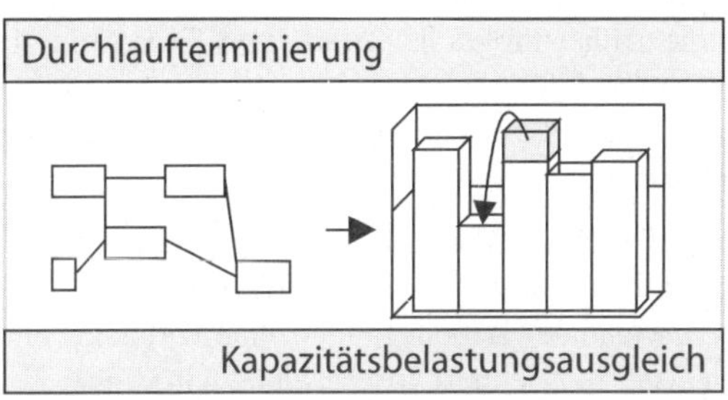

Bild D.35: Terminplanung nach dem MRP-Sukzessivplanungskonzept

38 Einen Einstieg in die umfangreiche Literatur zu heuristischen Lösungsverfahren für das RCPSP bieten *Kolisch und Hartmann* (2006). Siehe auch *Tempelmeier* (2005b), Abschnitt B.3.

Zunächst werden in der sog. **Durchlaufterminierung** die Anfangs- und Endtermine der Aufträge **ohne Beachtung der Kapazitäten** der Ressourcen berechnet. Erst in einem weiteren Schritt werden dann die sich aufgrund der zeitlichen Verteilung der Arbeitsgänge ergebenden Kapazitätsbelastungen den vorhandenen Kapazitäten der Ressourcen gegenübergestellt. Treten Überlastungen der Ressourcen auf, dann ist der *Terminplan nicht zulässig*, denn es muß zwangsläufig zu Überschreitungen der geplanten Fertigstellungstermine einzelner Aufträge kommen. Um dies zu vermeiden, versucht man im Rahmen eines anschließenden **Kapazitätsbelastungsausgleichs**, vorwiegend durch die **zeitliche Verschiebung** von Aufträgen einen zulässigen Terminplan zu erzeugen.

Ziel der **Durchlaufterminierung** ist die Bestimmung der Anfangs- und Endzeitpunkte aller Arbeitsgänge, der Pufferzeiten und des zeitlich längsten Weges durch das Auftragsnetz. Dieser Weg wird in der Terminologie der Netzplantechnik auch als **kritischer Weg** bezeichnet.

Aufgrund der Istsituation der Produktion und der geplanten Auftragsendtermine sind der frühestmögliche Beginnzeitpunkt der Startvorgänge („Heute") sowie der spätestzulässige Endzeitpunkt der Endvorgänge (Abschluß der Bearbeitung des Endprodukts) i. d. R. gegeben. Bei der *Terminierung der übrigen Arbeitsgänge* nach den Rechenregeln der MPM-Netzplantechnik verwenden wir folgende Symbole:

d_j	Dauer des Arbeitsgangs j
d_{jn}	zeitlicher Mindestabstand zwischen dem Ende des Arbeitsgangs j und dem Beginn des Arbeitsgangs n, z. B. zur Berücksichtigung von Transportzeiten
FAZ_j	frühestmöglicher Anfangszeitpunkt des Arbeitsgangs j
FEZ_j	frühestmöglicher Endzeitpunkt des Arbeitsgangs j
$\mathcal{N}_j$	Indexmenge der direkten Nachfolger des Arbeitsgangs j
SAZ_j	spätestzulässiger Anfangszeitpunkt des Arbeitsgangs j
SEZ_j	spätestzulässiger Endzeitpunkt des Arbeitsgangs j
$\mathcal{V}_j$	Indexmenge der direkten Vorgänger des Arbeitsgangs j

Die Zeitplanung geht in mehreren Schritten vor sich. In einer Vorwärtsrechnung werden zunächst die *frühestmöglichen Start- und Endtermine* bestimmt. Die anschließende Rückwärtsrechnung führt zu *spätestzulässigen Start- und Endterminen.* Durch Analyse der frühestmöglichen und spätestzulässigen Termine können dann sog. *Pufferzeiten* abgeleitet werden.

Vorwärtsrechnung. Durch die Vorwärtsrechnung erhält man für alle Arbeitsgänge die *frühestmöglichen* Zeitpunkte, FAZ_j und FEZ_j $(j = 1, 2, \ldots, J)$. Es gelten folgende Beziehungen, wobei den Arbeitsgängen ohne Vorgänger ein künstlicher Startknoten 0 (oft auch als Q bezeichnet) vorgeschaltet wird:

$$\text{FAZ}_0 = 0 \tag{D.69}$$

$$\text{FEZ}_j = \text{FAZ}_j + d_j \tag{D.70}$$

↑ frühestmöglicher Endzeitpunkt des Arbeitsgangs j

$$\mathrm{FAZ}_j = \max_{v \in \mathcal{V}_j} \{ \mathrm{FEZ}_v + d_{vj} \} \tag{D.71}$$

- d_{vj}: Mindestabstand zwischen dem Ende des Arbeitsgangs v und dem Beginn des Arbeitsgangs j
- FEZ_v: frühestmöglicher Endzeitpunkt des Arbeitsgangs v
- $\mathcal{V}_j$: Indexmenge der direkten Vorgänger des Arbeitsgangs j

Rückwärtsrechnung. Der früheste Fertigstellungstermin des Endproduktauftrags ergibt sich nach der Vorwärtsterminierung als FEZ_J. Von diesem Termin kann man nun rückwärts rechnen und für alle Arbeitsgänge die spätestzulässigen Zeitpunkte SAZ_j und SEZ_j $(j = 1, 2, \ldots, J)$ ermitteln. *Spätestzulässig* bedeutet dabei: nur so spät, daß die termingerechte Fertigstellung des Endprodukts nicht verzögert wird. Für die Rückwärtsrechnung kann man den spätestzulässigen Endzeitpunkt des letzten Arbeitsgangs gleich seinem frühestmöglichen Fertigstellungstermin setzen:

$$\mathrm{SEZ}_J = \mathrm{FEZ}_J \tag{D.72}$$

Alternativ kann man auch auf einen (später liegenden) vorgegebenen Wunschtermin zurückgreifen. Bei der Rückwärtsterminierung wird wie folgt gerechnet:

$$\mathrm{SAZ}_j = \mathrm{SEZ}_j - d_j \tag{D.73}$$

- SAZ_j: spätestzulässiger Anfangszeitpunkt des Arbeitsgangs j

$$\mathrm{SEZ}_j = \min_{n \in \mathcal{N}_j} \{ \mathrm{SAZ}_n - d_{jn} \} \tag{D.74}$$

- d_{jn}: Mindestabstand zwischen dem Ende des Arbeitsgangs j und dem Beginn des Arbeitsgangs n
- SAZ_n: spätestzulässiger Beginn des Arbeitsgangs n
- $\mathcal{N}_j$: Indexmenge der direkten Nachfolger des Arbeitsgangs j

Bestimmung der Pufferzeiten und des kritischen Weges. Die *gesamte Pufferzeit*[39] eines Arbeitsgangs ist gleich der Differenz zwischen frühestmöglichem und spätestzulässigem Anfangs- bzw. Endtermin des Arbeitsgangs:

$$\begin{aligned} \mathrm{GP}_j &= \mathrm{SAZ}_j - \mathrm{FAZ}_j \\ &= \mathrm{SEZ}_j - \mathrm{FEZ}_j \end{aligned} \tag{D.75}$$

Die **gesamte Pufferzeit** gibt an, um wie viele Zeiteinheiten die Bearbeitungsdauer des Arbeitsgangs j bei frühestmöglichem Start verlängert werden kann, ohne

39 Zu weiteren Pufferzeit-Definitionen vgl. *Domschke und Drexl* (2007), Abschnitt 5.2.2.2.

daß der spätestzulässige Anfangstermin des nachfolgenden Arbeitsgangs verschoben werden muß.[40]

Pufferzeiten stellen also Zeitreserven für die Aufträge bzw. die Arbeitsgänge dar. Im Rahmen dieser Zeitreserven können einzelne Aufträge verschoben werden, ohne daß dies Einfluß auf den Fertigstellungstermin des Endproduktauftrags hat. Arbeitsgänge, die eine gesamte Pufferzeit von Null (oder gleich der Differenz zwischen Wunschtermin und frühestmöglichem Endzeitpunkt FEZ_J) haben, nennt man *kritisch*, denn ihre Verzögerung führt unausweichlich zu einer Verzögerung der Fertigstellung des Endproduktauftrags.

Für das in Bild D.31 auf S. 214 dargestellte **Beispiel** erhalten wir die in Tabelle D.27 zusammengestellten Ergebnisse. Wie bereits aus der graphischen Darstellung des Auftragsnetzes zu ersehen ist, sind die Arbeitsgänge der Erzeugnisse A und P kritisch. Die gesamte Pufferzeit des Auftrags B beträgt 8 ZE.

Arbeitsgang j	Dauer	FAZ_j	FEZ_j	SAZ_j	SEZ_j	GP_j
$A1$	5	0	5	0	5	0
$A2$	7	5	12	5	12	0
$A3$	11	12	23	12	23	0
$B1$	8	0	8	8	16	8
$B2$	7	8	15	16	23	8
P	8	23	31	23	31	0

Tabelle D.27: Ergebnisse der Zeitplanung

Nach Ermittlung der arbeitsgangbezogenen Zeiten folgt die Bestimmung der **Belastung der Ressourcen**. Liegt eine Kapazitätsüberschreitung vor, dann ist der Terminplan **nicht zulässig**. In der Belastungsrechnung wird – folgt man der Vorgehensweise der betrieblichen Praxis – zum erstenmal ausdrücklich berücksichtigt, daß mehrere Aufträge gleichzeitig in der Produktion um die Kapazitäten der Arbeitssysteme konkurrieren. Für jedes Arbeitssystem wird ein **Belastungsprofil** dadurch erstellt, daß in relativ kurzen Zeitabschnitten – z. B. jeweils für einen Betriebskalendertag – die aufgrund der Durchlaufterminierung für diesen Zeitraum vorgesehenen Arbeitsgänge in ein Belastungsdiagramm eingetragen werden. Dabei muß für jeden Arbeitsgang festgelegt werden, wie er in der Zeitspanne zwischen frühestmöglichem und spätestzulässigem Starttermin positioniert werden soll. Nur bei kritischen Arbeitsgängen entfällt dieser Freiheitsgrad.

Bild D.36 verdeutlicht diesen Vorgang für zwei Arbeitsgänge ($A3$ und $B2$) des obigen Beispiels, die auf derselben Maschine bearbeitet werden müssen. Im oberen Bildteil erkennt man das Ergebnis der Durchlaufterminierung nach spätestzulässi-

40 Hierbei unterstellen wir sog. Normalfolgen, d. h. Reihenfolge- und Abstandsbeziehungen, die auf das *Ende* des vorausgehenden und den *Beginn* des unmittelbar nachfolgenden Arbeitsgangs bezogen sind. Vgl. *Domschke und Drexl* (2007), Abschnitt 5.2.1.2.

ger Einplanung. Im unteren Bildteil sehen wir, daß es zu einer Überlastung der Ressource kommt.

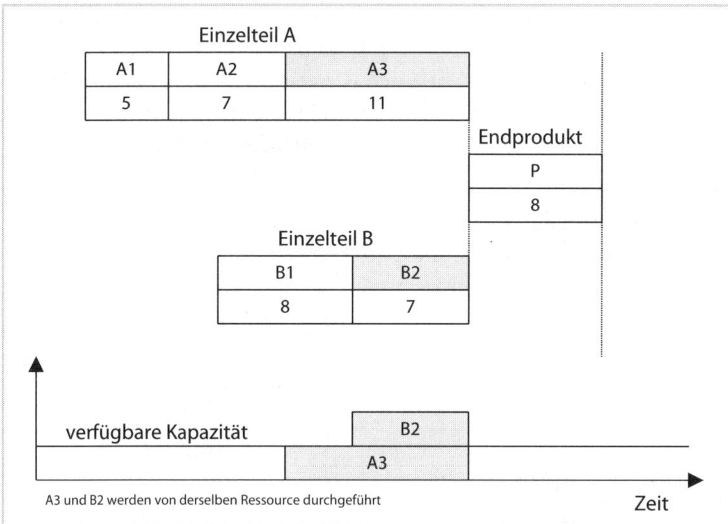

Bild D.36: Ressourcenbelastungsdiagramm

Ergibt sich wie in unserem Beispiel, daß zur gleichen Zeit mehrere Aufträge einer Maschine zugeordnet worden sind, dann ist der geplante Durchlauf der Aufträge durch die Produktion zeitlich nicht realisierbar, wenn davon ausgegangen wird, daß pro Zeiteinheit jeweils nur ein Auftrag eine Maschine belegen kann. Ebenso können zu bestimmten Zeiten unerwünschte Leerzeiten auftreten – was allerdings i. d. R. weit weniger problematisch ist.

Im Fall einer Überlastung der Ressourcen muß man Maßnahmen ergreifen, um einen zulässigen Terminplan herzustellen. Dies kann durch *Veränderung der Belastungsprofile* und/oder durch *Anpassung der Kapazitäten* der Ressourcen geschehen. Ein **Anpassen der Belastungsprofile** läßt sich z. B. durch ein zeitliches *Vorziehen* (Verlagerung eines Auftrags in Richtung Gegenwart), durch ein zeitliches *Hinausschieben* (Verlagerung eines Auftrags in Richtung Zukunft) oder durch die Inanspruchnahme von *Fremdbezugsmöglichkeiten* realisieren.

In der **betrieblichen Praxis** wird oft auf sehr einfache Weise durch zeitliche Verschiebungen von Arbeitsgängen versucht, einen zulässigen Terminplan herzustellen. Dabei erfolgt die Einlastung der Aufträge auf die Ressourcen mit Hilfe von **Auftragsprioritäten**, mit denen die Reihenfolge der Einplanung der Aufträge gesteuert wird. Der prinzipielle Ablauf dieser Variante eines Kapazitätsbelastungsausgleichs besteht aus folgenden Schritten:

1. Beginnend mit dem Auftrag, der jeweils die höchste Priorität hat, wird jede

Ressource auf der Basis der frühesten Starttermine belegt, die im Rahmen der Durchlaufterminierung ermittelt worden sind. Die Belegung wird so lange fortgesetzt, bis alle Aufträge eingeplant sind.

2. Bei Überlastungen von Ressourcen **verschiebt** man einzelne Arbeitsgänge in benachbarte Perioden (siehe Bild D.37), in denen die Ressource noch über freie Kapazität verfügt. Sofern das möglich ist, verschiebt man einen Arbeitsgang innerhalb seiner Pufferzeit. Ist dies nicht möglich, dann wird geprüft, ob die gemeinsame Verschiebung mit einem vorangehenden oder nachfolgenden Arbeitsgang zulässig ist.

3. Kann ein Arbeitsgang nicht bis zu seinem spätestzulässigen Startzeitpunkt eingeplant werden, dann wird geprüft, ob **Ausweichmaßnahmen** ergriffen werden können. Dies könnte z. B. ein kurzfristiger Fremdbezug oder ein Verlagern auf einen Ausweicharbeitsplatz (siehe Bild D.37) sein.

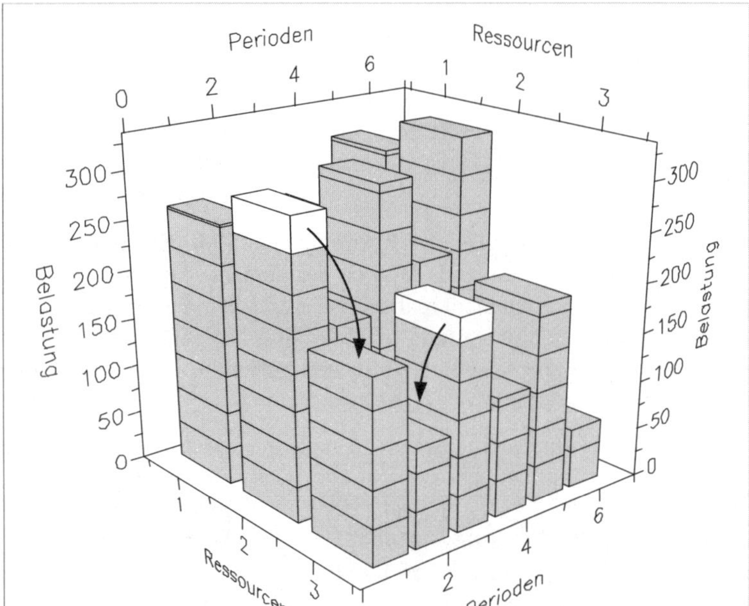

Bild D.37: Zeitliche Verlagerung bzw. Nutzung eines Ausweicharbeitsplatzes bei Überlastung eines Arbeitssystems

Es gelingt mit dieser Vorgehensweise allerdings nur in sehr einfachen Fällen, einen zulässigen Plan zu erzeugen. **Unvorhergesehene Wartezeiten, hohe Bestände an Zwischenprodukten (work-in-process), sowie beträchtliche Terminabweichungen** sind daher in der Praxis die Regel und werden dort auch zunehmend beklagt. Diese Probleme werden insbes. auch dadurch verstärkt, daß bereits die Losgrößenplanung von falschen Voraussetzungen bezüglich der Kapazitäten der Ressourcen ausgeht. Planungsfehler, die dort gemacht werden, lassen sich sich i. d. R. auch durch eine perfekte Terminplanung nicht mehr ausgleichen.

Die **Anpassung der Kapazitäten** der Ressourcen an die Belastung läßt sich insbes. durch zeitliche, intensitätsmäßige oder quantitative Anpassung erreichen.

Zeitliche Anpassung. Zeitliche Anpassung liegt vor, wenn die Einsatzdauer der Arbeitssysteme, z. B. durch Überstunden, variiert wird. Dies ist in dem durch tarifliche und gesetzliche Bestimmungen fixierten Rahmen möglich. Eine Reduktion des Kapazitätsangebots (bei erheblichen Unterauslastungen) kann man über Kurzarbeit oder arbeitsfreie Tage erreichen, sofern die technischen Prozesse eine derartige zeitliche Unterbrechung überhaupt erlauben.

Intensitätsmäßige Anpassung. Die Möglichkeit der intensitätsmäßigen Anpassung eröffnet sich, wenn die Arbeitssysteme mit unterschiedlichen Intensitäten genutzt werden können, d. h. wenn die Ausbringungsmenge je Zeiteinheit innerhalb eines bestimmten Rahmens verändert werden kann. So kann z. B. durch Variation der Schnittgeschwindigkeit und des Vorschubs an einer Werkzeugmaschine eine intensitätsmäßige Anpassung erfolgen.

Quantitative Anpassung. Quantitative Anpassung ist dadurch gekennzeichnet, daß die Anzahl der in der Produktion tatsächlich genutzten Arbeitssysteme verändert wird. Das Kapazitätsangebot läßt sich dadurch erhöhen, daß funktionsgleiche, im Betrieb vorhandene Reservemaschinen zusätzlich eingesetzt und damit weitere Kapazitätseinheiten bereitgestellt werden. Die kurzfristige Umsetzung von Arbeitskräften (Springer) an Engpaßstellen kann ebenfalls zu einer Kapazitätserhöhung führen.

Die genannten Anpassungsformen sind mit unterschiedlichen *Kosten* verbunden. So muß man z. B. bei Nutzung von Überstunden die höheren Überstundenlöhne bezahlen. Die intensitätsmäßige Anpassung führt oft zu einer erhöhten Abnutzung der Maschinen und Werkzeuge und zu einer erhöhten Ausfallrate der Anlagen. Auch dies hat zusätzliche Kosten zur Folge. Bei Nutzung von (nicht mehr dem neuesten technologischen Stand entsprechenden) Reservemaschinen kann z. B. der Materialverbrauch oder der Energieverbrauch höher sein als bei den normalerweise eingesetzten Maschinen. Das ist ebenfalls mit zusätzlichen Kosten verbunden.[41]

Literaturhinweise

Domschke und Drexl (2007)
Günther (1992)
Klein (1999)
Kolisch (1995)
Neumann et al. (2003)

41 Die betriebswirtschaftliche Produktions- und Kostentheorie macht – basierend auf der von Erich Gutenberg begründeten Theorie der Anpassungsformen – Aussagen über mögliche Kostenverläufe bei Variation des Kapazitätsangebots in einer Periode. Vgl. *Kistner* (1993); *Fandel* (1996); *Dyckhoff* (2003).

Tempelmeier (2005b), Abschnitt B.3

9.1.5 Feinplanung und Steuerung

Nach Abschluß der Ressourceneinsatzplanung liegt für jeden Arbeitsgang ein geplanter Start- und Endtermin vor, wobei u. U. bereits als notwendig erkannte Terminverschiebungen berücksichtigt worden sind. Auf der Grundlage dieser Termine erfolgt dann die *Auftragsfreigabe*, die den Nachschub des Produktionsbereichs mit Aufträgen regelt.

Feinplanung. Die Feinplanung (Ablaufplanung, Reihenfolgeplanung, Maschinenbelegungsplanung) bildet die Grundlage für die Veranlassung der Produktionsprozesse. Hier wird bestimmt, wann und in welcher *Reihenfolge* die einzelnen einer Ressource für eine Periode, z. B. einen Tag, zugeordneten Aufträge bearbeitet werden sollen. Unter Beachtung des Rüst- und Betriebszustands der Arbeitssysteme und der Verfügbarkeit von Werkzeugen, Transportmitteln usw. erfolgt nun die Planung der *Maschinenbelegung* durch die einzelnen Aufträge auf der Basis einer stunden- bis minutengenauen Zeiteinteilung. Auch die erforderlichen Transportzeiten zwischen den einzelnen Produktionsstellen müssen nun explizit berücksichtigt werden. Die Feinplanung ist die Nahtstelle zwischen der Planung und der Durchführung der Produktion. Sie kann mit Hilfe eines elektronischen *Leitstands* realisiert werden.

In den Prozeß der kurzfristigen Feinplanung werden alle die Aufträge einbezogen, deren geplanter Starttermin in den Planungszeitraum fällt oder die noch in Arbeit sind. Bevor jedoch die eigentliche Planung der Maschinenbelegung vorgenommen wird, ist es sinnvoll, zunächst eine *Verfügbarkeitsprüfung* durchzuführen. Es ist zu prüfen, ob auch alle benötigten Werkzeuge und die in das Produkt eingehenden Erzeugnisse rechtzeitig zur Verfügung stehen. Alle Arbeitsgänge, deren Vorgänger noch nicht abgeschlossen sind, werden zurückgestellt und nicht in die Terminierung einbezogen.

Vor allem wenn in den vorgelagerten Planungsphasen die Kapazitätsbeschränkungen der Ressourcen nur unzureichend berücksichtigt worden sind, kommt es regelmäßig vor, daß mehrere Aufträge dieselben Arbeitssysteme bzw. Ressourcen zur gleichen Zeit beanspruchen. In diesem Fall ist zu entscheiden, in welcher Reihenfolge die an einem Arbeitsplatz auf die Bearbeitung wartenden Aufträge bearbeitet werden sollen.

Zur Unterstützung der Reihenfolgeplanung sind zahlreiche *Entscheidungsmodelle* mit unterschiedlichen Modellannahmen entwickelt worden. Optimierungsmodelle, die das bestehende Problem ausreichend realitätsnah abbilden, haben für die betriebliche Praxis nur geringe Bedeutung erlangt.

In der Praxis werden vor allem *heuristische Verfahren* eingesetzt, und zwar insbes. Verfahren, die mit **Prioritätsregeln** arbeiten. Interpretiert man die Aufträge, die zu einem bestimmten Zeitpunkt an einer Maschine auf die Bearbeitung warten, als Kunden in einer Warteschlange, dann bietet es sich an, die Reihenfolge ihrer Bearbeitung nach einer Warteschlangendisziplin oder Prioritätsregel festzulegen.

Prioritätsregeln für die Reihenfolgeplanung sind in großer Zahl vorgeschlagen worden. Einige bekannte Prioritätsregeln sind z. B.:

- **KOZ-Regel (Kürzeste Operationszeitregel)**

  Die höchste Priorität erhält der Auftrag in der Warteschlange, der die kürzeste Bearbeitungszeit an dem betrachteten Arbeitsplatz aufweist.

- **LOZ-Regel (Längste Operationszeitregel)**

  Die höchste Priorität erhält der Auftrag in der Warteschlange, der die längste Bearbeitungszeit erfordert.

- **GRB-Regel (Größte Restbearbeitungszeitregel)**

  Die höchste Priorität erhält der Auftrag, dessen im Moment der Belegung noch verbleibende Bearbeitungszeit auf allen noch benötigten Arbeitsplätzen am längsten ist.

- **KRB-Regel (Kürzeste Restbearbeitungszeitregel)**

  Der Auftrag erhält die höchste Priorität, dessen im Moment der Belegung noch verbleibende Bearbeitungszeit auf allen noch benötigten Ressourcen die kürzeste ist.

- **Liefertermin-Regel**

  Der Auftrag erhält die höchste Priorität, dessen geplanter Fertigstellungstermin am nächsten liegt.

Die einzelnen Prioritätsregeln wirken sich in unterschiedlicher Weise auf die verschiedenen bei der Feinplanung verfolgten Zielsetzungen aus. So ist z. B. festzustellen, daß die *KOZ-Regel* zu sehr niedrigen mittleren Durchlaufzeiten und einem hohen Anteil zu früh fertiggestellter Aufträge führt, daß aber die Streuung der Durchlaufzeiten sehr hoch ist. Bei Anwendung der *Liefertermin-Regel* dagegen ist mit einer wesentlich geringeren Streuung der Durchlaufzeiten zu rechnen. Solche Aussagen stützen sich weitgehend auf Ergebnisse von Simulationsuntersuchungen. In einer solchen Simulationsuntersuchung bildet man eine als typisch betrachtete Menge von Werkstätten (Betriebsmittelgruppen) ab und schleust in diese ein bestimmtes Mix von Aufträgen ein, die nach vorgegebenen Arbeitsplänen bearbeitet werden. Die Reihenfolge der Bearbeitung dieser Aufträge an den Maschinen richtet sich nach der zu untersuchenden Prioritätsregel. Die Auswertung einer statistisch repräsentativen Anzahl von Simulationsläufen führt dann zu einer Aussage über die Zielwirkung der betrachteten Prioritätsregel.

Die grundsätzliche Vorgehensweise soll anhand eines sehr einfachen Simulationsmodells erläutert werden. Wir betrachten eine Maschine, an der in zufälligen Abständen (einer empirisch ermittelten Häufigkeitsverteilung folgend) Aufträge mit zufällig bestimmten Bearbeitungszeiten bearbeitet werden. Für jeden Auftrag wird ein – ebenfalls zufälliger – geplanter Liefertermin festgelegt.

```
BEGIN;
ANKUNFT  CREATE:DP(ZwiAnkZeit):MARK(Ankunft);   Auftrag trifft ein
         ASSIGN:Zeit=DP(BearbZeit);             Bearbeitungszeit festlegen
         ASSIGN:Termin=TNOW+Zeit+DP(LiefTerm);  Liefertermin festlegen
EIN      QUEUE,Qwart;                           Warten, falls erforderlich
         SEIZE:Maschine;                        Maschine belegen
         DELAY:Zeit;                            Bearbeiten
         RELEASE:Maschine;                      Maschine freigeben
         TALLY:DLZ,INT(Ankunft);                Durchlaufzeit erfassen
         TALLY:TERMABW,MX(0,TNOW-Termin);       Verspätung erfassen
         DISPOSE;
END;
```

Bild D.38: SIMAN-Simulationsmodell: Modelldefinition

```
BEGIN;
PROJECT,Maschine,HT;
RESOURCES:MASCHINE,1;
ATTRIBUTES:Ankunft:Zeit:Termin;
QUEUES:Qwart,LVF(Termin);                       Liefertermin-Regel
; oder     LVF(Zeit);                           KOZ-Regel
PARAMETERS:ZwiAnkZeit,    0.3, 3, 0.7,5, 1.0,7:
           BearbZeit,     0.1, 2, 0.3,3, 0.7,5, 1.0,6:
           LiefTerm,      0.3, 2, 0.6,4, 1.0,6;
DSTATS:1,NR(Maschine),Auslastung;
FREQUENCIES:1,NQ(1),Warteschlange,,
              0,          &
              RANGE(0,2)  &
              RANGE(2,6)  &
              RANGE(6,100);
TALLIES:DLZ,1:
        TERMABW,2;
REPLICATE,1,0,10000;
END;
```

Bild D.39: SIMAN-Simulationsmodell: Experimenteller Rahmen (Liefertermin-Regel)

Das in den Bildern D.38 und D.39 wiedergegebene, in der Simulationssprache SIMAN[42] geschriebene Simulationsmodell dient zur Untersuchung der Wirkungen der KOZ-Regel und der Liefertermin-Regel auf die mittlere Durchlaufzeit und die mittlere Verspätung der Aufträge. In der *Modelldefinition* wird der Durchlauf eines Auftrags durch die Maschine beschrieben. Auf der rechten Seite sind die SIMAN-Anweisungen kurz kommentiert. Der sog. *experimentelle Rahmen* enthält einige die Modelldefinition ergänzende Angaben über Größen, die im Verlauf eines typischen Simulationsexperiments verändert werden, z. B. Wahrscheinlichkeitsverteilungen der Zeiten usw.

---

42 vgl. *Tempelmeier* (1991)

TALLY VARIABLES

Identifier	Average	Variation	Minimum	Maximum	Observations
DLZ	8.5370	.95461	2.0000	83.000	2022
TERMABW	4.6399	1.7391	.00000	77.000	2022

DISCRETE-CHANGE VARIABLES

Identifier	Average	Variation	Minimum	Maximum	Final Value
Auslastung	.92800	.27854	.00000	1.0000	1.0000

FREQUENCIES

		--Occurrences--		Standard	Restricted
Identifier	Category	Number	AvgTime	Percent	Percent
Warteschlange	0	760	6.3210	48.04	48.04
	RANGE(0,2)	872	5.1834	45.20	45.20
	RANGE(2,6)	113	5.9823	6.76	6.76
	RANGE(6,100)	0	.00000	0.00	0.00

Bild D.40: Simulationsergebnisse (KOZ-Regel)

Die beiden betrachteten Prioritätsregeln führten zu den in den Bildern D.40 und D.41 zusammengefaßten Ergebnissen. Wie man sieht, schneidet die KOZ-Regel im betrachteten Fall bezüglich der mittleren Durchlaufzeit erwartungsgemäß günstig ab. Ihre Streuung (hier beschrieben durch den Variationskoeffizienten in der Spalte „Variation") ist aber wesentlich höher als bei der Liefertermin-Regel. Die maximale Verspätung beträgt 77 Zeiteinheiten im Gegensatz zur Liefertermin-Regel mit nur 32 Zeiteinheiten. Um aussagekräftige Ergebnisse für den Bereich der *Werkstattproduktion* zu erhalten, muß man allerdings umfassendere Simulationsexperimente durchführen und vor allem ein Produktionssystem mit mehreren Werkstätten und Maschinen betrachten.

Generell kann vermutet werden, daß die Bedeutung der Feinplanung in dem Maße sinkt, in dem es gelingt, in den vorangegangenen Planungsstufen der Losgrößen- und der Ressourceneinsatzplanung zulässige Produktionspläne zu erzeugen. In diesem Fall kommt es nur noch in geringem Umfang zwischen den Aufträgen zu einer Konkurrenz um die Ressourcen. Die Warteschlangen vor den Arbeitssystemen sind dann kurz, und Prioritätsregeln wirken sich nur noch sehr schwach aus.

TALLY VARIABLES

Identifier	Average	Variation	Minimum	Maximum	Observations
DLZ	9.1473	.60329	2.0000	36.000	2022
TERMABW	5.1805	1.0516	.00000	32.000	2022

DISCRETE-CHANGE VARIABLES

Identifier	Average	Variation	Minimum	Maximum	Final Value
Auslastung	.92800	.27854	.00000	1.0000	1.0000

FREQUENCIES

		--Occurrences--		Standard	Restricted
Identifier	Category	Number	AvgTime	Percent	Percent
Warteschlange	0	708	6.6186	46.86	46.86
	RANGE(0,2)	838	5.1551	43.20	43.20
	RANGE(2,6)	131	7.5877	9.94	9.94
	RANGE(6,100)	0	.00000	0.00	0.00

Bild D.41: Simulationsergebnisse (Liefertermin-Regel)

Steuerung. An die Feinplanung schließt sich die Steuerung an. Sie umfaßt die detaillierte Veranlassung der Produktion innerhalb des Rahmens, der durch die Feinplanung gegeben ist. Zu den Aufgaben der Steuerung gehört die *Bereitstellung von Informationen* für die Produktion und für den Material- und Werkzeugeinsatz sowie die betriebsmittel- und auftragsorientierte *Arbeitsverteilung* gemäß den Ergebnissen der Feinplanung. Dies kann mit Hilfe von *Formularen* (Betriebsaufträge, Laufkarten, Lohnscheine, Materialentnahmescheine, Werkzeuganforderungen) oder beleglos durch EDV-Unterstützung (z. B. Graphikterminals am Arbeitsplatz, auf denen die Bearbeitungsvorschriften angezeigt werden) geschehen. Bei Auftreten von Störungen muß die Steuerung kurzfristig reagieren und Maßnahmen zur Störungsbeseitigung auslösen.

Die Produktionssteuerung erfolgt in enger Verbindung mit der *Produktionskontrolle*, die den aktuellen Zustand des Produktionssystems und den Produktionsfortschritt der Aufträge überwacht.

Literaturhinweise

Błażewicz et al. (2001)
Küpper und Helber (1995), Abschnitt 5
Pesch (1998)
Pinedo und Chao (1999)

9.2 Losgrößen- und Ressourceneinsatzplanung bei Fließproduktion

Bei Fließproduktion sind die Arbeitssysteme nach dem Objektprinzip räumlich angeordnet. Dieses Organisationsprinzip wird vor allem bei Massenproduktion und bei Sortenproduktion eingesetzt. Bei *Massenproduktion* wird eine Produktionsanlage einmal für das im bevorstehenden Planungszeitraum herzustellende Produkt vorbereitet. Dabei treten vor allem lang- bis mittelfristige Probleme der Fließbandabstimmung auf.[43] Die kurzfristige Ressourceneinsatzplanung tritt demgegenüber in den Hintergrund. Eine andere Situation ergibt sich bei der *Sortenproduktion*, d. h. bei mehrfach wechselnder Massenproduktion. Hier werden auf einer Produktionsanlage zeitlich nacheinander verschiedene Varianten eines Grundprodukts produziert. Die einzelnen Arbeitssysteme der Produktionsanlage sind oft starr miteinander verkettet und weisen eine geringe Flexibilität auf. Daher muß die Produktionsanlage zwischen der Bearbeitung unterschiedlicher Produktvarianten umgerüstet werden. Während dieser z. T. sehr langen Rüstzeit ist der Produktionsprozeß unterbrochen. Die Produktion einer Sorte erstreckt sich oft über einen längeren Zeitraum (z. B. mehrere Wochen).

Die Losgrößen- und Ressourceneinsatzplanung bei Sortenproduktion umfaßt die Teilprobleme der Bestimmung der optimalen **Losgrößen** und der Bestimmung der

43 siehe Abschnitt 5.3, S. 92 ff.

Bearbeitungsreihenfolge der Lose. Diese Fragen müssen prinzipiell gemeinsam behandelt werden, da die isolierte Bestimmung der Losgrößen für die auf einer Anlage produzierten Erzeugnisse dazu führen kann, daß sich die Belegungsintervalle der Anlage durch die Produktvarianten überschneiden. Ein Produktionsplan, bei dem mehrere Produktarten gleichzeitig auf der Anlage produziert werden sollen, ist aber nicht durchführbar.

Probleme dieser Art treten in vielen Unternehmungen auf. So werden z. B. in einer Unternehmung der pharmazeutischen Industrie Medikamente in einer Abfüllanlage in Flaschen gefüllt, die dann in einem nachfolgenden Produktionsschritt in Kartons verpackt werden. Die Umrüstung des Produktionssystems dauert ca. eine 30 Minuten, während die Taktzeit im Sekundenbereich liegt. Bei der Produktion von Babyflaschen liegt die Taktzeit bei weniger als einer Sekunde, während die Umrüstzeit der Anlage mehr als 24 Stunden beträgt.

Im folgenden wird in Abschnitt 9.2.1 das *klassische Losgrößenmodell* für den Fall *endlicher Produktionsgeschwindigkeit* als Grundbaustein weiterer Überlegungen beschrieben. Dieses Einprodukt-Modell wird in Abschnitt 9.2.2 in einen Ansatz zur *Mehrprodukt-Losgrößen- und Reihenfolgeplanung* integriert. Schließlich wird in Abschnitt 9.2.3 ein typisches Problem der *Ressourceneinsatzplanung bei Fließproduktion* behandelt, das insbes. in der Automobilindustrie auftritt.

9.2.1 Das klassische Losgrößenmodell bei endlicher Produktionsgeschwindigkeit

Im folgenden nehmen wir vereinfachend an, daß ein nach dem Flußprinzip arbeitendes Produktionssegment als ein einstufiges Produktionssystem betrachtet werden kann, das in einen mehrstufigen Produktionszusammenhang eingebettet ist. So kann man sich z. B. eine Blechpresse in einem Unternehmen der Automobilindustrie vorstellen, die mehrere Varianten von Karrosserieteilen nacheinader in großen Mengen produziert. Das in Bild D.42 als Produktionsstufe n bezeichnete und hervorgehobene Produktionssegment übernimmt unbearbeitete bzw. teilweise bearbeitete Werkstücke aus vorgelagerten Produktionssegmenten und gibt seine Erzeugnisse an nachfolgende Produktionsstufen weiter.

Konzentrieren wir uns zusätzlich auf *ein* in diesem Produktionssegment (d. h. auf der betrachteten Produktionsanlage) hergestelltes *Produkt*, dann kommen wir zu einer Modellformulierung, die dem klassischen Modell der optimalen Losgröße[44] entspricht – mit einer Ausnahme: der Lagerzugang erfolgt nicht mehr unendlich schnell, sondern aufgrund der *endlichen Produktionsgeschwindigkeit* ebenso kontinuierlich wie der durch den Bedarf verursachte Lagerabgang.

44 siehe Abschnitt 9.1.3, S. 195 ff.

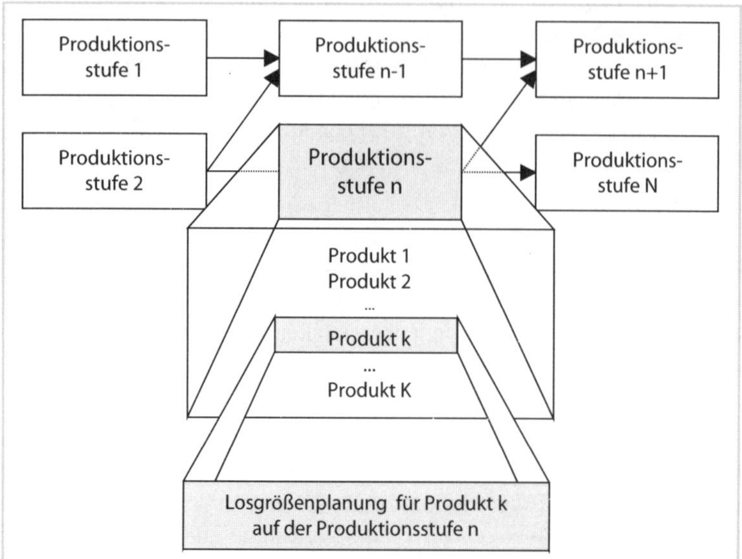

Bild D.42: Reduktionsschritte

Zu bestimmen ist nun die kostenminimale **Losgröße** für das betrachtete Produkt. Durch die Losgröße werden folgende Kosten beeinflußt: zunächst entstehen bei jedem Beginn der Bearbeitung eines Loses Rüstkosten. Rüsten ist das Vorbereiten eines Arbeitssystems für die Erfüllung der Arbeitsaufgabe (evtl. auch das Rückversetzen in den Ausgangszustand). Bewertet man die für diese Tätigkeit anfallenden Einsatzmengen der Produktionsfaktoren mit ihren Preisen, dann erhält man *Rüstkosten* (z. B. Einrichterlöhne), die von der Losgröße unabhängig sind. Außerdem können *Anlaufkosten* entstehen. Ein höherer Ausschuß oder eine größere Bearbeitungszeit je Ausbringungsmengeneinheit zu Beginn der Bearbeitung des Loses sind dafür verantwortlich. Ist das Los so groß, daß die Anlaufphase ihr Ende erreicht, bevor das Los fertig bearbeitet ist, dann können die Anlaufkosten als losgrößenunabhängig den Rüstkosten zugeschlagen werden. Andernfalls wirken sie sich erhöhend auf die variablen Produktionskosten pro Stück aus. Damit entstehen dann losgrößenabhängige variable Fertigungskosten, eine Möglichkeit, die wir aber ausschließen wollen. Neben diesen vergleichsweise einfach zu ermittelnden Kostenkomponenten wird den Rüstkosten oft noch ein *Opportunitätskostenanteil* zugerechnet, mit dem ein durch zu häufige Rüstvorgänge entstehender Verlust an produktiv nutzbarer Zeit bewertet werden soll.

Die zu minimierende **Zielfunktion** umfaßt die vom mittleren Lagerbestand abhängigen Lagerkosten sowie die von der Anzahl der Rüstvorgänge, d. h. der Anzahl der Produktionszyklen pro Periode abhängigen Rüstkosten. Die Rüstkosten pro Periode errechnen sich in gleicher Weise wie im klassischen Losgrößenmodell durch Multiplikation der Anzahl von Produktionszyklen mit dem Rüstkostensatz s. Die Anzahl von Produktionszyklen pro Periode erhält man durch Division der durchschnittlichen Periodennachfragemenge D durch die Losgröße q, $\frac{D}{q}$.

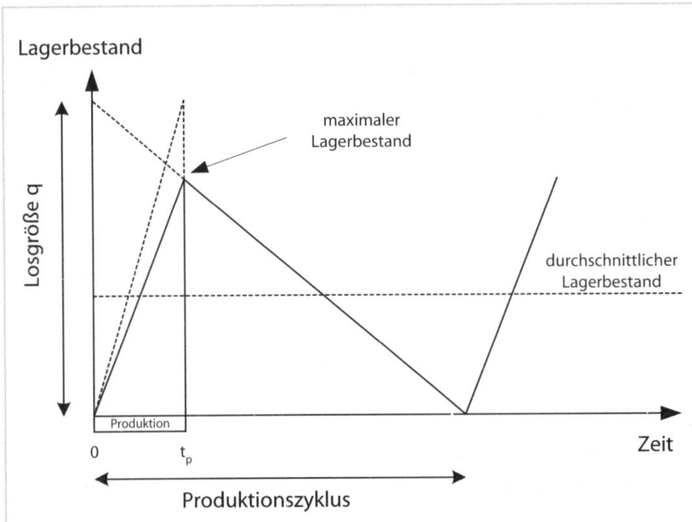

Bild D.43: Entwicklung des Lagerbestands bei endlicher Produktionsgeschwindigkeit

Zur Bestimmung der durchschnittlichen Lagerkosten pro Periode müssen wir die Entwicklung des Lagerbestands im Zeitablauf untersuchen. Bild D.43 zeigt die Bestandsentwicklung bei endlicher Produktionsgeschwindigkeit. Es wird angenommen, daß die Produkte kontinuierlich von einer nachfolgenden hier nicht weiter betrachteten Produktionsstufe abgerufen werden (*offene Produktweitergabe*).

Die Produktion beginnt im Zeitpunkt 0 und dauert an bis zum Zeitpunkt t_p. Die Produktionsrate beträgt p (ME pro ZE). Im Intervall $[t_p, t]$ wird nicht produziert. Auftretender Bedarf wird aus dem vorher aufgebauten Lagerbestand beliefert. Im Zeitpunkt t wird ein neues Los aufgelegt und der Produktionszyklus beginnt von vorne.

Die *Produktionsdauer* eines Loses, t_p, beträgt

$$t_p = \frac{q}{p} = \underbrace{\frac{q}{D}} \cdot \underbrace{\frac{D}{p}} = \frac{q}{D} \cdot \rho \qquad \text{(D.76)}$$

- $\frac{D}{p}$: Anteil an der Reichweite des Loses, während dessen produziert wird
- $\frac{q}{D}$: Reichweite des Loses (Produktionszyklus)

Die Größe $\rho = \frac{D}{p}$ kann man als *Auslastung* der Anlage durch das betrachtete Produkt interpretieren. Der Anstieg des Lagerbestands pro Zeiteinheit ist gleich der

Differenz zwischen Lagerzugangsrate p und Lagerabgangsrate D, $(p - D)$. Damit beträgt der Lagerbestand bei Beendigung der Produktion des Loses:

$$b_{\max} = t_p \cdot (p - D) = \frac{q}{p} \cdot (p - D) = q \cdot (1 - \rho) \tag{D.77}$$

Der durchschnittliche Lagerbestand im Zeitraum $[0, t]$ ist gleich der Hälfte des maximalen Lagerbestands. Die durchschnittlichen *Lagerkosten* betragen dann:

$$C_l = h \cdot \frac{q}{2} \cdot (1 - \rho) \tag{D.78}$$

Die zu minimierenden durchschnittlichen *Gesamtkosten* pro Periode betragen damit

$$C(q) = \underbrace{h \cdot \frac{q}{2} \cdot (1 - \rho)}_{\text{Lagerkosten}} + \underbrace{s \cdot \frac{D}{q}}_{\text{Rüstkosten}} \tag{D.79}$$

Das Minimum der Funktion (D.79) wird bestimmt, indem man sie nach der Variablen q ableitet und die Ableitung Null setzt:

$$\frac{dC(q)}{dq} = \frac{h}{2} \cdot (1 - \rho) - \frac{s \cdot D}{q^2} \stackrel{!}{=} 0 \tag{D.80}$$

Damit ergibt sich als optimale Losgröße

$$q_{\text{opt}} = \sqrt{\frac{2 \cdot s \cdot D}{h \cdot (1 - \rho)}} \tag{D.81}$$

Der Klammerausdruck im Nenner beschreibt den Einfluß der endlichen Produktionsgeschwindigkeit auf die Losgröße. Die optimale Losgröße wird im Vergleich zur klassischen Losgröße (bei unendlich schnellem Lagerzugang) größer, da im Durchschnitt weniger zu lagern ist. Die Auslastung ρ muß kleiner als 1 sein, da ansonsten der Bedarf nicht erfüllt werden kann.

Anhand des im Zusammenhang mit dem klassischen Losgrößenmodell verwendeten Beispiels[45] $[D = 600 \frac{\text{ME}}{\text{ZE}}; s = 15 \frac{\text{GE}}{\text{Rüstvorgang}}, h = 0.05 \frac{\text{GE}}{\text{ME und ZE}}]$ kann der Effekt der endlichen Produktionsgeschwindigkeit auf die optimale Losgröße demonstriert werden. Bei einer Produktionsgeschwindigkeit von $p = 800 \frac{\text{ME}}{\text{ZE}}$, d. h. $\rho = \frac{600}{800} = 0.75$, beträgt die optimale Losgröße:

$$q_{\text{opt}} = \sqrt{\frac{2 \cdot 15 \cdot 600}{0.05 \cdot (1 - 0.75)}} = 1200$$

45 siehe Abschnitt 9.1.3, S. 195 ff.

Man erkennt: je größer die Auslastung der Anlage durch das betrachtete Produkt ist, d. h. je geringer die Differenz zwischen der Produktionsgeschwindigkeit p und der Lagerabgangsgeschwindigkeit D ist, umso größer wird die optimale Losgröße.

Anstelle der Losgröße kann man auch die Länge des Produktionszyklus t als Entscheidungsvariable verwenden. Wegen $t = \frac{q}{D}$ kann der optimale Produktionszyklus t_{opt} aus der optimalen Losgröße q_{opt} abgeleitet werden:

$$t_{\text{opt}} = \sqrt{\frac{2 \cdot s}{h \cdot D \cdot (1-\rho)}} \tag{D.82}$$

Die Verwendung des *Produktionszyklus* als Entscheidungsvariable ist bei der Erweiterung der Problemstellung auf mehrere Produkte hilfreich, die zeitlich nacheinander auf der Anlage hergestellt werden. Dies wird im folgenden Abschnitt dargestellt.

Literaturhinweise
Küpper und Helber (1995), Abschnitt 4.2.2.1
Silver et al. (1998), Abschnitt 5.8

9.2.2 Mehrproduktproduktion auf einer Anlage

Bei Sortenproduktion werden – wie oben ausgeführt – mehrere Produkte nacheinander auf der betrachteten Produktionsanlage produziert. Setzt man nun - was ja plausibel erscheint – für jedes Produkt k das in Abschnitt 9.2.1 beschriebene klassische Losgrößenmodell ein, dann erhält man produktspezifische optimale Produktionszyklen t_k mit den entsprechenden Produktionszeiträumen t_{pk}, in denen die Anlage durch die Produkte belegt wird. Da die isolierten Produktionszyklen zunächst unabhängig voneinander bestimmt werden, wird diese Vorgehensweise zu **zeitlichen Überschneidungen der Produktionsaufträge** an der Anlage führen.

Bild D.44 veranschaulicht dieses Problem für ein Beispiel mit sieben Produkten. Die Produkte werden zunächst nacheinander mit ihren isoliert berechneten optimalen Losgrößen produziert. Die Rechtecke markieren die zeitliche Belegung der Anlage, wobei zunächst gerüstet und dann produziert wird. Während die Produktion von Produkt 7 noch läuft, muß nach dem gegebenen Plan bereits das zweite Los für Produkt 2 produziert werden. Es kommt somit zu einer ersten Doppelbelegung, die im weiteren Verlauf auch für andere Produkte auftritt. Dies wird durch die vertikalen Balken angedeutet. Auch eine andere Reihenfolge der Einplanung der Produkte zu Beginn des Produktionszeitraums ändert nichts daran, daß es mit der isolierten Betrachtung der Produkte nicht gelingt, einen hinsichtlich der Ressourcenbelastung zulässigen Produktionsplan zu erzeugen.

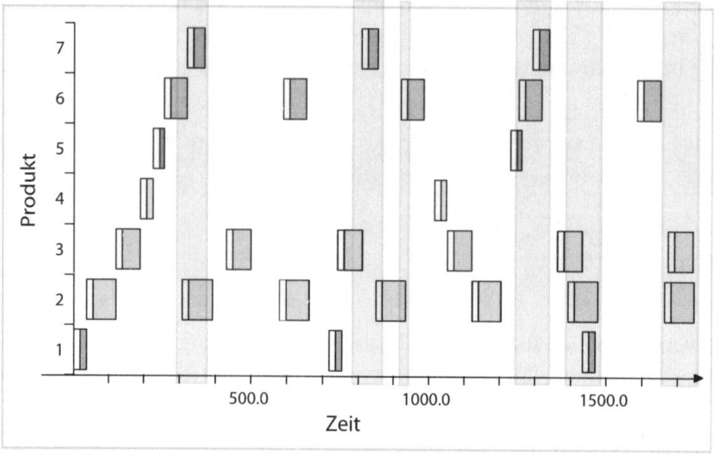

Bild D.44: Produktionsplan nach dem klassischen Losgrößenmodell

Um das Problem der Mehrfachbelegung der Ressource zu vermeiden, muß man bereits bei der Festlegung der Losgrößen die Produktionsreihenfolge der Lose berücksichtigen. Hier besteht eine **Schnittstelle zwischen Losgrößenplanung und Reihenfolgeplanung**.

Die einfachste Form der Vermeidung von Überschneidungen besteht darin, daß man einen für alle Produkte einheitlichen *gemeinsamen Produktionszyklus* T festlegt und die Losgrößen der einzelnen Produkte durch die Multiplikation des Produktionszyklus mit den produktspezifischen Bedarfsraten D_k errechnet. Die Zielfunktion dieses Problems, das in verallgemeinerter Form auch als „Economic Lot Scheduling Problem" (ELSP) bezeichnet wird, lautet dann:

$$\text{Minimiere } Z = \sum_{k=1}^{K} \Big[\frac{s_k}{T} + \underbrace{\frac{T}{2} \cdot D_k \cdot h_k \cdot \big(1 - \rho_k\big)}_{} \Big] \qquad \text{(D.83)}$$

↑ mittlere Lagerkosten pro Periode

↑ gemeinsamer Produktionszyklus aller Produkte

Leitet man die Zielfunktion (D.83) nach T ab und setzt man die erste Ableitung Null, dann erhält man Gleichung (D.84) für den optimalen gemeinsamen Produktionszyklus.

$$T_{\text{opt}} = \sqrt{\frac{2 \cdot \sum_{k=1}^{K} s_k}{\sum_{k=1}^{K} h_k \cdot D_k \cdot (1 - \rho_k)}} \qquad \text{(D.84)}$$

Da jedes Produkt genau einmal innerhalb des Produktionszyklus produziert werden soll, muß die Losgröße q_k ausreichen, um den Bedarf während T_{opt} zu decken. Es gilt also

$$q_k = D_k \cdot T_{\text{opt}} \qquad k = 1, 2, \ldots, K \qquad \text{(D.85)}$$

Berücksichtigt man auch noch mögliche **Rüstzeiten** τ_k, die zwischen der Produktion zweier Lose auftreten, dann muß folgende Bedingung erfüllt sein, wenn ein Produktionszyklus zulässig sein soll:

$$\sum_{k=1}^{K} \underbrace{\left[\tau_k + \frac{q_k}{p_k}\right]}_{} \leq T \qquad \text{(D.86)}$$

Belegungszeit der Maschine durch Produkt k (innerhalb eines Produktionszyklus der Länge T)

D. h. in dem Produktionszyklus muß Zeit für sämtliche Rüstvorgänge und sämtliche Produktionsvorgänge vorhanden sein. Bei zu kleinen Losen geht u. U. soviel produktiv nutzbare Zeit für Rüstvorgänge verloren, daß der Zyklus T nicht ausreicht, um alle Lose zu produzieren.

Ersetzen wir in Beziehung (D.86) die Losgröße $q_k = D_k \cdot T$, dann ergibt sich folgende Bedingung für die Zulässigkeit des Produktionszyklus:

$$\frac{\sum\limits_{k=1}^{K} \tau_k}{1 - \sum\limits_{k=1}^{K} \rho_k} \leq T \qquad \text{(D.87)}$$

Beziehung (D.87) beschreibt eine **untere Schranke** für die Länge des gemeinsamen Produktionszyklus. In einem Produktionszyklus, der kürzer als diese untere Schranke ist, bleibt nicht genug Zeit, um sowohl für alle Produkte zu rüsten als auch zu produzieren.

Produkt-variante	Bedarfsrate (Stück/Min.)	Produktionsrate (Stück/Min.)	Rüstzeit (Min.)	
k	D_k	p_k	τ_k	ρ_k
1	4	150	18	0.026667
2	36	150	18	0.24
3	25	150	18	0.166667
4	3	150	18	0.02
5	2	150	18	0.013333
6	21	150	18	0.14
7	9	150	18	0.06
Summe:			126	0.666667

Tabelle D.28: Daten des Beispiels

Betrachten wir ein **Beispiel** mit sieben Produkten und den in Tabelle D.28 angegebenen produktspezifischen Daten. Die Summe der Rüstzeiten beträgt 126 Minuten. Falls ohne Rüstvorgänge produziert werden könnte, betrüge die Gesamtauslastung der Anlage durch Bearbeitungsvorgänge 0.666667. Damit ergibt sich als Untergrenze für den gemeinsamen Produktionszyklus:

$$T_{\min} = \frac{126}{1 - 0.666667} = 378$$

Jeder Produktionszyklus, der kürzer als 378 Minuten ist, ist nicht zulässig, da zuviel Zeit für Rüstvorgänge verlorengeht. Nehmen wir nun an, daß mit einem Rüstvorgang variable Rüstkosten (Material, Löhne für Einrichter der Produktionsanlage) in Höhe von 5 € entstehen und daß der Lagerkostensatz $0.0072 \frac{\text{€}}{\text{Stück und Tag}} = 0.000005 \frac{\text{€}}{\text{Stück und Minute}}$ beträgt, dann erhalten wir als optimalen Produktionszyklus:

$$T_{\text{opt}} = \sqrt{\frac{2 \cdot 7 \cdot 5}{0.0004176}} = 409.42 \text{ Minuten}$$

Daraus können wir leicht die produktspezifischen Losgrößen errechnen. Sie lauten: $q_1 = 1638$ ME, $q_2 = 14739$ ME, $q_3 = 10235$ ME, $q_4 = 1228$ ME, $q_5 = 819$ ME, $q_6 = 8598$ ME, $q_7 = 3685$ ME.

Im Beispiel wurde von einer *Verfügbarkeit* der Produktionsanlage von 100% ausgegangen. Fällt – wie in der Praxis häufig zu beobachten ist – die Anlage in unregelmäßigen Abständen aus, dann bedeutet dies, daß sich die Netto-Kapazität der Anlage verringert. Diese Reduktion wirkt sich erhöhend auf die Mindestlänge des gemeinsamen Produktionszyklus aus.

Auch *reihenfolgeabhängige Rüstzeiten* lassen sich sehr einfach berücksichtigen. In diesem Fall bestimmt man zunächst die rüstzeitminimale Produktionsreihenfolge der Aufträge und legt dann den Produktionszyklus unter Beachtung von Beziehung (D.87) fest, wobei man im Zähler die minimale Rüstzeitensumme einsetzt.

Ein schwerer zu lösendes Problem mit sehr vielen denkbaren Problemvarianten entsteht, wenn sich die Produktion der Erzeugnisse nacheinander auf *mehreren Produktionsstufen* vollzieht. In diesem Fall müssen die Losgrößen so festgelegt werden, daß auf jeder Produktionsstufe genügend Zeit für Umrüstvorgänge zur Verfügung steht. In Abhängigkeit von der Form der Produktweitergabe an die nachfolgende Produktionsstufe kann es dann zu Leerzeiten der Ressourcen kommen, die bei der Bestimmung der produktionsstufenbezogenen Losgrößen und Reihenfolgen mit berücksichtigt werden müssen.

Literaturhinweis

Nahmias (2001), Abschnitt 4.9

9.2.3 Ressourceneinsatzplanung

Im vorangegangenen Abschnitt 9.2.2 wurde davon ausgegangen, daß zur Vorbereitung der Produktionsanlage für eine bestimmte Produktvariante (Sorte) Rüstvorgänge in solchem Umfang auftreten, daß eine losweise Produktion unumgänglich ist. Mit der Losgrößenplanung wurde dabei implizit das Problem der Reihenfolgeplanung durch Festlegung eines sich wiederholenden Produktionszyklus gelöst. Im folgenden unterstellen wir, daß die Rüstvorgänge zwischen den einzelnen Produktarten hinsichtlich ihrer Kosten bzw. Zeiten vernachlässigbar sind und daher die Losgröße „1" realisierbar ist. Allerdings wird das Produktionssystem nun nicht mehr als eine einzige Stufe modelliert. Vielmehr erweitern wir unsere Betrachtung auf den Fall mehrerer linear angeordneter Produktionsstufen. Die einzelnen Stationen verfügen über soviel Flexibilität, daß sie in wahlfreier Reihenfolge unterschiedliche Varianten eines Grundprodukts bearbeiten können. Dieses Prinzip kommt z. B. in der Automobilmontage zum Einsatz.

In einem derartigen Produktionssegment ist zu berücksichtigen, daß sich die Produktvarianten (z. B. Modelle eines Fahrzeugtyps) hinsichtlich ihrer *Bearbeitungszeiten* an den einzelnen Stationen des Produktionssystems unterscheiden. In der Phase der Planung der Infrastruktur der Produktion ergab sich daraus das Problem der Fließbandabstimmung mit stochastischen Bearbeitungszeiten. In der nun zu betrachtenden operativen Planungsphase stellt sich die Frage, in welcher **Reihenfolge** die einzelnen Produkteinheiten (z. B. Karrosserien) in das System eingeschleust werden sollen, damit die Arbeitsstationen ohne größere Probleme durch Überlastungen in der Lage sind, ihre Arbeitsaufgaben zu erledigen.

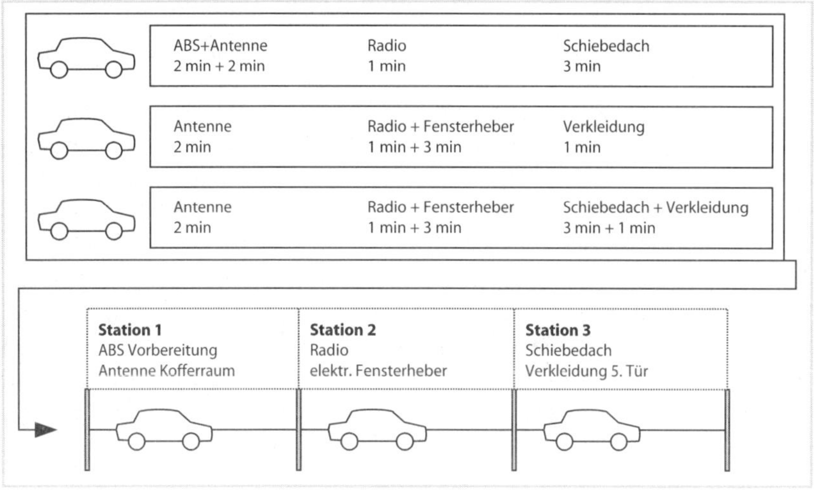

Bild D.45: Mehrproduktmontagelinie

Wir können das sich stellende Grundproblem hier nur aufzeigen, ohne eine Lösung detailliert darzustellen. Dabei beziehen wir uns auf den Fall der Automobilmontage. Die Grundstruktur des Problems der Reihenfolgeplanung, das in der englischsprachigen Literatur als „car sequencing problem" diskutiert wird, zeigt Bild D.45. Es werden drei hintereinanderliegende Montagestationen betrachtet. Die Taktzeit (Zeitspanne, die ein Fahrzeug für die Bewegung durch den Bereich einer Station benötigt) beträgt 3 Minuten. An der Station 1 werden im Kofferraum eine Antenne montiert und/oder die Vorbereitung für ein Anti-Blockier-System (ABS) getroffen. An der Station 2 wird ein Radio montiert und/oder ein elektrischer Fensterheber angebracht. Station 3 montiert die Schiebedachverkleidung und/oder eine Verkleidung für eine fünfte Tür.

In das Produktionssystem werden nacheinander Karrosserien mit unterschiedlichen stationsbezogenen Arbeitsinhalten eingesteuert. Die Belastungen der Stationen hängen von den einzelnen Fahrzeugtypen ab. Man kann sie durch einen Belastungsvektor beschreiben, dessen Elemente die Montagezeiten an den einzelnen Stationen aufnehmen. Jedem Werker ist ein Arbeitsbereich (Station) am Band zugeordnet. Die Grenzen der Arbeitsbereiche sind in Bild D.45 durch senkrechte Balken dargestellt. Ist der Werker bei Ankunft eines Fahrzeugs in seinem Bereich gerade unbeschäftigt, dann beginnt er ganz links und wandert während des Bearbeitungsvorgangs kontinuierlich mit dem Fahrzeug bis an den rechten Rand seines Arbeitsbereichs. Je nach Belastung durch ein Fahrzeug ändert sich die Position des Werkers am Band:

- er schwimmt ab (stromabwärts),
- er kann seine Position halten oder
- er kann sich hocharbeiten (stromaufwärts).

Während der Werker an dem Fahrzeug arbeitet, durchläuft das Fahrzeug seinen Arbeitsbereich. Die Länge des Arbeitsbereichs, die im Rahmen der Infrastrukturplanung, d. h. bei der Dimensionierung des Systems festgelegt wird, ist gleich dem Produkt aus der Vorgabezeit (Taktzeit) und der Bandgeschwindigkeit. In Abhängigkeit von der mit einem Fahrzeug verbundenen Arbeitsbelastung kommt es nun zu Abschwimm- und Aufholbewegungen. In Bild D.46 sind die Bewegungen des Werkers durch gestrichelte Linien dargestellt.

Im Idealfall ist die mit einem Fahrzeug verbundene Vorgabezeit gleich der Taktzeit, so daß die Länge des Arbeitsbereichs genau zur Bearbeitung des Fahrzeugs ausreicht. Der Werker nimmt die Arbeit an einem Fahrzeug auf, sobald dieses seinen Arbeitsbereich erreicht hat. Während das Fahrzeug den Arbeitsbereich durchläuft, führt er die Bearbeitung durch. Der Arbeitsgang ist abgeschlossen, sobald das Fahrzeug den Bereich verläßt. Der Werker kann dann wieder an den Anfang seines Bereichs zurückkehren.

Stimmen die sich aus den einzelnen Fahrzeugen ergebenden Arbeitsbelastungen nicht mit der geplanten Belastung überein, dann schwimmt der Werker bei überdurchschnittlicher Belastung ab. Im Bild gerät der Werker in den Arbeitsbereich der nächsten Station bzw. in eine Pufferzone, die für diesen Fall vorgesehen ist. Die Pufferzone kann z. B. durch Werker in den angrenzenden Stationen bei Abschwimmbewegungen (oder für Vorausarbeiten) genutzt werden. Nach der Abschwimmbewegung ist das nächste Fahrzeug bereits in den Arbeitsbereich bewegt worden, wenn der Werker mit der Bearbeitung beginnt. Da dieses Fahrzeug aber eine unterdurchschnittliche Belastung mit sich bringt, gelingt es, den Positionsverlust wieder aufzuholen.

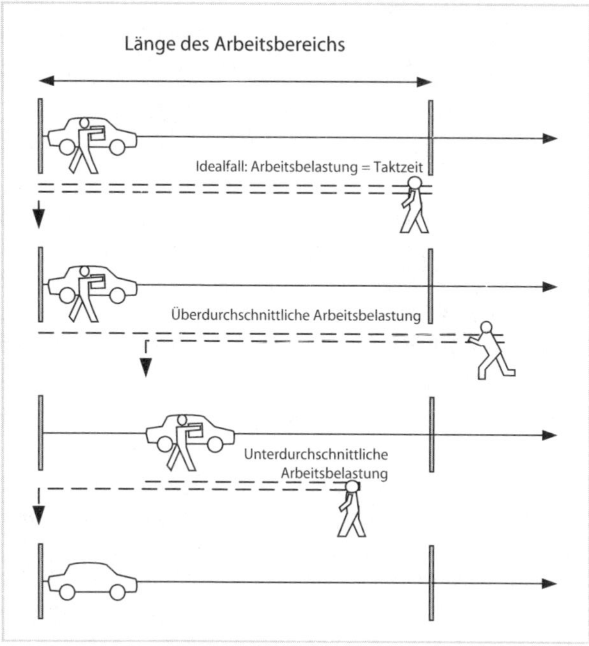

Bild D.46: Abschwimm- und Aufholbewegung eines Werkers

Das *Problem der Reihenfolgeplanung* in einem derartigen Produktionssystem besteht nun darin, die aufeinanderfolgenden Fahrzeuge so auszuwählen, daß es an jeder Station gelingt, eine evtl. aufgetretene Abschwimmbewegung wieder aufzuholen. Dies wird erreicht, wenn man für eine Station Fahrzeuge mit überdurchschnittlicher und unterdurchschnittlicher Belastung abwechselt. Da dies zwar für *eine* Station machbar ist, aber für mehrere Stationen i. a. zu Konflikten führt, entsteht ein schwieriges kombinatorisches Optimierungsproblem, das noch nicht abschließend gelöst ist.

Literaturhinweise

Decker (1993)
Ziegler (1990)

9.3 Losgrößen- und Ressourceneinsatzplanung bei Zentrenproduktion

Produktionszentren entstehen durch räumliche Zusammenfassung von unterschiedlichen Arbeitssystemen mit der Aufgabe, eine bestimmte Gruppe von Produkten (Teilefamilie) möglichst komplett zu bearbeiten. Nach dem Automatisierungsgrad unterscheidet man *flexible Fertigungssysteme* (FFS) und *Produktionsinseln*. Im folgenden behandeln wir zunächst die Probleme der Ressourceneinsatzplanung, die sich in einem FFS ergeben (Abschnitt 9.3.1), und im Anschluß daran gehen wir in Abschnitt 9.3.2 auf die entsprechenden Probleme beim Einsatz von Produktionsinseln ein.

9.3.1 Flexible Fertigungssysteme

In einem flexiblen Fertigungssystem werden sämtliche Vorgänge durch einen FFS-Zellenrechner zentral gesteuert. Die Steuerungssoftware muß dabei über vollständige Informationen über den aktuellen Systemzustand (Zustände aller Maschinen; Positionen der Werkstücke; Belegung der Werkstückpuffer; Belegung der Werkzeugmagazine; Zustand der Werkzeuge; Standorte der Fahrzeuge) verfügen.

Für die übergeordnete Produktionsplanung und -steuerung operiert das FFS als eine geschlossene Einheit, die im Vergleich zu herkömmlichen Werkzeugmaschinen *mehrere Produktionsaufträge simultan* bearbeiten und aufgrund der geringen Umrüstzeitverluste mit wesentlich *geringeren Auftragsgrößen (Losgrößen)* als z. B. eine konventionelle Werkstattproduktion produzieren kann. Ist ein Auftrag erst einmal zur Produktion an das FFS freigegeben worden, dann kann sein Fertigstellungszeitpunkt mit vergleichsweise hoher Sicherheit bestimmt werden. Auch *kurzfristige Änderungen* der Auftragsgröße oder des geplanten Fertigstellungstermins eines Auftrags können vom FFS weitgehend realisiert werden.

Aufgrund der Einführung eines FFS anstelle der planerisch schwer zu beherrschenden konventionellen Werkstattproduktion *vereinfacht sich für die übergeordnete Produktionsplanung und -steuerung* (PPS) der gesamte Planungsprozeß. Denn das FFS arbeitet als ein dezentral gesteuertes Produktionszentrum, das von der übergeordneten PPS lediglich terminierte Bedarfsmengen übernimmt und diese termingerecht abliefert.

Für die *Losgrößen- und Ressourceneinsatzplanung innerhalb des FFS* ergeben sich zahlreiche neue zu beachtende *Aspekte*, die bei der konventionellen Werkstattproduktion in dieser Form unbekannt sind:

- Die Bearbeitungszentren können mehrere unterschiedliche Arbeitsgänge ohne nennenswerte Umrüstzeitverluste ausführen. Die Menge der an einem Bearbeitungszentrum zu einem bestimmten Zeitpunkt durchführbaren Operationen wird dabei erst durch die *Belegung des maschinennahen Werkzeugmagazins* definiert.

- Die maschinennahen Werkzeugmagazine können i. d. R. nur eine begrenzte Zahl an Werkzeugen aufnehmen. Dadurch ist die Anzahl der unterschiedlichen Werkstücktypen, die *simultan* im FFS gefertigt werden können, begrenzt. Im Gegensatz zur vielfach geäußerten Meinung, daß bei Einsatz eines FFS die Losgröße „1" problemlos realisierbar sei, ist bei begrenzten Werkzeugmagazinen eine Zusammenfassung mehrerer Werkstücke unter besonderer Beachtung möglicher Überschneidungen hinsichtlich ihres Werkzeugbedarfs sinnvoll.
- Jeder Werkzeugtyp ist nur in begrenzter Anzahl vorhanden. Damit reduziert sich die grundsätzlich vorhandene, aber von der konkreten Werkzeugmagazinbelegung abhängige *Durchlaufflexibilität* der Werkstücke, d. h. die Möglichkeit, daß ein Werkstück mehrere physische Wege durch ein FFS einschlagen kann (alternativ einsetzbare Maschinen).
- Die räumliche Nähe der unterschiedlichen Bearbeitungsmaschinen und die Verfügbarkeit eines *automatisierten Transportsystems* eröffnen die Möglichkeit, den physischen Weg eines Werkstücks durch das FFS kurzfristig unter Beachtung des jeweils aktuellen Systemzustands festzulegen.
- Die in einem FFS zirkulierende Anzahl an Werkstücken wird durch die verfügbare *Palettenzahl* beschränkt. Dies kann an einzelnen Maschinen zu Leerzeiten führen.
- Auch die werkstückspezifischen *Spannvorrichtungen* zur Befestigung der Werkstücke auf den Paletten sind oft nur in begrenzter Anzahl vorhanden. Somit wird die Anzahl identischer, im FFS zirkulierender Werkstücke eines Typs beschränkt.
- Der Einsatz von *Spannwürfeln* (Spannblöcken) kann eine gemeinsame Spannung von mehreren, auch unterschiedlichen Werkstücken auf einer Palette erfordern, wodurch sich die unabhängige Beweglichkeit einzelner Werkstücke reduziert.

Die genannten Entscheidungstatbestände sind bei der Losgrößen- und Ressourceneinsatzplanung in einem FFS zu berücksichtigen. Wird eine konventionelle Werkstattproduktion durch ein FFS ersetzt, dann hat dies aufgrund der Vielfalt der Entscheidungsoptionen einerseits eine *Erhöhung der Planungskomplexität* zur Folge. Gleichzeitig sind aber aufgrund des nunmehr besser strukturierten und transparenteren Produktionsablaufs Tendenzen zur *Reduktion der Planungskomplexität* festzustellen. Letztere lassen sich auf folgende Tatbestände zurückführen:

- Da in einem FFS vorwiegend Bearbeitungszentren eingesetzt werden, in denen die Funktionen mehrerer konventioneller Werkzeugmaschinen zusammengefaßt sind, ist die Anzahl unterschiedlicher Maschinen und damit die Anzahl der bei der Ablaufplanung zu berücksichtigenden Planungsobjekte i. a. wesentlich geringer als bei konventioneller Werkstattproduktion.

- Die damit verbundene Reduzierung der an einem Werkstück auszuführenden Arbeitsgänge vermindert die Anzahl der Produktionsstufen und damit die Anzahl der zu betrachtenden Zuordnungen von Aufträgen zu Maschinen. Auch hieraus resultiert eine Reduktion der Problemkomplexität.
- Die EDV-technische Vernetzung der automatisierten Produktionseinrichtungen ermöglicht eine verbesserte Betriebsdatenerfassung und erhöht damit die Aktualität der Planungsdaten.

Die *Erhöhung der Planungskomplexität* betrifft überwiegend die *Ablaufplanung innerhalb des FFS*, während die *Reduktion der Planungskomplexität* vorrangig das *übergeordnete PPS-System* beeinflußt. Dies begünstigt eine dezentrale Organisation der Produktionsplanung und -steuerung, in der das FFS als ein Subsystem operiert.

Geht man von der Einbettung eines FFS in ein hierarchisches Planungskonzept aus, dann enden die Planungsüberlegungen der dem FFS übergeordneten Produktionsplanung und -steuerung mit der Freigabe der terminierten Bedarfsmengen sowie deren Zuordnung zu einem der potentiellen Produktionssegmente. Im PPS-System erfolgt keine Zusammenfassung von Bedarfsmengen mehrerer Perioden zu einem größeren Produktionsauftrag (keine Losgrößenplanung!). Die Nettobedarfsmengen der im FFS zu produzierenden Erzeugnisse werden direkt als terminierte Bedarfsmengen an das FFS weitergegeben, da davon ausgegangen werden kann, daß die vor- und nachgelagerten Produktionsstufen aufgrund der dort auftretenden Rüstzeitverluste die Mindestauftragsgrößen determinieren. Bei der kurzfristigen Planung eines FFS unterscheidet man eine *Einlastungs-* und eine *Steuerungsphase.*

Einlastung. Ausgangspunkt für die Planung und Steuerung eines FFS sind die vom übergeordneten Produktionsplanungs- und Steuerungssystem vorgegebenen und terminierten Bedarfsanforderungen (Aufträge). Diese sind gekennzeichnet durch die *Werkstückbezeichnung*, die Bedarfsmenge, den frühesten *Bereitstellungszeitpunkt* für das Rohmaterial und den spätesten *Fertigstellungstermin* (Fälligkeitstermin) der Bedarfsmenge. Im Rahmen des Planungssystems des FFS wird die Einlastung dieser Aufträge in das FFS festgelegt. Die hierbei anfallenden Planungsaufgaben lassen sich wie in Bild D.47 dargestellt strukturieren.

In der ersten Planungsstufe wird eine Verfügbarkeitsprüfung hinsichtlich des Rohmaterials, der Werkzeuge, der NC-Programme usw. durchgeführt. Nach dieser Prüfung ist der aktuelle, einplanbare Auftragsbestand bekannt. I. a. können nicht alle Aufträge gleichzeitig im FFS gefertigt werden, da den Maschinen und Paletten jeweils auftragsspezifische Werkzeuge bzw. Spannvorrichtungen zugeordnet werden müssen, die nur in begrenzter Zahl vorhanden sind. Die wahlfreie, ungeordnete Einlastung von Aufträgen in das FFS würde sowohl zu Schwierigkeiten bei der Termineinhaltung der Aufträge als auch zu unnötig vielen Umrüstvorgängen führen. Die Umrüstvorgänge in einem FFS können zwar überwiegend hauptzeitparallel durchgeführt werden, das Bereitstellungs- und das Werkzeugversorgungssystem können hier jedoch zum Engpaß werden.

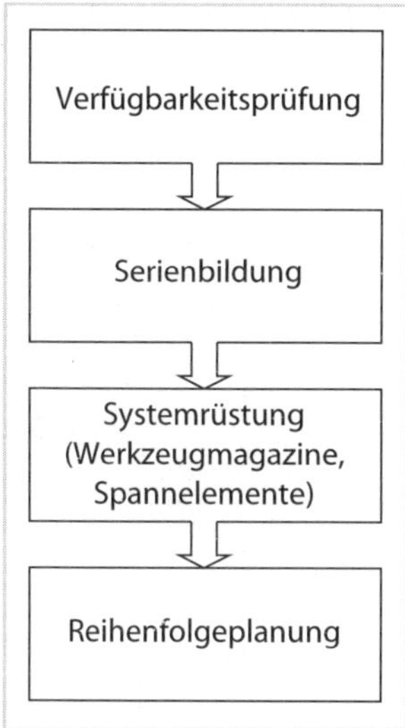

Bild D.47: Aufgaben der Einlastungsplanung eines FFS

Daher ist bei der Einlastungsplanung darüber zu entscheiden, wann und mit welchen anderen Aufträgen gemeinsam ein Produktionsauftrag in das FFS eingelastet, d. h. zur Produktion freigegeben wird. Gleichzeitig müssen die Bestückung der *maschinennahen Werkzeugmagazine* mit Werkzeugen und die Zuordnung der Spannvorrichtungen zu den Paletten festgelegt werden. Das Problem der Auftrageinlastung in ein FFS ist i. a. derart komplex, daß es für praktisch relevante Problemgrößen nicht mehr exakt lösbar ist. In der Literatur wird daher eine Aufteilung des Planungsproblems in eine Phase der *Serienbildung* und in eine Phase der *Systemrüstung* vorgeschlagen.

Serienbildung. Die Serienbildung beinhaltet die Zusammenfassung von unterschiedlichen Aufträgen für eine gemeinsame, gleichzeitige Fertigung im FFS. Das Entscheidungsproblem dieser Planungsstufe besteht darin, ausgehend von einer durch das übergeordnete PPS-System zur Bearbeitung im FFS freigegebenen Auftragsmenge zu bestimmen, *welche Aufträge* bzw. Werkstücke *wann* gemeinsam bearbeitet werden sollen (siehe Bild D.48).

Systemrüstung. Im Rahmen der Systemrüstungsplanung ist für die in einer Serie zusammengefaßten Aufträge festzulegen, an welchen der evtl. vorhandenen ersetzenden Maschinen die benötigten Werkzeuge bereitgestellt werden sollen. Die Systemrüstung umfaßt die *Vorbereitung eines FFS für die Bearbeitung einer Serie* (siehe Bild D.49). Durch die Bestückung der maschinennahen Werkzeugmagazine mit den benötigten Werkzeugen wird erreicht, daß die erforderlichen Arbeitsgänge ausgeführt werden können. In dieser Planungsstufe ist weiterhin zu entscheiden, inwieweit mehrere ersetzende Maschinen mit den gleichen Werkzeugsätzen für einen

Arbeitsgang auszustatten sind. Dies hätte den Vorteil, daß die Maschinen sich bei einem Maschinenausfall gegenseitig ersetzen könnten.

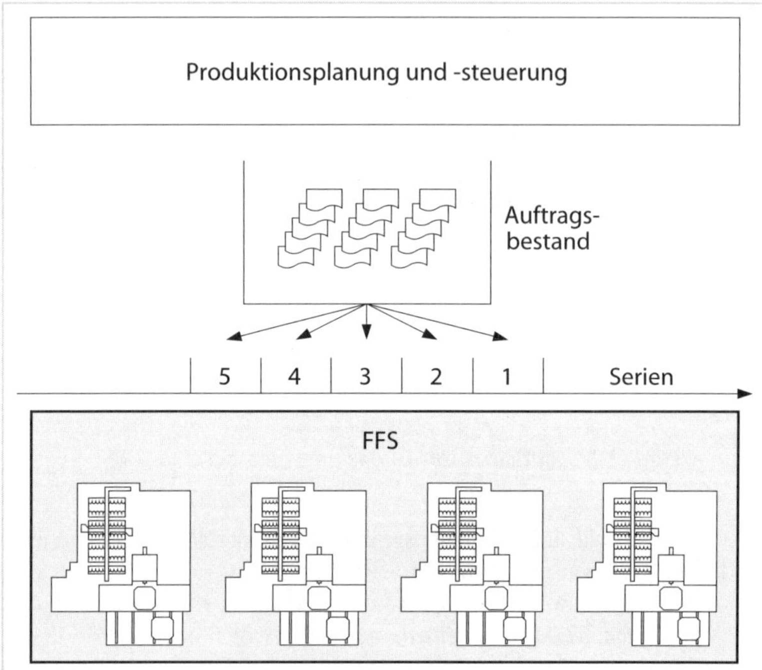

Bild D.48: Serienbildung

Im Gegensatz zur Werkstattproduktion besteht in einem FFS mit ersetzenden Maschinen *keine vorgegebene Zuordnung eines Arbeitsgangs zu einer Werkzeugmaschine* bzw. zu einem Maschinentyp. Diese Zuordnung ist erst über die Bereitstellung der notwendigen Werkzeuge herzustellen, die wiederum verschiedenen Restriktionen unterworfen ist. Gleichzeitig muß eine genaue Kapazitätsabstimmung vorgenommen werden, da innerhalb des FFS nur eine begrenzte Lagerungsmöglichkeit für Werkstücke besteht. Es ist vielfach nur in begrenztem Maße möglich, zur Vermeidung von Maschinenleerzeiten auf Werkstückbestände zurückzugreifen.

Die *Zuordnung der Spannvorrichtungen zu den Paletten* ist ein weiterer Bestandteil der Systemrüstungsplanung. Auch diese Zuordnung ist von der Serienbildung und der Werkzeugbestückung abhängig. Durch sie wird die Anzahl der gemeinsam im System zirkulierenden, identischen Werkstücke festgelegt.

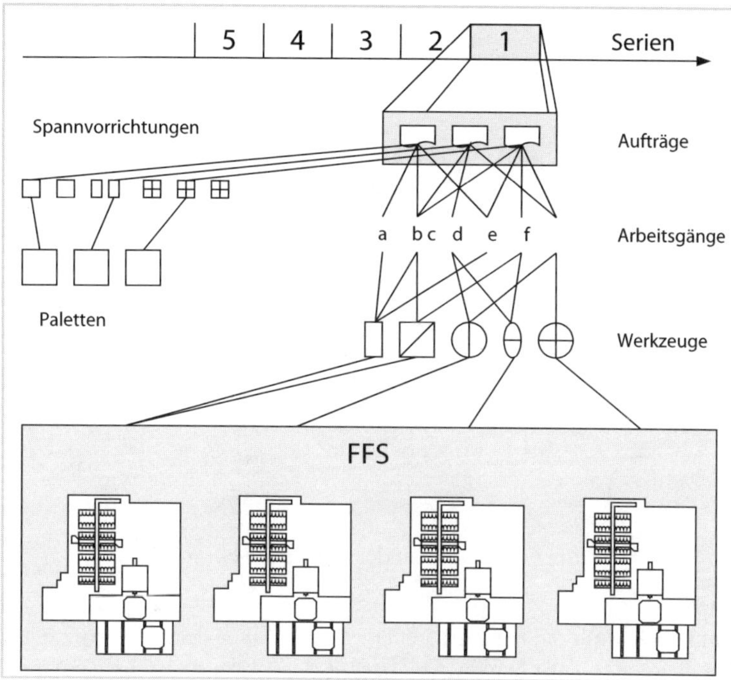

Bild D.49: Systemrüstung

Im Anschluß an die Serienbildung und die Systemrüstung wird für die ausgewählten Aufträge festgelegt, in welcher *Reihenfolge* die Werkstücke in das FFS eingeschleust werden sollen. Jedes einzelne Werkstück eines Auftrags muß als Einzelstück identifiziert und in der Planung separat behandelt werden. Die geschlossene Einlastung aller Werkstücke eines Auftrags würde die Gefahr einer ungleichmäßigen Maschinenauslastung in sich bergen.

Die Darstellung der Aufgaben der Einlastungsplanung zeigt, daß in dieser Phase die ursprünglich bestehenden Freiheitsgrade des FFS sukzessive eingeschränkt werden. Die *Einlastungsplanung* hat somit für den effizienten Betrieb eines FFS (Vermeidung von ablaufbedingten Leerzeiten, geringer Rüstzeitverlust, Einhaltung von Fälligkeitsterminen) eine *wesentliche Bedeutung*. Planungsfehler, die hier gemacht worden sind, können in der folgenden Phase der Steuerung kaum ausgeglichen werden.

Steuerung. An die Einlastungsphase schließt sich die Steuerungsphase des FFS an (siehe Bild D.50). In der Steuerungsphase ist unter Berücksichtigung des aktuellen Systemzustands (einschl. aller Maschinen, Werkzeuge, Fahrzeuge und Werkstücke) über die konkrete zeitliche und räumliche Struktur der Bearbeitungsprozesse in dem FFS zu entscheiden. Hierbei kann evtl. auf die in der letzten Stufe der Einlastungsplanung ermittelte Reihenfolge zurückgegriffen werden.

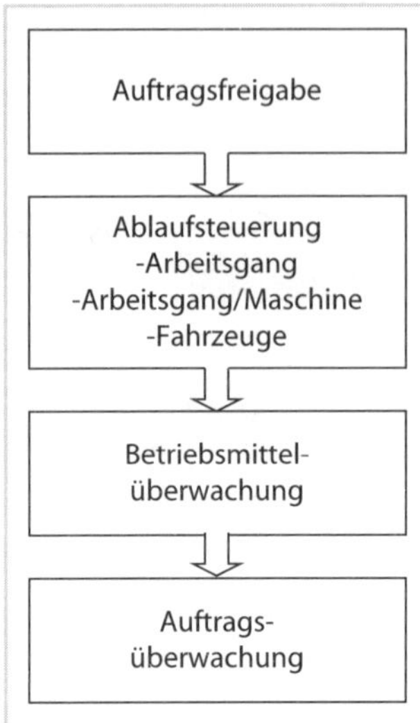

Bild D.50: Aufgaben der Steuerung eines FFS

Für die im FFS zirkulierenden Werkstücke ist im Rahmen der zur Verfügung stehenden Freiheitsgrade zu entscheiden, welcher zur Bearbeitung anstehende Arbeitsgang eines Werkstücks als nächster an welcher Maschine ausgeführt werden soll (Ablaufsteuerung), wobei die aktuelle Belegung der Werkzeugmagazine der Maschinen berücksichtigt werden muß. Gleichzeitig ist bei einem erforderlichen Transport das ausführende Beförderungsmittel zu wählen.

Neben den Entscheidungen, die während des Systembetriebs zu treffen sind, müssen in der Steuerungsphase die Betriebsmittel (Maschinen, Werkzeuge, Transporter) sowie der Produktionsfortschritt der Werkstücke und der Aufträge überwacht werden, damit bei auftretenden Störungen im Rahmen der zur Verfügung stehenden Handlungsspielräume unverzüglich Anpassungsmaßnahmen eingeleitet werden können.

In der *Steuerungsphase* werden anstehende Entscheidungen i. a. durch den Einsatz von Prioritätsregeln getroffen. Sie besitzt im Gegensatz zur Einlastungsphase eine geringere Bedeutung. In dieser Phase bestehen kaum Möglichkeiten, eine ungenügende Planung zu kompensieren. Die Systemsteuerung muß vorrangig auf die richtige Einschleusung der Werkstücke achten und rechtzeitig auf Produktionsstörungen reagieren.

Literaturhinweis

Tempelmeier und Kuhn (1993), Abschnitt 222.

9.3.2 Produktionsinseln

Produktionsinseln entstehen durch räumliche Zusammenfassung von Arbeitssystemen unterschiedlicher Funktion zu Arbeitsgruppen unter Beibehaltung der konventionellen Technologie und Zuordnung von Teilefamilien zu diesen Arbeitsgruppen. Mit der Einführung von Produktionsinseln wird eine Reduzierung der Arbeitsteilung angestrebt und den Arbeitsgruppen die Verantwortung für die (weitgehende) Komplettbearbeitung der zugewiesenen Aufträge übertragen. Damit eng verbunden ist die Übertragung von Planungs- und Steuerungskompetenz auf die Arbeitsgruppen.

Diese Verlagerung von Planungs- und Steuerungsaufgaben führt zu einer Entlastung der zentralen Produktionsplanung und -steuerung. Denn die Arbeitsgruppe kann als eine selbststeuernde Einheit betrachtet werden, der – wie einem FFS – von der zentralen Produktionsplanung und -steuerung lediglich Mengen und Ecktermine von Aufträgen übermittelt werden. Wie die Arbeitsgruppe die termingerechte Fertigstellung der Aufträge schafft, bleibt ihr selbst überlassen.

Je nach Dezentralisierungsgrad der Planungs- und Steuerungsaufgaben können unterschiedliche Aufgaben auf die Produktionsinsel übertragen werden, z. B.

- Arbeitsplanung,
- Produktionssteuerung,
- Werkzeug- und Vorrichtungswesen,
- Qualitätskontrolle,
- Instandhaltung,
- Transportaufgaben usw.

Der konkrete Aufgabenumfang der in einer Produktionsinsel durchzuführenden Planungs- und Steuerungsaufgaben ist fallspezifisch sehr unterschiedlich.[46] Die Planungstätigkeiten der Arbeitsgruppe können durch einen elektronischen Leitstand unterstützt werden. Dieser bietet der Arbeitsgruppe z. B. Funktionen wie *Auftragsbestand anzeigen, Materialverfügbarkeit überprüfen, Fertigstellung melden, Reihenfolge planen, reservierte Kapazität anzeigen* usw. an.

Als Vorteil wird i. a. der größere Überblick über den aktuellen Produktionsfortschritt bei den Mitarbeitern einer Produktionsinsel im Vergleich zur zentralen Produktionsplanung und -steuerung angesehen. So kann eine überlappte Produktion von Aufträgen (offene Produktweitergabe) i. d. R. problemlos realisiert werden. Dadurch lassen sich beträchtliche Reduzierungen der Durchlaufzeit erreichen. Bei Störungen können die Mitglieder der Arbeitsgruppe eigenverantwortlich über die Maßnahmen zu ihrer Beseitigung entscheiden. Kommt es zu einer kurzfristigen Überlastung eines Arbeitsplatzes, dann kommen unterausgelastete Kollegen kurzfristig zu Hilfe.

46 vgl. *Schlund* (1991), S. 24–37; *Ruffing* (1991), S. 74

Teil E

Logistische Prozesse

Wir haben bereits an mehreren Stellen auf die Beziehungen zwischen den Entscheidungen im Bereich der Produktion und deren Konsequenzen für die Logistik hingewiesen. Ganz offensichtlich ist dies bei der betrieblichen und innerbetrieblichen Standortplanung oder bei den Entscheidungen über die Losgrößen- und Ressourceneinsatzplanung, die stets auch Auswirkungen auf das Logistiksystem haben, da sie z. B. Lagerung und Materialflüsse nach sich ziehen.

Mit dem Begriff der **Logistik** bezeichnet man in der Betriebswirtschaftslehre eine Querschnittsfunktion, deren Aufgabe es ist, *räumliche*, *zeitliche* und *mengenmäßige Differenzen* zwischen „Angebot" und „Nachfrage" zu überbrücken. Unter „Angebot" kann man einen Lieferanten, ein Wareneingangslager, ein Zwischenlager, eine Produktionsstelle (Arbeitssystem) oder ein Fertigwarenlager verstehen. „Nachfrage" kann ein Wareneingangslager, eine Produktionsstelle, ein Fertigwarenlager oder ein Kunde sein. Die Aufgabe des Logistiksystems einer Unternehmung ist es, dafür zu sorgen, daß jedem „Nachfrager" der von diesem hinsichtlich *Menge*, *Zeitpunkt*, *Ort* und *Qualität* spezifizierte Bedarf für ein bestimmtes Erzeugnis seinen Anforderungen gemäß zur Verfügung gestellt wird. Damit diese Aufgabe erfüllt werden kann, müssen – neben den anderen Wertschöpfungsprozessen, z. B. der Produktion – die logistischen Prozesse des Transportierens, Umschlagens und Lagerns (sog. TUL-Prozesse) geplant, gesteuert und kontrolliert werden. Dies geschieht unter Zuhilfenahme eines Informationssystems, in dem alle mit den Prozessen der Logistik verbundenen Informationen (Entscheidungs-, Durchsetzungs- und Kontrollinformationen) übermittelt, gespeichert und verarbeitet werden. Dieses Informationssystem ist sinnvollerweise eng mit dem Informationssystem der Produktion verbunden.

Entscheidungen, die das Logistiksystem einer Unternehmung betreffen, sind einmal *Strukturentscheidungen*. Eine wichtige Strukturentscheidung, die Standortwahl von Produktionsstätten haben wir bereits in Kapitel 4 behandelt. Liegt die Struktur des (Produktions- und) Logistiksystems fest, dann sind Entscheidungen über die logistischen *Prozesse* zu fällen. Es geht dabei um alle diejenigen kurzfristigen Handlungstatbestände, die sich innerhalb der gegebenen *Struktur eines Logistiksystems* vollziehen. Hierzu gehören vor allem Entscheidungen, die die Höhe der Lagerbestände beeinflussen, Entscheidungen über die Transportwege und den Einsatz der Transportmittel sowie Entscheidungen über Prozesse der Materialhandhabung und Verpackung.

In diesem Teil sollen die logistischen Prozesse genauer betrachtet werden. In Kapitel 10 behandeln wir *Lagerhaltungssysteme*, die bei stochastischen Planungsbedingungen eingesetzt werden können. In Kapitel 11 werden mit der *Transport-* und der *Tourenplanung* typische Probleme aus dem Bereich der Distributionslogistik diskutiert. Kapitel 12 behandelt Probleme des *Lagerbetriebs* und des *Güterumschlags*.

10 Lagerhaltungssysteme

Wie in den bisherigen Ausführungen, z. B. in Abschnitt 9.1.3, deutlich wurde, werden durch die Festlegung der Produktionsauftragsgrößen und Beschaffungsmengen die Lagerungskosten direkt beeinflußt. Die Notwendigkeit der Lagerung von Produkten entsteht immer dann, wenn der Fertigstellungstermin eines Produktionsauftrags oder allgemein der Lagerzugang für ein Erzeugnis vor dem Bedarfszeitpunkt liegt. In den bisherigen Ausführungen wurde angenommen, daß Lagerbestände ausschließlich durch einen bestehenden Zielkonflikt zwischen Rüstkosten (-zeiten) und Lagerkosten hervorgerufen werden. Um nicht in jeder Periode produktiv nutzbare Kapazität durch Rüstvorgänge zu verlieren, wurden Bedarfsmengen mehrerer zukünftiger Perioden zu einem Produktionsauftrag zusammengefaßt und vor ihrem Bedarfszeitpunkt bereits eingelagert.

Bisher wurde im Zusammenhang mit der Entstehung von Lagerbeständen auch davon ausgegangen, daß alle Daten über die für die Losgrößenplanung relevanten Einflußgrößen mit *Sicherheit* bekannt sind. Diese Annahme wird im folgenden fallengelassen. Zunächst betrachten wir in Abschnitt 10.1 mögliche *Ursachen der Unsicherheit*. Im Anschluß daran diskutieren wir verschiedene stochastische *Lagerhaltungspolitiken*. Abschnitt 10.2 behandelt eine Lagerhaltungspolitik mit *konstanten Bestellmengen*, während in Abschnitt 10.3 eine Lagerhaltungspolitik mit *konstanten Bestellabständen* erläutert wird. Dabei wird mit dem *Sicherheitsbestand* eine weitere Form von Lagerbestand eingeführt.

10.1 Ursachen der Unsicherheit

Die bisher getroffene Annahme sicherer Planungsdaten muß fallengelassen werden, wenn die relevanten Planungsgrößen stochastischen Einflüssen unterliegen. Man kann verschiedene **Ursachen der Unsicherheit** unterscheiden:

- Die **Nachfragemenge** pro Periode ist nicht sicher.
- Die **Wiederbeschaffungszeit einer Lagerbestellung** (Durchlaufzeit eines Produktionsauftrags; Beschaffungszeit einer externen Bestellung, d. h. Lieferzeit des Lieferanten) ist nicht sicher.
- Die **Lagerzugangsmenge** weicht von der Bestellung ab.
- Die **Aufzeichnungen** der Lagerbestandsführung stimmen nicht mit den tatsächlich vorhandenen Beständen überein.

Die nun auftretenden Probleme sollen im folgenden in bezug auf ein Produkt k dargestellt werden, dessen Bestandsentwicklung wir unabhängig von allen anderen Produkten der Unternehmung detailliert analysieren wollen (siehe Bild E.1). Das betrachtete Lager steht einer *stochastischen Nachfrage* gegenüber, die durch eine große Anzahl von Kunden verursacht wird. Das Lager wird durch Wiederbeschaffungsmaßnahmen, d. h. Bestellungen bei einem Lieferanten, z. B. einer Produktionsstätte, wieder aufgefüllt. Die Wiederbeschaffungszeit umfaßt i. a. mehrere Perioden, wobei auch hier Unsicherheit hinsichtlich der *Länge der Wiederbeschaffungszeit* auftreten kann.

Derartige unabhängig disponierte Produkte finden sich vor allem im Bereich der Ersatzteilbevorratung, im Bereich der B- und C-Produkte sowie bei Handelswaren, die zur Abrundung des Erzeugnisprogramms von externen Lieferanten beschafft und an externe Abnehmer verkauft werden. Auch in einem regionalen Verkaufslager einer Unternehmung können die Produkte unabhängig disponiert werden. Schließlich ist jeder Handelsbetrieb mit Problemen der Lagerdisposition unter unsicheren Bedingungen konfrontiert. Zur Veranschaulichung der Problemstellung betrachten wir folgendes **Beispiel**.

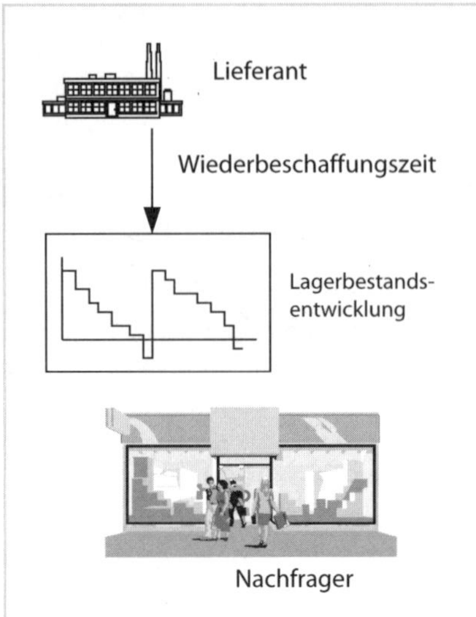

Bild E.1: Modellvorstellung eines Lagers

Deterministische Ausgangssituation. In einem Tante-Emma-Laden steht in einem Regal eine Anzahl von Champagner-Flaschen. Die Zeitspanne, die vergeht, bis eine an den Lieferanten telefonisch abgegebene Bestellung zu einem Lagerzugang führt, beträgt *genau* einen Tag. Die Entnahme aus dem Regal, d. h. die tägliche Nachfragemenge, beträgt *genau* 10 Flaschen. In diesem Fall reicht es aus, dann eine Bestellung aufzugeben, wenn der Bestand auf 10 Flaschen gesunken ist.

Zufällige Schwankungen der Nachfrage. Nehmen wir nun an, daß die tägliche Nachfragemenge weiterhin im Durchschnitt 10 Flaschen beträgt, daß aber zufällige Schwankungen auftreten. Die Analyse der Aufzeichnungen der Vergangenheit führte zu dem Schluß, daß die Nachfragemenge einer *Normalverteilung* mit dem Mittelwert $\mu = 10$ und der Standardabweichung $\sigma = 2$ folgt. Die Dichtefunktion und die Verteilungsfunktion der entsprechenden Normalverteilung $N(\mu = 10, \sigma = 2)$ sind in Bild E.2 dargestellt.

Wenn man nun wie im deterministischen Fall vorgeht, also genau dann bei dem Lieferanten bestellt, wenn der Bestand auf 10 Flaschen gesunken ist, dann beträgt die Wahrscheinlichkeit, daß der Bestand während der Wartezeit auf die Lieferung (Wiederbeschaffungszeit) erschöpft ist und ein Kunde ohne die gewünschte Champagner-Flasche wieder nach Hause gehen muß, genau $P\{\text{Nachfrage} > 10\} = 1 - P\{\text{Nachfrage} \leq 10\} = 0.5$.

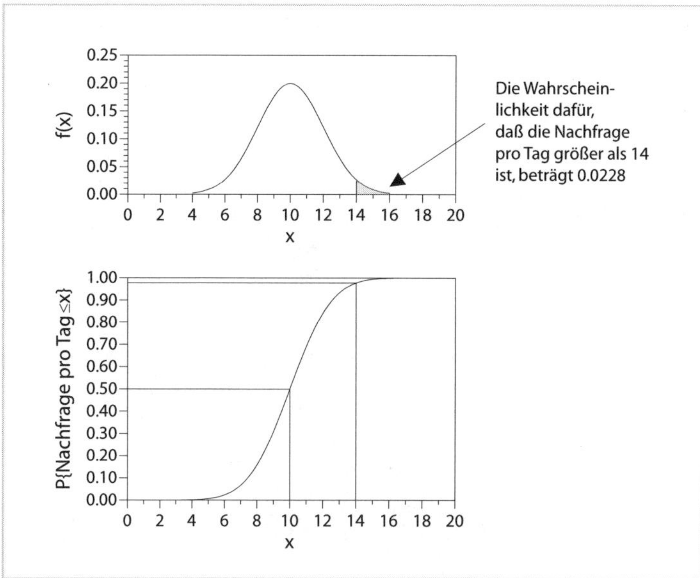

Bild E.2: Dichte- und Verteilungsfunktion der Normalverteilung N(10,2)

Zufällige Schwankungen der Wiederbeschaffungszeit. Nehmen wir nun wieder an, daß die Nachfragemenge weiterhin deterministisch 10 beträgt. Aber es möge nun häufig vorkommen, daß die Wiederbeschaffungszeit nicht mit Sicherheit einen Tag beträgt, sondern daß die Lieferung manchmal zu spät eintrifft. So wurde im Beispiel empirisch festgestellt, daß die in Tabelle E.1 angegebene Wahrscheinlichkeitsverteilung der Wiederbeschaffungszeit anzunehmen ist:

Wiederbeschaffungszeit ℓ	1	2	3
$P\{L = \ell\}$	0.6	0.3	0.1

Tabelle E.1: Wahrscheinlichkeitsverteilung der Wiederbeschaffungszeit

Wird nun wieder bei einem Bestand von 10 Champagner-Flaschen eine Bestellung ausgelöst, dann beträgt die Wahrscheinlichkeit, daß ein Kunde auf ein leeres Regal trifft, 40%; denn nur bei 60% aller Wiederbeschaffungsvorgänge kommt die Ware rechtzeitig, d. h. vor Erschöpfung des Bestands an. In den restlichen 40% ist die kumulierte Nachfragemenge innerhalb der Wiederbeschaffungszeit größer als der Bestand, der bei Auslösung der Bestellung noch im Lager vorhanden ist.

Die Wahrscheinlichkeitsverteilung der *Nachfragemenge in der Wiederbeschaffungszeit* beträgt in diesem Fall:

Nachfragemenge y	10	20	30
$P\{Y = y\}$	0.6	0.3	0.1

Tabelle E.2: Wahrscheinlichkeitsverteilung der Nachfragemenge in der Wiederbeschaffungszeit

In der Praxis beobachtet man häufig, daß sowohl die Wiederbeschaffungszeit als auch die Periodennachfragemenge Zufallseinflüssen unterliegen. Dann ist die Nachfragemenge in der Wiederbeschaffungszeit eine *zufällige Summe* von Zufallsvariablen.

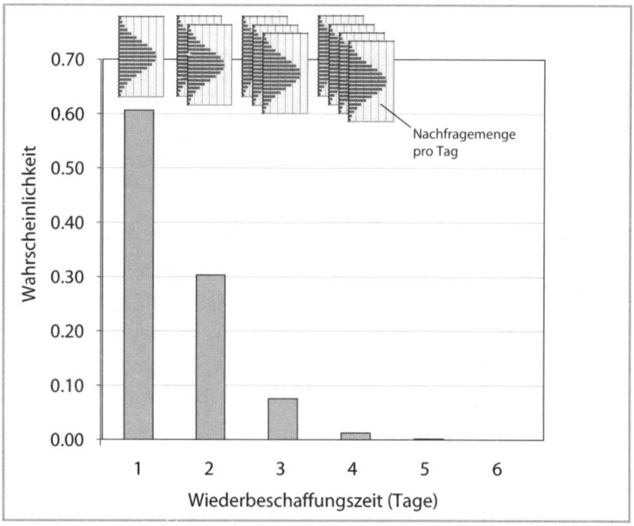

Bild E.3: Komponenten der Nachfragemenge in der Wiederbeschaffungszeit

Zufällige Schwankungen der Liefermenge. Als dritte Schwierigkeit kann die Situation eintreten, daß die tatsächlich gelieferte Menge nicht mit der bestellten Menge übereinstimmt. Dies ist z. B. dann der Fall, wenn durch unsachgemäße Handhabung des Transportbehälters einige Flaschen zu Bruch gehen. Dies kann eine weitere Quelle der Unsicherheit sein.

Ungenaue Bestandsführung. Stimmen die tatsächlichen Lagerbestände z. B. aufgrund organisatorischer Mängel in der Bestandsführung des Lagers (Buchungsfehler, Schwund, mangelhafte Verbuchung von Rückläufen usw.) nicht mit den gebuchten Beständen überein, dann geht man bei der Lagerdisposition von falschen Voraussetzungen aus. Dies kann dazu führen, daß eine Wiederauffüllung des Lagers zu früh oder zu spät eingeleitet wird.

Alle Einflußgrößen der Unsicherheit können gleichzeitig wirksam werden. Für den Lagerdisponenten (im Beispiel Tante Emma) stellt sich nun das Problem der Festlegung einer Lagerhaltungspolitik für das betrachtete Produkt.

Eine Lagerhaltungspolitik (Lagerhaltungssystem; Lagerdispositionssystem) wird spezifiziert durch eine Menge von Entscheidungsregeln, die Angaben darüber enthalten, nach welchen Gesichtspunkten Lagerzugangsmengen für zukünftige Zeitpunkte eingeplant werden sollen.

Zwei für die Höhe der gesamten Lagerkosten entscheidende **Fragen** werden durch eine Lagerhaltungspolitik beantwortet, und zwar **wann** eine Wiederbeschaffungsmaßnahme eingeleitet werden soll und **wieviel** jeweils bestellt werden soll.

Zur Beantwortung der ersten Frage – nach dem **Zeitpunkt der Bestellung** bei einem Lieferanten bestehen zwei Möglichkeiten:

r Man bestimmt ein festes *Bestellintervall* der Länge r und löst alle r Perioden eine Bestellung aus.

s Man vergleicht nach jeder Bewegung des Lagerbestands den aktuellen Lagerbestand b mit einem vorgegebenen *Meldebestand* (Bestellpunkt) s und löst eine Lagerbestellung aus, sobald der aktuelle Lagerbestand den Bestellpunkt erreicht bzw. unterschritten hat.

Zur Beantwortung der zweiten Frage – nach der jeweils zu beschaffenden **Menge** – bestehen ebenfalls zwei Möglichkeiten:

q Man legt eine konstante *Bestellmenge* q fest und bestellt bei jeder Bestellung genau diese Menge q.

S Man legt einen *Maximalbestand* (Bestellniveau) S fest und bestellt bei jeder Bestellung die Menge $(S - b)$, die ausreichen würde, um den Lagerbestand b bei sofortiger Lieferung der Produkte auf das Niveau S anzuheben.

Eine **Lagerhaltungspolitik** kann nun dadurch charakterisiert werden, in welcher Weise die beiden Fragen nach dem „**Wann**" und dem „**Wieviel**" beantwortet werden. Darüber hinaus ist noch danach zu differenzieren, ob die Überwachung des Lagerbestands *periodisch* oder *kontinuierlich*, d. h. nach jeder Lagerbewegung, erfolgt. Entsprechend kann man folgende Lagerhaltungspolitiken unterscheiden:

- (s, q)-Politik: variabler Bestellzyklus und konstante Bestellmenge,
- (r, S)-Politik: konstanter Bestellzyklus und variable Bestellmenge,
- (s, S)-Politik: variabler Bestellzyklus und variable Bestellmenge.

Im folgenden werden wir auf zwei Lagerhaltungspolitiken etwas ausführlicher eingehen, und zwar auf eine *(s,q)-Politik* (mit kontinuierlicher Überwachung) und eine *(r,S)-Politik* (mit periodischer Überwachung).

10.2 *(s,q)*-Politik mit kontinuierlicher Lagerüberwachung

Die (s, q)-Lagerhaltungspolitik wird durch folgende Entscheidungsregel charakterisiert:

> Immer dann, wenn der (disponible) Lagerbestand auf die Höhe des Bestellpunkts s gesunken ist, wird eine Bestellung der Höhe q ausgelöst.

Der **disponible Lagerbestand** ist die Summe aus dem *physischen Bestand* und dem *Bestellbestand* abzüglich der Menge, die wegen mangelnder Lieferfähigkeit nicht ausgeliefert werden konnte (*Fehlbestand*) und daher als Rückstand vorgemerkt worden ist. Die Bestellung kann an einen Fremdlieferanten gerichtet sein. Es kann sich aber auch um einen Produktionsauftrag handeln, der zusammen mit den Aufträgen für A-Produkte in der Ressourceneinsatzplanung berücksichtigt wird.[1]

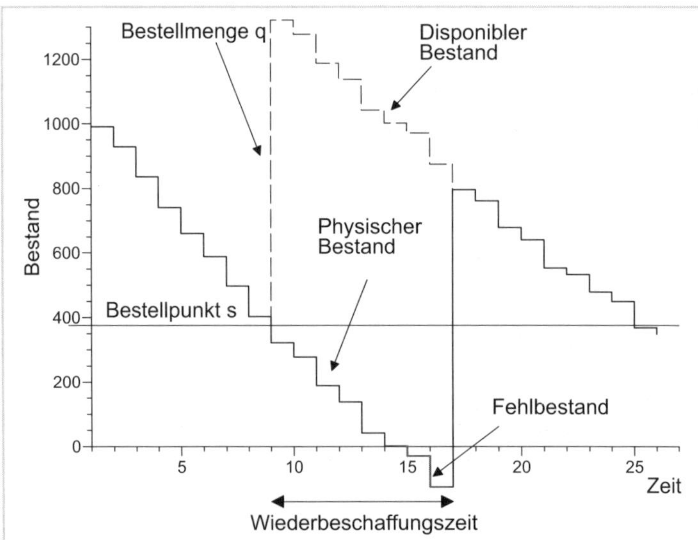

Bild E.4: Lagerbestandsentwicklung bei Verfolgung einer (s, q)-Politik

Die Entwicklung des Lagerbestands bei Anwendung eines (s, q)-Lagerhaltungssystems für ein Produkt zeigt Bild E.4.[2] Der durchgezogene Linienzug beschreibt den sog. *Nettobestand*. Ist dieser positiv, dann ist physischer Bestand vorhanden. Ist der Nettobestand negativ, dann spricht man von Fehlbestand. Der disponible Lagerbestand unterscheidet sich vom Nettobestand nur in den Perioden mit positivem Bestellbestand. In den anderen Perioden sind beide Größen identisch. Die Orientierung

1 vgl. Abschnitt 9.1.4, S. 212 ff.

2 Vgl. *Tempelmeier* (2006), Abschnitt B.3

der Bestellentscheidung am disponiblen Bestand – und nicht am Nettobestand – bewirkt, daß in den Perioden *unmittelbar nach einer Bestellung* nicht erneut bestellt wird. Der disponible Bestand hat somit eine Gedächtnisfunktion.

Gehen wir zunächst vereinfachend davon aus, daß die **Lagerzugangsmenge** q, d. h. die Bestellmenge (oder Losgröße) bereits **festgelegt** worden ist. Dies kann z. B. durch Anwendung des klassischen Losgrößenmodells geschehen sein. Dann besteht unser **Problem** nun nur noch darin zu bestimmen, **wann** die nächste Auffüllung des Lagerbestands ausgelöst werden soll. In einem (s, q)-Lagerhaltungssystem dient der **Bestellpunkt** s diesem Zweck. Damit negative Reaktionen der Abnehmer (z. B. Goodwill-Verlust, Abwandern zur Konkurrenz) vermieden werden, sollte eine neue Bestellung so rechtzeitig ausgelöst werden, daß das Lager möglichst immer lieferfähig bleibt. Ein hoher Bestellpunkt führt aber unmittelbar zu hohen Lagerkosten. Daraus ergibt sich ein *Konflikt zwischen Lieferfähigkeit und Lagerkosten.*

Nehmen wir nun an, daß die *Nachfragemenge pro Periode* einer diskreten Wahrscheinlichkeitsverteilung folgt. Die **Nachfragemenge in der Wiederbeschaffungszeit**, Y, ist eine Zufallsvariable, deren Erwartungswert sich aus Gleichung (E.1) ergibt. Die Größen $y_{\min}$ und $y_{\max}$ bezeichnen dabei die minimale bzw. maximale Ausprägung von Y.

$$E\{Y\} = \sum_{y=y_{\min}}^{y_{\max}} y \cdot P\{Y = y\} \tag{E.1}$$

↑ Wahrscheinlichkeit für das Auftreten der Nachfragemenge y

↑ Erwartungswert der Nachfragemenge in der Wiederbeschaffungszeit

Für die in Tabelle E.2 auf S. 256 angegebene Wahrscheinlichkeitsverteilung erhält man z. B. $E\{Y\} = 10 \cdot 0.6 + 20 \cdot 0.3 + 30 \cdot 0.1 = 15$. Der **Bestellpunkt** s muß mindestens die erwartete Nachfrage während der Wiederbeschaffungszeit, $E\{Y\}$, abdecken. Da Y aber eine Zufallsvariable ist, können natürlich auch größere Werte von Y auftreten. Dagegen muß man sich absichern, indem man den Bestellpunkt s entsprechend erhöht. Die Differenz zwischen der Höhe des Bestellpunkts s und dem Erwartungswert der Nachfragemenge in der Wiederbeschaffungszeit, $E\{Y\}$,

$$SB = s - E\{Y\} \tag{E.2}$$

bezeichnet man als **Sicherheitsbestand**.

Da man aus Kostengründen den Bestellpunkt i. a. nicht so hoch setzen kann, daß auch die maximale Nachfragemenge $y_{\max}$ in der Wiederbeschaffungsfrist abgedeckt ist, verfolgt man in der Praxis i. a. das Ziel, wenigstens einen bestimmten **Lager-Servicegrad** aufrechtzuerhalten. Dieser kann auf unterschiedliche Weise quantifiziert werden.

α_p-Servicegrad. Der α_p-Servicegrad gibt die Wahrscheinlichkeit dafür an, daß ein *in einer beliebigen Periode* im Lager eintreffender Kundenauftrag vollständig erfüllt werden kann:

$$\alpha_p = P\{\text{Periodennachfragemenge} \\ \leq \text{physischer Bestand zu Beginn einer Periode}\} \quad \text{(E.3)}$$

Man nennt diesen Servicegrad oft auch *Lieferbereitschaft*. In der Praxis kann der α_p-Servicegrad eines Lagers sehr einfach gemessen werden, indem man für einen Betrachtungszeitraum die Anzahl der Perioden mit positivem Lagerbestand ins Verhältnis zur Gesamtanzahl der Perioden setzt. Um die Entscheidungsparameter einer Lagerhaltungspolitik im Hinblick auf α_p festlegen zu können, muß man die *Wahrscheinlichkeitsverteilung des Nettobestands* kennen. Dies bereitet nicht selten Schwierigkeiten.

Exkurs: Der α_c-Servicegrad – Ein unsinniges Servicekriterium

In vielen – vor allem englischsprachigen – Lehrbüchern wird der α-Servicegrad nicht auf die einzelnen Nachfrageperioden, sondern auf die Bestellzyklen bezogen. In diesem Fall gibt er als α_c-Servicegrad die Wahrscheinlichkeit dafür an, daß der *zu Beginn einer Wiederbeschaffungsfrist*, also bei der Auslösung einer Bestellung vorhandene Lagerbestand ausreicht, um die gesamte in der Wiederbeschaffungsfrist auftretende Nachfrage unverzüglich zu decken. Es gilt also:

$$\alpha_c = P\{Y \leq s\} \quad \text{(E.4)}$$

Diese Definition wird häufig implizit unterstellt, wenn vom α-Servicegrad die Rede ist. Empirisch kann der α_c-Servicegrad eines Lagers gemessen werden, indem man die Anzahl der Bestellungen, bei deren Eintreffen im Lager der physische Lagerbestand auf Null gesunken ist, ins Verhältnis zur Gesamtanzahl der Bestellungen setzt. Wie die Definition (E.4) zeigt, benötigt man zur Festlegung der Entscheidungsparameter lediglich die Wahrscheinlichkeitsverteilung der Nachfragemenge in der Wiederbeschaffungszeit, $P\{Y\}$.

In einer (s, q)-Lagerpolitik ist der α_c-Servicegrad ohne Aussagekraft, da er häufig sehr niedrig ist, obwohl die meisten Kundenaufträge ohne Lieferverzögerung aus dem vorhandenen Lagerbestand erfüllt werden können. Das folgende Beispiel veranschaulicht dies. Nehmen wir an, bei einer täglichen Nachfrage von durchschnittlich 10 ME und einer Bestellmenge von $q = 200$ wird in Abständen von 20 Tagen eine Bestellung ausgelöst. Kommt es in jedem Bestellzyklus lediglich in der letzten Periode, unmittelbar vor der Wiederauffüllung des Lagers, zu einem Fehlbestand, dann ist $\alpha_c = 0\%$. Der periodenbezogene Servicegrad dagegen ist $\alpha_p = \frac{19}{20} = 95\%$.

Der α_c-Servicegrad beträgt bei normalverteilter Nachfrage genau 50%, wenn man den Bestellpunkt gleich dem Mittelwert der Nachfragemenge Y in der Wiederbeschaffungszeit L setzt. In dem einführend betrachteten *Beispiel* würde man $s = E\{Y \mid L = 1\} = 10$ erhalten. Auf lange Sicht käme es durchschnittlich in jedem zweiten Bestellzyklus zu einem Fehlbestand.

Der Nachteil beider α-Servicegrad-Definitionen besteht darin, daß nur die Tatsache erfaßt wird, daß überhaupt ein Fehlmengenereignis eintreten kann, nicht aber die Höhe der Fehlmenge in Relation zur Nachfragemenge innerhalb eines Bezugszeitraums. So hat z. B. ein Lager, in dem bei einer Gesamtnachfrage von 100 Stück jeweils 99 Stück erst nach Wiederauffüllung des Bestands an die Kunden ausgeliefert werden, denselben α_c-Servicegrad wie ein Lager, bei dem nur eine Fehlmenge von einem Stück auftritt.

β-Servicegrad. Wesentlich aussagekräftiger ist der β-Servicegrad. Dieser gibt den Anteil der sofort belieferten Nachfragemenge an der Gesamtnachfragemenge in einer Periode an.

$$\beta = \frac{\text{Sofort ausgelieferte Nachfragemenge}}{\text{Gesamtnachfragemenge}} \tag{E.5}$$

Verwendet man den β-Servicegrad als Kriterium für die Bestimmung des Bestellpunkts, dann kann der minimale (kostengünstigste) Bestellpunkt, bei dem der vorgegebene Servicegrad gerade noch eingehalten wird, aufgrund der folgenden Bedingung bestimmt werden:

$$E\{F_Y\} \cdot \underline{\frac{E\{D\}}{q}} \leq (1-\beta) \cdot E\{D\} \tag{E.6}$$

- $E\{D\}$: Erwartungswert der Periodennachfragemenge
- $\frac{E\{D\}}{q}$: mittlere Anzahl von Bestellzyklen pro Periode
- $E\{F_Y\}$: Erwartungswert der Fehlmenge in einem Bestellzyklus

Der Erwartungswert der Fehlmenge am Ende eines Bestellzyklus, $E\{F_Y\}$, beträgt bei *diskreter Verteilung* der Nachfragemenge in der Wiederbeschaffungszeit, Y:

$$E\{F_Y\} = \sum_{y=s+1}^{y_{\max}} \underline{(y-s)} \cdot P\{Y=y\} \tag{E.7}$$

- $(y-s)$: Ausprägung der Zufallsvariablen „Fehlmenge"

Für die in Tabelle E.2 auf S. 256 angegebene Wahrscheinlichkeitsverteilung erhält man z. B. für einen Bestellpunkt $s = 20$ eine erwartete Fehlmenge in Höhe von $E\{F_Y\} = (30-20) \cdot 0.1 = 1$.

Für den Fall einer *kontinuierlichen Nachfrageverteilung* mit der Dichtefunktion $f_Y(y)$ gilt entsprechend:

$$E\{F_Y\} = \int_{s}^{\infty} (y-s) \cdot f_Y(y) \cdot dy \tag{E.8}$$

In Bild E.5 ist die inverse Beziehung zwischen dem Bestellpunkt und der erwarteten Fehlmenge für den Fall einer *normalverteilten* Nachfragemenge in der Wiederbeschaffungszeit ($\mu_Y = 5, \sigma_Y = 1$) veranschaulicht. Man erkennt, daß die Reduktion einer hohen Fehlmenge billiger, d. h. mit einem geringeren Zuwachs der

Lagerkosten, zu erreichen ist als die Reduktion einer niedrigen Fehlmenge. Im Umkehrschluß bedeutet das: Ist der Servicegrad eines Lagers niedrig, dann können bereits mit geringen Kosten Verbesserungen erreicht werden. Ist der Servicegrad bereits sehr hoch, dann sind weitere Verbesserungen nur mit überproportional hohen Kosten möglich.

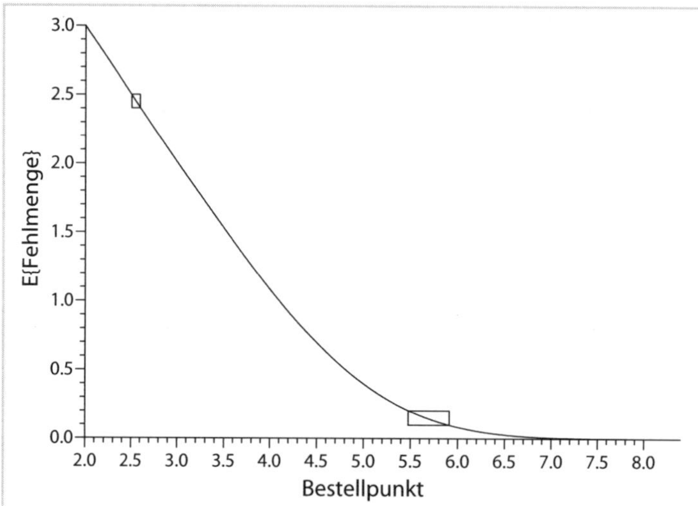

Bild E.5: Bestellpunkt versus Erwartungswert der Fehlmenge bei normalverteilter Nachfragemenge

Ein niedriger Servicegrad kann oft bereits mit einfachen organisatorischen bzw. informationstechnischen Maßnahmen erhöht werden. So findet man in praxisorientierten Werbeschriften von Unternehmensberatern und Anbietern von Software zum Supply Chain Management Hinweise auf beträchtliche Verbesserungen des Servicegrades eines Produkts, ohne daß auf mathematische, modellbasierte Planungsansätze zurückgegriffen wurde. In diesen Fällen ist zu vermuten, daß in den betrachteten Anwendungsfällen vor dem Beginn eines Beratungsprojekts überhaupt kein systematisches Lagerbestandsmanagement betrieben wurde und die erstmalige Beschäftigung mit Bestandsmanagementproblemen zur Einführung vernünftiger Bestandsmanagement-Prozesse geführt hat. Eine zielorientierte Festlegung der Parameter eines Lagerpolitik, z. B. des Bestellpunkts, ist allerdings nur mit Hilfe eines modellbasierten Planungsansatzes möglich.

Um nun den Bestellpunkt numerisch bestimmen zu können, der die Einhaltung der obigen β-Servicegrad-Restriktion sicherstellt, muß man offensichtlich die **Wahrscheinlichkeitsverteilung der Nachfragemenge Y in der Wiederbeschaffungszeit**, also $P\{Y = y\}$, kennen. Ist diese bekannt, dann kann man nach dem niedrigsten Wert des Bestellpunkts s suchen, bei dem der gewünschte Servicegrad gerade noch erreicht wird. Bei gegebener Bestellmenge q_{opt} lautet das **Entscheidungsproblem** dann:

Modell BSTPUNKT

Minimiere $Z = s$ (E.9)

u. B. d. R.

$$E\{F_Y(s)\} \leq (1 - \beta) \cdot q_{\text{opt}} \tag{E.10}$$

Dabei bedeuten:

Daten:

β	Servicegrad, z. B. 0.95
q_{opt}	extern vorgegebene Bestellmenge, z. B. mit dem klassischen Bestellmengenmodell ermittelt
$F_Y(s)$	vom Bestellpunkt s abhängige Fehlmenge pro Bestellzyklus

Variable:

s	Bestellpunkt

Der für die Berechnung der Lagerkosten relevante durchschnittliche Lagerbestand ergibt sich dann als Summe aus der halben Bestellmenge, $\frac{q_{\text{opt}}}{2}$, und dem Sicherheitsbestand $(s - E\{Y\})$. Zur Optimierung des Bestellpunkts nach Modell BSTPUNKT muß man lediglich in der Lage sein, den Zusammenhang zwischen dem Bestellpunkt s und dem Erwartungswert der Fehlmenge $E\{F_Y(s)\}$ zu quantifizieren. Dies ist sowohl für empirisch ermittelte als auch für viele theoretische Wahrscheinlichkeitsverteilungen (Poisson-Verteilung, Gamma-Verteilung) der Nachfragemenge Y in der Wiederbeschaffungszeit problemlos möglich. Besonders einfach ist die Lösung des Modells BSTPUNKT, wenn davon ausgegangen werden kann, daß die Nachfragemenge in der Wiederbeschaffungszeit einer Normalverteilung folgt. Begründet wird dies mit dem zentralen Grenzwertsatz, nach dem die Wahrscheinlichkeitsverteilung der Summe einer gegebenen Anzahl von Zufallsvariablen (hier Periodenbedarfsmengen) bei ausreichender Anzahl von zu addierenden Variablen durch eine Normalverteilung angenähert werden kann.

In diesem Fall kann ein einfaches Verfahren zur Bestimmung des kostenminimalen Bestellpunkts s_{opt} verwendet werden. Dieses Verfahren basiert darauf, daß jede normalverteilte Zufallsvariable – mit dem Erwartungswert μ und der Varianz σ^2 – durch zwei Transformationen in eine normalverteilte Zufallsvariable mit dem Mittelwert $\mu = 0$ und der Varianz $\sigma^2 = 1$ überführt werden kann.

Bezeichnen wir den Erwartungswert der Nachfragemenge in der Wiederbeschaffungszeit mit μ_Y und die zugehörige Standardabweichung mit σ_Y, dann kann die

Zufallsvariable Y – falls sie normalverteilt ist – wie folgt in die standardisierte Zufallsvariable U mit dem Mittelwert $\mu_U = 0$ und der Standardabweichung $\sigma_U = 1$ transformiert werden:

$$U = \frac{Y - \underbrace{\mu_Y}_{\text{Mittelwert der Nachfragemenge in der Wiederbeschaffungszeit}}}{\underbrace{\sigma_Y}_{\text{Standardabweichung der Nachfragemenge in der Wiederbeschaffungszeit}}} \tag{E.11}$$

Die Zufallsvariable U nennt man in diesem Zusammenhang auch Sicherheitsfaktor. Sie ist nichts anderes als eine $N(0,1)$-verteilte Zufallsvariable. Ihre Wahrscheinlichkeitsverteilung kann man aus Tabellen ablesen oder auch mit Hilfe numerischer Verfahren approximieren.[3]

Ist die Nachfragemenge in der Wiederbeschaffungszeit, Y, *normalverteilt*, dann kann man folgende Beziehung zwischen dem Erwartungswert der Fehlmenge auf der Basis der standardisierten Nachfragemenge in der Wiederbeschaffungszeit, $E\{F_U\}$, und dem Erwartungswert der Fehlmenge auf der Basis der nicht-standardisierten Nachfragemenge in der Wiederbeschaffungszeit, $E\{F_Y\}$, herstellen:

$$E\{F_Y(s)\} = \underbrace{E\{F_U(v)\}}_{\text{standardisierter Fehlmengenerwartungswert}} \cdot \sigma_Y \tag{E.12}$$

Setzen wir Beziehung (E.12) in die Servicegradrestriktion (E.10) ein, dann erhalten wir aus

$$E\{F_Y(s)\} \leq (1-\beta) \cdot q_{\text{opt}} \tag{E.13}$$

die Nebenbedingung

$$E\{F_U(v)\} \leq \frac{(1-\beta) \cdot q_{\text{opt}}}{\sigma_Y} \tag{E.14}$$

Der minimale Sicherheitsfaktor v_{opt}, bei dem diese Bedingung erfüllt ist, kann für eine konkrete Datenkonstellation numerisch bestimmt werden. Der Bestellpunkt beträgt dann

$$s_{\text{opt}} = \mu_Y + v_{\text{opt}} \cdot \sigma_Y \tag{E.15}$$

und der Sicherheitsbestand ist

$$SB = v_{\text{opt}} \cdot \sigma_Y \tag{E.16}$$

3 Die im Anhang A.1, S. 367 ff., vorgestellte Software „PMT – Produktions-Management-Trainer" enthält ein Modul, das für jeden Wert des Sicherheitsfaktors v die Fehlmengenwahrscheinlichkeit und den standardisierten Erwartungswert der Fehlmenge tabelliert.

Es ist unmittelbar erkennbar, daß der Sicherheitsbestand und der Bestellpunkt sich nur durch den Erwartungswert der Nachfragemenge in der Wiederbeschaffungszeit unterscheiden.

Bezeichen wir für den Fall, daß die Nachfragemenge in der Wiederbeschaffungszeit standardnormalverteilt ist, mit $\phi(v)$ ihre Dichtefunktion und mit $\Phi(v)$ ihre Verteilungsfunktion, dann kann der Erwartungswert der Fehlmenge, $E\left\{F_U\left(v\right)\right\}$, wie folgt berechnet werden:[4]

$$\begin{aligned} E\left\{F_U\left(v\right)\right\} &= \int_v^\infty (x-v)\cdot\phi(x)\cdot dx \\ &= \phi(v) - v\cdot[1-\Phi(v)] \end{aligned} \quad \text{(E.17)}$$

Da $\phi(v)$ und $\Phi(v)$ zu den Standardfunktionen von MS-Excel gehören, kann Beziehung (E.17) leicht numerisch ausgewertet werden.

Betrachten wir ein **Beispiel**. Die Bedarfsmenge in der Wiederbeschaffungszeit ist normalverteilt mit dem Mittelwert $\mu_Y = 320$ ME und der Standardabweichung $\sigma_Y = 60$ ME. Die extern vorgegebene Bestellmenge sei $q_{\text{opt}} = 640$ ME. Es soll der minimale Bestellpunkt bestimmt werden, bei dem ein Servicegrad von $\beta = 0.99$ gerade noch erreicht wird. Den dargestellten Zusammenhängen folgend ermitteln wir zunächst den standardisierten Fehlmengenerwartungswert, suchen dann in Tabelle E.3 nach dem minimalen Sicherheitsfaktor, bei dem der angestrebte Fehlmengenerwartungswert gerade noch nicht überschritten wird, und bestimmen anschließend den optimalen Bestellpunkt.

$$E\left\{F_U\left(v\right)\right\} \leq \frac{(1-0.99)\cdot 640}{60} = 0.107$$

↑ standardisierter Fehlmengenerwartungswert

$E\{F_U(v)\}$	v	
0.103	0.8860	
0.104	0.8807	
0.105	0.8755	
0.106	0.8702	
0.107	0.8650	← gesuchter Wert
0.108	0.8599	
0.109	0.8548	
0.110	0.8497	
0.111	0.8447	

Tabelle E.3: Bestimmung des Sicherheitsfaktors bei gegebenem Fehlmengenerwartungswert (Normalverteilung)

4 Vgl. hierzu *Tempelmeier* (2006), Anhang A.

Aus Tabelle E.3 entnehmen wir folgenden Sicherheitsfaktor:

$$v_{\text{opt}} = \min\left[v \left| E\left\{F_U\left(v\right)\right\} \le 0.107\right.\right] = 0.8650$$

Damit können der Bestellpunkt und der resultierende Sicherheitsbestand bestimmt werden:

$$s_{\text{opt}} = 320 + 0.8650 \cdot 60 = 371.9$$

$$SB = v_{\text{opt}} \cdot \sigma_Y = 51.9$$

Die hier für den Fall einer normalverteilten Nachfragemenge in der Wiederbeschaffungszeit dargestellten Zusammenhänge gelten auch dann, wenn andere Wahrscheinlichkeitsverteilungen der Nachfrage vorliegen, z. B. Gamma-Verteilung, Poisson-Verteilung usw., oder auch eine empirische diskrete Häufigkeitsverteilung. Es ist auch möglich, die Nachfragemenge in der Wiederbeschaffungszeit mit Hilfe eines Prognoseverfahrens vorherzusagen und die oben angestellten Überlegungen auf den *Prognosefehler* zu beziehen.

Der aufmerksame Betrachter von Bild E.4 auf S. 258 wird feststellen, daß der Lagerbestand unmittelbar vor der Auslösung der Bestellung, also zu Beginn der Wiederbeschaffungszeit, bereits unter den Bestellpunkt s gesunken ist. Der Grund liegt darin, daß die Nachfragemengen größer als 1 sind bzw. daß der Lagerbestand nur einmal täglich (periodisch) überwacht wird. In diesem Fall kann die bei der Berechnung des optimalen Bestellpunkts getroffene Annahme einer *kontinuierlichen* Lagerüberwachung nicht mehr aufrechterhalten werden. Es tritt nun ein sog. **Defizit** („undershoot") auf, das man bei der Bestimmung des Bestellpunkts mit berücksichtigen muß. Geschieht das nicht, dann wird der angestrebte Servicegrad u. U. beträchtlich unterschritten.[5]

Literaturhinweise

Silver et al. (1998), Kapitel 7
Tempelmeier (2005b), Abschnitt D.2
Tempelmeier (2006), Abschnitt C.1.1

10.3 *(r,S)*-Politik

Bei Verfolgung einer (r, S)-Lagerhaltungspolitik wird nach folgender Entscheidungsregel vorgegangen:

> In Abständen von r Perioden wird eine Lagerbestellung in der Höhe ausgelöst, die – falls sie sofort eintreffen würde – den Lagerbestand auf das Niveau S anheben würde, d. h. die Bestellmenge im Zeitpunkt

5 Zur Berücksichtigung des Defizits bei der Berechnung des optimalen Bestellpunkts siehe *Tempelmeier* (2006), Abschnitt C.1.1.2

τ beträgt $q_\tau = (S - b_\tau)$, wobei b_τ den disponiblen Lagerbestand bezeichnet.

Bild E.6 zeigt die Entwicklung des Lagerbestands bei Anwendung einer (r, S)-Lagerhaltungspolitik. Wir gehen im folgenden davon aus, daß der Bestellabstand (Überprüfungsintervall) r extern vorgegeben ist. Er kann z. B. durch die Beziehung

$$r_{\text{opt}} = \frac{q_{\text{opt}}}{E\{D\}} = \frac{\text{optimale Bestellmenge}}{\text{mittlere Periodennachfragemenge}} \tag{E.18}$$

festgelegt worden sein. In diesem Fall dient das Bestellniveau zur Absorption der Unsicherheit bezüglich der Nachfragemenge in der Wiederbeschaffungszeit. Betrachten wir einmal Bild E.6 genauer. Hier sind zwei aufeinanderfolgende Bestellungen dargestellt. Bestellung A wird in $\tau = t_0$ ausgelöst und trifft in $(t_0 + L)$ im Lager ein. Bestellung B wird in $\tau = t_0 + r$ ausgelöst und trifft in $(t_0 + r + L)$ im Lager ein. Bestellungen können nur in den diskreten Zeitpunkten $\tau = t_0$, $t_0 + r$, $t_0 + 2 \cdot r$, usw. ausgelöst werden.

Damit das Auftreten von Lieferunfähigkeit (Fehlmengen) möglichst vermieden wird, muß die Bestellung im Zeitpunkt $\tau = t_0$ mindestens so groß sein, daß sie den Bedarf bis zum Zeitpunkt $(t_0 + r + L)$ abdeckt. Denn die nächste – in $\tau = t_0 + r$ aufgegebene – Bestellung B trifft frühestens im Zeitpunkt $(t_0 + r + L)$ im Lager ein.

Lieferunfähigkeit des Lagers tritt möglicherweise kurz vor dem Zeitpunkt $(t_0 + r + L)$ ein, und zwar dann, wenn die Nachfragemenge im Intervall $[t_0, t_0 + r + L]$ das Bestellniveau S, d. h. den im Zeitpunkt t_0 disponiblen Lagerbestand, übersteigt.

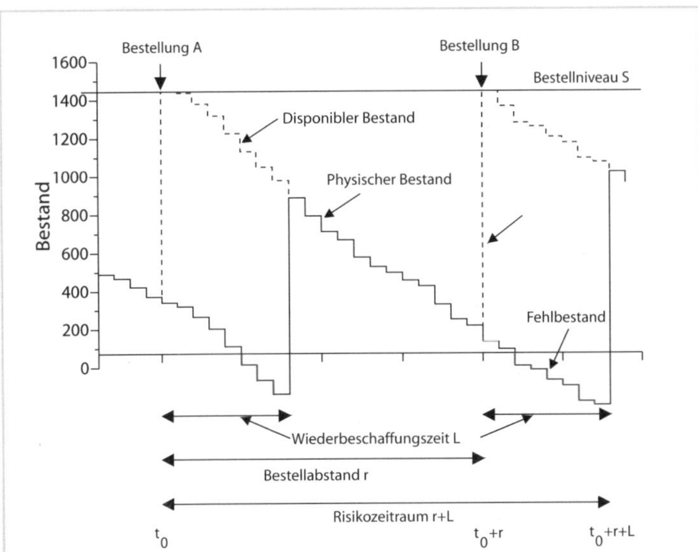

Bild E.6: Lagerbestandsentwicklung bei Verfolgung einer (r, S)-Politik

Hier wird die *Analogie zur (s,q)-Lagerpolitik* deutlich. Dort mußte der Bestellpunkt s für die Nachfragemenge in der Wiederbeschaffungszeit L ausreichen, während in der (r,S)-Lagerpolitik das Bestellniveau S die Nachfrage im Zeitraum $(r+L)$ abdecken muß.

	Parameter	Risikozeitraum	relevante Nachfrage
(s,q)-Politik	s	L	Y
(r,S)-Politik	S	$r+L$	Z

Tabelle E.4: Vergleich zwischen (s,q)- und (r,S)-Lagerpolitik

Der *Sicherheitsbestand* kann ähnlich wie im (s,q)-Modell definiert werden:

$$SB = S - E\{Z\} \tag{E.19}$$

Die Größe Z bezeichnet die Nachfragemenge im Zeitraum $(r+L)$. Verwenden wir wieder eine β-Servicegrad-Restriktion, um das Bestellniveau S zu bestimmen, dann ist dieses so festzulegen, daß der Anteil der sofort ausgelieferten Bedarfsmengen an der Periodenbedarfsmenge mindestens dem Servicegrad β entspricht, d. h.

$$E\{F_Z\} \cdot \underbrace{\frac{1}{r}}_{\text{mittlere Anzahl von Bestellzyklen pro Periode}} \leq (1-\beta) \cdot E\{D\} \tag{E.20}$$

Der Fehlmengenerwartungswert, $E\{F_Z\}$, wird (bei diskreter Verteilung der Nachfragemenge Z) wie folgt berechnet:

$$E\{F_Z\} = \sum_{z=S+1}^{z_{\max}} (z-S) \cdot P\{Z=z\} \tag{E.21}$$

Damit können wir das folgende **Entscheidungsmodell** zur Bestimmung des minimalen Bestellniveaus S formulieren, bei dem ein angestrebter β-Servicegrad nicht unterschritten wird:

Modell BSTNIVEAU

$$\text{Minimiere } Z = S \tag{E.22}$$

u. B. d. R.

$$E\{F_Z(S)\} \leq (1-\beta) \cdot \underbrace{E\{D\} \cdot r_{\text{opt}}}_{\text{durchschnittliche Bestellmenge}} \tag{E.23}$$

Dabei bedeuten:

Daten:

β	Servicegrad, z. B. 0.95
$E\{D\}$	erwartete Nachfrage pro Periode
$F_Z(S)$	vom Bestellniveau S abhängige Fehlmenge pro Bestellzyklus
r_{opt}	extern vorgegebener Bestellabstand

Variable:

S	Bestellniveau

Für den Fall, daß der Bestellabstand r_{opt} gegeben ist und daß die Nachfragemenge im Zeitraum $(r_{\text{opt}} + L)$ einer *Normalverteilung* folgt, kann man die Servicegrad-Restriktion auch durch Beziehung (E.24) beschreiben, wobei σ_Z die Standardabweichung der Nachfragemenge im Zeitraum $(r + L)$ bezeichnet.

$$E\left\{F_U\left(v\right)\right\} \leq (1-\beta) \cdot E\left\{D\right\} \cdot \frac{r_{\text{opt}}}{\sigma_Z} \tag{E.24}$$

Die Bestimmung des optimalen Bestellniveaus erfolgt analog zur Bestimmung des Bestellpunkts in der (s, q)-Politik.

Betrachten wir ein **Beispiel**. Die tägliche Bedarfsmenge eines Erzeugnisses ist mit dem Mittelwert $E\{D\} = \mu_D = 4\ \frac{\text{ME}}{\text{Tag}}$ und der Standardabweichung $\sigma_D = 1.2\ \frac{\text{ME}}{\text{Tag}}$ normalverteilt. Die Wiederbeschaffungszeit beträgt $L = 5$ Tage. Die optimale Bestellmenge beträgt bei einem Lagerkostensatz von $0.06\ \frac{€}{\text{Tag}}$ und einem fixen Bestellkostensatz von 48 € pro Bestellung 80 ME. Bei einer täglichen Nachfrage von 4 ME ergibt sich daraus ein Bestellzyklus von $r_{\text{opt}} = 20$ Tagen. Wie hoch ist das optimale Bestellniveau, wenn ein Servicegrad von $\beta = 0.99$ angestrebt wird?

Die erwartete Nachfragemenge $E\{Z\}$ im Zeitraum $r_{\text{opt}} + L = 25$ Tage beträgt:

$$E\left\{Z\right\} = 4 \cdot (20+5) = 100\,\text{ME}$$

Die Standardabweichung ermitteln wir aus der Varianz:

$$\text{Var}\left\{Z\right\} = (r_{\text{opt}} + L) \cdot \sigma_D^2 = 25 \cdot (1.2)^2 = 36\ (\text{ME})^2 \quad \rightarrow \quad \sigma_Z = \sqrt{36} = 6\,\text{ME}$$

Die weiteren Berechnungen verlaufen analog zur Bestimmung des Bestellpunkts in der (s, q)-Politik.

$$E\left\{F_U\left(v\right)\right\} \leq \frac{(1-0.99)\cdot 4 \cdot 20}{6} = 0.133$$

$E\{F_U(v)\}$	v	
0.130	0.7551	
0.131	0.7506	
0.132	0.7462	
0.133	0.7418	← gesuchter Wert
0.134	0.7375	
0.135	0.7332	
0.136	0.7289	
0.137	0.7246	
0.138	0.7203	
0.139	0.7161	
0.140	0.7119	

Tabelle E.5: Bestimmung des Sicherheitsfaktors bei gegebenem Fehlmengenerwartungswert (Normalverteilung)

Zur Bestimmung des Sicherheitsfaktors greifen wir auf Tabelle E.5 zurück.

$$v_{\text{opt}} = \min\left[v\,|E\left\{F_U\left(v\right)\right\} \leq 0.133\right] = 0.7418$$

Das Bestellniveau und der resultierende Sicherheitsbestand betragen dann:

$$S_{\text{opt}} = E\left\{Z\right\} + v_{\text{opt}} \cdot \sigma_Z = 100 + 0.7418 \cdot 6 = 104.45$$

$$SB = v_{\text{opt}} \cdot \sigma_Z = 4.45$$

Die (r, S)-Lagerpolitik läßt sich mit geringerem Überwachungsaufwand anwenden als die (s, q)-Lagerpolitik. Ein besonderer *Vorteil* ist darin zu sehen, daß die Beschaffungstermine mehrerer unabhängiger Produkte, die von demselben Lieferanten bezogen werden, aufeinander abgestimmt werden können. Dies erlaubt die Nutzung kostengünstigerer Transportmittel als bei produktindividueller Beschaffung. Werden die Produkte eigenproduziert, dann kann man z. B. Produktionstermine für Produkte mit einem gemeinsamen Rüstvorgang bei Einsatz der (r, S)-Politik aufeinander abstimmen.

Ein *Nachteil* sind die von der aktuellen Entwicklung der Nachfrage abhängigen Schwankungen der Bestellmengen, da diese in der Praxis oft durch bestimmte Restriktionen nicht frei variiert werden können. Ist der Beschaffungspreis z. B. aufgrund von Mengenrabatten abhängig von der Bestellmenge, dann kann es sinnvoll sein, die Bestellmenge extern vorzugeben, anstatt sie in Abhängigkeit von der aktuellen Lagerbestandsentwicklung zu bestimmen. Darüber hinaus birgt der längere Risikozeitraum der (r, S)-Politik ($r + L$ anstatt L) die Gefahr einer größeren Streuung der lagerbedingten *Lieferzeiten* der Kundenaufträge in sich. Dieses aus der Sicht eines Kunden äußerst wichtige Leistungskriterium eines Lagers wird allerdings in der Literatur trotz seiner hohen Praxisrelevanz nur sehr selten in die Optimierungsüberlegungen einbezogen.

Die Bestandsoptimierung durch den Einsatz von Lagerhaltungspolitiken, deren Entscheidungsvariablen problemadäquat bestimmt werden, birgt ein erhebliches Rationalisierungspotential. Aus eigenen Praxisprojekten wissen wir, daß in der betrieblichen Praxis Bestandsreduktionen von 30% bis 50% möglich sind, wenn man für die beschriebenen Lagerhaltungspolitiken die Entscheidungsvariablen richtig bestimmt.

Unter dem Einfluß von Managementberatern und Finanzanalysten haben zahlreiche Unternehmen in den vergangenen Jahren ihre Lagerbestände drastisch reduziert. Da dies meist mit Hilfe von „Erfahrungswissen" geschehen ist, ist es in vielen Unternehmen zu dramatischen Servicegradverschlechterungen gekommen. Da der Servicegrad oft nicht korrekt gemessen wird, wissen manche Logistkverantwortliche nicht einmal, wie hoch ihr Servicegrad ist. In einem konkreten Fall ging ein Logistik-Manager davon aus, daß der Servicegrad für ein bestimmtes Produkt ca. 85% sei. Tatsächlich waren es nur 35%.

Viele Softwaresysteme zum Bestandsmanagement unterstellen standardmäßig, daß die Nachfragemenge in der Wiederbeschaffungszeit normalverteilt sei. Da diese Annahme in den meisten Fällen nicht zutrifft,[6] werden die Parameter der Lagerhaltungspolitiken nicht richtig bestimmt. In der Folge führt das entweder zu einer Unter- oder Überschreitung des angestrebten Servicegrades oder zu nicht optimalen Lagerkosten.

Literaturhinweise

Nahmias (2001), Kapitel 5
Silver et al. (1998), Kapitel 7
Tempelmeier (2006), Abschnitt C.1.2

6 Vgl. *Tempelmeier* (2006)

11 Transport- und Tourenplanung

Während im vorangegangenen Kapitel 10 mit der Lagerhaltung die logistische Funktion der Überbrückung *zeitlicher Differenzen* zwischen „Angebot" und „Nachfrage" angesprochen wurde, wollen wir im folgenden mit der Transport- und der Tourenplanung zwei Planungsprobleme aus dem Bereich der Überbrückung *räumlicher Differenzen* ansprechen, die vor allem bei der Versorgung regionaler Abnehmerzentren und bei der Auslieferung der Produkte an die einzelnen Abnehmer auftreten (Abschnitte 11.1 und 11.2).

11.1 Transportplanung

Das Entscheidungsproblem der Transportplanung stellt sich insbes. dann, wenn ein bestimmtes Produkt an mehreren Produktionsstandorten hergestellt und an verschiedene regional verteilte Abnehmerzentren ausgeliefert wird. In diesem Fall ist festzulegen, welcher Produktionsstandort welches Abnehmerzentrum mit welcher Menge des Produkts beliefern soll. Im Mittelpunkt der Transportplanung stehen somit die Wahl der Transportwege und die Bestimmung der jeweiligen Transportmengen. Bild E.7 veranschaulicht eine derartige Problemstellung, bei der ein Hersteller von Kalksandsteinen mit Produktionsstätten in Osnabrück und Bad Hersfeld zu entscheiden hat, auf welchen Transportwegen und in welchen Transportmengen seine Erzeugnisse in die Abnehmerzentren Schwerin, Magdeburg und Leipzig gelangen sollen.

Bild E.7: Mögliche Lieferbeziehungen zwischen Produktionsstandorten und Abnehmerzentren

Bevor jedoch konkrete, i. d. R. tägliche, Auslieferungstouren gebildet werden, sind Entscheidungen über aggregierte Transportströme zu treffen. Diese Entscheidungen bilden den Rahmen für die im nachfolgenden Abschnitt 11.2 behandelte Tourenplanung, in deren Mittelpunkt dann die Koordination der einzelnen fahrzeugbezogenen Transportvorgänge steht.

Hinsichtlich der **Koordination der Transportströme** bieten sich zwei grundsätzliche Möglichkeiten an:

- Zum einen kann eine *feste Zuordnung* von Abnehmerzentren zu Produktionsstandorten getroffen werden. Dies führt zu geringem Koordinationsaufwand, im allgemeinen jedoch nicht zu minimalen Transportkosten.
- Zum anderen kann man auf eine derartige feste Zuordnung verzichten und jeweils in Abhängigkeit von der spezifischen Bedarfssituation die *transportkostenminimale Belieferung* der Abnehmerzentren bestimmen.

Die weiteren Ausführungen dieses Kapitels knüpfen an die in Bild E.7 veranschaulichte Problemstellung an. Wir gehen davon aus, daß eine beliebige Zuordnung von Abnehmerzentren und Produktionsstandorten getroffen werden kann. Die Entscheidungsvariablen der Transportplanung ensprechen den Transportmengen x_{ij}, die von den Produktionsstätten i an die Abnehmerzentren j geliefert werden, wobei die gesamten anfallenden Transportkosten zu minimieren sind. Als Nebenbedingungen sind beschränkte Lieferkapazitäten der Produktionsstandorte sowie die Befriedigung der Bedarfsmengen in den einzelnen Abnehmerzentren zu berücksichtigen.

Dieses Problem wird als das *klassische Transportproblem* bezeichnet. Zu seiner Lösung stehen sehr leistungsfähige heuristische und exakte Verfahren zur Verfügung. Allgemein kann dieses Grundproblem der Transportplanung durch das folgende Entscheidungsmodell beschrieben werden.

Modell TRANSPORT

$$\text{Minimiere } Z = \sum_{i=1}^{I} \sum_{j=1}^{J} c_{ij} \cdot x_{ij} \qquad \text{(E.25)}$$

u. B. d. R.

$$\sum_{i=1}^{I} x_{ij} = d_j \qquad j = 1, 2, \ldots, J \qquad \text{(E.26)}$$

$$\sum_{j=1}^{J} x_{ij} = b_i \qquad i = 1, 2, \ldots, I \qquad \text{(E.27)}$$

$$x_{ij} \geq 0 \qquad i = 1, 2, \ldots, I; j = 1, 2, \ldots, J \qquad \text{(E.28)}$$

Dabei bedeuten:

Daten:

b_i	Produktionskapazität im Produktionsstandort i
d_j	Bedarf im Abnehmerzentrum j
c_{ij}	Kosten für den Transport einer Mengeneinheit vom Produktionsstandort i zum Abnehmerzentrum j
I	Anzahl der Produktionsstätten
J	Anzahl der Abnehmerzentren

Variablen:

x_{ij}	Transportmenge vom Produktionsstandort i zum Abnehmerzentrum j

In der Zielfunktion dieses Modells werden die gesamten Transportkosten minimiert. Durch die Nebenbedingung (E.26) wird sichergestellt, daß der Bedarf eines Abnehmerzentrums vollständig befriedigt wird. Die Nebenbedingung (E.27) verlangt, daß die gesamten von einer Produktionsstätte ausgelieferten Mengen genau der Lieferkapazität des jeweiligen Produktionsstandorts entsprechen. Hierbei wird unterstellt, daß die gesamten Lieferkapazitäten aller Produktionsstandorte mit den gesamten Bedarfsmengen aller Abnehmerzentren übereinstimmen. Wie sich leicht zeigen läßt, kann jedes Transportproblem, bei dem diese Gleichheit zunächst nicht erfüllt ist, durch die Einfügung einer fiktiven Produktionsstätte bzw. eines fiktiven Abnehmerzentrums in das oben dargestellte klassische Transportmodell überführt werden.

Weiterhin liegen dem klassischen Transportmodell die folgenden wesentlichen **Modellannahmen** zugrunde:

- *einperiodige* Betrachtung;
- Erfassung lediglich *einer Produktart*;
- als *entscheidungsrelevante Kosten* werden nur die reinen Transportkosten sowie allenfalls standortabhängige Unterschiede in den variablen Produktionskosten betrachtet;
- *linearer Kostenverlauf*, d. h. die Transportkosten je Mengeneinheit auf einem spezifischen Transportweg werden als konstant angenommen; ein nichtlinearer Kostenverlauf bezüglich der Entfernung, wie er z. B. bei Güterfrachttarifen anzutreffen ist, kann aber berücksichtigt werden;
- eine *beliebige Zuordnung* von Produktionsstätten und Abnehmerzentren ist möglich;
- keine Beschränkung streckenspezifischer *Transportkapazitäten*.

Im folgenden werden zwei einfache heuristische Verfahren zur Lösung des klassischen Transportproblems, die *Nord-West-Ecken-Methode* sowie die *Vogel'sche Approximationsmethode* beschrieben. Für die Anwendung dieser Verfahren und auch der hier nicht näher dargestellten exakten Lösungsverfahren wird das betrachtete Transportproblem üblicherweise tabellarisch aufbereitet. In Tabelle E.6 ist das entsprechende Lösungstableau für das eingangs erläuterte Beispiel wiedergegeben.

Das Tableau enthält je eine Zeile für die beiden Produktionsstätten, deren Produktionskapazität mit 11 bzw. 13 Einheiten am rechten Rand angegeben ist. Die drei Abnehmerzentren sind in den Spalten des Tableaus erfaßt. Ihre Bedarfsmengen von 6, 4 bzw. 14 Einheiten sind am unteren Rand eingetragen. Jede Zelle des Tableaus entspricht einem zulässigen Transportweg, wobei die jeweiligen Transportkosten pro Mengeneinheit rechts oben in den Zellen eingetragen sind. Beispielsweise verursacht der Transport einer Mengeneinheit des betrachteten Gutes von Osnabrück nach Schwerin Kosten von 60 Geldeinheiten.

von/nach	Schwerin	Magdeburg	Leipzig	Kapazität
Osnabrück	60	40	30	11
Bad Hersfeld	20	30	50	13
Bedarf	6	4	14	$\sum = 24$

Tabelle E.6: Lösungstableau zum klassischen Transportproblem

Zur Lösung dieses Problems sind die Zellen des Lösungstableaus so mit Transportmengen aufzufüllen, daß sämtliche Eintragungen in einer Zeile genau der Kapazität des Produktionsstandortes und sämtliche Eintragungen in einer Spalte genau dem Bedarf des Abnehmerzentrums entsprechen. Wie aus der Theorie der linearen Optimierung bekannt ist, existiert eine optimale Lösung mit $I+J-1$ sog. Basisvariablen, wobei die übrigen (Nichtbasis-) Variablen den Wert Null annehmen.

Eine einfache Vorgehensweise zur Ermittlung einer zulässigen Ausgangslösung stellt die sog. **Nord-West-Ecken-Methode** dar. Hierbei beginnt man in der oberen linken Ecke des Lösungstableaus (im Nordwesten) und trägt eine so große Transportmenge ein, wie aufgrund des Bedarfs notwendig bzw. aufgrund der verfügbaren Kapazität möglich ist. Dann fährt man entweder (bei unausgeschöpfter Kapazität) in derselben Zeile bzw. (bei unbefriedigtem Bedarf) in derselben Spalte fort und folgt diesem Lösungsprinzip solange, bis man schließlich in der unteren rechten Ecke des Lösungstableaus angelangt ist. Für unser Beispiel erhält man die in Tabelle E.7 wiedergegebene Lösung, bei der der Produktionsstandort Osnabrück die Abnehmerzentren in Schwerin, Magdeburg und Leipzig mit sechs, vier bzw. einer Mengeneinheit und Bad Hersfeld das Abnehmerzentrum in Leipzig mit weiteren 13 Mengeneinheiten beliefert.

von/nach	Schwerin	Magdeburg	Leipzig	Kapazität
Osnabrück	60 6	40 4	30 1	11
Bad Hersfeld	20	30	50 13	13
Bedarf	6	4	14	$\sum = 24$

Tabelle E.7: Lösung des klassischen Transportproblems mit Hilfe der Nord-West-Ecken-Methode

Der äußerst einfachen Berechnungsweise der Nord-West-Ecken-Methode steht als Hauptnachteil die fehlende Berücksichtigung der Transportkosten gegenüber. Die Güte der gefundenen Lösung ist daher stark zufallsabhängig. Aus Tabelle E.7 sind Gesamttransportkosten von $6 \cdot 60 + 4 \cdot 40 + 1 \cdot 30 + 13 \cdot 50 = 1200$ abzulesen. Diese Lösung weicht beträchtlich von der optimalen Lösung mit Gesamttransportkosten von 720 ab.

Ein anderes Lösungsverfahren, das explizit die anfallenden Transportkosten berücksichtigt, stellt die nach ihrem Begründer benannte **Vogel'sche Approximationsmethode** dar. Dieses Verfahren beruht auf dem Gedanken, die zusätzlichen Kosten zu minimieren, die dadurch entstehen, daß ein Abnehmerzentrum nicht von dem transportkostengünstigsten, sondern von dem zweitgünstigsten Produktionsstandort beliefert wird bzw. daß ein Produktionsstandort nicht an das transportkostengünstigste Abnehmerzentrum, sondern an das zweitgünstigste liefert. Man bildet daher für jede Spalte und jede Zeile des Lösungstableaus entsprechende Kostendifferenzen und stellt nach Maßgabe der jeweils größten (einsparbaren) zusätzlichen Kosten Zug um Zug eine Ausgangslösung auf, wobei nach jedem Eintrag im Tableau die Kostendifferenzen entsprechend anzupassen sind und Zeilen und Spalten, deren Kapazität erschöpft bzw. deren Bedarf befriedigt ist, aus der weiteren Betrachtung ausgeschlossen werden.

Für das obige Beispiel erhält man zunächst die am rechten und unteren Rand der Tabelle E.8 dargestellten Kostendifferenzen, wobei sich beispielsweise die zusätzlichen Kosten von 10 in der Zeile für Osnabrück als $40 - 30$ ergeben, nämlich als Differenz der Transportkosten für die Belieferung der beiden kostengünstigsten Zielorte (Magdeburg und Leipzig). Entsprechend erhält man $30 - 20 = 10$ für Bad Hersfeld, $60-20 = 40$ für Schwerin, $40-30 = 10$ für Magdeburg und $50-30 = 20$ für Leipzig.

In Tabelle E.8 treten die größten zusätzlichen Kosten von 40 beim Abnehmerzentrum Schwerin auf. Daher wird dieser Zielort auf dem kostengünstigsten Transportweg, nämlich von Bad Hersfeld beliefert. Die höchstzulässige Transportmenge entspricht dem Bedarf des Abnehmerzentrums Schwerin und beträgt sechs Einheiten. Da dieser Zielort keine weiteren Lieferungen mehr benötigt, kann er aus den folgenden Betrachtungen ausgeschlossen werden. Man erhält nun die in Tabelle E.9

dargestellte Zwischenlösung, bei der sich für Bad Hersfeld wegen des Wegfalls von Schwerin die zusätzlichen Kosten auf nunmehr $50 - 30 = 20$ verändern.

von/nach	Schwerin	Magdeburg	Leipzig	Kapazität	
Osnabrück	60	40	30	11	10
Bad Hersfeld	20	30	50	13	10
Bedarf	6	4	14	$\sum = 24$	
	40	10	20		

Tabelle E.8: Lösung des klassischen Transportproblems mit Hilfe der Vogel'schen Approximationsmethode (Erster Lösungsschritt)

von/nach	Schwerin	Magdeburg	Leipzig	Kapazität	
Osnabrück	60 –	40	30	11	10
Bad Hersfeld	20 6	30	50	13	20
Bedarf	6	4	14	$\sum = 24$	
		10	20		

Tabelle E.9: Lösung des klassischen Transportproblems mit Hilfe der Vogel'schen Approximationsmethode (Zweiter Lösungsschritt)

Die Bestimmung der größten zusätzlichen Kosten ist nun nicht mehr eindeutig, da sowohl der Produktionsstandort Bad Hersfeld als auch das Abnehmerzentrum Leipzig jeweils den Wert 20 aufweisen. Wir entscheiden uns daher willkürlich für das Abnehmerzentrum Leipzig und belegen den aus der Sicht von Leipzig transportkostengünstigsten Produktionsstandort Osnabrück mit der höchstzulässigen Transportmenge von elf Mengeneinheiten. Damit ist das Angebot des Produktionsstandortes Osnabrück erschöpft. Für die verbleibenden beiden Zellen des Lösungstableaus (Bad Hersfeld-Magdeburg und Bad Hersfeld-Leipzig) ergeben sich zwangsläufig Transportmengen von vier bzw. drei Mengeneinheiten. Die Abschlußlösung des Zahlenbeispiels ist aus Tabelle E.10 ersichtlich.

Die mit der Vogel'schen Approximationsmethode gefundene Lösung weist Gesamttransportkosten von $11 \cdot 30 + 6 \cdot 20 + 4 \cdot 30 + 3 \cdot 50 = 720$ auf. Diese Lösung ist optimal, wie man mit Hilfe eines exakten Lösungsverfahrens, z. B. des MODI-Verfahrens[7], leicht feststellen kann.

7 vgl. z. B. *Domschke und Drexl* (2007), S. 75–79

von/nach	Schwerin	Magdeburg	Leipzig	Kapazität
Osnabrück	60 –	40 –	30 11	11
Bad Hersfeld	20 6	30 4	50 3	13
Bedarf	6	4	14	$\sum = 24$

Tabelle E.10: Lösung des klassischen Transportproblems mit Hilfe der Vogel'schen Approximationsmethode (Abschlußlösung)

Abgesehen von seiner eigentlichen Aufgabenstellung, der Transportplanung, besteht ein weiterer wichtiger Anwendungsbereich des klassischen Transportmodells in der Standortoptimierung. Wie wir bereits in Abschnitt 4.3.3, S. 75 ff., gesehen haben, sind für jede Standortkombination die minimalen Transportkosten zu bestimmen. Dabei entsteht jeweils als Teilproblem im übergeordneten Modell STANDORT ein klassisches Transportproblem. Da derartige Teilprobleme wegen der großen Anzahl möglicher Standortkombinationen sehr oft exakt gelöst werden müssen, ist die Verfügbarkeit leistungsfähiger Optimierungsverfahren von großer Bedeutung.

Aber auch wenn nur einzelne Standortkombinationen als mögliche Lösungsalternativen untersucht werden sollen, kann das Modell TRANSPORT sinnvoll eingesetzt werden. Durch vergleichende Modellrechnungen mit unterschiedlichen Standortkombinationen können z. B. die minimalen pro Jahr zu erwartenden standortabhängigen Produktions- und Distributionskosten ermittelt werden. Die sich ergebenden Kostenunterschiede können dann in eine umfassende Investitionsrechnung zur Bewertung der Standortalternativen einbezogen werden. Wegen der zur Verfügung stehenden effizienten Lösungsverfahren sind Sensitivitäts- und Risikoanalysen bezüglich der verschiedenen Modellparameter ohne größeren Rechenaufwand durchführbar.

Erweiterungen des klassischen Modellansatzes, wie z. B. die Berücksichtigung mehrerer Produkte, die Erfassung der zeitlichen Absatzentwicklung über einen mehrperiodigen Zeitraum, die genauere Aufschlüsselung der standortabhängigen Produktions- und der Logistikkosten oder die Betrachtung mehrstufiger Distributionsstrukturen können ebenfalls vorgenommen werden.

Schließlich sei noch darauf hingewiesen, daß in den sog. „Advanced Planning Systems", auf die in Kapitel 15, S. 336 ff., noch eingegangen wird, Entscheidungstatbestände der Beschäftigungsglättung bzw. Hauptproduktionsprogrammplanung mit Aspekten der Transportmengenplanung zwischen verschiedenen Standorten bzw. Produktionssegmenten kombiniert werden. In diesem Fall können Nachfragemengen, die die Periodenkapazität eines Produktionssegmentes überschreiten, nicht nur mit Hilfe von Überstunden, sondern auch durch Lagerbestände oder freie Kapazitäten in anderen Werken bzw. Produktionssegmenten gedeckt werden.

Literaturhinweise
Domschke und Drexl (2007), Kapitel 4
Klein und Scholl (2004), Abschnitt 9.3.4.2

11.2 Tourenplanung

Während in der zuvor behandelten Transportplanung die einzelnen Lieferorte gedanklich zu Abnehmerzentren und einzelne Liefervorgänge zu Transportströmen aggregiert wurden, besteht die Aufgabenstellung der Tourenplanung darin, für einen sehr kurzfristigen Zeitraum (oftmals nur einen Tag) die verschiedenen Transportvorgänge mit dem Ziel der Fahrwegoptimierung aufeinander abzustimmen.

Die Auslieferung der Produkte kann grundsätzlich auf zwei Arten erfolgen. Bei *Einzelbelieferung* werden die Aufträge einzeln zu ihren Bestimmungsorten transportiert. Das ist i. a. nur dann ökonomisch sinnvoll, wenn die Aufträge groß genug sind, um eine ausreichende Beladung der Fahrzeuge sicherzustellen. In vielen Fällen sind die Aufträge im Verhältnis zur Fahrzeugkapazität aber so klein, daß eine *Gruppenbelieferung* der Abnehmer vorteilhaft ist, da u. U. erhebliche Fahrstrecken eingespart werden können. In diesem Fall wird ein Fahrzeug mit Sendungen für mehrere Abnehmer beladen, liefert diese in einer vorgegebenen Reihenfolge an die Abnehmer aus und kehrt leer zu seinem Ausgangsort (z. B. einem Auslieferungslager, Depot) zurück.

Ist das zu bewältigende Transportvolumen nun so groß, daß nicht alle versandbereiten Aufträge im Rahmen *einer einzigen* Auslieferungstour den Abnehmern zugestellt werden können, dann entsteht ein **Tourenplanungsproblem**. Dabei ist zu entscheiden, in welcher Weise die Abnehmer zu Touren zusammengefaßt werden und in welcher Reihenfolge die Abnehmer einer Tour zu beliefern sind.

Würde die Fahrzeugkapazität ausreichen, um alle Sendungen mit einer Fahrt auszuliefern, dann wäre lediglich die kostengünstigste Rundreise über alle Abnehmerstandorte und zurück zum Depot zu bestimmen (Travelling-Salesman-Problem[8]). Ist die Kapazität eines Fahrzeugs aber derartig beschränkt, daß nicht alle Sendungen im Rahmen einer Fahrt ausgeliefert werden können, dann muß die Menge der Sendungen auf mehrere Fahrzeuge aufgeteilt werden, und es muß gleichzeitig für jedes Fahrzeug die kostengünstigste Rundreise zu den ihm zugeordneten Abnehmern ermittelt werden.

Die *Kapazitätsbeschränkungen* eines Fahrzeugs können materiell sehr unterschiedlicher Art sein:

- Gewichtsbeschränkungen,
- Volumenbeschränkungen,

8 vgl. *Domschke und Drexl* (2007), Abschnitt 6.5

- Zeitbeschränkungen bezüglich der Gesamtlänge einer Tour.

Das *Tourenplanungsproblem* besteht darin, daß eine gegebene, nach Größe und Bestimmungsorten genau spezifizierte Menge von Sendungen durch eine gegebene Menge von Fahrzeugen, die Kapazitätsbeschränkungen aufweisen, ausgeliefert werden soll. Die Struktur der Auslieferungstouren soll dabei in der Weise gestaltet werden, daß die variablen Auslieferungskosten minimiert werden. Dabei sind oft zeitliche Restriktionen (Zeitfenster) zu berücksichtigen, z. B. wenn die Anlieferung in einer Fußgängerzone nur vormittags bis 10 Uhr erfolgen darf.

Üblicherweise wird in Entscheidungsmodellen zur Tourenplanung davon ausgegangen, daß die variablen Auslieferungskosten dann ihr Minimum annehmen, wenn die Gesamtlänge aller Touren minimal ist. Es wird also eine proportionale Beziehung zwischen Fahrkosten und Fahrstrecke unterstellt. Das wird in der Praxis kaum der Fall sein, wird aber oft als eine für die praktische Anwendung ausreichende Approximation angesehen.

Wie aus den einleitenden Bemerkungen deutlich wurde, sind in der Tourenplanung zwei Teilprobleme zu lösen:

- die **Zuordnung** von Sendungen zu einem Fahrzeug (Tour) unter Beachtung der Kapazitätsrestriktion des Fahrzeugs sowie
- die Bestimmung der kostengünstigsten **Rundreise** für ein Fahrzeug.

Offensichtlich sind diese beiden Probleme interdependent. Die optimale Rundreise eines Fahrzeugs kann erst dann bestimmt werden, wenn die durch das Fahrzeug zu beliefernden Kunden feststehen. Ob aber ein Kunde X einem Fahrzeug zugeordnet wird, hängt davon ab, welche anderen Kunden durch dieses Fahrzeug besucht werden. Führt z. B. eine Tour von Köln in die Bonner Gegend und eine andere Tour in Richtung Düsseldorf, dann wird man vermutlich einen Kunden in Bad Godesberg in die Bonner Tour aufnehmen. Dies ist wesentlich günstiger, als ihn in die Düsseldorfer Tour einzubeziehen.

Man kann das Tourenplanungsproblem auf zweierlei Weise angehen. Im ersten Fall, der unter der Bezeichnung *Saving-Verfahren*[9] bekannt geworden ist, bestimmt man implizit mit der Zuordnung der Abnehmer zu einer Tour auch die Reihenfolge, in der die Kunden innerhalb der Tour besucht werden. Zu diesem Zweck startet man mit einer Lösung, in der jeder Kunde durch eine Einzelbelieferung versorgt wird. Die Kosten für die Versorgung dieses Kunden bestehen aus den Kosten für die Hin- und Rückfahrt. Dann wird für jede Verbindung zwischen zwei Abnehmern i und j die Kostenersparnis errechnet, die sich ergibt, wenn der Abnehmer j direkt im Anschluß an den Abnehmer i beliefert wird. Man spart dann den Rückweg vom Abnehmer i und den Hinweg zum Abnehmer j, muß aber zusätzlich von i nach j fahren. Das Saving-Verfahren besteht nun einfach darin, die Touren schrittweise solange zu vergrößern, wie die Kapazitätsrestriktionen der Fahrzeuge dies zulassen.

9 vgl. hierzu insbes. *Tempelmeier* (1983), S. 256–280

Die Reihenfolge der Aufnahme der Abnehmer in die Touren richtet sich nach der Höhe der Ersparnis. Dieses Prinzip ist in verfeinerter Form in zahlreichen Softwaresystemen zur Tourenplanung implementiert.

Eine andere Lösungsstrategie, die wir etwas genauer betrachten wollen, behandelt die beiden im Tourenplanungsproblem versteckten Teilprobleme, das *Zuordnungsproblem* und das *Rundreiseproblem*, nacheinander. Zur Zuordnung von Abnehmern zu Fahrzeugen kann man das folgende *verallgemeinerte Zuordnungsproblem* formulieren:[10]

Modell ZUORDNUNG

$$\text{Minimiere } Z = \sum_{l=1}^{L} \sum_{m=1}^{M} d_{lm} \cdot x_{lm} \tag{E.29}$$

u. B. d. R.

$$\sum_{l=1}^{L} w_l \cdot x_{lm} \leq b_m \qquad m = 1, 2, \ldots, M \tag{E.30}$$

$$\sum_{m=1}^{M} x_{lm} = 1 \qquad l = 1, 2, \ldots, L \tag{E.31}$$

$$x_{lm} \in \{0, 1\} \qquad l = 1, 2, \ldots, L; \; m = 1, 2, \ldots, M \tag{E.32}$$

Dabei bedeuten:

Daten:

b_m Kapazität des Fahrzeugs m
L Anzahl der Abnehmer
M Anzahl der Fahrzeuge
w_l Gewicht (Volumen usw.) der Sendung für Abnehmer l

Variablen:

$$x_{lm} = \begin{cases} 1 & \text{wenn Abnehmerstandort } l \text{ dem Fahrzeug } m \text{ zugeordnet wird} \\ 0 & \text{sonst} \end{cases}$$

Dabei bezeichnet der Zielfunktionskoeffizient d_{lm} die Fahrkosten, die entstehen, wenn man den Abnehmer l durch das Fahrzeug m beliefert. Wie bereits erwähnt, *kennen wir diesen Wert nicht*, da er erst nach Ermittlung der optimalen Rundreise des Fahrzeugs bekannt ist. Die Nebenbedingungen (E.30) garantieren, daß die Kapazitäten der Fahrzeuge nicht überschritten werden. Mit den Gleichungen (E.31)

10 vgl. *Tempelmeier* (1983), S. 281–287

wird sichergestellt, daß jeder Abnehmerstandort in genau eine Tour aufgenommen wird.

Man kann die Koeffizienten der Zielfunktion aber schätzen, indem man z. B. wie folgt vorgeht: man wählt aus der Menge der zu beliefernden Abnehmer für jedes vorhandene Fahrzeug m $(m = 1, 2, \ldots, M)$ einen beliebigen Kunden aus, dessen Standort man als Kern einer Tour deklariert. Dann werden für jeden anderen, noch nicht zu einer der M Touren zugeordneten Abnehmer die Kostenerhöhungen berechnet, die bei Erweiterung der bestehenden Touren um diesen Ort entstehen. Es wird also für jeden noch freien Ort l $(l \neq m)$ der Anstieg der Touren-Fahrkosten ermittelt, der entstehen würde, wenn die Tour m um den Ort l erweitert würde.

Dieser *Anstieg der Fahrkosten* kann wie folgt errechnet werden (Kosten des Umwegs über den Kunden l):

$$d_{lm} = \underline{(c_{0l} + c_{lm} + c_{m0})} - \underline{(c_{0m} + c_{m0})} = (c_{0l} + c_{lm} - c_{0m}) \tag{E.33}$$

└ Kosten der Einzelbelieferung des Kernortes m durch Fahrzeug m

└ Kosten der Tour m nach Erweiterung um den Ort l

Derartige Werte sind für jede Kombination von Kernorten m und Abnehmerstandorten l $(m = 1, 2, \ldots, M;\ l = 1, 2, \ldots, L;\ l \neq m)$ zu berechnen. Liegen sie vor, dann kann das verallgemeinerte Zuordnungsproblem mit der linear approximierten Zielfunktion durch Einsatz eines geeigneten – exakten oder heuristischen – Verfahrens gelöst werden.

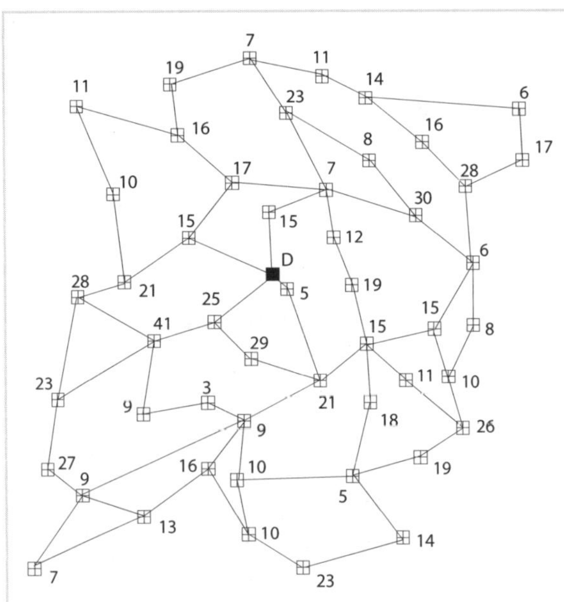

Bild E.8: Straßennetz mit Abnehmerstandorten

Die Lösung des verallgemeinerten Zuordnungsproblems spezifiziert eine Gruppierung von Kunden zu Touren. Für jede der Kundengruppen (Touren) kann nun durch Lösung des entsprechenden **Rundreiseproblems** die kostenminimale, d. h. kürzeste Rundreise bestimmt werden. Letzteres kann ebenfalls nach einem geeigneten – exakten oder heuristischen – Verfahren geschehen.

Ohne weiter auf die Verfahren zur Lösung der beiden angesprochenen Teilprobleme einzugehen, betrachten wir ein **Beispiel** mit 50 Abnehmerorten, die an einem bestimmten Tag von einem Lager (D) aus beliefert werden sollen. Das Straßennetz (ohne Entfernungsangaben) ist in Bild E.8 wiedergegeben. Die Zahlen neben den Orten bezeichnen die jeweils auszuliefernden Transportmengen.

Nehmen wir an, es stehen 5 Fahrzeuge zur Verfügung. Jedes Fahrzeug hat eine Kapazität von $b_m = 200$ ME (m=1,2,. . .,5). Wir wählen 5 Kundenstandorte als Tourenkerne und berechnen die Koeffizienten d_{lm} $(l = 1, 2, \ldots, 50; m = 1, 2, \ldots, 5)$. Die anschließende Lösung des resultierenden verallgemeinerten Zuordnungsproblems führt zu der in Bild E.9 graphisch dargestellten Kundengruppierung. Obwohl 5 Fahrzeuge zur Verfügung stehen, werden nur 4 Fahrzeuge genutzt.

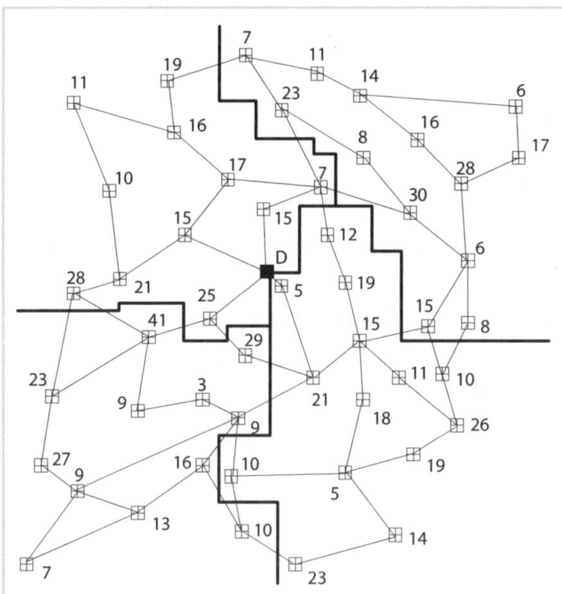

Bild E.9: Gruppierung der Abnehmerstandorte zu Touren

Für jede Gruppe von Abnehmerstandorten kann nun die optimale Rundreise bestimmt werden. Wir setzen hierzu ein heuristisches Verfahren ein und erhalten die in Bild E.10 wiedergegebene Lösung des Tourenplanungsproblems.

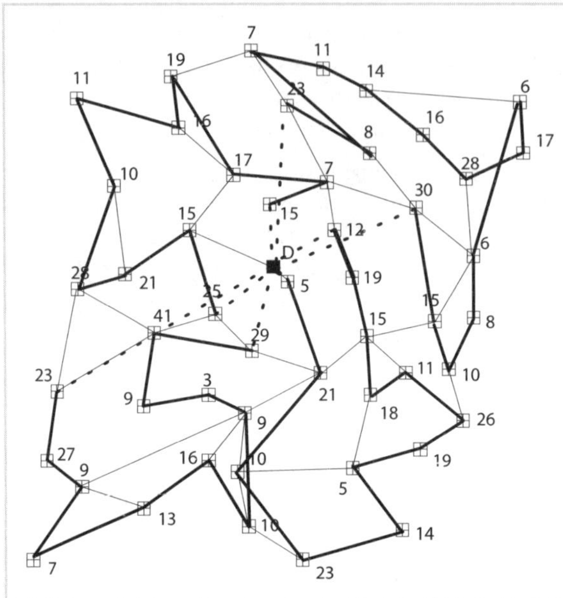

Bild E.10: Rundreisen der Fahrzeuge

In der Praxis vorkommende Tourenplanungsprobleme sind oft wesentlich komplizierter. So müssen z. B. oft Zeitfenster und tageszeitabhängige und ereignisabhängige (Staus) Fahrgeschwindigkeiten auf den einzelnen Strecken berücksichtigt werden. Dies führt zu erheblichen Problemen, um deren Bewältigung man sich derzeit intensiv bemüht.

In den letzten Jahren sind zahlreiche **Softwaresysteme zur Tourenplanung** entwickelt worden, die auf mittlerweile verfügbare Datenbanken zurückgreifen, in denen jede Straße mit ihrer Länge und der durchschnittlichen Fahrzeit gespeichert ist. Da die Fahrer zunehmend mit Möglichkeiten der Mobilkommunikation ausgestattet werden, kann zu jedem beliebigen Zeitpunkt der aktuelle Standort eines Fahrzeugs ausfindig gemacht werden. Damit ergeben sich auch für die Tourenplanung neue Freiheitsgrade. So kann man die Routen z. B. dynamisch in Abhängigkeit von der Verkehrssituation festlegen.

Zum Abschluß sei noch erwähnt, daß in manchen Unternehmen die Auslieferungskosten derart hoch sind, daß die Ergebnisse der Tourenplanung das Produktionsprogramm bestimmen. In einigen Unternehmen der Möbelindustrie werden z. B. aufgrund vorliegender Kundenaufträge zunächst die kostengünstigsten Auslieferungstouren für die einzelnen Tage des Planungszeitraums gebildet. Der festgelegte Auslieferungstermin eines Möbels bestimmt dann seinen Produktionstermin. Dies setzt allerdings eine hohe Flexibilität des Produktionssystems voraus, die in Teilen der Möbelindustrie aufgrund des hohen Anteils handwerklich ausgebildeter Facharbeiter und bei Einsatz flexibler Universalmaschinen vorhanden ist.

Literaturhinweise

Gietz (1994), Kapitel 2
Neumann und Morlock (1993), Abschnitt 3.5
Domschke (1997), Kapitel 5

12 Lagerbetrieb und Güterumschlag

Im vorangegangenen Kapitel wurden die Transportplanung (d. h. die Bestimmung der Transportströme zwischen Produktionsstandorten und Abnehmerzentren) und die Tourenplanung (d. h. die Optimierung der Fahrwege zwischen mehreren Zielorten) als zentrale distributionslogistische Probleme behandelt. Wir wenden uns nun dem Lagerbetrieb und dem Güterumschlag als weiteren wesentlichen logistischen Prozessen zu. In vielen Industriezweigen hat die Umsetzung von Just-in-Time Konzepten zu kleineren Bestell- und Liefermengen sowie zu kürzeren Lieferzyklen geführt. Die gestiegene Variantenvielfalt industrieller Erzeugnisse hat zudem eine größere Heterogenität der in der Logistik zu handhabenden Objekte bewirkt. Gleichzeitig erwarten industrielle sowie private Kunden immer kürzere Lieferzeiten. Um diesen Anforderungen gerecht zu werden, sind in den vergangenen Jahren im Logistikbereich erhebliche Rationalisierungsanstrengungen unternommen worden. Beispiele hierfür finden sich in der *Beladungsplanung*, bei der es um die effiziente Stauraumausnutzung von Ladungsträgern geht (Abschnitt 12.1), in der Weiterentwicklung von *automatisierten Lagersystemen* (Abschnitt 12.2) sowie in der *Kommissionierung* (Abschnitt 12.3).

12.1 Beladungsplanung

Viele industriell erzeugte Produkte, insbesondere Massenprodukte, werden nicht in Einzelstücken, sondern in versandgerechten Einheiten ausgeliefert. Betrachten wir als einfaches Anschauungsbeispiel die Distribution und den Absatz von Teebeuteln. Der Endverbraucher (Teetrinker) kauft i. d. R. eine *Einzelpackung*, die eine bestimmte Anzahl von Teebeuteln (z. B. 20 Stück) enthält. Derartige Einzelpackungen in der Lagerung und im Güterumschlag zu handhaben, wäre viel zu aufwendig. Daher wird i. a. eine bestimmte Anzahl von Einzelpackungen (z. B. 12 Stück) zu sog. *Versandgebinden* zusammengefaßt, die für den Einzelhandel zumeist die kleinste zu disponierende Einheit darstellen. Für die Einlagerung der Enderzeugnisse und die Auslieferung vom Hersteller zu den logistischen Verteilzentren werden *genormte Ladungsträger* (i. d. R. Paletten) verwendet, auf denen eine gewisse Anzahl von Versandgebinden gestapelt ist. Auf diese Weise wird das Warenhandling wesentlich vereinfacht.

Man kann sich leicht vorstellen, daß die effiziente Ausnutzung des Palettenstauraumes die Lagerungs- und Distributionskosten wesentlich beeinflußt, zumal bei manchen Konsumgütern (z. B. Rasierklingen oder Lippenstiften) die Logistikkosten (Lagerungs-, Handling- und Transportkosten) höher sind als die eigentlichen Herstellkosten. Eine effiziente Palettenbeladung trägt daher wesentlich dazu bei, den verfügbaren Lagerraum wirtschaftlich zu nutzen, das Ausmaß der Handlingvorgänge zu verringern und die Transportkosten zu senken. Entsprechende Rationalisierungsmaßnahmen sind um so attraktiver, da ihre Umsetzung praktisch kostenneutral ist, die erzielbaren Kosteneinsparungen jedoch beträchtlich sein können.

Beladungsprobleme stellen sich nicht nur bezüglich der Palettenbeladung. Ebenso lassen sich durch die bestmögliche Ausnutzung des Stauraumes eines Transportfahrzeugs (z. B. eines LKWs oder eines Eisenbahnwaggons) die Transportkosten deutlich senken. Auch die Beladung eines Containers oder das Füllen einer Transportbox mit einzelnen Packstücken gehört in diesen Problemkreis. Im folgenden greifen wir die **Palettenbeladung** als das industriell bedeutsamste Beladungsproblem heraus.

Konkret besteht das hier betrachtete Problem der Palettenbeladung darin, eine Anordnung der einzelnen Packstücke auf der Palette zu bestimmen, so daß der zur Verfügung stehende Stauraum maximal ausgenutzt wird. Der zulässige Stauraum ergibt sich aufgrund der Palettengrundfläche (bei der mittlerweile am häufigsten verwendeten Europalette sind dies 120 cm $\times$ 80 cm) sowie der erlaubten Beladungshöhe, die in vielen Fällen aufgrund der Lagerplatzdimensionen vorgegeben ist. Von einem eventuell zulässigen Überhang der Beladung über den Palettenrand bzw. einem einzuhaltenden Unterhang sehen wir aus Vereinfachungsgründen ebenso ab wie von dem Laderaumbedarf, der durch Hilfsmittel, wie Packbänder, Verpackungsmaterial und andere Sicherungsmaterialien entsteht.

Neben der effizienten Ausnutzung des verfügbaren Stauraumes sind vielfach auch Einschränkungen hinsichtlich der **Ladungsstabilität** zu beachten.[11] Auch auf diese speziellen Anforderungen soll im folgenden nicht weiter eingegangen werden.

Darüber hinaus beschränken wir uns auf die Stapelung **homogener** Einheiten (d. h. identischer quaderförmiger Packstücke mit ebenen Oberflächen). Auf die Besonderheiten bei der Beladung zylindrischer Objekte (z. B. Rollen und Dosen) sowie asymmetrischer Packstücke gehen wir nicht ein. Homogene Packstücke werden i. d. R. **lagenweise** gestapelt, wobei die Höhenorientierung der Packstücke aus Gründen der Ladungssicherheit häufig vorgeschrieben ist. Insbesondere bei flüssigen, auslaufgefährdeten Gütern ist die Vorgabe einer **Höhenorientierung** naheliegend. Bei gegebener Höhenorientierung der Packstücke erhält man jeweils Lagen gleicher Höhe, wobei jede Lage aus einer bestimmten Anzahl von Packstücken besteht.

Wir beschränken uns daher, wie in den meisten industriellen Anwendungsfällen, im folgenden auf die **lagenweise Stapelung** der Packstücke auf einer Palette. Damit wird jedoch gleichzeitig das eigentlich dreidimensionale Problem der maximalen Volumenausnutzung auf ein zweidimensionales Problem, nämlich der effizienten Anordnung der Packstücke innerhalb einer Lage, reduziert. Das Optimierungsziel besteht dann darin, innerhalb einer Lage (d. h. auf der Palettengrundfläche) möglichst viele Packstücke unterzubringen. Die Beschränkung auf eine zweidimensionale Betrachtung kann im Einzelfall dazu führen, daß der verfügbare Stauraum nicht maximal genutzt wird.

Weiterhin betrachten wir lediglich sog. **orthogonale Lagenpläne**. Diese sind dadurch gekennzeichnet, daß alle Kanten der Packstücke parallel zu den Kanten der Palette verlaufen. Aus Gründen der Ladungsstabilität und der Transportsicherheit

11 vgl. *Bischoff* (1991)

werden nichtorthogonale Lagenpläne in der Praxis nur sehr selten verwendet. Bild E.11 zeigt ein Beispiel für die Stapelung homogener quaderförmiger Packstücke auf einer Palette.

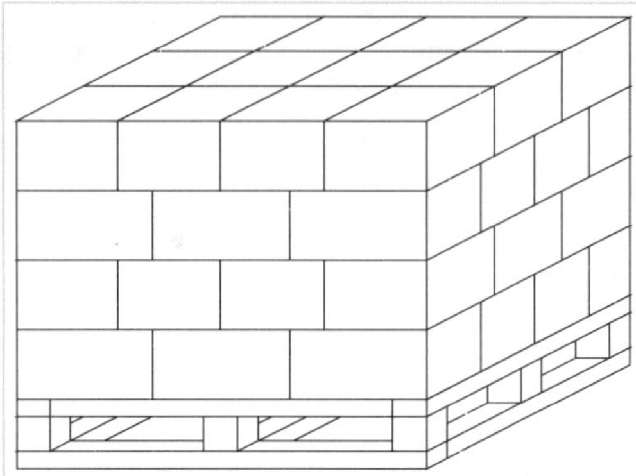

Bild E.11: Beispiel einer beladenen Palette

In der industriellen Praxis werden Stapelpläne vielfach noch intuitiv ermittelt. Inzwischen sind aber auch PC-gestützte Softwaresysteme weit verbreitet. In diesen Softwaresystemen sind Algorithmen implementiert, mit deren Hilfe verschiedene zweckmäßige Lagenpläne erzeugt und dem Anwender zur Auswahl angeboten werden. Die Erzeugung von Lagenplänen stützt sich auf leistungsfähige Heuristiken, deren Rechenzeitbedarf nur Sekundenbruchteile beträgt.

Die eingesetzten Heuristiken gehen von einem bestimmten Muster aus, nach dem die Packstücke auf der Palettengrundfläche angeordnet werden. Am gebräuchlichsten sind sog. **N-Block-Heuristiken**, bei denen die Palettengrundfläche in eine bestimmte Anzahl von überschneidungsfreien Blöcken unterteilt wird und die sich in einem Block befindlichen Packstücke jeweils die gleiche Orientierung aufweisen. Der Wert des Parameters N bestimmt die Anzahl der Blöcke. Gängig sind Werte von $N = 1$ bis $N = 5$. Die Größe der Blöcke ist variabel und richtet sich nach der Anzahl der darin angeordneten Packstücke. Bild E.12 zeigt ein Beispiel für eine 4-Block-Struktur. Daneben lassen sich aber auch Lagenpläne nach einem L-, T- oder U-Muster sowie spiral- und treppenförmig oder völlig unregelmäßig erzeugen.

Welches Muster eines Lagenplans bei gegebenen Abmessungen der Packstücke optimal ist, d. h. zu einer maximalen Ausnutzung der Palettengrundfläche führt, läßt sich im vorhinein nur in Einzelfällen angeben. Sind beispielsweise sowohl die Längs- als auch die Schmalseite der Palette jeweils ganzzahlige Vielfache der Längs- bzw. der Schmalseite des Packstücks, so führt bereits eine 1-Block-Aufteilung zu einer vollständigen Ausnutzung der Palettengrundfläche. Ist nur eine der beiden Seitenlängen der Palette ein ganzzahliges Vielfaches einer der beiden Seitenlängen des Packstücks, so bietet sich eine 2- bzw. 3-Block-Aufteilung an. Sieht man von diesen Sonderfällen ab, so sollten auf jeden Fall alternative Lagenpläne nach unterschiedlichen Mustern erzeugt und hinsichtlich ihrer Ausnutzung der Palettengrundfläche und des zulässigen Stauraumes verglichen werden.

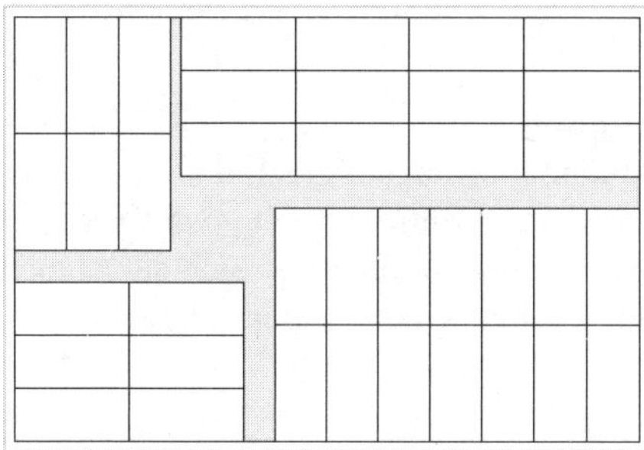

Bild E.12: Beispiel für einen Lagenplan gemäß einer 4-Block-Struktur

Kommen wir auf das eingangs erwähnte Teebeutelbeispiel zurück und nehmen wir an, daß die Teebeutel in Einzelpackungen von $\alpha = 13.5$ cm Länge, $\beta = 4.5$ cm Breite und $\gamma = 6.5$ cm Höhe vertrieben werden. Aus Qualitätsgründen ist die Höhenorientierung vorgeschrieben, d. h. die Einzelpackungen werden stets auf ihrer Grundfläche von 13.5×4.5 cm^2 gestapelt. Für die Auslieferung vom Hersteller an den Handel werden jeweils 24 Einzelpackungen mit Hilfe von Schrumpffolie zu einem Versandgebinde zusammengefaßt, und zwar derart, daß drei Lagen von jeweils acht Einzelpackungen mit der Orientierung $(2 \cdot \alpha, 4 \cdot \beta)$ gebildet werden, d. h. das Versandgebinde belegt eine Grundfläche von 27×18 cm^2 und weist eine Höhe von 19.5 cm auf.

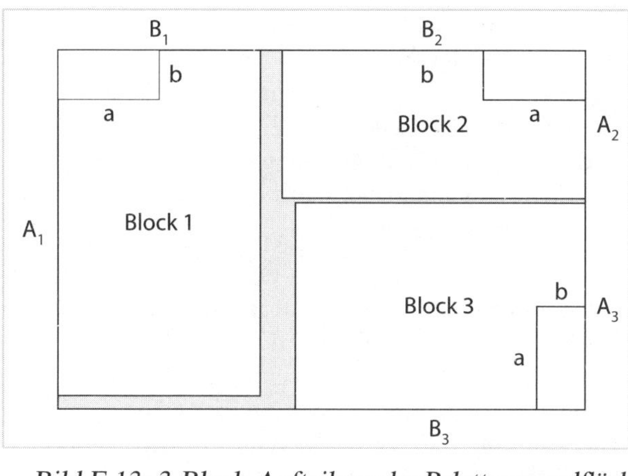

Bild E.13: 3-Block-Aufteilung der Palettengrundfläche

Die Erzeugung von Lagenplänen soll unter Verwendung einer 3-Block-Heuristik erläutert werden. Die zugrunde gelegte Aufteilung der Palettengrundfläche in die einzelnen Blöcke ist in Bild E.13 schematisch dargestellt. Daraus ist auch ersichtlich, daß aufgrund der Abmessungen des Versandgebindes zwangsläufig kleinere Beladungslücken entstehen. Denkbar sind auch andere Muster einer 3-Block-Aufteilung, die hier jedoch aus Vereinfachungsgründen nicht weiter betrachtet werden.

Die Abmessungen der in Bild E.13 eingetragenen Blöcke ergeben sich aus der Anzahl der darin angeordneten Versandgebinde. Bei dem zugrundeliegenden 3-Block-Muster ist für jeden Block die Orientierung der jeweiligen Versandgebinde, wie aus Bild E.13 ersichtlich, vorgegeben. Somit lassen sich die Abmessungen der einzelnen Blöcke wie folgt als ganzzahlige Vielfache der Seitenlängen a bzw. b des Versandgebindes angeben:

$$\begin{aligned} A_1 &= n_1 \cdot b; \quad & B_1 &= m_1 \cdot a \\ A_2 &= n_2 \cdot b; \quad & B_2 &= m_2 \cdot a \\ A_3 &= n_3 \cdot a; \quad & B_3 &= m_3 \cdot b \end{aligned}$$

wobei die folgende Notation verwendet wird:

i	Blöcke (i = 1,2,3)
A_i, B_i	Kantenlängen von Block i
m_i, n_i	Anzahl breit- bzw. schmalseitig ausgerichteter Versandgebinde in Block i

Die Größen m_i und n_i bilden die Variablen des betrachteten Anordnungsproblems. Zu ihrer Bestimmung geht man wie folgt vor.

Schritt 1: Bildung von Partitionen der Schmal- und Längsseiten der Palette

Ausgegangen wird von einer Europalette mit den Seitenlängen $A = 80$ bzw. $B = 120$ cm und dem Versandgebinde mit den Seitenlängen $a = 27$ bzw. $b = 18$ cm. Zunächst werden alle effizienten Aufteilungen (Partitionen) der Schmalseiten (A_1) und (A_2, A_3) sowie der Breitseiten (B_1, B_2) und (B_1, B_3) der Palette gebildet, wobei zu berücksichtigen ist, daß die Kantenlängen a bzw. b des Versandgebindes jeweils mindestens einmal in einer Partition enthalten sein müssen, da sonst Lagenpläne mit weniger als drei Blöcken entstehen würden.

So läßt sich beispielsweise die Blockseite A_1, die entlang der Schmalseite der Palette mit der Seitenlänge $A = 80$ cm ausgerichtet ist, in vier schmalseitig orientierte Versandgebinde effizient aufteilen. Dies entspricht der Partition $(A_1) = (4b)$. Effiziente Partitionen der Blockseiten (B_1, B_2) entlang der oberen Palettenseite mit der Länge $B = 120$ cm sind $(1a, 3a), (2a, 2a)$ und $(3a, 1a)$. Für die rechte Palettenseite mit den Blöcken (A_2, A_3) ergeben sich die effizienten Partitionen $(1b, 2a)$ und $(2b, 1a)$. Schließlich erhält man $(1a, 5b), (2a, 3b)$ und $(3a, 2b)$ für die untere Paletttenseite mit den Blöcken (B_1, B_3). Zusammenfassend lauten die effizienten

Partitionen:

$(A_1):$ $(4b)$
$(B_1, B_2):$ $(1a, 3a), (2a, 2a), (3a, 1a)$
$(A_2, A_3):$ $(1b, 2a), (2b, 1a)$
$(B_1, B_3):$ $(1a, 5b), (2a, 3b), (3a, 2b)$

Schritt 2: Erzeugung von Lagenplänen durch Kombination effizienter Partitionen

Aus den obigen effizienten Partitionen lassen sich die in Tabelle E.11 aufgeführten Kombinationen bilden. Hierbei ist zu berücksichtigen, daß nicht alle Kombinationen der oben aufgeführten Partitionen zulässig sind, da in (B_1, B_2) und (B_1, B_3) ein einheitlicher Wert für B_1 gewählt werden muß. So schließen sich beispielsweise die Partitionen $(1a, 3a)$ für (B_1, B_2) und $(2a, 3b)$ für (B_1, B_3) gegenseitig aus. In Tabelle E.11 ist ebenfalls angegeben, wie viele Versandgebinde sich in dem jeweiligen Lagenplan unterbringen lassen.

Lagenplan	Palettenseite				Versand-gebinde
	$(A1)$	$(B1, B2)$	$(A2, A3)$	$(B1, B3)$	
1	$(4b)$	$(1a, 3a)$	$(1b, 2a)$	$(1a, 5b)$	17
2	$(4b)$	$(1a, 3a)$	$(2b, 1a)$	$(1a, 5b)$	15
3	$(4b)$	$(2a, 2a)$	$(1b, 2a)$	$(2a, 3b)$	16
4	$(4b)$	$(2a, 2a)$	$(2b, 1a)$	$(2a, 3b)$	15
5	$(4b)$	$(3a, 1a)$	$(1b, 2a)$	$(3a, 2b)$	17
6	$(4b)$	$(3a, 1a)$	$(2b, 1a)$	$(3a, 2b)$	16

Tabelle E.11: Zulässige Kombinationen effizienter Partitionen

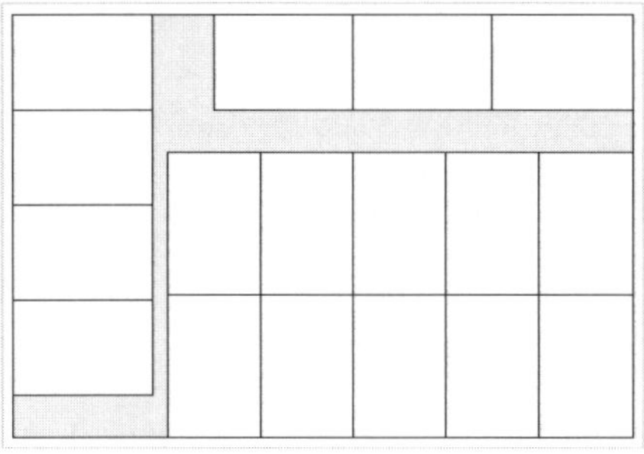

Bild E.14: Lagenplan Nr. 1

Die Lagenpläne 1 und 5, die in den Bildern E.14 und E.15 wiedergegeben sind, enthalten jeweils 17 Versandgebinde und nutzen somit die Palettengrundfläche besser aus als die übrigen Lagenpläne. Schließlich können bei dem gewählten Lagenplan die einzelnen Blöcke noch gegeneinander verschoben werden, um die Stabilität der Ladung zu erhöhen.

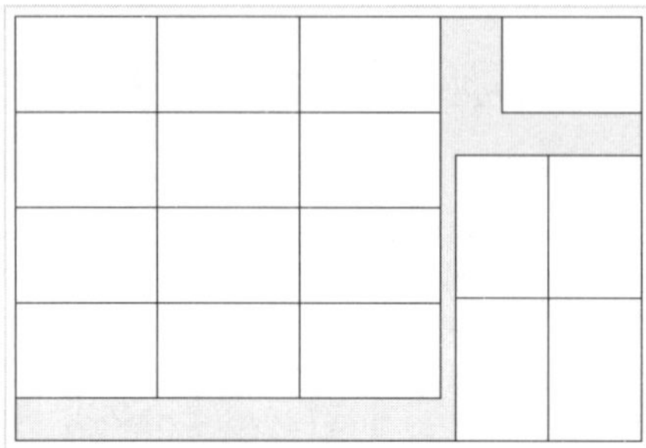

Bild E.15: Lagenplan Nr. 5

Die wichtigsten Kennziffern zur Beurteilung der Güte eines Lagenplans sind die Flächen- und die Stauraumausnutzung. Die Grundfläche einer Europalette beträgt 120×80 cm^2. Hiervon werden bei 17 Versandgebinden pro Lage insgesamt $17 \cdot 27 \times 18$ cm^2 belegt. Dies entspricht einer Flächenausnutzung von lediglich 86.06%. Bei einer zulässigen Beladungshöhe von 170 cm ergibt sich ein Palettenvolumen von 1.632 m^3. Ein einzelnes Versandgebinde weist einen Stauraum von $9.5 \times 27 \times 18 = 9477$ cm^3 auf. Aufgrund der Höhenbegrenzung können acht Lagen übereinander gestapelt werden. Somit wird pro Palette ein Volumen von $9477 \times 17 \times 8 = 1.29$ m^3 effektiv genutzt. Dies entspricht einer Stauraumausnutzung von lediglich 78.98%.

Erfahrungsgemäß läßt sich in der industriellen Praxis sowohl eine Flächen- als auch eine Volumenausnutzung von deutlich über 90% erreichen. Hierzu könnte man in dem betrachteten Beispielproblem die folgenden Maßnahmen ergreifen.

- Man verwendet eine andere **Lagenplanheuristik**, d. h. man erzeugt Lagenpläne nach einem anderen Muster. In dem vorliegenden Fall sind die Abmessungen des Versandgebindes jedoch so ungünstig gewählt, daß auch mit einem leistungsfähigen, kommerziell eingesetzten Softwaresystem kein Lagenplan erzeugt werden konnte, der mehr als 17 Versandgebinde enthält.

- Die Zusammensetzung und die Abmessungen des **Versandgebindes** werden im Hinblick auf eine bessere Ausnutzung des Stauraumes geändert. Eine solche Möglichkeit besteht darin, das Versandgebinde aus drei Lagen von jeweils zwölf Einzelpackungen der Orientierung $(3a, 4b)$ zu bilden. Auf diese Weise nimmt das Versandgebinde 36 Einzelpackungen auf und belegt eine Grundfläche von 40.5×18 cm^2. Die Höhe von 19.5 cm bleibt unverändert. Mit diesem neu gebildeten Versandgebinde läßt sich ein Lagenplan erzeugen, der insgesamt 12 Versandgebinde enthält und die Palettengrundfläche zu 91.13% ausnutzt. Der entsprechende in Bild E.16 dargestellte Lagenplan wurde mit Hilfe einer 4-Block-Heuristik ermittelt.[12]

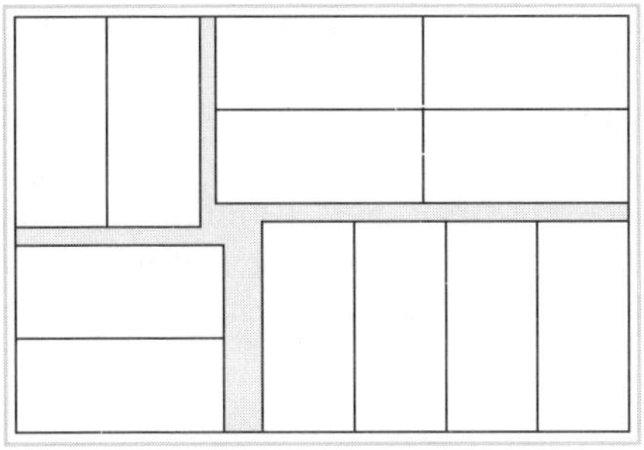

Bild E.16: Lagenplan gemäß einer 4-Block-Aufteilung bei modifiziertem Versandgebinde

- Man ändert die Größe der **Einzelpackungen** so, daß die Seitenlängen der Palette annähernd einem ganzzahligen Vielfachen der Seitenlänge der Einzelpackungen entsprechen. Praktisch bedeutet dies, daß die Einzelpackung eine größere Anzahl von Produkteinheiten enthalten müßte. Im günstigsten Fall kann dann bereits mit einer 1-Block-Struktur ein zweckmäßiger Lagenplan gefunden werden.
- Schließlich ließen sich auch die Abmessungen der einzelnen **Produkteinheit** (in unserem Beispiel eines Teebeutels) unter beladungslogistischen Gesichtspunkten anpassen. Vielfach reichen hier bereits geringfügige Änderungen aus, um eine günstigere Beladungsstruktur zu erzielen.
- Letztendlich könnte auch die **Höhe eines Versandgebindes** reduziert werden, um eine bessere Ausnutzung des Stauraumes zu erreichen. Würde man unter Beibehaltung der Orientierung $(3a, 4b)$ statt drei nur zwei Lagen von jeweils zwölf Einzelpackungen vorsehen, d. h. die Anzahl der Einzelpackungen pro Versandgebinde von 36 auf 24 reduzieren, so ließe sich die Volumenausnutzung der Palette von 83.62% auf 90.59% steigern.

Mit den vorstehenden Ausführungen sollte gezeigt werden, daß sich die Nutzung logistischer Ressourcen durch die Anwendung geeigneter Planungsverfahren erheblich verbessern läßt. Für den praktischen Anwendungsfall sind neben der effizienten Nutzung der Palettengrundfläche und des Stauraums noch weitere Gesichtspunkte von Bedeutung. So spielt vor allem die Sicherung der Ladungsstabilität eine erhebliche Rolle. Diese kann u. a. dadurch verbessert werden, daß durch Spiegelung und Rotation aus dem ausgewählten Lagenplan weitere äquivalente Lagenpläne erzeugt werden, auf die dann für die Stapelung der verschiedenen Lagen übereinander zurückgegriffen wird (sog. Verbundstapelung im Gegensatz zur reinen Turmsta-

12 vgl. *Günther und Tempelmeier* (2006), Aufgabe E11.2

pelung). Auch Beladungstoleranzen aufgrund von Zwischenräumen und des Packmittelbedarfs lassen sich ebenso berücksichtigen wie Gewichtsrestriktionen, die bei empfindlichen Waren die Stapelung einschränken können.

Der Palettenbeladung vergleichbare Anordnungsprobleme stellen sich beispielsweise bei der Beladung von Containern oder Fahrzeugen mit nichthomogenen Packstücken. Anders als bei der Beladung von Paletten sind bei der **Containerbeladung** häufig verschiedene einschränkende Randbedingungen zu beachten, die eine Erzeugung von Beladungsplänen unter Verwendung einfacher geometrischer Grundmuster nicht zulassen. Auch die Rückführung des dreidimensionalen Problems in eine vereinfachte zweidimensionale Darstellung ist nicht ohne weiteres möglich. Beladungspläne für Container müssen u. a. die folgenden *logistischen Anforderungen* erfüllen:[13]

- Einschränkungen der Stapelhöhe (z. B. nicht mehr als drei Packstücke übereinander),
- vorgeschriebene Lage im Stauraum (z. B. schwere Packstücke am Boden des Containers),
- gleichmäßige Anordnung der Packstücke bzw. Zentrierung der Gewichtsverteilung zur geometrischen Mitte des Containers aus Gründen der Ladungsstabilität,
- Beachtung eines höchstzulässigen Gesamtgewichts,
- Gruppierung von Packstücken für einen bestimmten Empfänger und Belegung des Stauraums gemäß der vorgesehenen Entladereihenfolge bzw. Auslieferungstour,
- Verwendung „einfacher" Beladungsmuster zur Reduzierung des Handlingaufwands.

Die mathematischen Lösungsansätze gehen überwiegend so vor, daß der Container schrittweise mit Gruppen von Packstücken belegt wird. Zum einen kann der Stauraum vertikal in verschiedene Schichten eingeteilt werden, die (mit der Rückwand des Containers beginnend) nach und nach belegt werden. Diese Vorgehensweise kommt der Berücksichtigung vorgegebener Entladereihenfolgen bzw. Auslieferungstouren entgegen, führt jedoch u. U. zu einer ungünstigen Beladungsstabilität. Zum anderen können ähnlich wie bei der Palettenbeladung horizontale Lagen gebildet werden, die übereinander gestapelt werden. Hierbei steht der Gesichtspunkt der Beladungsstabilität im Vordergrund. Bei einer weiteren Gruppe von Lösungsansätzen wird der Stauraum in „Säulen" unterschiedlicher Größe eingeteilt. Durch die Variation der Abmessungen dieser „Säulen" wird versucht, einen Beladungsplan zu erzeugen, der den verschiedenen konfliktären Anforderungen gerecht wird. Wegen der diffizilen logistischen Randbedingungen tritt das abstrakte Ziel der Maximierung der effizienten Stauraumausnutzung oftmals in den Hintergrund.

---

13 vgl. *Bischoff und Ratcliff* (1995)

Literaturhinweise

Bischoff und Dowsland (1982)
Bischoff und Ratcliff (1995)
Dowsland (1991)
Isermann (1998)
Scheithauer und Sommerweiß (1998)
Sixt (1996)

12.2 Lagerbetrieb

In der industriellen Produktion gelingt es nur selten, die Beschaffungs-, Produktions- und Distributionsvorgänge zeitlich genau aufeinander abzustimmen. Daher ist Lagerung unvermeidlich. Auf die Disposition von Lagerzugangsmengen und -zeitpunkten wurde bereits in Kapitel 10 (Lagerhaltungssysteme) eingegangen. Eng mit der Lagerung verbunden sind Handlingvorgänge. Hierunter fallen nicht nur das eigentliche Ein- und Auslagern, sondern u. a. auch das Sortieren, das Zusammenstellen (Kommissionieren) von Gütern im Hinblick auf bestimmte Versand- bzw. Montageaufträge sowie das Stapeln und Verteilen der gelagerten Güter. Zur Durchführung der Lagerung und des Handlings sind spezielle Gebäude, technische Einrichtungen (z. B. Regale), Fördermittel (z. B. Transportbänder, Rollenbahnen, Kräne, Gabelstapler, Regalbediengeräte), Ladungsträger (z. B. Paletten und Container) sowie rechnergestützte Informationssysteme (z. B. zur Lagerplatzverwaltung und zur Steuerung der automatisierten Fördereinrichtungen) und organisatorische Regelungen (z. B. zur Lagerplatzzuordnung) erforderlich. Unter einem Lagersystem wird die Gesamtheit dieser Systemelemente verstanden.[14]

Wegen ihres komplexen Zusammenwirkens müssen die einzelnen Elemente eines Lagersystems sorgfältig aufeinander abgestimmt werden. Dies betrifft sowohl die Auswahl der Lagertechnik als auch die Dimensionierung der Lager- und Handlingkapazität sowie die Entwicklung geeigneter Informations- und Steuerungssysteme. Dabei werden allgemein zwei Zielsetzungen verfolgt.

- Der **Raumnutzungsgrad** eines Lagersystems soll maximiert werden, d. h. das insgesamt zur Verfügung stehende Gebäude- bzw. Regalvolumen soll möglichst effizient genutzt werden. Auf diese Weise werden Investitions- und Betriebskosten gesenkt. Außerdem ist bei einer dichten Belegung der Lagereinrichtungen aufgrund der kürzeren Wege tendenziell ein schnellerer Zugriff zu den einzelnen Lagerplätzen möglich.
- Es wird eine möglichst hohe **Umschlagleistung** des gesamten Lagersystems angestrebt, d. h. das Lagersystem soll innerhalb einer gegebenen Zeitspanne (z. B. einer Stunde) möglichst viele Lagereinheiten ein- bzw. auslagern können.

14 Vgl. hierzu und zu den folgenden Ausführungen *Stadtler* (1998) sowie *Arnold und Furmans* (2005).

Hierdurch verkürzen sich beispielsweise die Beladungszeiten für Transportfahrzeuge. Außerdem wird weniger Pufferplatz für ein- und auszulagernde Güter benötigt. Die zunehmende Verbreitung von Konzepten der produktionssynchronen Materialbereitstellung (**Just-in-Time Prinzip**) hat in vielen industriellen Bereichen eine drastische Verkürzung der Lieferintervalle und eine entsprechende Verringerung der Liefermengen bewirkt. Hierdurch haben sich die Anforderungen an die Umschlagleistung von Lagersystemen wesentlich erhöht.

Mit Einzelheiten der Lagerbauweise sowie der Lager- und Fördertechnik wollen wir uns im folgenden nicht weiter befassen.[15] Stattdessen erläutern wir beispielhaft einige wesentliche Gesichtspunkte der Gestaltung, des Betriebs und der Steuerung von Lagersystemen.

Dimensionierung und Gestaltung von Lagersystemen. Welche Lagerkapazität und welche Umschlagleistung benötigt werden, hängt in erster Linie von der Anzahl der zu lagernden Güter, ihrer Lagermenge sowie ihrem Lagerumschlag ab. Hierbei wird i. a. von Durchschnittswerten ausgegangen. Wegen der zu erwartenden Belastungsspitzen sind jedoch ausreichende Kapazitätsreserven erforderlich. Gleichzeitig ergeben sich aufgrund der Ausgangsdaten (z. B. der Artikelvielfalt, des Bedarfsvolumens oder des Gewichts der Güter) bereits bestimmte Anforderungen an die Lager- und Handlingeinrichtungen, wie z. B. die Verwendung von automatisierten und besonders leistungsfähigen Fördermitteln, die Einrichtung klimatisierter Bereiche oder von „Schnelläuferzonen" für Güter mit besonders hohem Lagerumschlag.

Grundsätzlich ist zwischen **statischer Lagerung**, bei der die Lagergüter während der gesamten Lagerung an einem festen Platz verbleiben (z. B. in Boden- oder Zeilenregallagern), und **dynamischer Lagerung**, bei der die Güter entweder innerhalb feststehender Regale (z. B. in Durchlaufregalen) oder gemeinsam mit speziellen Regaleinrichtungen (z. B. Paternosterregalen) bewegt werden, zu unterscheiden. Ein sog. Zeilenregallager ermöglicht beispielsweise den **direkten Zugriff** zu allen Lagerplätzen. Im Gegensatz hierzu sind Durchlaufregallager in verschiedene Kanäle unterteilt. Hierbei wird stets am Kanaleingang ein- und am Kanalausgang ausgelagert, so daß lagertechnisch nach einem „**Last-in-first-out**" Prinzip vorgegangen wird. Derartige Lager finden sich vor allem bei Frischeprodukten und in der Chargenproduktion.

Um das **dynamische Verhalten eines Lagersystems** unter Beachtung des Zusammenwirkens aller Systemelemente und der eingesetzten Steuerungsverfahren zu überprüfen, wird immer häufiger auf computergestützte Simulationsstudien zurückgegriffen, in denen auch die Konfiguration des Lagersystems gezielt experimentell verändert werden kann.

Lagerplatzzuordnung. Die Fahrstrecken zu den einzelnen Lagerplätzen und damit die gesamte Umschlagleistung des Lagersystems hängen wesentlich davon ab, wie die zu lagernden Güter den jeweiligen Lagerplätzen zugeordnet werden. Als Grundformen unterscheidet man

---

15 vgl. hierzu *Pfohl* (2004)

- eine **feste Zuordnung**, bei der für jedes Lagergut genau definierte Lagerplätze vorgesehen sind,
- die Aufteilung des Lagers in bestimmte **Zonen** für jeweils eine Gruppe von Lagergütern, wobei leistungsbezogene Merkmale (i. d. R. Zugriffshäufigkeit) oder sachbezogene Merkmale (z. B. Gefahrgutklassen, Gewicht und klimatische Anforderungen) zugrunde gelegt werden
- und die **wahlfreie („chaotische") Zuordnung**, bei der die Ladungsträger beliebig eingeordnet werden können.

Die wahlfreie Zuordnung ermöglicht i. d. R. eine erhöhte Ausnutzung der Lagerkapazität, erfordert jedoch gleichzeitig eine aufwendigere Lagerverwaltung, zumal wenn auch die Lagerdauer der einzelnen Güter miterfaßt werden muß.

Steuerung von Regalbediengeräten. Großdimensionierte Lagersysteme, insbesondere Fertigwarenlager, werden zumeist als **Hochregallager** ausgelegt. Auf die eingelagerte Ware, die i. d. R. auf Paletten gestapelt ist, wird mit Hilfe sog. **Regalbediengeräte** zugegriffen. Jede Regalzeile ist mit einem eigenen Regalbediengerät ausgestattet, das zumeist nur eine einzige Ladungseinheit aufnehmen kann. Bei Regalbediengeräten handelt es sich um automatisierte Fördermittel, die innerhalb einer Lagergasse (in x-Richtung) verfahren werden und gleichzeitig über ein Hubgerät ein bestimmtes Regalfach in der Höhe (in y-Richtung) ansteuern können. Somit ergibt sich bei gegebenen Geschwindigkeiten von v_x in x-Richtung und von v_y in y-Richtung und unter Vernachlässigung von Beschleunigungs-, Abbrems- sowie Positionierzeiten die Wegezeit zwischen zwei beliebigen Positionen (x_1, y_1) und (x_2, y_2) der Regalzeile aufgrund der sog. Tschebyscheff-Metrik wie folgt:

$$T =_{\max} \left\{ \frac{|x_1 - x_2|}{v_x}, \frac{|y_1 - y_2|}{v_y} \right\} \tag{E.34}$$

Grundsätzlich kann ein Regalbediengerät nach dem **Einzel-** oder dem **Doppelspiel** eingesetzt werden. Beim Einzelspiel wartet das Regalbediengerät am Übergabepunkt der Regalzeile auf einen Transportauftrag. Im Falle einer Einlagerung wird die Ladungseinheit in das nächstgelegene freie Regalfach eingeordnet. Anschließend kehrt das Regalbediengerät zum Übergabepunkt zurück. Bei einer Auslagerung wird das betreffende Regalfach angesteuert, und die Ladungseinheit wird am Übergabepunkt bereitgestellt. Beim Doppelspiel hingegen kann das Regalbediengerät nach einer erfolgten Einlagerung unmittelbar ein weiteres Regalfach ansteuern, aus dem eine Auslagerung getätigt werden soll. Sofern gleichzeitig mehrere Ein- und Auslagerungsaufträge vorliegen, können hierdurch die Wegezeiten u. U. beträchtlich verkürzt werden. In Bild E.17 ist dieser Effekt exemplarisch dargestellt, wobei angenommen wird, daß die Geschwindigkeiten in x-Richtung und y-Richtung identisch sind.

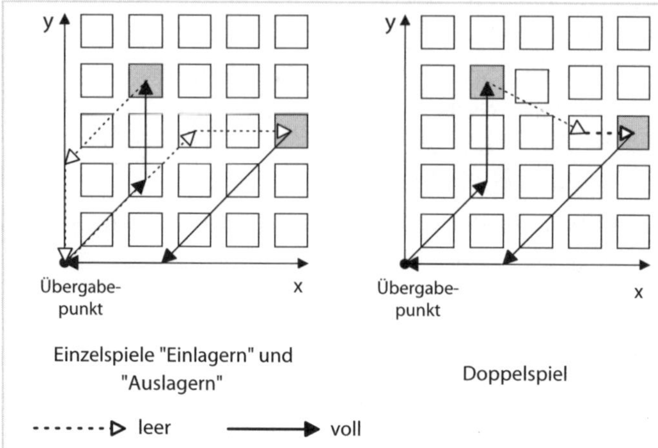

Bild E.17: Fahrstrecken eines Regalbediengerätes bei Einzel- und bei Doppelspiel

Abarbeitung von Ein- und Auslagerungsvorgängen. Weit verbreitet ist die Abarbeitung der Transportaufträge nach dem „First-come-first-served" Prinzip. Insbesondere bei der Steuerung von Regalbediengeräten im Einzelspiel ist diese Vorgehensweise gebräuchlich. Im Doppelspiel können jedoch zusätzliche Wegstrecken eingespart werden, wenn Ein- und Auslagerungsvorgänge nicht chronologisch, sondern nach dem Prinzip des „nächsten Nachbars" abgearbeitet werden, d. h. nach einem Einlagerungsvorgang wird das nächstgelegene von einem Auslagerungsvorgang betroffene Regalfach bzw. der Übergabepunkt angesteuert. Um Doppelspiele zu erleichtern, sollte – sofern entsprechende Transportaufträge vorliegen – grundsätzlich ein Einlagerungsvorgang einer Auslagerung vorgeschaltet werden. Weiterhin können die von den Regalbediengeräten zurückzulegenden Wegstrecken dadurch reduziert werden, daß die Auftragspaare in einer zweckmäßigen Reihenfolge abgearbeitet werden. Dies setzt allerdings voraus, daß die Umsortierung der Einlagerungsaufträge im Eingangsbereich des Lagers technisch möglich ist.

In der industriellen Praxis wird vielfach versucht, die Raumausnutzung und die Umschlagleistung eines Lagers durch aufwendige lager- und fördertechnische Maßnahmen zu steigern. Dabei werden die Leistungsreserven, die durch organisatorische Maßnahmen sowie durch effiziente Steuerungssysteme bei vergleichsweise geringen Investitionsausgaben erschlossen werden können, häufig verkannt.

Literaturhinweise

Arnold und Furmans (2005), Kapitel 5
Pfohl (2004), Kapitel B3
Schulte (1999), Abschnitt 4.1
Stadtler (1998)

12.3 Kommissionierung

In den vorangegangenen beiden Abschnitten sind wir davon ausgegangen, daß lediglich ganze Ladungseinheiten (z. B. Paletten) beladen, gelagert und umgeschlagen werden. In der industriellen Produktion, insbesondere bei Massengütern, nimmt hierbei ein Ladungsträger i. d. R. eine bestimmte Anzahl von gleichartigen Packstücken (z. B. mehrere Versandgebinde) auf. Vielfach müssen jedoch verschiedenartige Güter zu ihrer Weiterverwendung auftragsbezogen zusammengestellt und ausgeliefert werden. Derartige Vorgänge werden als **Kommissionierung** bezeichnet. Grundsätzlich sind hierbei zwei unterschiedliche Anwendungsfälle zu beachten.

- **Zusammenstellung von Montagematerial**. Für die Durchführung eines oder mehrerer Montagevorgänge sind die benötigten Teile bzw. Baugruppen in der montagegerechten Zusammensetzung bereitzustellen. Während sich bei Kleinmaterial bzw. bei nur einigen wenigen Materialarten die Lagerung direkt bei den Montagearbeitsplätzen anbietet, muß ansonsten auf fest eingerichtete Lagersysteme zurückgegriffen werden. In diesem Fall sind die auftragsbezogene Entnahme und Zusammenstellung von Montagematerial von entscheidender Bedeutung für einen reibungslosen Produktionsablauf, insbesondere bei variantenreichen Grunderzeugnissen (z. B. bei der Bestückung von Leiterplatten oder im Automobilbau).
- **Versendung von Enderzeugnissen**. Vielfach umfassen die Auslieferungen an die Kunden unterschiedliche Teilmengen einzelner Artikel, die gemeinsam zu versenden sind. Diese Teilmengen sind dann dem Lager zu entnehmen und gemäß dem Kundenauftrag zu einer Versandeinheit zusammenzustellen. Beispielsweise führt ein papierverarbeitendes Unternehmen mehr als 1000 unterschiedliche Glückwunsch- und Grußkarten in einem speziellen Kleinteilelager. Täglich trifft eine größere Anzahl von Kundenbestellungen ein, die sich jeweils nur auf einen sehr geringen Anteil des Sortiments beziehen. Die Kommissionierung erfordert hier die versandfertige Zusammenstellung der einzelnen Artikel gemäß der jeweiligen Kundenbestellung.

Im einzelnen umfaßt die Kommissionierung die Entnahme der benötigten Güter aus dem Lager, die auftragsbezogene Sortierung der Güter (u. U. auch deren Verladung in einer Versandbox oder einem Container) sowie die Übergabe der Kommissioniereinheit zum Versand bzw. zur Montage. Angebrochene Ladungseinheiten werden entweder in einer besonderen Kommissionierzone aufbewahrt oder wieder eingelagert. In den wenigsten Fällen sind diese Vorgänge technisch vollständig automatisierbar. Wegen der zumeist unumgänglichen manuellen Tätigkeiten ist die Kommissionierung im Vergleich zu den übrigen Handlingvorgängen sehr zeitaufwendig und kostenintensiv.

Die Kommissionierung schließt i. a. die folgenden Tätigkeiten bzw. Grundfunktionen ein:

- **Bildung von Kommissionieraufträgen** aufgrund von Kundenaufträgen. Diese enthalten i. d. R. mehrere Positionen (Artikel), die in bestimmten Mengen bereitgestellt werden müssen. Als Kunden können hierbei sowohl unternehmensexterne Abnehmer (z. B. Endverbraucher als Kunde eines Versandhandels) als auch unternehmensinterne Stellen (z. B. Montageplätze in einer Fabrik) angesehen werden.

- **Physische Bereitstellung der Gesamtmenge**. Die Bereitstellung der Artikel kann einerseits nach dem Prinzip „Person zur Ware" erfolgen. Hierbei bewegt sich der Kommissionierer zur Ware und entnimmt aus dem Lager die benötigte Teilmenge. Andererseits kann eine Bereitstellung der Artikel nach dem Prinzip „Ware zur Person" gewählt werden. Hierbei werden die Artikel aus einem automatisierten Lager zum Kommissionierer transportiert. Dieser entnimmt die angeforderten Teilmengen. Anschließend werden die angebrochenen Lagereinheiten wieder in das Lager zurück befördert.

- **Entnahme von Teilmengen (Artikeln)**. Die Art der Entnahme der Artikel aus dem Lager hängt stark von der Art des Lagersystems und der gelagerten Produkte ab. Je nach Größe, Gewicht und Beschaffenheit der Waren sowie abhängig vom Lagertyp können eine manuelle, mechanisierte und automatisierte Entnahme unterschieden werden. Bei der mechanisierten Entnahme werden vom Menschen gesteuerte Hilfsmittel (z. B. Greifer, Hebemittel, Kräne) eingesetzt. Eine automatisierte Entnahme ist insbesondere bei homogenen Artikeln, d. h. bei einheitlichen Abmessungen und Gewicht sowie bei begrenztem Sortiment und hohem Leistungsbedarf anzustreben.

- **Abgabe der Teilmengen (Kommissioniereinheiten)**. Zum einen können die entnommenen Artikel an ein bewegliches Fördermittel (z. B. ein Transportband), zum anderen an ein statisches Fördermittel (z. B. einen Transportwagen) übergeben werden. Zumeist erfolgt der Weitertransport zu einem zentralen Abgabeort. Es finden sich jedoch auch Kommissioniersysteme mit mehreren räumlich getrennten Abgabeorten.

- **Gestaltung des physischen Materialflusses**. Je nach der Organisation des Kommissioniersystems werden unterschiedliche Transportmittel eingesetzt. Diese werden zur Nachschubversorgung des Lagers, für das Handling der Artikel, den Zu- und Abtransport der Ladungsträger und Kommissionierbehälter sowie für die Abführung der kommissionierten Auftragsteile bzw. Aufträge benötigt. Den Anforderungen der jeweiligen Einsatzumgebung entsprechend kommen Fördersysteme unterschiedlicher Leistungs- und Automatisierungsstufen zum Einsatz.

Organisatorisch kann die Kommissionierung wie folgt umgesetzt werden.

- **Auftragsbezogene Kommissionierung**. Die benötigten Güter werden für einen einzelnen Auftrag oder eine Gruppe von Aufträgen zusammengestellt. Die Aufträge bzw. Auftragsgruppen werden hierbei sequentiell abgearbeitet. Diese Vorgehensweise ist am häufigsten anzutreffen, da sie den geringsten Organisationsaufwand erfordert.

- **Artikelbezogene Kommissionierung**. Die Aufträge werden zunächst gesammelt. Aufgrund der Ähnlichkeit der Aufträge bezüglich der benötigten Güter werden Auftragsgruppen gebildet. Anschließend erfolgt die Lagerentnahme für ein einzelnes Lagergut bzw. eine Gruppe von Gütern. Die jeweils entnommene Gesamtmenge wird auf die einzelnen Aufträge verteilt. Auf diese Weise werden nach und nach die benötigten Güter bereitgestellt, bis zur nächsten Auftragsgruppe übergegangen werden kann. Wegen der erzielbaren Wegezeiteinsparungen wird dieses Verfahren vor allem dann eingesetzt, wenn eine Vielzahl von Kleinaufträgen zu bearbeiten ist.
- **Lagerbereichsbezogene Kommissionierung**. Hierbei erfolgt die Kommissionierung getrennt nach einzelnen Lagerbereichen, die i. d. R. mit einem eigenständigen Lagerbediengerät ausgestattet sind. Diese Organisationsform eignet sich vor allem dann, wenn die Aufträge eine größere Anzahl von Artikeln umfassen, die aus unterschiedlichen Lagersystemen (z. B. Palettenregallager, Kleinteilelager, Bodenlager) entnommen werden müssen.

Mit dem folgenden, bewußt sehr einfach gehaltenen Zahlenbeispiel wollen wir die Problemstellung der auftragsbezogenen Kommissionierung, insbesondere das Entscheidungsproblem der **Bildung von Auftragsgruppen** und die **Wegeoptimierung in einem Regallager** etwas näher erläutern. Wir gehen davon aus, daß eine bestimmte Anzahl von Aufträgen $i = 1, 2, \ldots$ vorliegt, die im Laufe eines Tages zu bearbeiten sind. Jeder Auftrag umfaßt eine Reihe von Artikeln A_i, B_i, C_i, usw., die aus einer bestimmten Regalposition zu entnehmen sind. Das betrachtete Regallager einschl. der Lagerpositionen für vier Artikel eines Auftrags 1 ist in Bild E.18 schematisch dargestellt.

Zur Aufnahme der jeweiligen Artikel wird ein Kleinfahrzeug verwendet, mit dessen Hilfe jede einzelne Lagerposition wahlfrei angesteuert werden kann. Derartige **Kommissionierfahrzeuge** verfügen i. a. über mehrere Behälter, in welche die zu einem bestimmten Auftrag gehörenden Artikel eingelegt werden. Die Identifikation des nächsten zu entnehmenden Artikels und die Lokalisierung des Lagerortes können zusätzlich durch computergesteuerte Anzeigen erleichtert werden. Die Maximalzahl der Aufträge in einer Auftragsgruppe ergibt sich aus der Anzahl der Aufnahmebehälter des Kommissionierfahrzeugs. In unserem einfachen Zahlenbeispiel gehen wir von drei Behältern aus. Zusätzlich könnte auch das Beladungsgewicht des Fahrzeugs begrenzt sein.

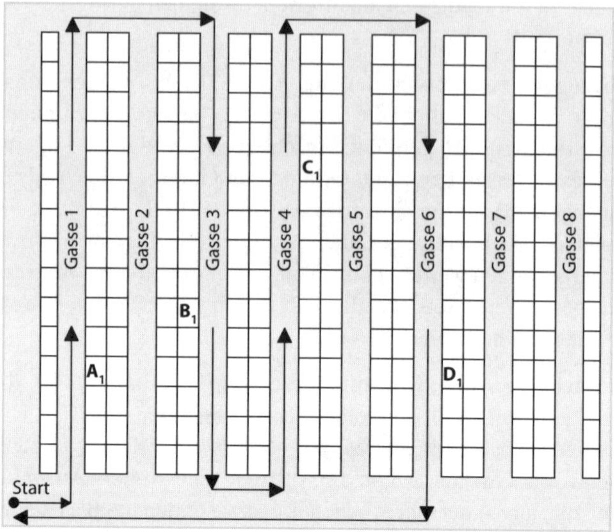

Bild E.18: Schematische Darstellung eines Regallagers

Im Verlaufe eines Tages legt das Kommissionierfahrzeug eine Reihe von Touren durch das Regallagersystem zurück. Welche Wegstrecken dabei zu bewältigen sind, hängt davon ab, wie die einzelnen Aufträge gruppiert werden. Eine exakte Wegeoptimerung ist in praktischen Anwendungsfällen wegen der Größe des Lagers und der Vielzahl von Aufträgen kaum möglich. Wir verwenden daher zur Abschätzung der Entfernungen die folgende Näherung, wobei die Länge bzw. Breite einer Regalgasse mit a bzw. b bezeichnet werden. Dabei unterstellen wir, daß die Wege im Lager gemäß einem sog. „**Schleifengang**" zurückgelegt werden, d. h. nach Einfahrt in eine Regalgasse erfolgt die Ausfahrt immer an der gegenüberliegenden Seite.

- Unter der Annahme, daß die anzusteuernden Lagerpositionen gleichmäßig innerhalb einer Regalgasse verteilt sind, wird zur Ausfahrt von der letzten Entnahmeposition aus der Regalgasse und zur Einfahrt in eine weitere Regalgasse bis zur nächsten Entnahmeposition jeweils eine Wegstrecke von $0.5 \cdot a$ zurückgelegt.
- Bei der Anfahrt von der Startposition bis zur ersten Entnahmeposition bzw. bei der Ausfahrt von der letzten Entnahmeposition wird innerhalb der Regalgasse jeweils eine Wegstrecke von $0.5 \cdot a$ zurückgelegt.
- Das Traversieren von einer Regalgasse zur nächsten erfordert eine Wegstrecke von b Längeneinheiten. In Tabelle E.12 sind die auszuführenden Aufträge $i = 1, 2, \ldots, 6$ mit den zugehörigen Entnahmepositionen (Regalgassen; siehe Bild E.18) der Artikel zusammengestellt. Mit A_i (B_i, C_i, usw.) bezeichnen wir den ersten (zweiten, dritten, usw.) Artikel des Auftrags i. Auftrag $i = 2$ umfaßt z. B. nur zwei Artikel (A_2 und B_2). Gleichzeitig ist angegeben, welche Wegstrecke zurückgelegt werden müßte, wenn jeder Auftrag einzeln ausgeführt würde.

Auftrag	Entnahmepositionen (Regalgassen) von Artikel				Wegstrecke
i	A_i	B_i	C_i	D_i	
1	1	3	4	8	5.6
2	2	5	–	–	3.0
3	1	5	6	–	4.2
4	3	4	7	6	4.4
5	3	4	–	–	2.8
6	2	4	5	6	5.2

Tabelle E.12: Aufträge

Beispielsweise wird die Wegstrecke für Auftrag 1 mit den Entnahmepositionen 1, 3, 4 und 8 aufgrund der oben dargestellten Näherung wie folgt berechnet:

Traversieren zu Gasse 1:	$1 \cdot b$
Anfahrt zu Gasse 1 und Ausfahrt:	$0.5 \cdot a + 0.5 \cdot a = 1.0 \cdot a$
Traversieren zu Gasse 3:	$2 \cdot b$
Einfahrt in Gasse 3 und Ausfahrt:	$0.5 \cdot a + 0.5 \cdot a = 1.0 \cdot a$
Traversieren zu Gasse 4:	$1 \cdot b$
Einfahrt in Gasse 4 und Ausfahrt:	$0.5 \cdot a + 0.5 \cdot a = 1.0 \cdot a$
Traversieren zu Gasse 8:	$4 \cdot b$
Einfahrt in Gasse 8 und Ausfahrt:	$0.5 \cdot a + 0.5 \cdot a = 1.0 \cdot a$
Rückfahrt zur Startposition:	$8 \cdot b$

Für $a = 1.0$ und $b = 0.1$ Längeneinheiten ergibt sich somit eine gesamte Wegstrecke von $4 \cdot a + 16 \cdot b = 5.6$. Die Wegstrecken für die übrigen Aufträge werden in gleicher Weise berechnet.

Zur Bildung von Auftragsgruppen mit dem Ziel der Minimierung der gesamten zurückzulegenden Wegstrecken kann man nach folgendem heuristischen Verfahren vorgehen.[16] Zunächst wird derjenige Kommissionierauftrag mit der längsten Einzelwegstrecke als erster in die erste Auftragsgruppe aufgenommen. In unserem Zahlenbeispiel handelt es sich um Auftrag 1. Für die Einbeziehung weiterer Aufträge in diese Gruppe wird ermittelt, wie sich die Wegstrecke für die nunmehr aus zwei Aufträgen bestehende Gruppe von Kommissionieraufträgen erhöht. Hierzu betrachtet man alle noch nicht zugeordneten Aufträge. Die entsprechenden erweiterten Wegstrecken lauten:

Aufträge 1 und 2:	Wegstrecke = 7.6
Aufträge 1 und 3:	Wegstrecke = 7.6
Aufträge 1 und 4:	Wegstrecke = 6.6
Aufträge 1 und 5:	Wegstrecke = 5.6
Aufträge 1 und 6:	Wegstrecke = 8.6

16 vgl. *Rosenwein* (1996)

Bei dem Auftragspaar 1-2 ist beispielsweise zu berücksichtigen, daß nunmehr insgesamt sechs Regalgassen anzufahren wären. Die Weglänge für das Traversieren bleibt unverändert. Somit ergibt sich eine erweiterte Wegstrecke von $6 \cdot a + 16 \cdot b = 7.6$. Die Einbeziehung von Auftrag 5 würde hingegen keine zusätzlichen Wege erfordern, da die Regalgassen 3 und 4 bereits für Auftrag 1 angesteuert werden müssen.

Es wird nun dasjenige Auftragspaar gebildet, das die geringste Gesamtwegstrecke erfordert. Hierbei handelt es sich um die Aufträge 1 und 5. Die noch offenen Aufträge werden wiederum probeweise in die neu gebildete Auftragsgruppe einbezogen.

Die erweiterten Wegstrecken lauten:

Aufträge 1, 5 und 2:	Wegstrecke = 7.6
Aufträge 1, 5 und 3:	Wegstrecke = 7.6
Aufträge 1, 5 und 4:	Wegstrecke = 6.6
Aufträge 1, 5 und 6:	Wegstrecke = 8.6

Aufgrund der geringsten Gesamtwegstrecke wird Auftrag 4 ausgewählt und der ersten Auftragsgruppe zugeordnet. Die Kapazität des Kommissionierfahrzeugs von drei Aufträgen ist hiermit erschöpft. Die verbleibenden Aufträge 2, 3 und 6 bilden eine zweite Auftragsgruppe, die eine Gesamtwegstrecke von 6.2 erfordert.

Welche Aufträge der letzten Gruppe zufallen, ist bei dieser Heuristik mehr oder minder zufällig. Bei der Vielzahl von Kommissionierfahrten, die im praktischen Anwendungsfall pro Tag zurückzulegen sind, dürfte sich dieser Effekt jedoch kaum nachteilig auswirken.

Bisher wurde angenommen, daß die Entnahmepositionen für jeden Kommissionierauftrag zum Zeitpunkt der Auftragsgruppenbildung bereits festliegen. In der Praxis wird jedoch häufig eine *wahlfreie Zuordnung* der Lagerplätze für die zu lagernden Artikel verwendet. Dies hat i. d. R. zur Folge, daß ein Artikel in mehreren Lagerpositionen vorhanden ist. Damit sind die bei der Kommissionierung anzusteuernden Lagerpositionen bzw. Regalgassen nicht durch einen Auftrag fixiert, sondern im Rahmen der Auftragsgruppenbildung und Wegeoptimierung der Kommissionierfahrzeuge festzulegen. Wegen der damit zusätzlich bestehenden Wahlmöglichkeiten bezüglich der für einen Artikel anzusteuernden Entnahmepositionen, können die Kommissionierfahrten tendenziell verkürzt werden.

Um diese Zusammenhänge zu erläutern, greifen wir das obige Beispiel mit sechs Aufträgen, Kommissionierfahrzeugen mit einer Kapazität für drei Aufträge und einem aus acht Gassen bestehenden Regalsystem, wie es in Bild E.18 dargestellt ist, auf. Welche Regalgassen für die Entnahme der einzelnen Artikel in Frage kommen, ist aus Tabelle E.13 ersichtlich.

Auftrag	Entnahmepositionen (Regalgassen) von Artikel				Kommissionierbereich (Regalgasse)	
i	A_i	B_i	C_i	D_i	unterer Rand	oberer Rand
1	1, 4	3	4, 7	1, 3, 8	3	4
2	2	5	–	–	2	5
3	1, 5	2, 5, 8	3, 6	–	1	3
4	3	4	2, 7	–	2	4
5	3	4	–	–	3	4
6	1, 2, 5	3, 4	5	6, 8	4	6

Tabelle E.13: Aufträge und Lagerpositionen der Artikel

Beispielsweise kann der Artikel A_1 von Auftrag 1 entweder aus Regalgasse 1 oder 4 entnommen werden. Artikel B_1 dieses Auftrags ist nur in Gasse 3 gelagert, während für Artikel C_1 die Regalgassen 4 oder 7 und für Artikel D_1 die Regalgassen 1, 3 oder 8 angesteuert werden können. In Tabelle E.13 finden sich ebenfalls Angaben zu den Kommissionierbereichen der Aufträge. Der **Kommissionierbereich** eines Auftrags gibt die Regalgassen an, auf die eine Kommissionierfahrt zur Zusammenstellung aller Artikel eines Auftrags beschränkt werden kann. Bildlich ausgedrückt handelt es sich um den schmalsten und am nächsten zur Startposition gelegenen Bereich von zusammenhängenden Lagergassen, der alle für einen Auftrag benötigten Artikel enthält.

Man kann den Kommissionierbereich des Auftrags 1 z. B. wie folgt bestimmen. Kurze Kommissionierfahrten werden erreicht, wenn man grundsätzlich versucht, für jeden Artikel einen Entnahmeort nahe der Startposition des Kommissionierfahrzeugs (Regalgasse 1) zu wählen. Hieraus ergeben sich für die vier Artikel des Auftrags 1 die „minimalen" Regalgassen 1, 3, 4 bzw. 1. Das Kommissionierfahrzeug muß also nicht weiter als bis zur Regalgasse 4 fahren, um alle Artikel des Auftrags einzusammeln. Folglich kann der Kommissionierbereich für Auftrag 1 zunächst auf die ersten vier Gassen beschränkt werden. Allgemein ergibt sich der obere (rechte) Rand o_i des Kommissionierbereichs für einen Auftrag i wie folgt:

$$o_i = \max_{j \in J_i} \left\{ \min_{r \in R_{ij}} (r) \right\} \qquad i = 1, 2, \ldots, I \qquad \text{(E.35)}$$

Dabei bedeuten:

I Anzahl der Kommissionieraufträge ($i = 1, 2, \ldots, I$)

J_i Menge der Indizes der Artikel des Kommissionierauftrags i; $j \in J_i$

R_{ij} Menge der Indizes der Regalgassen, in denen Artikel j des Kommissionierauftrags i gelagert werden; $r \in R_{ij}$

Zur Bestimmung des unteren (linken) Randes des Kommissionierbereichs werden für die einzelnen Artikel eines Auftrags die am nächsten zum oberen Rand des Kommissionierbereichs (hier der Regalgasse 4) gelegenen Lagerpositionen bestimmt. Es sind dies für Auftrag 1 die Regalgassen 4 (Artikel A), 3 (Artikel B), 4 (Artikel C) sowie 3 (Artikel D). Die erste Entnahme könnte also in der Regalgasse 3, dem unteren Rand des Kommissionierbereichs, erfolgen. Hieraus ergibt sich allgemein der untere Rand u_i des Kommissionierbereichs für Auftrag i wie folgt:

$$u_i = \min_{j \in J_i} \left\{ \max_{r \in R_{ij}} (r \mid r \leq o_i) \right\} \qquad i = 1, 2, \ldots, I \qquad \text{(E.36)}$$

In Bild E.19 sind die Lagerpositionen der Artikel des Auftrags 1 dargestellt. Man kann erkennen, daß eine Kommissionierfahrt, mit der von jedem Artikel des Auftrags ein Exemplar eingesammelt werden kann, auf den markierten Bereich der Lagergassen 3 und 4 beschränkt werden kann.

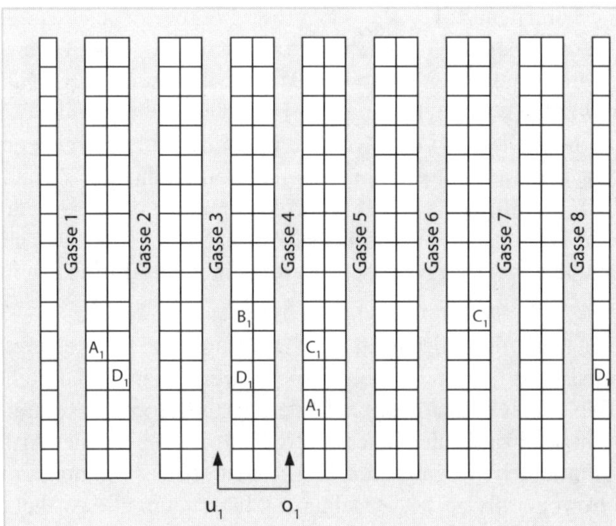

Bild E.19: Bestimmung des Kommissionierbereichs des Auftrags 1

Die Kommissionierbereiche für die übrigen Aufträge sind in Tabelle E.13 angegeben. Ausgehend von diesen Vorüberlegungen kann zur Bildung der Auftragsgruppen ein einfaches Verfahren entwickelt werden (siehe Bild E.20).[17]

Die Grundidee dieses Verfahrens besteht darin, Aufträge so zu gruppieren, daß der zugehörige Kommissionierbereich auf möglichst wenige Regalgassen beschränkt und somit die Kommissionierfahrt weitgehend verkürzt werden kann.

Für das betrachtete Zahlenbeispiel wird zunächst Auftrag $i = 6$ als derjenige mit dem größten oberen Rand des Kommissionierbereichs (Regalgasse $o_6 = 6$) als Kern der ersten Auftragsgruppe zugeordnet. Es handelt sich hierbei um denjenigen Auftrag, für den am weitesten in das Regalsystem hinein gefahren werden muß.

17 vgl. hierzu auch *Ruben und Jacobs* (1999)

Schritt 1: Eröffnen einer Auftragsgruppe

Bestimme denjenigen Kommissionierauftrag, dessen oberer Rand des Kommissionierbereichs am weitesten von dem Start-/Endpunkt der Kommissionierfahrt entfernt liegt. Ordne diesen Auftrag der Auftragsgruppe zu.

Schritt 2: Vergrößern der Auftragsgruppe

Solange die Kapazitätsgrenze des Kommissionierfahrzeugs noch nicht erreicht ist:

Bestimme den noch nicht zugeordneten Kommissionierauftrag, der die Kapazität des Fahrzeugs nicht überschreitet und für den die maximale Anzahl an Artikeln im Kommissionierbereich der aktuellen Auftragsgruppe liegt. Ordne diesen Auftrag der Auftragsgruppe zu und aktualisiere den Kommissionierbereich der Auftragsgruppe.

Bild E.20: Verfahren zur Bildung von Kommissionierauftragsgruppen

Der zugehörige Kommissionierbereich besteht aus den Gassen $u_6 = 4$ bis $o_6 = 6$. Im zweiten Schritt des Verfahrens wird ermittelt, wie viele Artikel der übrigen Aufträge jeweils aus diesem Gassenbereich entnommen werden können. Beispielsweise sind der erste und der dritte Artikel von Auftrag 1 im Gassenbereich 4 bis 6 gelagert, von Auftrag 2 jedoch nur der zweite Artikel. Man erhält somit die Anzahl der ohne Ausdehnung des Kommissionierbereichs zu entnehmenden Artikel wie folgt:

Auftrag 1:	2 Artikel	Auftrag 4:	1 Artikel
Auftrag 2:	1 Artikel	Auftrag 5:	1 Artikel
Auftrag 3:	3 Artikel		

Aus naheliegenden Gründen wird Auftrag $i = 3$ der Auftragsgruppe hinzugefügt. Wie anhand der Tabelle E.13 leicht nachzuvollziehen ist, können auch die Artikel des Auftrags $i = 3$ aus den Regalgassen 4 bis 6 entnommen werden.

Aufgrund der maximalen Anzahl relevanter Artikel wird Auftrag $i = 1$ als nächster der Auftragsgruppe zugeordnet, wobei der Kommissionierbereich auf die Gassen 3 bis 6 ausgedehnt werden muß. Da die Kapazitätsgrenze des Kommissionierfahrzeugs von drei Aufträgen erreicht ist, wird die zweite Auftragsgruppe mit den übrigen Aufträgen 2, 4 und 5 gebildet. Der für die Ausführung der zweiten Auftragsgruppe erforderliche Kommissionierbereich umfaßt die Regalgassen 2 bis 5. Wie man leicht nachvollziehen kann, sind für die erste Auftragsgruppe die Regalgassen 3, 4, 5 und 6 sowie für die zweite Auftragsgruppe die Regalgassen 2, 3, 4 und 5 anzufahren. Hieraus ergeben sich insgesamt bei einer Regallänge von $a = 1.0$ und einer Regalbreite von $b = 0.1$ Wegstrecken von 5.2 bzw. 5.0 Entfernungseinheiten für die beiden Auftragsgruppen.

Nachdem die Auftragsgruppen gebildet wurden, liegen auch die während einer Tour anzusteuernden Entnahmepositionen fest. Der für die Abschätzung der Entfernungen unterstellte „Schleifengang" ist vor allem dann zweckmäßig, wenn innerhalb einer Lagergasse mehrere, am Gassenein- und -ausgang befindliche Lagerpositionen angesteuert werden müssen. Ansonsten kann die Kommissioniertour auch im sog. „**Stichgang**" zurückgelegt werden, d. h. Ein- und Ausfahrt können an derselben Seite der Lagergasse erfolgen. Auf diese Weise kann die gesamte Wegstrecke u. U. weiter verkürzt werden. Für die Bestimmung der kürzesten Tour zwischen einem Start-/Endpunkt und gegebenen Entnahmepositionen in einem Regalsystem wurden spezielle Algorithmen entwickelt, auf die hier aber nicht weiter eingegangen werden soll.[18]

Literaturhinweise

Arnold und Furmans (2005), Kapitel 5
De Koster und van der Poort (1998)
Jansen und Grünberg (1992)
Rosenwein (1996)
Ruben und Jacobs (1999)
Schulte (1999), Abschnitt 4.2

18 vgl. hierzu *De Koster und van der Poort* (1998)

Teil F

Konzeptionen von Produktionsplanungs- und -steuerungssystemen

Zur Unterstützung der Planung, Steuerung und Durchführung der in einer Unternehmung ablaufenden Geschäftsprozesse werden in der betrieblichen Praxis verbreitet computergestützte Informations- und Planungssysteme eingesetzt. Diese sog. *Enterprise Resource Planning Systems* (*ERP-Systeme*) beinhalten neben Modulen zur Buchführung, zum Controlling, zum Personalwesen usw. auch komplexe Module zur operativen Produktionsplanung und -steuerung. Man bezeichnet letztere auch als *Produktionsplanungs- und -steuerungssysteme* (*PPS-Systeme*). Sie sind historisch als isolierte Anwendungssysteme für den Produktionsbereich entstanden. Allerdings hat sich gezeigt, daß die PPS-Systeme nur in sehr geringem Umfang echte *Planung*sfunktionen bereitstellen. Dies hat in den vergangenen Jahren dazu geführt, daß sog. „Advanced Planning Systems" entwickelt wurden, die darauf abzielen, die Planungsschwächen der konventionellen PPS-Systeme auszugleichen.

PPS-Systeme bzw. „Advanced Planning Systems" bilden den planerischen Kern des umfassenden Konzepts des *Computer Integrated Manufacturing* (CIM). Unter diesem Begriff faßt man die integrierte Informationsverarbeitung für betriebswirtschaftliche und technische Aufgaben eines Industriebetriebs zusammen. Weitere

CIM-Komponenten sind „Computer Aided Design" (CAD, rechnergestützte Systeme zur Produktentwicklung), „Computer Aided Planning" (CAP, Arbeitsplanerstellung), „Computer Aided Manufacturing" (CAM, Steuerung und Überwachung von technischen Produktions- und Logistiksystemen) sowie „Computer Aided Quality Assurance" (CAQ, Qualitätsmanagement). Das Zusammenspiel der Komponenten des CIM-Konzepts kommt in Bild F.1 zum Ausdruck. Ein wesentlicher Aspekt des Integrationsgedankens besteht u. a. darin, daß alle CIM-Komponenten mit einer gemeinsamen Datenbasis arbeiten (Datenintegration).

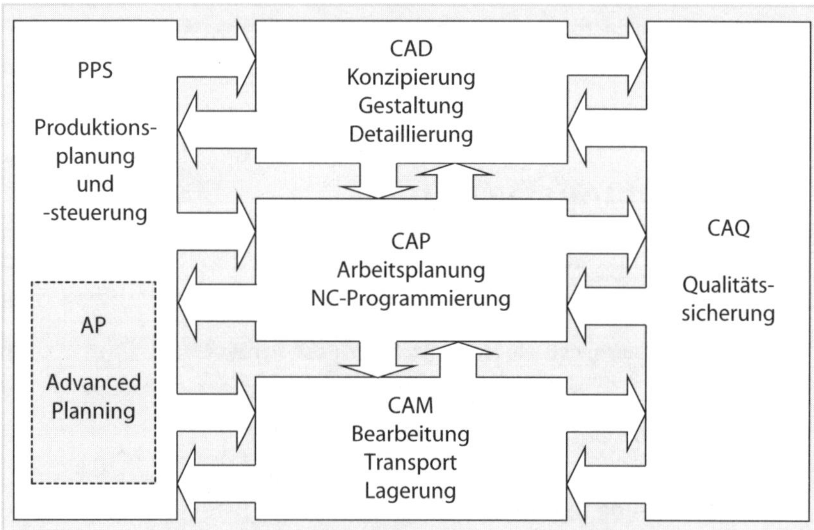

Bild F.1: Zusammenspiel der CIM-Komponenten

Die Wirtschaftsinformatik befaßt sich seit langem mit den Problemen der Gestaltung von integrierten Informationssystemen. Den Ausgangspunkt der Systementwicklung bildet die betriebswirtschaftliche Problemstellung, die durch ein Informationssystem unterstützt werden soll. Folgt man dem von *Scheer* vorgeschlagenen Konzept zur Architektur integrierter Informationssysteme (ARIS)[1], dann wird zunächst ein betriebswirtschaftlich fundiertes Modell des zu gestaltenden Geschäftsprozesses erstellt. Dieses sog. *Fachkonzept* wird unter Berücksichtigung des vorhandenen betriebswirtschaftlichen Wissens und des aktuellen Standes der Informationstechnik entworfen. Es folgt die Entwicklung eines *DV-Konzepts*, mit dem die Strukturen der Softwarekomponenten (Verarbeitungsmodule, Dialogmodule, Datenbanksystem) und der einzusetzenden Hardware festgelegt werden. Die letzte Phase der Systementwicklung bildet die *Systemimplementierung*.

Im folgenden wollen wir zunächst einige grundsätzliche Planungs- und Steuerungsprinzipien diskutieren (Kapitel 13), die den derzeit in der Praxis eingesetzten PPS-

1 vgl. *Scheer* (1997, 1998)

Systemen zugrunde liegen. Wir bewegen uns dabei auf der Ebene des betriebswirtschaftlichen Fachkonzeptes. Im Anschluß daran wird in Kapitel 14 auf die Modellierung von Geschäftsprozessen aus dem Bereich der Produktion und Logistik eingegangen und auf der DV-Konzept-Ebene die Technik der Datenorganisation in einer Datenbank des Produktionsbereichs erläutert. Zum Abschluß befassen wir uns in Kapitel 15 mit den „Advanced Planning Systems".

13 Planungs- und Steuerungsprinzipien

Die bisher dargestellten Entscheidungsprobleme und Lösungsansätze der operativen Produktionsplanung und -steuerung werden in unterschiedlicher Weise in der betrieblichen Praxis durch EDV-gestützte Konzepte umgesetzt. Hier sind mehrere verschieden weit gefaßte Systementwürfe zu unterscheiden:

- *PPS-Systeme*, die zentral für sämtliche Produktionssegmente *alle Planungs- und Steuerungsaufgaben* übernehmen. Diese Systeme arbeiten nach dem Push-Prinzip (Bring-Prinzip). Im amerikanischen Schrifttum werden sie unter dem Stichwort MRP (Material Requirements Planning) oder MRP II (Manufacturing Resource Planning) diskutiert. PPS-Systeme dieses Typs folgen einem einheitlichen Sukzessivplanungskonzept und differenzieren nicht nach den spezifischen Anforderungen einzelner Produktionssegmente.

  Eine methodisch anspruchsvolle, in der betrieblichen Praxis aber noch nicht umgesetzte Planungskonzeption bietet ein *kapazitätsorientiertes PPS-System*, das auf dem Konzept der hierarchischen Planung aufbaut und den Besonderheiten unterschiedlicher Produktionssegmente Rechnung trägt.
- *Partielle PPS-Systeme*, die für den Bereich der *Produktionssteuerung* besondere Lösungsvorschläge anbieten. Vor allem eine Variante der Materialflußsteuerung nach dem Pull-Prinzip (Hol-Prinzip), das sog. Kanban-System, hat international einen hohen Bekanntheitsgrad erlangt. Eine weitere Implementierung des Pull-Prinzips stellt das CONWIP-System dar.

13.1 Produktionsplanung und -steuerung nach dem Push-Prinzip

Die in der betrieblichen Praxis eingesetzten PPS-Systeme sind nach einem phasenbezogenen Sukzessivplanungskonzept aufgebaut, das sich wie folgt skizzieren läßt (siehe Bild F.2):

1. **Hauptproduktionsprogrammplanung** (Primärbedarfsplanung). Auf der Basis vorliegender Kundenaufträge sowie eines evtl. vorgegebenen mittelfristigen aggregierten Produktionsprogramms werden unter Berücksichtigung vorhandener Lagerbestände die Primärbedarfsmengen für absatzbestimmte Erzeugnisse

(Endprodukte und Ersatzteile) ermittelt. Das Ergebnis ist ein Hauptproduktionsprogramm (master production schedule).

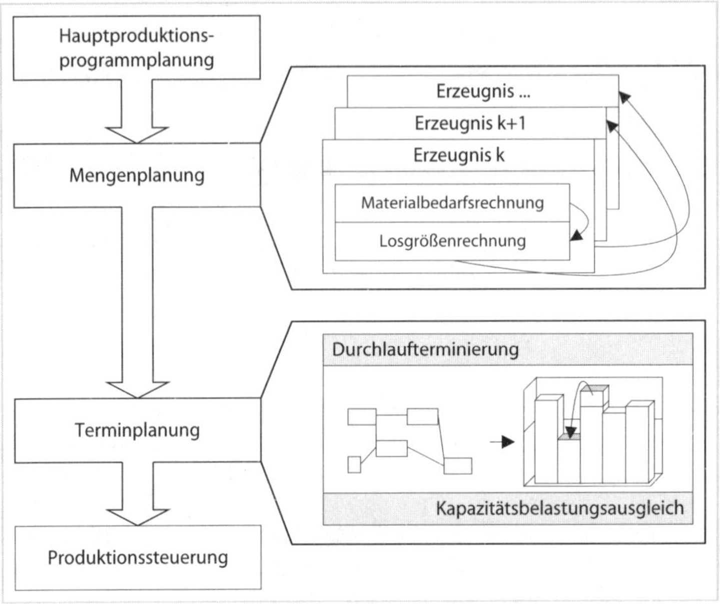

Bild F.2: Struktur eines konventionellen PPS-Systems[2]

2. **Mengenplanung**. Ausgehend von dem zuvor fixierten Hauptproduktionsprogramm werden die Sekundärbedarfsmengen für die untergeordneten Erzeugnisse mit Hilfe von Verfahren der programmorientierten Materialbedarfsplanung ermittelt. Dabei wird auf Informationen über die Erzeugnisstruktur, Lagerbestände sowie geplante Durchlaufzeiten zurückgegriffen. Für manche Produkte kommen auch Prognoseverfahren zum Einsatz. Die Materialbedarfsrechnungen werden begleitet durch einfachste Losgrößenheuristiken. Dabei wird von unbeschränkten Kapazitäten der Ressourcen ausgegangen. Ergebnis dieser Planungsstufe sind grobterminierte Produktionsaufträge für alle Erzeugnisse.

3. **Terminplanung**. Im nächsten Schritt werden zunächst für jeden Arbeitsgang, der zur Herstellung der Erzeugnisse durchzuführen ist, Start- und Endtermine errechnet. Dabei werden erneut unbeschränkte Kapazitäten der Ressourcen angenommen. Im Anschluß an diese sog. Durchlaufterminierung wird für jede Ressource die resultierende Kapazitätsbelastung ermittelt und der Kapazitätsbedarf dem Kapazitätsangebot gegenübergestellt. Im Rahmen eines Kapazitätsbelastungsausgleichs wird versucht, Überlastungen ggf. durch Terminverschiebungen nichtkritischer Aufträge sowie durch Einplanung von Überstunden zu besei-

2 vgl. *Drexl et al.* (1994)

tigen. Dies geschieht meist manuell, wobei die Auswirkungen der Verschiebung eines auftragsbezogenen Arbeitsgangs auf andere Arbeitsgänge desselben Auftrags und auf andere Aufträge wegen der Komplexität des Problems nur unzureichend berücksichtigt werden können.

4. **Produktionssteuerung**. Hier werden die im unmittelbar bevorstehenden Freigabezeitraum spätestens zu beginnenden Aufträge freigegeben und den Ressourcen zugeordnet. Für jede Ressource folgt eine Auftrags-Reihenfolgeplanung, bei der i. d. R. auf Prioritätsregeln zurückgegriffen wird.

Im wesentlichen stellt das beschriebene PPS-Konzept die Automatisierung von Bearbeitungsabläufen dar, die früher manuell durchgeführt wurden. Entscheidungsunterstützende Planungsmethoden kommen kaum zum Einsatz. Das in den PPS-Systemen vorherrschende Konzept der deterministischen Vorwärtsplanung kann man als Push-Konzept bezeichnen, da die Produktionsaufträge in den Produktionsprozeß hineingedrückt werden.

Das skizzierte Konzept ist von zahlreichen Autoren kritisiert worden. Die genannten Mängel sind systemimmanenter Art und lassen sich auch nicht durch modernste EDV-technische Implementierungen (Datenbanken; graphische Benutzeroberflächen; usw.) beseitigen. Im Kern lassen sich folgende **Kritikpunkte** anführen:

1. Die *mittelfristige aggregierte Produktionsprogrammplanung*, die insbes. die Interdependenzen zwischen Produktions- und Absatzplanung erfassen könnte, wird nicht unterstützt. In der Primärbedarfsplanung wird i.d.R. der Produktionsplan mit dem Absatzplan gleichgesetzt (Synchronisationsprinzip). Er müßte jedoch bei knappen Kapazitäten von diesem abweichen.
2. Die *Produktionsauftragsgrößen* werden isoliert für jedes End- oder Vorprodukt ohne Beachtung der gegenseitigen Abhängigkeiten bestimmt. Sowohl die Konkurrenz der Erzeugnisse um begrenzte Ressourcen als auch die sich aus der Mehrstufigkeit der Erzeugnisstruktur ergebenden kostenmäßigen Interdependenzen werden nicht beachtet. Dies kann systematisch auch so interpretiert werden, daß innerhalb der phasenbezogenen Sukzessivplanung in die Phase der Mengenplanung eine erzeugnisbezogene Sukzessivplanung eingebettet ist. Der obere rechte Teil von Bild F.2 verdeutlicht diese Vorgehensweise.
3. In der Materialbedarfsplanung und in der Terminplanung werden zur Terminierung der Produktionsaufträge „*Plan-Durchlaufzeiten*" verwendet. Diese enthalten von der aktuellen Belastung der Ressourcen unabhängige, i.d.R. in den Erzeugnisstammdaten abgespeicherte Schätzwerte für die Wartezeiten, die ein Produktionsauftrag nach seiner Freigabe insgesamt auf die Bearbeitung und auf Transporte warten muß. Der Anteil der organisatorisch bedingten Wartezeiten an der Gesamtdurchlaufzeit eines Auftrags beträgt nicht selten über 85%. Die Wartezeiten werden in der Praxis aus Sicherheitsgründen erheblich überschätzt, was eine verfrühte Auftragsfreigabe, entsprechend erhöhte Zwischenlagerbestände und durch die überhöhte Anzahl von Planungsobjekten in der Terminplanung

eine Erhöhung der Komplexität der kombinatorischen Terminplanungsprobleme zur Folge hat. Die auf der Grundlage gegebener Plan-Durchlaufzeiten ermittelten Freigabezeitpunkte der Aufträge, die prinzipiell das *Ergebnis der Planung* sein müssen, werden als Daten der Planung extern vorgegeben.

4. Das alle Planungsphasen überlagernde, dominierende Problem des herkömmlichen erzeugnisorientierten PPS-Konzepts besteht darin, daß in keiner Planungsphase die *begrenzte Verfügbarkeit der Ressourcen* systematisch erfaßt wird. Die Planungsergebnisse sind folglich eine Aneinanderreihung heuristischer Improvisationen, deren in Theorie und Praxis beklagte geringe Qualität nicht verwundern kann.

Belastungsorientierte Auftragsfreigabe[3]. Wie bereits ausgeführt wurde, besteht bei Werkstatt- und Einzel- bzw. Kleinserienproduktion das Problem, daß wegen der geringen Vorhersagegenauigkeit der Auftragsdurchlaufzeiten viele Aufträge zu früh (oder zu spät) zur Produktion freigegeben werden. Daher kommt es zu hohen Lagerbeständen, großen Schwankungen der Durchlaufzeiten und erheblichen Terminabweichungen. Viele in der Planung als konstant angenommene Größen (z. B. die geplanten Durchlaufzeiten) erweisen sich im nachhinein als Zufallsvariablen.

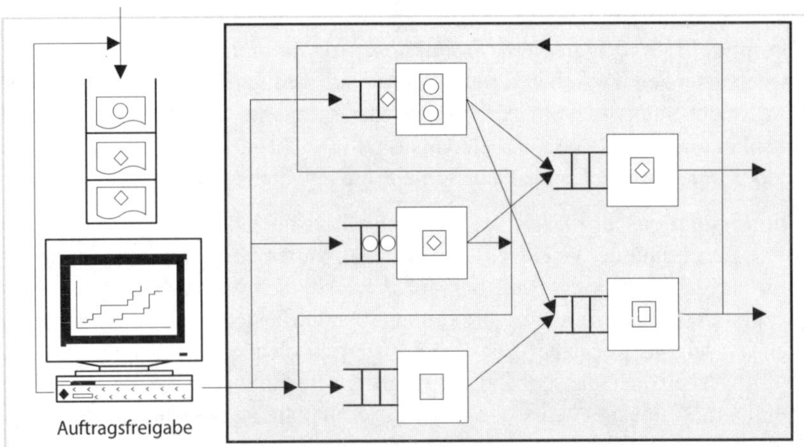

Bild F.3: Belastungsorientierte Auftragsfreigabe

Die *belastungsorientierte Auftragsfreigabe* (BOA) greift im dargestellten Sukzessivplanungskonzept an der *Schnittstelle zwischen Terminplanung und Produktionssteuerung* ein und versucht, durch Regelung des Nachschubs an Produktionsaufträgen zu einer Verstetigung des Materialflusses beizutragen. Es handelt sich also nicht um ein eigenständiges PPS-Konzept, sondern um eine Modifikation einer Planungsphase des bestehenden Sukzessivplanungskonzepts. Die Grundidee der BOA

3 vgl. *Wiendahl* (1996)

besteht darin, die Werkstätten als ein *offenes Warteschlangennetzwerk* (siehe Bild F.3) aufzufassen. In das Netzwerk werden nach einem bestimmten Verfahren Aufträge eingeschleust, die entsprechend ihren Arbeitsplänen selbständig ihren Weg durch die Werkstätten nehmen. Bei Ankunft an einer Werkstatt (ein einstufiges Warteschlangensystem mit einer oder mehreren Bedienungseinrichtungen) reiht sich ein Auftrag zunächst in die dortige Warteschlange ein, wird dann bearbeitet und setzt im Anschluß daran seinen Weg durch das Netzwerk fort.

Zur Charakterisierung einer Werkstatt (Knoten im Warteschlangennetzwerk) kann auf Little's Formel zurückgegriffen werden. Danach besteht der in Beziehung (F.1) beschriebene Zusammenhang zwischen der mittleren Durchlaufzeit eines Auftrags, W, der Leistung bzw. Produktionsrate λ (Anzahl bearbeiteter Aufträge pro Periode) und dem mittleren Bestand an Aufträgen, L.

$$L = \lambda \cdot W \tag{F.1}$$

Die Durchlaufzeit W in einer Werkstatt läßt sich nun dadurch reduzieren, daß man den Auftragsbestand L der Werkstatt durch einen Auftragsfreigabemechanismus beschränkt. Allerdings ist dabei zu berücksichtigen, daß bei einem zu geringen Auftragsbestand die Auslastung und damit auch die Leistung λ einer Werkstatt infolge von Auftragsmangel sinken kann.

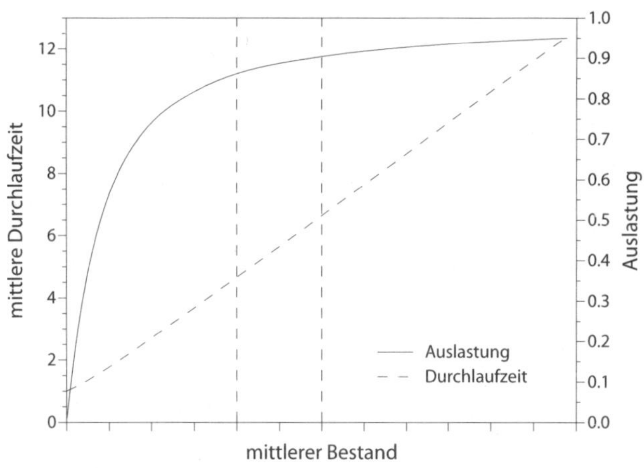

Bild F.4: Zusammenhang zwischen Bestand und Leistung bzw. Durchlaufzeit

Dieser Zusammenhang ist in Bild F.4 wiedergegeben. Man erkennt, daß sich die Auslastung mit zunehmendem Bestand einer Obergrenze nähert, wobei die Durchlaufzeit linear mit dem Bestand ansteigt. Der Achsenabschnitt der Durchlaufzeitgeraden markiert die mittlere Bearbeitungszeit. Man erkennt, daß nach einem anfänglichen steilen Anstieg der Leistung bzw. Auslastung eine weitere Bestandserhöhung nur noch zu einem sehr geringen Leistungsanstieg führt. Zusätzlich freigebene Aufträge reihen sich lediglich in die Warteschlange vor einer Werkstatt ein und tragen nur noch wenig zur Erhöhung der Auslastung bei.[4] Es erscheint daher sinnvoll, durch die Regulierung des Auftragszugangs einer Werkstatt eine „akzeptable" Leistung, z. B. im Bereich der beiden senkrecht gestrichelten Linien, anzustreben.

Die belastungsorientierte Auftragsfreigabe geht zur Erreichung dieses Ziels nun wie folgt vor. Für jede Werkstatt wird ein Belastungskonto geführt. In regelmäßigen Abständen werden Aufträge aus der Terminplanung übernommen. Für jeden Auftrag wird geprüft, ob seine Freigabe in irgendeiner Werkstatt zu einer Überschreitung der vorgegebenen Maximalbelastung führt. Ist das nicht der Fall, dann wird der Auftrag freigegeben und sein Arbeitsinhalt den Belastungskonten aller betroffenen Werkstätten hinzugebucht. Dabei werden Arbeitsstationen, die aufgrund des Auftragsdurchlaufes erst später in Anspruch genommen werden, nur mit einem Bruchteil der tatsächlichen Arbeitslast belastet, wobei die Durchlaufzeit vom Freigabezeitpunkt bis zum Eintreffen des Auftrags an der betreffenden Werkstatt prognostiziert werden muß.

Im konkreten Fall kommt es darauf an, wie gut der tatsächliche Auftragsfluß durch die Werkstätten durch ein offenes Warteschlangenmodell erfaßt wird. Gerade in der Kleinserienproduktion sind die Auftragsgrößen oft sehr starken Schwankungen unterworfen. Dies kann erhebliche Auswirkungen auf die Streuung der Durchlaufzeiten haben. Dadurch wiederum wird eine verläßliche Vorhersage der Ankunftstermine an den Werkstätten erschwert, die zur Prognose der mit der Freigabe eines Auftrags verbundenen tatsächlichen Belastungen benötigt werden.

KPPS: Ein kapazitätsorientiertes PPS-System. Wie oben bereits erläutert wurde, besteht die grundlegende Schwäche der bislang in der Praxis eingesetzten Varianten des Push-Konzepts darin, daß die begrenzte Verfügbarkeit der Ressourcen bei der Aufstellung eines Produktionsplanes nicht berücksichtigt wird. Statt dessen wird zunächst ein Produktionsplan erzeugt und erst im Anschluß daran geprüft, ob der Produktionsplan mit den verfügbaren Ressourcen realisierbar ist. In vielen Fällen wird sogar auf diese Prüfung verzichtet und die Ressourcenknappheit erst während der Produktion erkannt. Zu hohe Bestände bzw. Auftragswarteschlangen vor den Ressourcen sowie Verspätungen sind die Folge.

Diese Vorgehensweise ist mit dem Verhalten eines mittellosen Urlaubers vergleichbar, der eine Reise in die Karibik bucht und sich erst unmittelbar vor dem Zahlungstermin Gedanken darüber macht, wie er das Geld verdienen will, mit dem er die Reise bezahlen soll.

4 Dieser Zusammenhang zeigt sich auch in einem FFS, wenn man die Anzahl Paletten (=Bestand) erhöht. Vgl. Abschnitt 5.4.1, S. 109, Bild C.10.

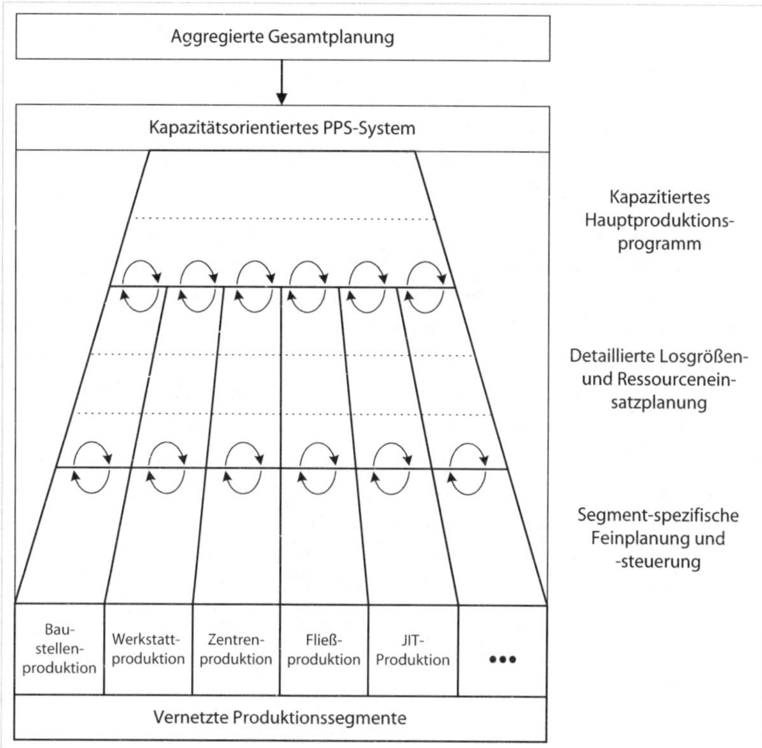

Bild F.5: Aufbau eines kapazitätsorientierten PPS-Systems

Es ist unbestritten, daß ein den Titel „Planungssystem" verdienendes PPS-System die Kapazitäten der Ressourcen bereits bei der Aufstellung des Produktionsplanes berücksichtigen muß. Die Ausführungen in diesem Buch haben auch gezeigt, daß wegen der Unterschiedlichkeit der in den einzelnen Produktionssegmenten auftretenden Probleme ein generelles Planungssystem, das den Anforderungen aller Produktionssegmente gerecht wird, nicht existieren kann. Drexl et al.[5] schlagen daher vor, ein kapazitätsorientiertes PPS-System (KPPS) als hierarchisches Planungssystem[6], wie in Bild F.5 dargestellt, auszugestalten. Diese bereits in der Einleitung zu Teil D dieses Buches eingeführte Planungsstruktur bildet auch die Grundlage für die obigen Ausführungen zur operativen Produktionsplanung und -steuerung.

Zentrale Planungsebenen sind dabei die aggregierte Gesamtplanung und die Ebene der kapazitätsorientierten Hauptproduktionsprogrammplanung[7]. Auf der dezentralen Planungsebene sind die detaillierte Losgrößen- und Ressourceneinsatzplanung und die segmentspezifische Feinplanung angesiedelt. Die dezentralen Planungsebe-

5 vgl. *Drexl et al.* (1994)
6 vgl. *Stadtler* (1996)
7 vgl. auch Kapitel 8, S. 143 ff.

nen sind auf die spezifischen Problemstellungen der jeweiligen Produktionssegmente ausgerichtet. So muß die detaillierte Losgrößen- und Ressourceneinsatzplanung im Segment „Werkstattproduktion" das mehrstufige Mehrprodukt-Losgrößenproblem (Modell MLCLSP) lösen. In einem Segment „Fließproduktion" wird dagegen ein simultan zu behandelndes Losgrößen- und Reihenfolgeproblem auftreten. Im Produktionssegment „Baustellenproduktion" werden oft Projektplanungsprobleme mit beschränkten Ressourcen zu lösen sein.

Ein Planungssystem für Supply Networks. In Unternehmungen, die mehrere Produktionsstätten an unterschiedlichen Standorten betreiben, ist für jede Produktionsstätte ein Planungssystem zu definieren, das die dezentralen Planungsebenen der an den einzelnen Standorten vorhandenen Produktionssegmente umfaßt. Auf der zentralen Planungsebene werden Fragen der werksübergreifenden Abstimmung der Produktionsmengen einschl. der zwischen den Produktionsstätten erforderlichen Transporte sowie der Festlegung von Beschaffungsmengen behandelt. Bild F.6 veranschaulicht die Struktur eines standortübergreifenden Planungssystems in räumlicher Sicht. Dabei kann es durchaus vorkommen, daß an den einzelnen Standorten unterschiedliche Planungsverfahren eingesetzt werden müssen. So können z. B. an dem Produktionsstandort in Spanien, an dem Einzelteile produziert werden, aufgrund hoher Rüstzeiten vorwiegend Probleme der Losgrößenplanung zu lösen sein, während in dem Montagewerk in Deutschland Probleme der Einlastungsplanung von Montagelinien im Vordergrund stehen.

Bild F.6: Standortübergreifendes Planungssystem

Die werksübergreifende Planung kann sowohl als aggregrierte Gesamtplanung als auch in Form einer detaillierteren Hauptproduktionsprogrammplanung ausgestaltet sein. Beide Planungsebenen unterscheiden sich durch den Aggregationsgrad der Variablen und Daten sowie durch die Position des Planers in der Planungshierarchie. In den in Kapitel 15 dargestellten „Advanced Planning Systems" werden beide Planungsebenen durch ein als „Master Planning" oder „Supply Network Planning" bezeichnetes Modul mit auf der linearen Optimierung basierenden Planungsansätzen unterstützt, wobei in der Planungspraxis oft auf die aggregierte Planung verzichtet wird.[8]

Weitet man die obige standortübergreifende Betrachtung in der Weise aus, daß man nicht nur die unternehmenseigenen Standorte, sondern in bestimmtem Umfang auch **Zulieferer** sowie den **Handel** als umittelbaren Abnehmer der Unternehmensprodukte in die Planungsüberlegungen einbezieht, dann nähert man sich dem Gedanken des „Supply Chain Management" oder besser „Supply Network Management".[9] Unter einer **Supply Chain** versteht man alle Wertsteigerungsstufen, die ein Produkt auf dem Wege vom Rohstoff bis zum Endverbraucher durchläuft. Da selbst bei einfacheren Produkten, z. B. (vollen) Bierflaschen, mehrere Güterströme (Hopfen, Malz, Wasser, Glas, Etikettenpapier, Farbe, Kronkorken) zusammenfließen, sollte man in den meisten Fällen anstatt von einer Kette (chain) eher von einem Netzwerk (network) sprechen.

Durch die Ausweitung der Betrachtung auf unternehmensübergreifende Wertsteigerungsstufen entstehen schwierige, zusätzlich zun lösende operative Planungsprobleme, die in Bild F.7 zusammenfassend wiedergegeben sind. Man erkennt einen Bereich von Planungsproblemen, in dem eine deterministische Problemsicht vorherrscht. Hierbei handelt es sich um die bereits angesprochene kapazitätsorientierte Produktionsplanung, die in einem Supply Network durch die Abstimmung der unternehmenseigenen Pläne mit denen der Zulieferer und der direkten Abnehmer (Händler) ergänzt wird. Die dabei eingesetzten Planungsansätze werden durch Module der Datenbeschaffung (Nachfrageprognose, Verfügbarkeitsprüfung bzw. „available-to-promise") und der Plankontrolle (Warn-Monitor) unterstützt.

Die deterministischen Planungen müssen ergänzt werden durch Pufferungsmechanismen, mit denen die unerwünschten Auswirkungen zufälliger Ereignisse (z. B. Nachfrageschwankungen, Störungen im Produktionsablauf usw.) abgefangen werden können. Dies kann allerdings nur gelingen, wenn man dem stochastischen Charakter der Problemstellungen mit geeigneten Maßnahmen begegnet. So ist die optimale Plazierung von Sicherheitsbeständen in einem Supply Network eine wichtige Aufgabe, damit die mit vergleichsweise hohem Planungsaufwand erstellten operativen Produktions- und Beschaffungspläne nicht bereits durch eine kleine Störung im Produktionsablauf undurchführbar werden. Auf die softwaretechnische Unterstützung der betrachteten Planungsprobleme gehen wir in Kapitel 15 ein.[10]

8 vgl. *Stadtler und Kilger* (2005)
9 vgl. *Stadtler und Kilger* (2005); *Chopra und Meindl* (2004)
10 siehe S. 336 ff.

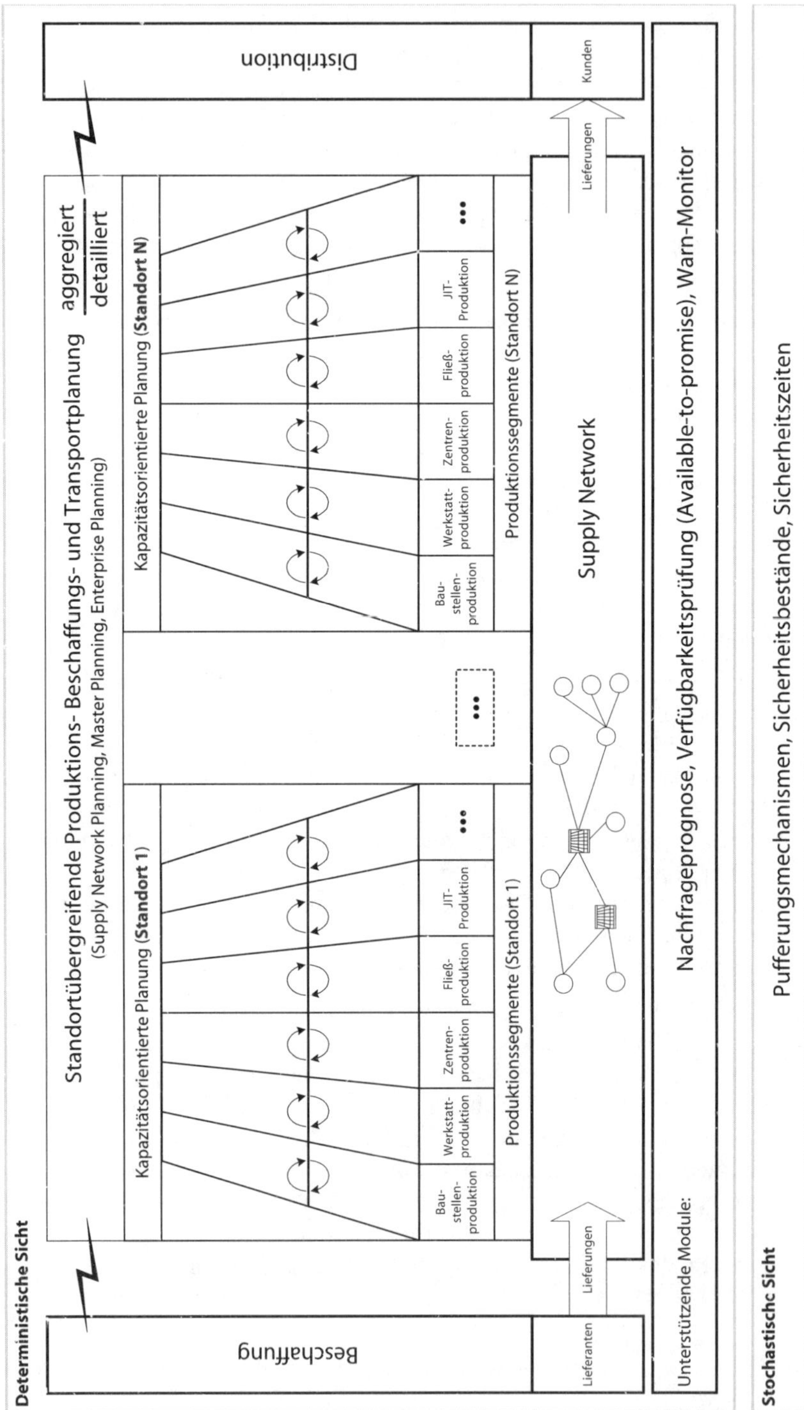

Bild F.7: Kapazitätsorientiertes Planungssystem in einem Supply Network

Literaturhinweise

Chopra und Meindl (2004)
Drexl et al. (1994)
Stadtler und Kilger (2005)
Tempelmeier (2005a), Abschnitt D.3.5
Zäpfel (1989a), Abschnitt 5.4.2
Stadtler (2004)

13.2 Produktionssteuerung nach dem Pull-Prinzip

Im Push-Konzept versucht man im Prinzip, die Start- und Endzeitpunkte aller Produktionsvorgänge möglichst umfassend vorauszuplanen. Wie wir gesehen haben, gelingt dies mit den derzeit in der Praxis verwendeten Planungsmethoden nur unzureichend. Das Ergebnis sind unkontrollierte und (zu) hohe Bestände.

Eine grundsätzlich andere Vorgehensweise bei der Behandlung von Problemen der Produktionsplanung und -steuerung stellt die Anwendung des *Pull-Prinzips* dar. In diesem Fall werden alle Produktionsvorgänge direkt oder indirekt durch einen eingetroffenen Auftrag ausgelöst.

Während in der konventionellen Planungsphilosophie des Sukzessivplanungskonzepts versucht wird, unter den gegebenen strukturellen und technischen Bedingungen der Produktion durch Verbesserung der Problemlösungsverfahren zu zufriedenstellenden Ergebnissen zu gelangen, setzt das Pull-System eine Ebene höher an, indem versucht wird, durch Veränderung der strukturellen und technischen Bedingungen das Problem selbst abzuschaffen. Man betrachtet also die Systemstruktur als Entscheidungsvariable.[11]

Man kann sich das bildlich wie folgt vorstellen. Herr X ist für die Produktionsplanung und -steuerung unter Einsatz eines konventionellen PPS-Systems zuständig. Er stellt fest, daß die bekannten Probleme (zu hohe Bestände, schlechte Termineinhaltung usw.) auftreten. Er erkennt, daß eine der Hauptursachen für die auftretenden Probleme die Vernachlässigung der Knappheit der Ressourcen im Rahmen der Losgrößenplanung ist. Um diese Probleme zu beseitigen, kann er zwei Strategien verfolgen:

- **Lösung des Problems**

  Nach Rücksprache mit dem *Abteilungsleiter* wird ein Diplom-Kaufmann oder ein Wirtschaftsingenieur mit dem Vertiefungsfach Produktionswirtschaft eingestellt, der ein Verfahren zur Lösung eines mehrstufigen Mehrprodukt-Losgrößenproblems mit beschränkten Kapazitäten für generelle Erzeugnis- und Prozeßstrukturen implementiert.

11 vgl. *Hopp und Spearman* (2001), Abschnitt 4.3

- **Beseitigung des Problems**

  Nach Rücksprache mit dem *Produktionsvorstand* wird der gesamte Produktionsbereich umstrukturiert. Es werden technische Maßnahmen zur Reduktion der Rüstzeiten ergriffen, die das Problem der Losgrößenplanung verschwinden lassen.

Ein wesentliches Kennzeichen des Pull-Prinzips besteht darin, daß die Produktionssteuerung nicht mehr – wie beim Push-Prinzip – für jede Produktionsstufe eine detaillierte Arbeitsvorschrift bereitstellt, sondern daß ein Produktionsplan nur für die letzte Produktionsstufe, z. B. die Endmontage aufgestellt wird. Wird ein Vorprodukt benötigt, das in der Endmontagestufe verarbeitet werden soll, dann wird die entsprechende Menge aus dem Lager des Vorprodukts (vor der Endmontage) entnommen.

Die Produktionsstelle, die das Vorprodukt herstellt, entdeckt die entstandene Lücke im Lagerbestand und füllt diese Lücke möglichst unverzüglich wieder auf. Dabei verbraucht sie wiederum eine bestimmte Menge ihres Vorprodukts, die sie von ihrem vorgelagerten Lagerbestand entnimmt. Dieser Prozeß setzt sich in Richtung auf das Rohmateriallager fort. Jede Produktionsstelle entnimmt die benötigten Vorprodukte aus den vorgelagerten Beständen, wie in einem Supermarkt. Die vorgelagerten Produktionsstellen müssen dann die Bestände wieder auffüllen, indem sie produzieren.

Es entstehen vermaschte selbststeuernde Regelkreise, die eine Dezentralisierung der Bestandskontrolle und damit die Übertragung der kurzfristigen Produktionssteuerung an die ausführenden Mitarbeiter ermöglichen. Grundlegende Idee eines Pull-Systems ist es, daß jede Stelle immer nur so viele Einheiten eines Erzeugnisses herstellt, wie tatsächlich von den nachfolgenden (verbrauchenden) Stellen benötigt werden (*Produktion auf Abruf*). Methodisch handelt es sich um eine Aneinanderreihung von (s, q)-Lagerhaltungspolitiken mit einer sehr kleinen Losgröße. Dabei werden die Bedarfsinformationen Produktionsstufe für Produktionsstufe entgegen dem Materialfluß weitergegeben.

Voraussetzung für die Anwendbarkeit des Pull-Prinzips ist ein möglichst kontinuierlicher Materialfluß, bei dem die Werkstücke sich ähnlich wie bei der getakteten Fließproduktion möglichst ohne Wartezeiten durch die Produktionsstellen bewegen. Dies versucht man durch zwei Organisationsprinzipien zu erreichen:

- **Produktion auf Abruf**
- **Autonome Produktionsüberwachung**.

Die **Produktion auf Abruf** (Pull-Prinzip) wird durch eine entsprechende Reorganisation des gesamten Produktionsprozesses und spezielle technische Maßnahmen erreicht. Von besonderer Bedeutung ist es, daß jede Produktionsstelle ausreichend flexibel ist, um schnell auf die wechselnden Abrufe von Erzeugnissen aus ihrem Lager reagieren zu können und daß es gelingt, an den Produktionsstellen gleichmäßige Durchlaufzeiten der Produktionsaufträge mit geringen Schwankungen zu realisieren. Dies wird durch kleine Produktionsaufträge (Losgrößen) mit möglichst gleichmäßigen Arbeitsinhalten erreicht. Kleine Lose sind aber nur möglich, wenn die Rüstzeiten kurz sind. Daneben müssen die Arbeitsabläufe und das Layout der Produktionsanlagen so gestaltet werden, daß ein der Fließproduktion angenäherter Produktfluß möglich ist. Hierzu gehört auch der Einsatz von speziellen Transportsystemen sowie der Mehr-Maschinen-Arbeitsplatz, bei dem ein Mitarbeiter mehrere Maschinen bedienen kann.

Zur *Verkürzung der Rüstzeiten* werden erhebliche technische und organisatorische Anstrengungen unternommen. Hierzu gehören:

- Training von Rüstteams;
- Standardisierung der Maße von Werkzeugen sowie von Vorrichtungen;
- Einsatz von technischen Hilfsmitteln zu Erleichterung und Beschleunigung des Rüstvorgangs;
- Bestimmung rüstzeitoptimaler Reihenfolgen der Aufträge;
- vorbeugende Instandhaltung.

Zur *Steuerung des Materialflusses* lassen sich mehrere Konzepte einsetzen, die sich durch die Anzahl der Produktionsstufen unterscheiden, die in einem Regelkreis enthalten sind.

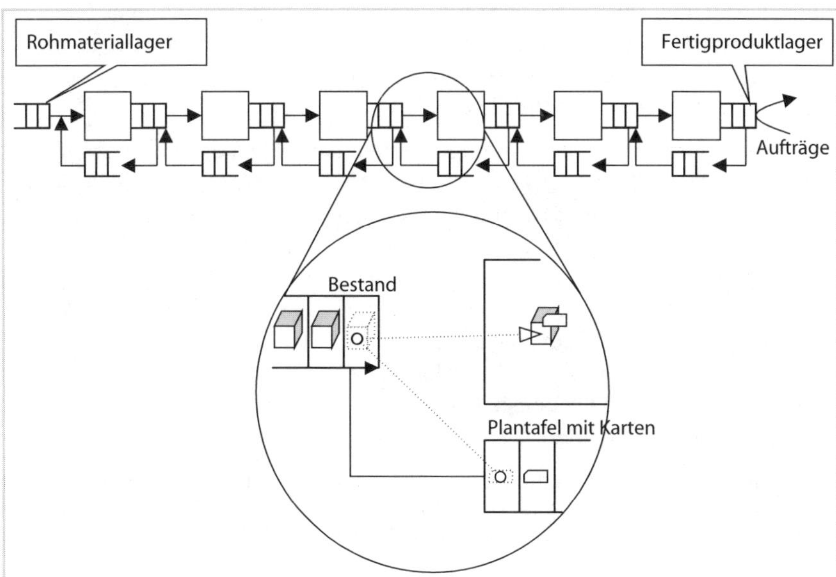

Bild F.8: Kanban-System

Kanban-System. Der älteste, aus Japan stammende, Vorschlag zur Implementierung des Pull-Prinzips wird wegen eines speziellen Informationsinstrumentes, der Kanban-Karte[12], als Kanban-System bezeichnet. Ein Kanban hat die Funktion eines Produktionsauftrags. Ein wesentliches Merkmal dieses Systems besteht darin, daß jede Produktionsstufe für jedes dort bearbeitete Erzeugnis einen eigenen Kanban-Regelkreis besitzt. Die Grundstruktur eines Kanban-Systems ist in Bild F.8 wiedergegeben.

Man erkennt mehrere (M) Stationen, hinter denen jeweils ein Lagerbereich zur Aufnahme von Behältern mit an der Station fertig bearbeiteten Werkstücken angeordnet ist. An jedem Behälter haftet eine (Kanban-)Karte. Auslöser aller Aktivitäten ist das Eintreffen eines Auftrags im Fertigproduktlager. Ist Lagerbestand vorhanden, dann wird ein Behälter mit Werkstücken aus dem Lager entnommen und die betreffende Karte entfernt und an eine Plantafel geheftet. Sobald die Station M die Bearbeitung eines Behälters abgeschlossen hat, wird geprüft, ob sich eine Karte an der Plantafel befindet *und* ob ein zu der Karte passender Behälter mit Werkstücken im Lager der vorgelagerten Station $M-1$ vorhanden ist. Ist dies der Fall, dann wird die an dem Behälter haftende Karte entfernt und an die Plantafel der Station $M-1$ geheftet. An dem Behälter wird nun die Karte der Station M befestigt und die Bearbeitung kann beginnen. Hat die Station $M-1$ ihrerseits die Bearbeitung eines Behälters mit Werkstücken abgeschlossen, stellt sie diesen mit der daran haftenden Karte in ihrem Lager ab und prüft, ob an ihrer Plantafel eine Karte vorhanden ist und ob im Lager der Station M-2 bereits ein Behälter mit zu der Karte passenden Werkstücken wartet. Dieser Prozeß setzt sich nun über alle Stationen fort.

Der maximale Bestand an einer Station hängt von der Anzahl Kanbans ab, die an der Station zirkulieren. Der tatsächliche Bestand ist i. a. wesentlich geringer. Die Regelung der Lagerbestände an den einzelnen Stationen erfolgt durch die Festlegung der Anzahl der Karten, da an jedem Werkstückbehälter eine Karte angeheftet sein muß, und durch die Definition der Behältergröße.

Verfügt eine Station m über zu wenige Karten, dann kann der Fall eintreten, daß sämtliche Karten an Behältern mit fertig bearbeiteten Werkstücken haften, die zum Abruf durch die nachfolgende Produktionsstelle $m+1$ bereit stehen. Wartet nun bereits ein Behälter an der vorgelagerten Station $m-1$ auf Abruf durch die Station m, dann könnte diese mit der Bearbeitung beginnen. Da sie aber keine Produktionserlaubnis hat (es befindet sich keine Karte an der Plantafel), ist die Station m *blockiert*. Die Möglichkeit der Beschränkung des Lagerbestands wird in diesem Fall mit einem Produktionsverlust erkauft. Derartige Blockierungen treten z. B. dann auf, wenn eine nachfolgende Station über einen längeren Zeitraum langsamer oder infolge einer Störung überhaupt nicht arbeitet.

Da die tatsächlichen Durchlaufzeiten der Behälter an einer Station aufgrund verschiedener Einflüsse (Änderung der Produktionsmengenanteile der zu produzierenden Erzeugnisse, Variabilität der menschlichen Arbeitsgeschwindigkeit, Maschi-

12 Das japanische Wort Kanban bedeutet bereits Karte. Wir bitten die Leserinnen und Leser um Nachsicht.

nenausfälle, Nacharbeit aufgrund von Qualitätsproblemen usw.) *zufälligen Schwankungen* unterliegen, müssen die Stationen durch eine ausreichende Anzahl von Karten voneinander entkoppelt werden. In der Praxis wird die Kartenanzahl einer Produktart an einer Station durch Multiplikation der erwarteten Durchlaufzeit mit der mittleren Periodenbedarfsmenge (Behälter pro Periode), erhöht um einen prozentualen Zuschlag, ermittelt. Im Laufe des Systembetriebes wird dann die Kartenanzahl schrittweise solange verändert, bis das System zufriedenstellend funktioniert. Die isolierte Bestimmung der Kartenanzahl vernachlässigt die bei zufälligen Schwankungen der Durchlaufzeiten auftretenden Interdependenzen zwischen den Stationen. Selbst wenn alle Stationen in jeder Hinsicht vollständig identisch sind, ist es nicht optimal, an jeder Station dieselbe Anzahl Karten zu verwenden. Zur Bestimmung der **Anzahl Karten** an den Stationen kann auf eine bestehende Analogie zwischen einem Kanban-System und einer asynchronen Fließproduktionslinie mit beschränkten Puffern zurückgegriffen werden.[13] Dabei wird man i. a. feststellen, daß in einem Kanban-gesteuerten Produktionssystem der angestrebte Output mit dem geringsten Lagerbestand dann erreicht wird, wenn man die Karten ungleichmäßig auf die Stationen verteilt.

Neben der Anzahl der Karten beeinflußt die **Behältergröße** den Lagerbestand an einer Station. Für die Bestimmung der Behältergröße ist vor allem die Höhe der (trotz erfolgreicher Reduzierung weiterhin zu berücksichtigenden) Rüstzeiten von Bedeutung.

Ein weiteres Problem, das sich infolge der Konkurrenz mehrerer Produktarten um eine Ressource in einer Station ergibt, ist die Bestimmung der **Reihenfolge**, in der die wartenden Werkstückbehälter, mit deren Produktion zu einem bestimmten Zeitpunkt begonnen werden könnte, bearbeitet werden. Prinzipiell bieten sich hier die im Zusammenhang mit der Feinplanung und Steuerung bei Werkstattproduktion angesprochenen Prioritätsregeln an.[14]

CONWIP-System[15]. Während im Kanban-System für jede Station und jede Erzeugnisart ein getrennter Regelkreis eingerichtet wird, so daß bei M Stationen und K Produktarten insgesamt $M \cdot K$ Kartenkreisläufe entstehen, wird im CONWIP-System für die gesamte Produktionslinie nur *ein* Kartenkreislauf verwendet. Jeder Karte ist ein Werkstückbehälter zugeordnet. Daher stimmt der Lagerbestand mit der Anzahl Karten überein. Bild F.9 zeigt die Prinzipdarstellung eines CONWIP-System.

Wie im Kanban-System warten Werkstückbehälter in einem Fertigproduktlager auf Aufträge. Sobald ein Auftrag eintrifft, wird die Karte vom Werkstückbehälter entfernt und an die Plantafel der Station 1 geheftet. Vor der Station 1 befindet sich bereits eine Warteschlange von Rohmaterial für unterschiedliche Erzeugnisarten. Aus dieser Warteschlange wird nun nach einer Prioritätsregel eine Erzeugnisart ausgewählt und – mit der Karte versehen – in die Station 1 eingeschleust. Innerhalb

---

13 vgl. *Gstettner und Kuhn* (1996); siehe auch *Tempelmeier* (2005b), Abschnitt A.3

14 siehe Abschnitt 9.1.5, S. 226 ff.

15 CONWIP = **CON**stant **W**ork **I**n **P**rocess. Vgl. hierzu ausführlich *Hopp und Spearman* (2001).

der Produktionslinie reihen sich die Werkstückbehälter dann nach ihrer Bearbeitung an einer Station unverzüglich in die Warteschlange vor der nächsten Station ein. Während der Rohmaterialnachschub in das System nach dem Pull-Prinzip erfolgt, wird innerhalb der Produktionslinie nach den Push-Prinzip vorgegangen.

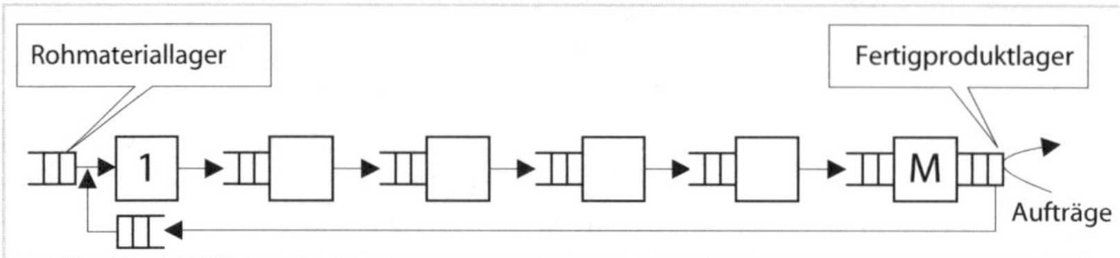

Bild F.9: CONWIP-System

Das CONWIP-System kann als ein geschlossenes Warteschlangennetzwerk modelliert werden, wobei die „Kunden" den in konstanter Anzahl vorhandenen Karten entsprechen, denen jeweils nach einem Abgang im Fertigproduktlager unverzüglich neues Rohmaterial zugeordnet wird. In der Praxis wird man auf die Karten vollständig verzichten und stattdessen eine konstante Anzahl von Werkstückbehältern zirkulieren lassen. Wie wir bereits im Zusammenhang mit der Leistungsanalyse eines flexiblen Fertigungssystems erläutert haben,[16] hängt die Produktionsrate in einem CQN-Modell von der Anzahl der zirkulierenden Kunden ab. Hier stellt sich somit das Problem der Bestimmung der minimalen Anzahl von Karten (Mindestbestand), bei dem die angestrebte Produktionsrate gerade noch erreicht wird.

Ein Pull-System liegt auch vor, wenn in einem Reihenproduktionssystem mit flexiblen Werkern mehr Stationen als Werker vorhanden sind und die Werker jeweils mit einem Werkstück durch das System wandern und dieses vollständig bearbeiten. Die Werker müssen so trainiert sein, daß sie jede Tätigkeit an jeder Station ausführen können. Sind die Werker bei der Ausführung einer Tätigkeit *gleich schnell*, dann handelt es sich ebenfalls um ein CONWIP-System. Bild F.10 zeigt ein solches System, das man in der Praxis z. B. in der Kommissionierung findet: ein Mitarbeiter übernimmt an Station 1 einen Auftrag aus der Warteschlange. Er geht dann mit einem Versandkarton von Station zu Station und füllt den Karton mit den bestellten Waren. Dabei kann es im Extremfall dazu kommen, daß sich alle Mitarbeiter bzw. Aufträge an einer Station stauen, weil der dort gerade arbeitende Mitarbeiter für den aktuellen Auftrag zu viel Zeit benötigt. Der gesamte in Arbeit befindliche Auftragsbestand ist aber durch die Anzahl der Mitarbeiter beschränkt und konstant.

16 siehe Abschnitt 5.4.1, S. 104 ff.

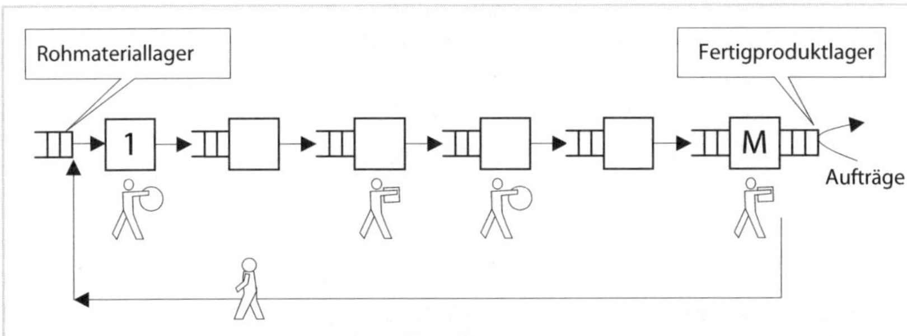

Bild F.10: Reihenproduktion mit flexiblen Werkern (CONWIP-System)

Für den Fall, daß sich die Werker aufgrund ihres unterschiedlichen Trainings im Hinblick auf die Schnelligkeit unterscheiden, mit der sie eine bestimmte Tätigkeit an einer Station ausführen können, wird das in Bild F.11 dargestellte System vorgeschlagen.

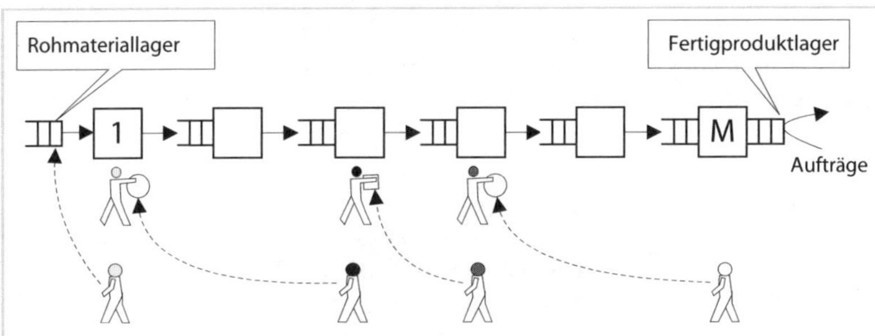

Bild F.11: Reihenproduktion mit flexiblen Werkern („Bucket Brigade")

Hier wandert ein Werker mit einem Werkstück (Auftrag) so weit durch das System, bis die letzte Station erreicht ist oder bis er das Werkstück an den nächsten stromabwärts positionierten Werker übergeben kann. Der Werker, der die letzten Tätigkeiten an einem Werkstück durchführt, legt das fertige Produkt in das Fertigproduktlager und übernimmt anschließend von seinem direkten Vorgänger im System dessen gerade in Arbeit befindliches Werkstück. Dieser übernimmt wiederum von seinem direkten Vorgänger das gerade bearbeitete Werkstück usw. Dieses System wird als „bucket brigade"-System bezeichnet. Es kann allerdings auch vorkommen, daß ein Werker vor einer Station (Maschine) warten muß, weil diese gerade durch seinen unmittelbaren Nachfolger belegt wird. Es kommt dann zu einer Blockierung, die man weitgehend vermeiden kann, wenn man die Werker den Stationen nach ansteigenden Arbeitsgeschwindigkeiten zuordnet. In diesem Fall balanciert sich das Reihenproduktionssystem selbst aus.[17]

17 vgl. *Bischak* (1996)

Als Zwischenstufe zwischen dem Kanban-System und dem CONWIP-System werden in der Literatur **segmentierte CONWIP-Systeme** diskutiert, bei denen die Kartenkreisläufe jeweils mehr als eine, aber nicht alle Stationen umfassen. Als Entscheidungsvariablen sind dann die jeweiligen Längen der CONWIP-Segmente und die Anzahlen der jeweils zirkulierenden Karten festzulegen.

Damit das Pull-Prinzip funktioniert, müssen verschiedene Voraussetzungen erfüllt sein:

- *Geringe Schwankungen der Arbeitsinhalte der Werkstückbehälter*

  Ein kontinuierlicher Materialfluß kann nur bei möglichst gleichmäßigen Kapazitätsbedarfen der einzelnen Produktionsaufträge erreicht werden. Da sich kein Produktionsablauf ohne Schwankungen in der Nachfrage vollzieht und auch mit Störungen zu rechnen ist, sind Maßnahmen zur Steigerung der *Flexibilität* erforderlich. Hierzu gehören insbes. eine hohe Personalqualifikation sowie flexible Produktionsanlagen, die mit geringen Umrüstzeiten betrieben werden können.

- *Unbedingte Einhaltung der Tagesproduktionsmenge*

  Die Einhaltung der Tagesraster hat in der Praxis Vorrang vor einer geregelten Arbeitszeit des Personals, d.h. ein Arbeitstag ist nicht nach acht Stunden, sondern nach Erfüllung des Planes beendet, wobei allerdings die Pläne so ausgelegt werden, daß im Durchschnitt nicht mehr als acht Stunden pro Tag gearbeitet werden muß.

- *Materialflußorientiertes Layout*

  Entsprechend dem Konzept einer Produktionsinsel werden die einzelnen Produktionsmittel so angeordnet, daß die zur Produktion einer Teilefamilie notwendigen Arbeitsgänge innerhalb der Insel ausgeführt werden können. Dies hat – wie wir bereits gesehen haben – gegenüber der Werkstattproduktion folgende Vorteile: Es ergibt sich eine Quasi-Fließproduktion mit der Folge, daß der Materialbestand sowie die Auftragsdurchlaufzeiten stark vermindert werden. Außerdem sind bei Einsatz der Gruppentechnologie eine Mehrmaschinenbedienung und eine überlappte Produktion verschiedener Lose mit geringerem Aufwand zu erreichen als bei der Werkstattproduktion.

- *Weitergabe fehlerfreier Produkte*

  Eine störungsfreie Produktion ist nur dann möglich, wenn ausschließlich verwendbare Teile an die nächste Produktionsstufe weitergegeben werden. Dies ist zwingend notwendig, wenn die Kartenanzahl sehr klein ist. Gibt eine erzeugende Stelle Ausschußteile weiter, dann entsteht ein Versorgungsengpaß in allen nachgelagerten Bereichen. Zur Vermeidung dieser Probleme muß die Qualitätskontrolle unmittelbar in die Produktion integriert sein. Die Beseitigung eines erkannten Fehlers hat jedoch den nachteiligen Effekt, daß die Variabilität des Materialflusses steigt, was wiederum zu einem Sinken der mittleren Produktionsrate des Systems führt.

- *Leistungsfähiges Transportsystem*

  Das Transportsystem muß so gestaltet sein, daß ein Produktionsdurchlauf ohne größere Liegezeiten möglich ist. So erfolgt z. B. die Anlieferung extern gefertigter Komponenten direkt an den Verbrauchsort in der Fertigung oder der Montage (*produktionssynchrone Beschaffung*). Auf eine Qualitätseingangskontrolle wird verzichtet.

Das Pull-Prinzip wird weltweit in zahlreichen Unternehmungen eingesetzt. Sofern die Voraussetzungen erfüllt sind, können damit erhebliche Verkürzungen der Durchlaufzeiten der Aufträge und Verringerungen der Lagerbestände erzielt werden. Es wird allerdings bisweilen angezweifelt, ob diese Verbesserungen auf das Steuerungskonzept zurückgehen oder ob sie nicht eher durch die technischen und organisatorischen Begleitmaßnahmen verursacht werden.

Literaturhinweise

Bischak (1996)
Drexl et al. (1994)
Gstettner (1998)
Hopp und Spearman (2001)
Knolmayer (1990)
Tempelmeier (2005a)
Zäpfel (1989a), Abschnitt 5.4.6.2.3
Zavadlav et al. (1996)

14 Modellierung von Geschäftsprozessen

Im vorangegangenen Kapitel wurden Planungs- und Steuerungsprozesse der Produktion und Logistik in ihren Grundzügen beschrieben. Ihre konkrete Umsetzung in ein in der betrieblichen Praxis einsetzbares Planungs- und Informationssystem erfordert eine weitergehende Detaillierung. So muß z. B. genau festgelegt werden, welche Aktionen ein zu einem bestimmten Planungszeitpunkt neu eingetroffener Kundenauftrag auslöst, welche Abteilungen und Stellen diese Aktionen durchführen und welche Informationsobjekte davon betroffen sind. Weiterhin ist zu spezifizieren, welche informationstechnischen Hilfsmittel eingesetzt werden sollen.

Die zu modellierenden Geschäftsprozesse sowie das zu entwickelnde Informationssystem können aus unterschiedlichen Perspektiven (Sichten) betrachtet werden. Die *Organisationssicht* beschreibt die Aufgabenträger (Abteilungen, Sachbearbeiter) und die zwischen ihnen bestehenden Arbeitsbeziehungen. Die *Funktionssicht* erfaßt die einzelnen im Rahmen eines Geschäftsprozesses zu durchlaufenden Teilfunktionen sowie die zwischen diesen bestehenden Reihenfolgebeziehungen. In der traditionellen Organisationslehre werden diese Sichten im Rahmen der Arbeitsanalyse[18] erfaßt. Die *Ressourcensicht* stellt die Komponenten der Informationstechnik dar, die zum Einsatz des Informationssystems benötigt werden. Mit der *Datensicht* werden die für den betrachteten Geschäftsprozeß relevanten Informationsobjekte und die zwischen ihnen bestehenden Beziehungen beschrieben.

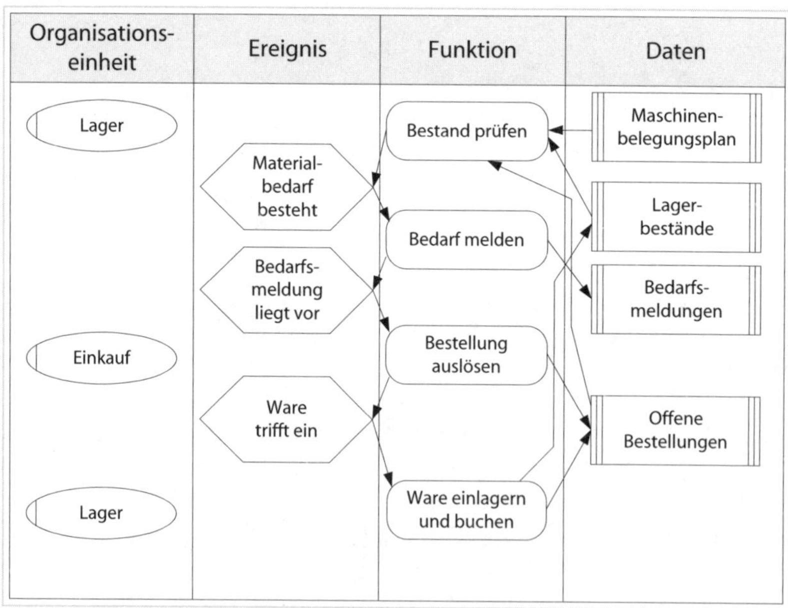

Bild F.12: Vorgangskettendiagramm

18 vgl. *Küpper und Helber* (1995), S. 6 ff.

Zur visuellen Darstellung eines Geschäftsprozesses eignet sich das *Vorgangskettendiagramm*[19], mit dem alle Beschreibungssichten im Zusammenhang erfaßt werden können. Bild F.12 zeigt einen Ausschnitt eines Geschäftsprozesses, in dem ein Lagerdisponent auf der Grundlage eines gegebenen Maschinenbelegungsplans eine Materialverfügbarkeitsprüfung durchführt. Reicht der verfügbare Lagerbestand nicht aus, dann wird eine Bedarfsmeldung an den Einkauf gesandt, der eine Bestellung bei einem Lieferanten auslöst. Nach Eintreffen der bestellten Ware wird diese eingelagert. Außerdem werden die betroffenen Datenbestände aktualisiert. Das Vorgangskettendiagramm veranschaulicht nicht nur das Zusammenspiel zwischen Vorgängen und Ereignissen, sondern es stellt auch die betroffenen Abteilungen und die resultierenden Datenflüsse in übersichtlicher Form dar. Vorgangskettendiagramme können mit unterschiedlichen Detaillierungsgraden erstellt werden, wobei in höher aggregierten Darstellungen aus Gründen der Übersichtlichkeit oft auf die Darstellung der Ereignisse verzichtet wird.

Die detaillierte Dokumentation aller in einer Abteilung vorkommenden Geschäftsprozesse kann mehrere Ordner füllen. Es bietet sich daher an, bei der Dokumentation von Geschäftsprozessen mit Hilfe von Vorgangskettendiagrammen auf spezielle Modellierungssoftware zurückzugreifen. Derartige Softwaresysteme bieten neben der reinen Zeichenunterstützung z. T. auch die Möglichkeit, den dynamischen Ablauf der modellierten Geschäftsprozesse mit Hilfe stochastischer Simulationstechniken zu analysieren.

Während die bisherigen Ausführungen auf der Ebene des betriebswirtschaftlichen Fachkonzeptes angesiedelt sind, muß dieses nun in ein DV-Konzept umgesetzt werden, das die Grundlage für die konkrete Realisierung des Informationssystems bildet. Die im Rahmen eines Geschäftsprozesses auszuführenden Funktionen werden bei Einsatz eines Informationssystems durch Anwendungsprogramme oder Programmbausteine (Verarbeitungs- und Dialogmodule) übernommen. Aufgaben der Softwareentwicklung sind der Entwurf der einzelnen Softwarekomponenten und die Festlegung der Mechanismen ihrer Zusammenarbeit. So ist z. B. zu definieren, unter welchen Bedingungen die Sekundärbedarfsermittlung erfolgen soll und welche Algorithmen dabei einzusetzen sind. Die Organisationssicht kommt durch die Gestaltung der Infrastruktur des Rechnersystems zum Ausdruck. Während früher eher zentralisierte Systeme vorherrschten, besteht heute eine Tendenz zu dezentralisierten Hardware- und Softwarelösungen (Rechnernetze, zunehmend unter Einbeziehung des Internet).

Kernstück eines integrierten Systems zur Produktionsplanung und -steuerung ist eine Datenbank des Produktionsbereichs[20], in der Daten über alle für die Produktionsplanung und -steuerung relevanten Objekte des Produktionsbereichs und deren Beziehungen untereinander gespeichert werden. Solche Objekte sind z. B. Erzeugnisse, Aufträge, Arbeitspläne, Arbeitsgänge, Lagerorte, Maschinen, Transportmittel und Werkzeuge. Bei der Konzeption des logischen Aufbaus einer Produktionsda-

19 vgl. *Scheer* (1997)
20 Eine umfassende Darstellung einer Datenbank zum Produktionsbereich gibt *Scheer* (1997).

tenbank faßt man alle Objekte mit gleicher Struktur zu *Objekttypen* zusammen. So enthält der Objekttyp „AUFTRÄGE” alle Aufträge, die in der Produktionsdatenbank gespeichert sind. Desgleichen bilden alle Erzeugnisse den Objekttyp „TEILE”. Zwischen den einzelnen Objekten können vielfältige Beziehungen bestehen. Beziehungen, die Objekte aus denselben Objektypen miteinander verbinden, bilden einen Beziehungstyp. So können z. B. alle Beziehungen zwischen Aufträgen für Einzelteile, Baugruppen und Endprodukte zu einem Beziehungstyp „AUFTRAGSSTRUKTUR” zusammengefaßt werden.

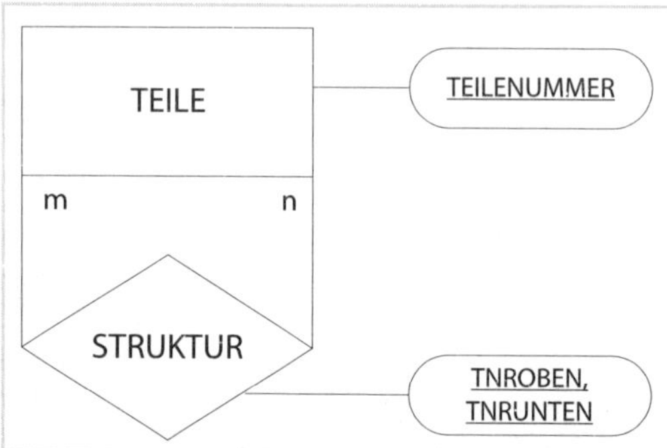

Bild F.13: Datenbankstrukturdiagramm des Erzeugniszusammenhangs

Die Erfassung des *Erzeugniszusammenhangs* in einer Produktionsdatenbank läßt sich leicht anhand eines *Gozintographen*[21] veranschaulichen, der bekanntlich eine vollständige und redundanzfreie Darstellung der Erzeugnisse einer Unternehmung und deren Zusammensetzung ist. Die Erzeugnisse werden im Gozintographen als Knoten und die zwischen ihnen bestehenden Input-Output-Beziehungen als (mit Direktbedarfskoeffizienten bewertete) Pfeile wiedergegeben. Ein Gozintograph läßt sich somit als aus dem Objekttyp „TEILE” (Knoten) und dem Beziehungstyp „STRUKTUR” (Pfeile) bestehend auffassen. Zwischen den Objekten des Typs „TEILE” können Beziehungen vom Komplexitätsgrad m:n bestehen. Das bedeutet, daß sich ein Erzeugnis aus mehreren untergeordneten Produkten zusammensetzen kann. Es kann aber selbst wiederum in mehrere übergeordnete Erzeugnisse eingehen. Bild F.13 stellt die Zusammensetzung der Erzeugnisse in einem Datenbankstrukturdiagramm (*Entity-Relationship-Diagramm*) dar, wobei den Objekt- bzw. Beziehungstypen jeweils die identifizierenden Attribute angefügt sind (TNRUNTEN = Teilenummer des untergeordneten Produkts; TNROBEN = Teilenummer des übergeordneten Produkts).

Nachdem auf der Ebene des betriebswirtschaftlichen Fachkonzeptes die relevanten Datenobjekte und ihre Beziehungen festgelegt worden sind, werden die vorliegenden logischen Datenstrukturen auf der DV-Konzept-Ebene mit Hilfe eines *Datenmodells* beschrieben. Ein Datenmodell ist ein formales Hilfsmittel zur Beschrei-

21 siehe Abschnitt 9.1.2, S. 182 ff.

bung der logischen Struktur einer Datenbank, auf dem Softwareimplementierungen von Datenbanksystemen aufbauen.

Zur redundanzfreien Darstellung des Erzeugniszusammenhangs eignen sich vor allem das *relationale Datenmodell* und das *Netzwerkmodell*, wobei letzteres (derzeit noch) die Grundlage vieler in der Praxis eingesetzter PPS-Systeme bildet. In einem Netzwerkmodell sind nur Beziehungen vom Komplexitätsgrad $1 : n$ zugelassen. Dieser Beziehungstyp wird „Set" genannt. Die im Gozintographen enthaltenen Beziehungstypen vom Komplexitätsgrad $m : n$ werden in zwei Beziehungstypen mit den Komplexitätsgraden $1 : m$ und $1 : n$ aufgelöst. Dies ist in Bild F.14 dargestellt.

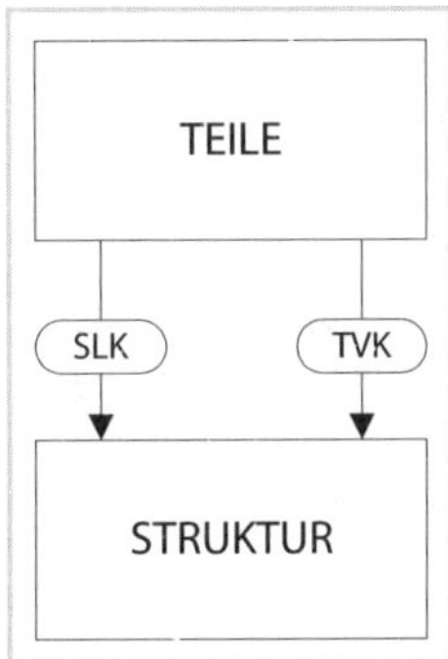

Bild F.14: Darstellung des Erzeugniszusammenhangs im Netzwerkmodell

Die *Pfeile* des Gozintographen werden nun in dem Verbindungsobjekttyp „STRUKTUR" und die *Knoten* im Objekttyp „TEILE" gespeichert. Die Verbindung der Mitglieder eines Sets erfolgt im Netzwerkmodell durch die Einführung einer Kette, d.h. einer Folge von Zeigern, die ein Navigieren durch das Netzwerk in der gewünschten Auswertungsrichtung gestatten. Zur Unterstützung der *analytischen* Betrachtungsweise wird eine Kettenklasse „SLK" (Stücklistenkette) und zur *synthetischen* Bedarfsrechnung eine Kettenklasse „TVK" (Teileverwendungskette) eingeführt. Jede Kette beginnt an einem Ankersatz, der immer einem Knoten des Gozintographen entspricht. Bild F.15 zeigt die elementbezogene Speicherung des in Bild D.20 abgebildeten Gozintographen[22].

Die dargestellte Speicherung des Gozintographen erlaubt nun die Ermittlung der *Baukastenstückliste* und des *Baukastenteileverwendungsnachweises* eines beliebigen Erzeugnisses. Soll z. B. die Zusammensetzung des Produkts B1 ermittelt werden, dann erfolgt der Einstieg in die Datenbank über den Teilestammsatz Nr. 2, aus dem die Satzadresse des ersten Glieds der Stücklistenkette SLK (Erzeugnisstruktursatz Nr. 15) gelesen werden kann. Nach Feststellung des in diesem Satz angegebenen untergeordneten Teils wird geprüft, ob es ein weiteres Glied in der Stücklistenkette gibt. Dies ist der Fall (Erzeugnisstruktursatz Nr. 16). Nach Ermittlung des betreffenden untergeordneten Teils wird das Ende der Stücklistenkette festgestellt und

22 siehe Abschnitt 9.1.2, S. 182 ff.

die Auswertung beendet. In gleicher Weise kann eine Teileverwendungsbetrachtung angestellt werden.

TEILEstammdatei

Satzadresse	Adresse der ersten Struktur der Stückliste	Adresse der ersten Struktur der Teileverwendung	Teilebezeichnung
1	11	ENDE	P1
2	15	11	B1
3	17	12	B2
4	ENDE	13	E1
5	ENDE	14	E2

ErzeugnisSTRUKTURdatei

Satzadresse	Adresse des übergeordneten Teils (TVK)	Adresse des untergeordneten Teils (SLK)	Folgeadresse in der Stücklistenkette (SLK)	Folgeadresse in der Teileverwendung (TVK)	Direktbedarfskoeffizient
11	1	2	12	ENDE	2
12	1	3	13	15	1
13	1	4	14	17	3
14	1	5	ENDE	16	2
15	2	3	16	ENDE	2
16	2	5	ENDE	18	4
17	3	4	18	ENDE	5
18	3	5	ENDE	ENDE	2

Bild F.15: Teilestammdatei und Erzeugnisstrukturdatei in einer nach dem Netzwerkmodell organisierten Produktionsdatenbank

Bei Speicherung der Erzeugnisstruktur in einer **relationalen Datenbank** werden die Objekttypen „TEILE" und „STRUKTUR" in Form von Relationen dargestellt (Bild F.16).

```
TEILE    (TEILENUMMER,Bezeichnung usw.)
STRUKTUR (TNROBEN,TNRUNTEN,Direktbedarfskoeffizient)
```

Bild F.16: Darstellung des Erzeugniszusammenhangs nach dem Relationenmodell

Eine Relation ist eine Tabelle mit mehreren Zeilen und mehreren Spalten. In den Spalten werden die Attribute des in der Relation erfaßten Objekttyps gespeichert.

Mindestens ein Attribut muß ein eindeutiger Schlüssel sein, der die Identifizierung der Objekte erlaubt. Der Objekttyp „TEILE" wird eindeutig durch den Schlüssel „TEILENUMMER" identifiziert, während zur Identifizierung der Pfeile des Gozintographen (Objekttyp „STRUKTUR") zwei Schlüsselattribute notwendig sind.

Bild F.17 zeigt die Speicherung des in Bild D.20 dargestellten Gozintographen nach dem Relationenmodell.

```
Relation TEILE
TEILENUMMER   Bezeichnung
   1             P1
   2             B1
   3             B2
   4             E1
   5             E2
Relation STRUKTUR
TNROBEN    TNRUNTEN   Direktbedarfskoeffizient
   1          2                 2
   1          3                 1
   1          4                 3
   1          5                 2
   2          3                 2
   2          5                 4
   3          4                 5
   3          5                 2
```

Bild F.17: Elementbezogene Darstellung des Erzeugniszusammenhangs in einer Produktionsdatenbank nach dem Relationenmodell

Die Speicherung des Erzeugniszusammenhangs nach dem Relationenmodell erlaubt eine flexible Auswertung der Datenbank durch Einsatz spezieller Abfragesprachen. Eine Abfrage zur Erstellung der Baukastenstückliste für das Erzeugnis $B2$ (Teilenummer 3) in der Sprache SQL (Structured Query Language) ist in Bild F.18 wiedergegeben.

```
SELECT   TNRUNTEN,Direktbedarfskoeffizient
FROM     STRUKTUR
WHERE    TNROBEN EQ 3.
```

Bild F.18: SQL-Abfrage zur Erzeugung einer Baukastenstückliste

Literaturhinweise

Scheer (1997, 1998)

15 Advanced Planning Systems

Während die Planungsfähigkeiten der MRP- bzw. MRP II-Systeme – wie in Abschnitt 13.1 gezeigt wurde – konzeptionell auf dem Stand der sechziger Jahre stehengeblieben sind, haben sich in der Informationstechnik dramatische Veränderungen vollzogen. So konnte man in den letzten Jahren eine zunehmende Integration und informationstechnische Verknüpfung der Geschäftsprozesse über die Grenzen von Standorten und Unternehmen hinweg beobachten. Dies hat in der Praxis zu dem Wunsch geführt, die daraus resultierenden Entscheidungsoptionen durch echte (vorausschauende) Planung in Ergänzung zu der bislang üblichen Datenverwaltung zu nutzen. Zudem versucht man heute, sämtliche verfügbaren Informationen in die Planungsüberlegungen einzubeziehen. Waren z. B. früher die Planungsprobleme der Beschäftigungsglättung[23] oder der Hauptproduktionsprogrammplanung[24] vor allem durch den Zielkonflikt zwischen den Kosten der Produktionsmengenanpassung (z. B. durch Überstunden) und den Lagerkosten geprägt, so fragt man sich heute auch, ob es sinnvoll ist, anstelle der Deckung von Nachfragespitzen durch Zusatzproduktion mit Überstunden die u. U. vorhandenen freien Kapazitäten eines anderen Produktionsstandorts desselben Herstellers zu nutzen. Dies führt zwar zu zusätzlichen Transportkosten, kann aber insgesamt kostengünstiger sein. Noch weitergehend sind Überlegungen, die die Möglichkeit des Rückgriffs auf Zulieferer (Fremdbezug) einbeziehen.

Einige der in diesem Lehrbuch dargestellten quantitativen Konzepte zur Produktionsplanung und -steuerung wurden in den letzten Jahren zunächst in Form von Insellösungen in der Praxis implementiert und teilweise von spezialisierten Softwareanbietern mit Kompetenzen im Operations Research in standardisierter Form einem breiteren Anwenderkreis zugänglich gemacht. Ein Beispiel hierfür ist das Programmsystem „Schedulex" von Numetrix, das in den siebziger Jahren zur Ablaufplanung in zweistufigen Produktionsprozessen entwickelt wurde und in zahlreichen Unternehmen der chemischen Industrie und der Nahrungsmittelindustrie eingesetzt wurde.

Die von einigen Softwareherstellern wie z. B. i2 Technologies, Manugistics, Oracle, SAP usw. angebotenen sog. „Advanced Planning Systems" (APS) zielen nun darauf ab, die verbesserte Informationslage für die Optimierung der Produktions- und Logistikprozesse über die gesamte Wertschöpfungskette hinweg zu nutzen. Damit bilden APS einen wichtigen Baustein von Konzepten zum **Supply Chain Management**, mit denen man anstrebt, Wertschöpfungsprozesse stufen-, standort- und unternehmensübergreifend zu koordinieren.

Obwohl eine theoretisch fundierte Gesamtkonzeption der Advanced Planning Systems nicht zu erkennen ist, scheinen die genannten Softwareanbieter eine übereinstimmende Auffassung darüber zu haben, was unter „Advanced Planning" zu verstehen ist. Die Analyse der einschlägigen Veröffentlichungen läßt die in Bild F.19

---

23 siehe Abschnitt 8.2, S. 154 ff.
24 siehe Abschnitt 8.3, S. 165 ff.

dargestellte Grundstruktur eines typischen APS deutlich werden. Dabei ist darauf hinzuweisen, daß die Darstellung nicht als theoretisch abgeleitete ideale Struktur eines APS zu verstehen ist, sondern lediglich einen Überblick über die vorhandenen Systemkomponenten vermitteln soll.

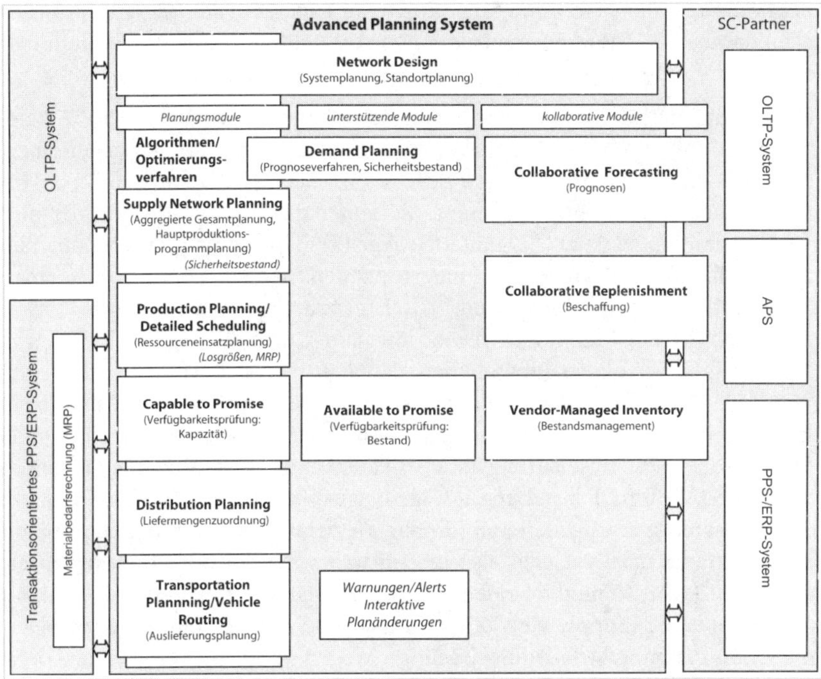

Bild F.19: Grundstruktur eines Advanced Planning Systems[25]

Das APS kommuniziert auf der einen Seite mit den herkömmlichen transaktionsorientierten ERP-/PPS-Systemen[26] bzw. mit OLTP-Systemen.[27] Von diesen Systemen bezieht es die für die Planung benötigten Daten über die laufenden Wertschöpfungsprozesse. Nach Durchführung der Planung werden die Ergebnisse in geeigneter Form, z. B. als Aufträge, an ein ERP-/PPS-System als Grundlage für die Steuerung der Wertschöpfungsprozesse zurückgegeben. Auf der anderen Seite kommuniziert das APS mit den Softwaresystemen der anderen Mitglieder der Supply Chain (Supply Chain-Partner). Dabei kann es sich ebenfalls um Advanced Planning-Systeme oder auch um herkömmliche ERP-/PPS-Systeme

25 vgl. *Tempelmeier* (2005a), Abschnitt E.1

26 **E**nterprise **R**esource **P**lanning; **P**roduktions**p**lanung und **S**teuerung.

27 **O**n-**L**ine **T**ransaction **P**rocessing. Hierbei handelt es sich Softwaresysteme zur zentralisierten Transaktionsverarbeitung, bei der eine Folge von Aufträgen (Transaktionen) nacheinander auf einem entfernten Server abgearbeitet wird, während der Client selbst die Verbindung hält (online) und auf deren Fertigstellung wartet. Beispiele hierfür sind Buchungssysteme in Reisebüros, Management-Informationssysteme, Datenbanksysteme, etc.

handeln. Die Supply Chain-Partner können sowohl andere Werke oder Lager desselben Unternehmens als auch selbständige Kooperationspartner in einer unternehmensübergreifenden Supply Chain sein.

In Bild F.19 erkennt man mehrere vertikal angeordnete Gruppen von Modulen. Unterhalb der langfristig orientierten Ebene der Standortplanung (Network Design; Supply Chain Strategy etc.) sind **drei Säulen** der Unterstützung operativer Entscheidungen dargestellt: **Planungsmodule**, **unterstützende Module** und **kollaborative Module**.

Die **Planungsmodule** decken die Planungsprobleme der aggregierten Programmplanung (Supply Network Planning) und der kurzfristigen Ressourceneinsatzplanung (Production Planning/Detailed Scheduling; Factory Planning etc.) ab. Hinzu kommt mit dem Distribution Planning die Unterstützung der Planung der physischen Distribution als kurz- bis mittelfristiger Problemstellung. Das Modul Transportation Planning/Vehicle Routing unterstützt den Planer bei der Fahrzeugeinsatzplanung und bei der Tourenplanung. Als Ergänzung, aber methodisch schwierig einzuordnen, ist ein Modul anzusehen, mit dem Unterstützung bei Lieferterminzusagen gegenüber einem (potentiellen) Kunden geleistet werden soll (Capable to Promise, CTP). Im Unterschied zur üblichen (passiven) Sicht auf die disponiblen Lagerbestände an den verschiedenen Lagerorten werden hier auch potentielle Produktions- bzw. Beschaffungsmöglichkeiten aktiv in die Betrachtung einbezogen. Da die CTP-Problemstellung infolge der explizit vorgesehenen Möglichkeit, Produktionsaufträge zu generieren, direkte Beziehungen zur Produktionsplanung aufweist, könnte man sie auch als eine **fallweise Produktionsplanung** bezeichnen. Sie überlagert somit die beiden Produktionsplanungsmodule der Produktionsprogrammplanung (Supply Network Planning) und der Ressourceneinsatzplanung (Production Planning/Detailed Scheduling). Wegen der damit verbundenen organisatorischen Konsequenzen, insb. hinsichtlich der Abgrenzung der Planungsverantwortung zwischen Vertrieb und Produktion wird echtes Capable to Promise in der Praxis vermutlich nur die Ausnahme sein.

Einige Softwareanbieter gehen dazu über, einzelne Planungsmodule branchen- bzw. produktionssegmentspezifisch auszurichten. So findet man Module zur Losgrößen- und Kampagnenplanung, die speziell auf die Erfordernisse der chemischen Industrie zugeschnitten sind.

Auffallend ist, daß die Problemstellungen der dynamischen **Losgrößenplanung** und **Materialbedarfsrechnung** i. d. R. nicht in den APS, sondern vor allem in der MRP-Funktion des transaktionsorientierten PPS-Systems angesiedelt sind. Einige Anbieter sehen allerdings vor, im Supply Network Planning-Modul des APS Losgrößenprobleme zu modellieren, wodurch die gut lösbaren linearen Optimierungsprobleme der Hauptproduktionsprogrammplanung zu extrem schwer bzw. nicht mehr lösbaren gemischt-ganzzahligen Optimierungsproblemen werden.[28] Weiterhin findet man vereinzelt heuristische Einprodukt-Losgrößenverfahren sowie

28 vgl. hierzu die Ausführungen zum Modell MLCLSP in Abschnitt 9.1

Möglichkeiten der Sekundärbedarfsrechnung in Modulen zur Ressourceneinsatzplanung.

Die Planung wird ergänzt durch Module, die eher **unterstützende Funktion** haben. So liefert das Modul zum Demand Planning vor allem die Nachfragedaten, von denen bei der Produktionsplanung ausgegangen wird. Zur Generierung dieser Datenbasis werden Prognoseverfahren eingesetzt. Das Modul Demand Planning enthält auch Konzepte zur Festlegung des Sicherheitsbestands, da die Entwickler der Advanced Planning-Systeme der nicht zutreffenden Auffassung zu sein scheinen, daß die Nachfrage die einzige Quelle der Unsicherheit sei. Gerade in mehrstufigen Supply Chains muß sich ein Abnehmer, z. B. ein Lager, aber auch vor der Unsicherheit schützen, die aus dem Belieferungsprozeß resultiert.[29] Es gibt auch Anbieter, die Methoden zur Sicherheitsbestandsberechnung im Supply Network Planning-Modul plazieren.

Weiterhin ist als unterstützendes Modul die bestandsorientierte Verfügbarkeitsprüfung (Available to Promise, ATP) zu nennen. Dieses Modul dient i. d. R. nur der Sichtbarmachung aller disponiblen Lagerbestände in der Supply Chain, auf die ein Planer Zugriff hat.

Die letzte Gruppe von Modulen unterstützt die **Kollaboration** der Unternehmung mit den Partnern in der Supply Chain. Kollaborative Module ermöglichen eine unternehmensübergreifende Koordination von Güter- und Informationsflüssen. Bei näherer Betrachtung zeigt sich, dass die aktuell verfügbaren kollaborativen APS-Bausteine lediglich Input für die Planungsmodule des APS bereitstellen und damit ebenfalls nur eine unterstützende Funktion haben. Im Bereich der kollaborativen **Planung** wird das Advanced Planning-System nicht nur mit Daten aus dem eigenen ERP-/PPS-System, sondern auch aus dem Planungssystem der vor- und nachgelagerten Partner in der Supply Chain gespeist. Ob die resultierenden Optimierungsmodelle noch mit der Verteilung der Planungskompetenzen innerhalb einer Supply Chain kompatibel sind und ob derartige Modelle überhaupt lösbar sind, das bleibt eine offene Frage.

Nach diesem Überblick wird im Folgenden auf die wichtigsten Planungsmodule detaillierter eingegangen, wobei die Beziehungen zu den in diesem Lehrbuch behandelten Entscheidungsproblemen hergestellt werden.

- **Network Design – Gestaltung der räumlichen Struktur des Logistiksystems**
  In dem Planungsmodul „Network Design" (Strategic Network Optimization) werden Algorithmen zur Unterstützung von Standortentscheidungen, d. h. zur Bestimmung von Standorten und Einzugsbereichen für die Knoten eines logistischen Netzwerkes (z. B. Produktionsstätten, Zentrallager, Auslieferungslager) bereitgestellt. Dabei kann sowohl ein gegebenes Logistiksystem unter Annahme verschiedener Nachfragesituationen analysiert werden. Es kann aber auch die Frage betrachtet werden, welche Veränderungen (Schließung und/oder

29 vgl. hierzu *Tempelmeier* (2006)

Eröffnung von Standorten mit entsprechender Neuordnung der Einzugsbereiche) an einem Logistiksystem vorgenommen werden sollen.

Die verfügbaren Planungsmodelle und Lösungsverfahren reichen von einfachen geometrischen Konzepten (Voronoi-Diagramme[30]) über Standortmodelle in der Ebene (Steiner-Weber-Modell) bis hin zu diskreten mehrstufigen Standortmodellen. Wie wir in Abschnitt 4.3.3 gesehen haben, handelt es sich hierbei i. d. R. um schwierige kombinatorische Optimierungsprobleme. Die Softwareanbieter legen nicht offen, in welcher Weise sie auf die in der Literatur seit Jahren veröffentlichten Algorithmen zur Standortoptimierung zurückgreifen. Die meisten Systeme beschränken sich auf die Generierung eines gemischtganzzahligen Optimierungsmodells und greifen für kleine Probleminstanzen auf die Fähigkeiten von Standard-Optimierungssoftware (z. B. CPLEX) zurück. Für größere Probleminstanzen – die in der Praxis wohl die Regel sein dürften – kommen nicht näher erläuterte, weil vermutlich sehr einfache, Heuristiken zum Einsatz. Alternativ zur „Optimierung" werden in manchen APS auch Szenariotechniken unterstützt.

Prinzipiell sind Zweifel angebracht, ob die Integration eines Moduls zur Unterstützung der Lösung strategischer Problemstellungen in ein APS, das primär für operative Aufgaben vorgesehen ist, überhaupt sinnvoll ist.

- **Demand Planning – Nachfrageprognose**

  Im Vergleich zu Optimierungsansätzen lassen sich Prognosemethoden relativ einfach implementieren. So verwundert es nicht, daß quantitative Prognoseverfahren auch zum Bestandteil der APS geworden sind. Dabei wird dem Planer neben den üblichen quantitativen Prognoseverfahren[31] auch die Möglichkeit geboten, aktuelle Informationen, z. B. über geplante Marketingaktionen, in die Prognose einfließen zu lassen.

- **Supply Network Planning – Beschäftigungsglättung bzw. Hauptproduktionsprogrammplanung**

  Mit dem Begriff „Supply Network Planning" (Sales and Operations Planning; Manufacturing Planning; Master Planning) wird die Abstimmung von Beschaffungs-, Produktions- und Transportmengen erfaßt. Planungsprobleme dieser Art haben wir in den Kapiteln 8.2 und 8.3, S. 154 ff. erläutert.

  Es wird davon ausgegangen, daß die Nachfrage nach bestimmten Hauptprodukten oder Produktgruppen – den Prognosen zufolge – zeitlichen Schwankungen unterliegt. Weiterhin wird unterstellt, daß die normalen, d. h. vergleichsweise kostengünstig verfügbaren Produktionskapazitäten nicht ausreichen, um auch die Nachfragespitzen zu decken. Typischerweise muß in dieser Situation entschieden werden, ob die prognostizierten Nachfragespitzen durch Vorratsproduktion in nachfrageschwachen Perioden (unter Inkaufnahme der resultierenden Lagerkosten), durch Überstundenproduktion (Überstundenlöhne) oder durch Produktionsverlagerung auf andere Werke (Transportkosten) bzw. Lieferanten (Be-

30 vgl. *Kalcsics et al.* (2000)

31 vgl. *Tempelmeier* (2005a)

schaffungskosten) gedeckt werden sollen. Dabei sind oft beschränkte Lagerkapazitäten oder auch beschränkte Transport- und Handlingressourcen zu berücksichtigen.

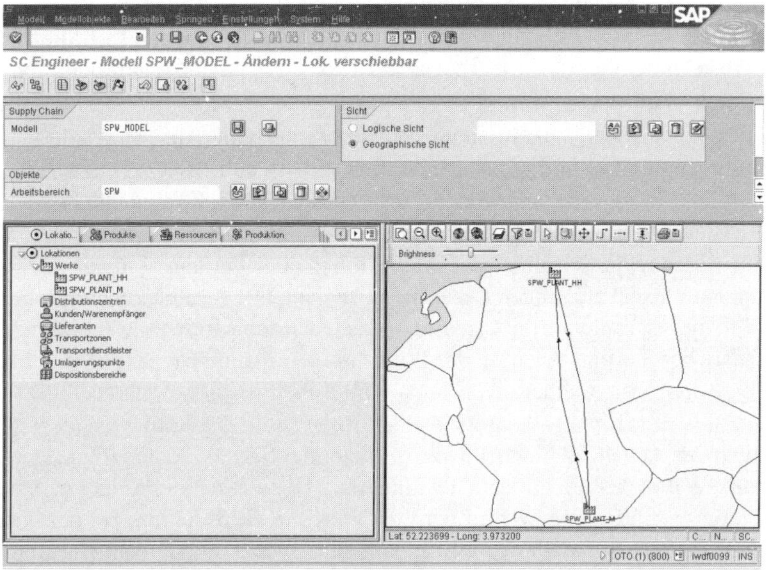

Bild F.20: Benutzeroberfläche zum Supply Network Planning im APO-System der SAP AG

Diese Planungssituation läßt sich anschaulich in graphischer Form durch ein Netzwerk abbilden (Bild F.20). Das resultierende Problem ist ein lineares Optimierungsproblem (Netzwerkflußproblem), das mit vorhandener Standardsoftware (z. B. MOPS, CPLEX, XPRESS-MP, OSL usw.) routinemäßig gelöst werden kann. Dem Planer wird auch die Möglichkeit geboten, z. B. Mindestproduktionsmengen („Wenn in Periode t das Produkt k produziert wird, dann mindestens x Mengeneinheiten!") festzulegen. Bedingungen dieser Art müssen mit Hilfe von Binärvariablen in das Planungsmodell aufgenommen werden. Dadurch wird das lineare Optimierungproblem zu einem nur sehr schwer exakt lösbaren gemischt-ganzzahligen Optimierungsproblem.

Die resultierende standortübergreifende Betrachtung von Produktions-, Lager- und Transportmengen wird oft unzutreffenderweise mit dem Begriff der „Supply Chain Optimization" gleichgesetzt, obwohl dies nur eines der vielen Planungsprobleme in der gesamten Logistik-Kette ist.

- **Production Planning – Ressourceneinsatzplanung**

  Aufgabe des „Production Planning" (Detailed Scheduling; Manufacturing Scheduling) ist die Zuordnung von gegebenen, mengen- und terminmäßig spezifizierten Aufträgen zu Ressourcen und die Bestimmung der zeitlichen Reihenfolge, in der die zu einem bestimmten Zeitpunkt an einer Ressource wartenden Aufträge bearbeitet werden sollen. Eng damit verbunden ist die Planung der innerbetrieblichen Transporte. Dabei müssen die Kapazitäten der Produktions- und Transportressourcen berücksichtigt und im Zeitablauf exakt verwaltet werden. Graphisches Hilfsmittel ist üblicherweise eine Plantafel oder ein elektronischer Leitstand, die mit Hilfe eines dynamisch aktualisierten Gantt-Diagramms einen Überblick über den Belegungszustand der Ressourcen und den Produktionsfortschritt der Aufträge geben.

In der Theorie der Ablaufplanung hat sich eine hohe Ausdifferenzierung von Planungsmodellen und Lösungsverfahren entwickelt, deren Darstellung umfangreiche Monographien füllt.[32] APS verwenden i. d. R. einfache heuristische Verfahren mit einem möglichst breiten Anwendungsbereich, vor allem Meta-Heuristiken wie z. B. genetische Algorithmen oder Verfahren, die den Lösungsraum nach guten zulässigen Lösungen absuchen. Die Komplexität typischer Ablaufplanungsprobleme, mit denen sich das Operations Research seit Jahrzehnten intensiv beschäftigt, macht in der Praxis oft den manuellen Eingriff des Planers erforderlich, der in einem APS auch vorgesehen ist und durch geeignete Konzepte des Zugriffs auf die entscheidungsrelevanten Daten unterstützt wird. So enthält der Advanced Planner and Optimizer der SAP AG einen sog. „Alert Monitor" (Warnanzeige), mit dem der Planer auf Unzulässigkeiten eines generierten Produktionsplans hingewiesen wird und der ihm Hilfestellung bei der Analyse der Ursachen bereitstellt. Es obliegt dann dem Planer, durch manuelle Änderungen die Unzulässigkeit(en) des Plans zu beseitigen.

- **Distribution Planning – Liefermengenzuordnung**

  Hier geht es darum, mittelfristig die Verteilung der Bestände und die daraus resultierenden Transportströme in einem logistischen Netz festzulegen. Dabei kann auch der Fall berücksichtigt werden, daß die an einem Lieferort verfügbare Menge nicht zur Deckung des gesamten Bedarfs ausreicht. In diesem Fall kommt es zu einer Bestandsrationierung bzw. Quotierung. Die Ergebnisse des Distribution Planning werden an das Modul Transportation Planning weitergegeben.

- **Transportation Planning/Vehicle Routing – Transport- und Tourenplanung**

  Gegenstand des kurzfristigen „Transportation Planning" ist die Planung von Transporten zwischen den Knoten des logistischen Netzwerkes. Typische unterstützte Funktionen sind die Auswahl der Transportmittel unter Berücksichtigung der Fahrzeugkapazitäten, die Festlegung von Transportrouten, die Bestimmung von Transporthäufigkeiten oder die Bildung von ganzen Wagenladungen (Konsolidierung von Transporten). Hinzu kommen Planungsmethoden für die Tourenplanung.

Während die bisher genannten Module mit einzelnen in diesem Buch behandelten Planungsbereichen korrespondieren, lassen sich die folgenden Bausteine eines APS nicht systematisch in ein Konzept der Produktionsplanung einordnen.

32 vgl. z. B. *Błażewicz et al.* (2001); *Leung* (2004)

- **Vendor-Managed Inventory – Kundenlagermanagement durch den Lieferanten**

  Jedes Lager, das stochastischen Nachfragemengen und Wiederbeschaffungszeiten gegenübersteht, kann durch geeignete Lagerhaltungspolitiken gesteuert werden.[33] Insbesondere in der Konsumgüterindustrie haben sich Systeme etabliert, in denen das Management des Lagerbestands (z. B. Bestimmung von Bestellpunkt und Bestellmenge) in den Verkaufsregalen des Handels vollständig durch den Lieferanten übernommen wird. So überwacht z. B. die Herlitz AG die Bestände an Büromaterial, Glückwunschkarten usw. in den Verkaufsregalen des Einzelhandels und entscheidet über die Nachlieferzeitpunkte und die Wiederauffüllmengen. Damit dies kostengünstig unter Einhaltung des angestrebten Servicegrades möglich ist, muß der Lieferant jederzeit den aktuellen Lagerbestand bei seinem Kunden vor Ort kennen. Scannerkassen und moderne Datenfernübertragung bieten hierzu die technologische Grundlage. Für den Lieferanten stellt sich in dieser Situation das nicht-triviale Problem, simultan sowohl seinen eigenen Lagerbestand als auch die Bestände der Abnehmer zu steuern. Es entsteht ein zweistufiges stochastisches Lagerhaltungsproblem, in dem u. a. die Frage zu beantworten ist, ob der Sicherheitsbestand vorwiegend beim Lieferanten oder eher in den Verkaufsregalen zu bevorraten ist. Die Lagerhaltungstheorie bietet zahlreiche Lösungsvorschläge für derartige Problemstellungen.

  Die meisten APS enthalten ein Modul zum Vendor-Managed Inventory. Derzeit ist allerdings nicht erkennbar, ob die zum Bestandsmanagement eingesetzten Lagerhaltungspolitiken tatsächlich dem aktuellen Stand der Lagerhaltungstheorie entsprechen.

- **Available-to-Promise/Capable-to-Promise – Globale Verfügbarkeitsprüfung**

  Mit Hilfe der globalen Verfügbarkeitsprüfung (ATP; Available-to-Promise; CTP; Capable to Promise) versucht man festzustellen, ob ein neuer Kundenauftrag für ein bestimmtes Produkt durch den an dem gewünschten Liefertermin noch frei verfügbaren Lagerbestand gedeckt werden kann (Available-to-Promise) oder ob hierzu erst ein bestehender Produktionsauftrag verändert oder ein neuer Produktionsauftrag ausgelöst werden muß (Capable-to-Promise). Ist die Erfüllung des Kundenauftrages nicht möglich, dann kann auch geprüft werden, ob dem Kunden ein Alternativprodukt angeboten werden soll.

  Available-to-Promise. Funktionen zur Fortschreibung des disponiblen Lagerbestands waren schon immer der Kern der Materialbedarfsrechnung (Mengenplanung) in konventionellen PPS-Systemen.[34] Die informationstechnische Verknüpfung aller Knoten des Logistik-Netzes eines Unternehmens ermöglicht nun aber erstmals einen umfassenden Überblick über die gesamten Bestände eines Produkts an allen Lagerstandorten weltweit. Dieses Konzept findet man in vereinfachter Form schon seit vielen Jahren beim Kauf eines Automobils, wenn der Verkäufer sämtliche in Deutschland verfügbaren Fahrzeuge eines bestimmten

33 siehe Kapitel 10, S. 252 ff.
34 siehe S. 190 ff.

Typs (z. B. E-Klasse) mit einer bestimmten Ausstattungskombination (Kombi, Allradantrieb) abrufen kann.

Das grundlegende Konzept des „Available-to-Promise" läßt sich leicht mit Hilfe eines einfachen Zahlenbeispiels erklären. Wir betrachten den in Tabelle F.1 wiedergegebenen Ausschnitt aus dem Produktionsplan für ein einzelnes Produkt. Es sind die für dieses Produkt zum Planungszeitpunkt 0 bereits feststehenden Kundenauftragsmengen angegeben. Der vorhandene Lageranfangsbestand beträgt 130 ME. Aufgrund fest eingeplanter Produktionsaufträge ist zu Beginn der Wochen 3 und 6 jeweils mit einem Lagerzugang von 200 ME zu rechnen.

	Woche								
	0	1	2	3	4	5	6	7	8
Kundenaufträge	–	55	65	30	20	10	0	0	0
Lagerzugang		–	–	200	–	–	200	–	–
Bestand am Periodenende	130	75	10	180	160	150	350	350	350
ATP, vorher	10	10	10	150	150	150	350	350	350
ATP, nachher	0	0	0	0	0	0	200	200	200

Tabelle F.1: Beispiel zum Available-to-Promise

Man stelle sich nun vor, ein Kunde fragt in Woche 0 an, wann frühestens ein neuer Auftrag über 150 ME ausgeführt werden könnte. Zur Beantwortung dieser Anfrage muß man lediglich die in der Tabelle F.1 angegebene Entwicklung des Lagerbestands betrachten. Man erkennt, daß unter deterministischen Bedingungen und ohne Berücksichtigung des jeweils in der Folgeperiode eintreffenden neuen Auftrags am Ende der Woche 2 noch 10 ME und am Ende der Woche 5 sogar 150 ME zur Deckung weiterer Kundenaufträge verfügbar sind. Im vorliegenden Fall bedeutet dies, daß man dem Kunden die 150 ME frühestens für Woche 3, d. h. in der Woche des Lagerzugangs, zusagen kann. Davon könnten 10 ME bereits in Woche 1 geliefert werden. Die in der Zeile „ATP, vorher" angegebenen Mengen müssen nach jedem neu angenommenen Kundenauftrag aktualisiert werden. Erteilt der Kunde den Auftrag über 150 ME mit dem Liefertermin 3, dann stehen für die nächste Kundenanfrage nur noch 200 ME ab Woche 6 zur Verfügung (Zeile „ATP, nachher").

Die angestellten Überlegungen kann man auch auf mehrere Lagerstandorte ausdehnen. In diesem Fall müssen die standortbezogenen Lagerbestände als Gesamtheit betrachtet werden. Wäre im Beispiel an einem anderen Lagerstandort noch ein Lageranfangsbestand von 140 ME frei verfügbar, dann könnte dem Kunden die Lieferung bereits in Woche 1 zugesagt werden. Ist der andere Lagerstandort weit entfernt, dann müssen allerdings auch die Transportzeiten und -kosten bei der Terminzusage berücksichtigt werden.

Ein Verkäufer kann nun auf der Basis der oben dargestellten Berechnungen verbindliche Lieferzusagen machen. Geschieht dies nach dem „First Come First Served"-Prinzip, also in der zeitlichen Reihenfolge des Eintreffens der Anfragen bzw. Aufträge – wobei u. U. sogar mehrere Verkäufer unabhängig voneinander agieren –, dann kann das Problem entstehen, daß wichtige, kritische Kunden nicht oder erst zu spät beliefert werden. APS-Systeme versuchen dies zu verhindern, indem sie auf Allokationsregeln für die Zuteilung von Produktmengen zu Kundengruppen mit unterschiedlichen Prioritäten zurückgreifen.

In der Praxis kann es vorteilhafter sein, nicht für jeden Kundenauftrag sofort eine verbindliche Zusage zu machen, sondern erst einmal eine Anzahl von Aufträgen abzuwarten, denen man dann die vorhandenen Bestände unter Verwendung einer ökonomischen Zielsetzung zuordnet. Nehmen wir an, daß bei einer solchen Vorgehensweise für ein betrachtetes Produkt eine Menge von J Kundenaufträgen mit den Auftragsgrößen d_j $(j = 1, 2, \ldots, J)$ und bekannten Wunsch-Lieferterminen eingetroffen ist. Außerdem wird durch einige in der Vergangenheit ausgelöste Produktionsaufträge bzw. Bestellungen in verschiedenen Perioden des bevorstehenden Planungszeitraums mit Lagerzugängen q_t $(t = 1, 2, \ldots, T)$ gerechnet. Die Kundenaufträge sollen nun möglichst den Terminwünschen der Kunden entsprechend erfüllt werden, wobei die einzelnen Aufträge unterschiedliche Prioritäten haben. Teillieferungen von Kundenaufträgen sollen nicht erlaubt sein. Falls der Bestand nicht ausreicht, kann eine verspätete Lieferung vorgesehen werden. Im Extremfall, falls die insgesamt vorhandenen Mengen und geplanten Lagerzugänge erschöpft sind, kann auch die Ablehnung eines Kundenauftrags bzw. der Rückgriff auf andere Möglichkeiten zur Versorgung der Kunden notwendig sein.

Die Zuordnung der verfügbaren Lagerbestände zu den Kundenaufträgen kann mit Hilfe des folgenden gemischt-ganzzahligen linearen Optimierungsmodells erfolgen.

Modell ATP

$$\text{Maximiere } Z = \sum_{j=1}^{J} \sum_{t=1}^{T} c_{jt} \cdot x_{jt} - \sum_{t=1}^{T} h \cdot y_t \qquad \text{(F.2)}$$

u. B. d. R.

$$\sum_{t=1}^{T} x_{jt} \leq 1 \qquad j = 1, 2, \ldots, J \quad \text{(F.3)}$$

$$y_{t-1} + q_t - \sum_{j=1}^{J} d_j \cdot x_{jt} - y_t = 0 \qquad t = 1, 2, \ldots, T \quad \text{(F.4)}$$

$$x_{jt} \in \{0, 1\} \qquad j = 1, 2, \ldots, J;\ t = 1, 2, \ldots, T \quad \text{(F.5)}$$

$$y_t \geq 0 \qquad t = 1, 2, \ldots, T \quad \text{(F.6)}$$

$$y_0 = \text{gegeben} \tag{F.7}$$

Dabei bedeuten:

Daten:

c_{jt}	„Wert" der Erfüllung des Kundenauftrags j in Periode t
d_j	Auftragsmenge des Kundenauftrags j
h	Lagerkostensatz
J	Anzahl der Kundenaufträge ($j = 1, 2, \ldots, J$)
q_t	geplante Zugangsmenge in Periode t
T	Länge des Planungszeitraums ($t = 1, 2, \ldots, T$)

Variablen:

x_{jt}	Binärvariable, die den Wert 1 annimmt, wenn der Kundenauftrag j in Periode t ausgeliefert wird
y_t	Lagerbestand am Ende der Periode t

Die Entscheidungsvariablen x_{jt} beschreiben die Zuordnung der Kundenaufträge zu den Lieferperioden. Durch geeignete Wahl der Zielfunktionskoeffizienten c_{jt} können alle Lieferperioden, die vor dem Wunschtermin eines Kundenauftrags liegen, ausgeschlossen werden. Mit den c_{jt}-Werten kann auch gesteuert werden, daß verspätete Lieferungen zuerst bei den unwichtigeren Aufträgen vorkommen, während die Kunden mit höherer Priorität nur im Notfall verspätet beliefert werden. Wenn die Deckungsbeiträge der Kundenaufträge als Funktion der Abweichung vom Wunsch-Liefertermin exakt quantifizierbar sind, dann kann man auch diese als Zielfunktionskoeffizienten verwenden. Die Variablen y_t dienen der Fortschreibung des Lagerbestands unter Berücksichtigung der geplanten Zugangsmengen und der durch die Entscheidungsvariablen x_{jt} definierten Lieferungen an die Kunden.

Der zweite Summand in der Zielfunktion hat die Aufgabe, unnötige Lagerbestände zu vermeiden. Zwar zielt die Struktur des Modells ATP darauf ab, die Kundenaufträge – soweit möglich – exakt zum Wunschtermin auszuliefern. Die vorzeitige Belieferung eines Kunden mit dem Ziel der Einsparung von Lagerkosten ist somit ausgeschlossen. Allerdings kann der Fall eintreten, daß bei nicht ausreichendem Lagerbestand in einer Periode der „falsche" Kundenauftrag verzögert ausgeliefert wird. Nehmen wir z. B. an, am Ende einer Periode stehen 60 ME zur Verfügung, um die zwei Kundenaufträge mit den Auftragsmengen $d_1 = 20$ und $d_2 = 50$ konkurrieren. Ohne die Berücksichtigung der Lagerkosten könnte die Lösung des Modells ATP vorsehen, den Auftrag 2 später auszuliefern. Dies hätte einen Lagerbestand von 40 ME zur Folge, der bei verspäteter Auslieferung des Auftrags 1 auf 10 ME reduziert werden könnte.

Die Nebenbedingungen (F.3) sichern, daß jeder Kundenauftrag höchstens einmal ausgeliefert wird. Die Lagerbilanzgleichungen (F.4) schreiben den Lagerbestand unter Berücksichtigung der geplanten Lieferungen an die Kunden fort.[35]

Zur Veranschaulichung des Modells ATP soll ein Beispiel betrachtet werden. Wir nehmen an, daß zu einem Planungszeitpunkt 0 die in Tabelle F.2 angegebenen Kundenaufträge und geplanten Lagerzugangsmengen gegeben sind. Die Numerierung der Aufträge entspricht der zeitlichen Reihenfolge des Auftragseingangs. Der Lagerbestand im Planungszeitpunkt 0 sei Null. Der Auftrag 5 ist ein besonders wichtiger Auftrag eines Kunden, der bevorzugt zu beliefern ist.

Kundenaufträge								
Nummer	1	2	3	4	5	6	7	8
Menge	1	1	1	1	1	1	1	1
Wunschtermin	1	3	3	5	3	4	5	8
Zugangsmengen								
Periode	1	2	3	4	5	6	7	8
Menge	1	–	2	–	5	–	–	–

Tabelle F.2: Beispiel zum Einsatz des Modells ATP

Werden die Lagerbestände den Aufträgen in der Reihenfolge des Auftragseingangs zugewiesen, dann wird in Periode 1 zunächst Auftrag 1 erfüllt. In Periode 3 wird die Lagerzugangsmenge zur Erfüllung der Aufträge 2 und 3 eingesetzt. Der ebenfalls in dieser Periode auszuliefernde (besonders wichtige) Auftrag 5 muß bis zur Periode 5 warten, weil aufgrund der inkrementellen, myopischen Planungsweise der gesamte Lagerzugang der Periode 3 bereits verbraucht ist.

Wartet man dagegen zunächst den Eingang sämtlicher acht Aufträge ab und setzt man anschließend das Modell ATP ein, dann ergibt sich der in Tabelle F.3 wiedergegebene Belieferungsplan.

Kundenaufträge								
Nummer	1	2	3	4	5	6	7	8
Wunschtermin	1	3	3	5	3	4	5	8
Liefertermin	1	5	3	5	3	5	5	8
Verspätung	–	2	–	–	–	1	–	–

Tabelle F.3: Optimale Lösung

35 Für den Fall, daß sich alle Kundenaufträge und Lagerzugänge auf dieselbe Periode beziehen, und wenn es nur um die Frage geht, welche Kundenaufträge aus welchen „Quellen" (z. B. Produktionsaufträge, andere Lagerstandorte, Fremdbeschaffung) beliefert werden sollen, kann man auch auf das klassische Transportproblem (siehe S. 273ff.) zurückgreifen. Vgl. auch *Fleischmann und Meyr* (2003).

Geht man schließlich davon aus, daß die Lagerzugangsmenge in Periode 3 nur *eine* ME beträgt, dann erhält man den in Tabelle F.4 dargestellten Belieferungsplan, in dem vorgesehen ist, daß der Kundenauftrag 3 nicht erfüllt wird.

Kundenaufträge								
Nummer	1	2	3	4	5	6	7	8
Wunschtermin	1	3	3	5	3	4	5	8
Liefertermin	1	5	–	5	3	5	5	8
Verspätung	–	2	∞	–	–	1	–	–

Tabelle F.4: Optimale Lösung bei veränderter Lagerzugangsmenge in Periode 3

Das Modell ATP stellt nur eine Möglichkeit zur Abbildung einer Available-to-Promise-Entscheidungssituation dar. Es läßt sich z. B. zu einem leicht lösbaren linearen Optimierungsmodell mit kontinuierlichen Variablen erweitern, wenn man die Möglichkeit von Teillieferungen der Kundenaufträge zuläßt. In diesem Fall sind die Nebenbedingungen (F.5) durch die Bedingungen $x_{jt} \geq 0$ zu ersetzen. Einschränkend ist noch zu erwähnen, daß im Modell ATP angenommen wird, daß es sich um existierende Kundenaufträge handelt. Anfragen werden damit so behandelt, als ob sie bereits zu Aufträgen geworden wären. Zieht ein Kunde seinen Auftrag zurück bzw. wandelt er die Anfrage nicht in einen Auftrag um, dann ändert sich die Datensituation im Modell ATP, und es ist eine Neuberechnung erforderlich. Diese wird allerdings nicht dazu führen, daß sich die Belieferungssituation der anderen Kunden verschlechtert.

Capable-to-Promise. Während die *Available*-to-Promise-Perspektive lediglich eine aktuelle Fortschreibung der Lagerbestandsentwicklung erfordert, geht die in manchen APS offerierte *Capable*-to-Promise-Funktion einen beachtlichen Schritt weiter. In diesem Fall wird nicht nur gefragt, welche Menge eines Produkts zu einem bestimmten Zeitpunkt zur Erfüllung weiterer Kundenaufträge am Lager frei verfügbar ist. Als zusätzliche Quellen der Bedarfsdeckung werden nun auch freie Produktionskapazitäten oder externe Lieferanten betrachtet. Dies ist eine methodisch äußerst anspruchsvolle Betrachtungsweise, deren Komplexität wir durch eine Modifikation des ersten Beispiels andeuten wollen.

Angenommen, der in Tabelle F.1 auftretende Kunde fragt an, ob 160 ME des betrachteten Produkts spätestens in Woche 4 ausgeliefert werden können. Aufgrund des bestehenden Produktionsplans aus Tabelle F.1 wäre dieser Terminwunsch nicht erfüllbar. Es zeigt sich jedoch, daß bereits geringfügige Änderungen des Produktionsplans ausreichen, um den neuen Kundenauftrag termingerecht auszuführen. Zum einen bietet es sich an, die Produktionsmenge in Woche 3 von 200 auf 210 Einheiten zu erhöhen, sofern freie Kapazitäten verfügbar sind. Zum anderen könnte man den Produktionsauftrag bzw. Lagerzugang aus Woche 6 in Woche 5 vorziehen. Dies setzt ebenfalls freie Kapazitäten bzw. im Gegenzug die spätere Ausführung eines anderen, geeigneten Produktionsauftrags voraus. Es ist klar, daß die angesprochene Möglichkeit der Modifikation eines bestehenden Produktionsplans infolge eines neu eintreffenden Kundenauftrags voraussetzt, daß die Zuständigkeiten für die Produktionsplanung neu definiert werden müssen. Dabei wird eine sehr enge Kooperation zwischen dem Verkauf und der Produktionsplanung erforderlich sein. Ob das in der Praxis gelingt, ist abzuwarten.

Die Available-to-Promise- bzw. Capable-to-Promise-Module der APS stellen dem Planer Entscheidungshilfen für die Beantwortung von Kundenanfragen und für mögliche Eingriffe in die bestehenden Produktionspläne bereit. Allerdings sind die implementierten Algorithmen in den meisten Fällen nicht vollständig bekannt. Im Prinzip ist hier jeweils auch ein Entscheidungsproblem „Eigenfertigung versus Fremdbezug" zu lösen. Mit dem Begriff „*Globale* Verfügbarkeitsprüfung" kommt zudem der Anspruch zum Ausdruck, mehrere Produktionsstätten (u. U. in verschiedenen Ländern), mehrere Produktionsstufen und ggf. auch komplexe mehrstufige Zulieferernetzwerke, also auch die Lieferanten der Lieferanten, sowie Transportkapazitäten in die Betrachtung einzubeziehen.

Die systemweit verfügbaren Informationen eröffnen dem Planer allerdings eine Vielzahl neuer Entscheidungsalternativen. So kann – wie im obigen Beispiel angesprochen – ein von einem Kunden geäußerter Bedarf aus verschiedenen Quellen gedeckt werden: lokaler Lagerbestand, Bestand an einem anderen Lagerstandort oder durch neu eingeplante Produktion mit freier Kapazität. Dies ist offensichtlich ein schwieriges Entscheidungsproblem, dessen Lösung modellgestützt erfolgen muß. Ob dies in den APS in ausreichender Weise geschieht, ist derzeit nicht erkennbar.

Vergleicht man die aktuell implementierten Funktionen der APS mit der Struktur der kapazitätsorientierten Produktionsplanung und -steuerung, wie sie grundlegend in Teil D dieses Buches und zusammengefaßt auf S. 316 dargestellt wurde, dann kann das „Supply Network Planning" in Abhängigkeit vom Detaillierungsgrad des Modells als eine mehrere Standorte und Produktionssegmente übergreifende Beschäftigungsglättung oder als Hauptproduktionsprogrammplanung aufgefaßt werden. Die modellbasierte Unterstützung dieser Planungsstufen ist gegenüber dem derzeitigen Planungsstand in vielen Unternehmen ein erheblicher Fortschritt. Die Leistungsfähigkeit des dem Bereich der Ressourceneinsatzplanung zuzuordnenden Bausteins zum „Production Planning/Detailed Scheduling" wird wesentlich davon abhängen, ob der Planer die Möglichkeit erhält, problemspezifische Modelle zu formulieren und zu lösen, die auf die Besonderheiten der einzelnen Produktionssegmente (Werkstattproduktion, Fließproduktion usw.) abgestimmt sind.

Als weitgehend unzureichend muß die noch mangelnde Unterstützung der Losgrößenplanung empfunden werden. Ein Modul zur Materialbedarfsrechnung (MRP) ist in den meisten APS nicht explizit vorhanden. Stattdessen wird auf die Funktionen des transaktionsorientierten klassischen PPS-Systems zurückgegriffen, welches das APS mit Daten versorgt. Damit fehlt eine wichtige modellbasierte Verbindung zwischen dem Planungsmodul des mittelfristigen „Supply Network Planning" und dem kurzfristigen „Detailed Scheduling". Immer dann, wenn Rüstzeiten zur Losbildung zwingen, wird dies im praktischen Einsatz eines APS erhebliche Probleme verursachen. Soweit erkennbar, besteht in den APS hier noch Verbesserungsbedarf. Allerdings sind partielle Entwicklungen in dieser Richtung im Gange.

APS stellen einen beachtlichen Schritt in die richtige Richtung dar – auch wenn der begriffliche Sprung von einem dem Sukzessivplanungskonzept folgenden PPS-System, in dem (fast) gar nicht geplant wird, zu einem System, in dem „advanced" geplant wird, doch etwas hoch erscheint. Der praktische Nutzen der APS wird auch davon abhängen, ob es gelingt, die Erkenntnisse der quantitativ orientierten Betriebswirtschaftslehre über die Struktur von Planungsproblemen in Produktion und Logistik sowie über geeignete Lösungsstrategien auf der Basis problemadäquat formulierter Entscheidungsmodelle in die Softwarelösungen einzubeziehen. Hier bieten sich große Chancen für die Umsetzung wissenschaftlich fundierter Problemlösungsansätze in praktische Problemlösungen. Das vorliegende Lehrbuch soll Ihnen helfen, aus den in manchen APS-Werbeschriften zu findenden marketingorientierten Versprechungen die realisierbaren Lösungsansätze herauszufiltern.

Literaturhinweise

Fleischmann und Meyr (2003)
Kallrath und Maindl (2006)
Miller (2001)
Stadtler und Kilger (2005)
Stadtler (2005)

Literaturverzeichnis

Aaker, D. A. (2001). *Developing Business Strategies* (6. Aufl.). New York: Wiley.

Arnold, D. und K. Furmans (2005). *Materialfluß in Logistiksystemen* (4. Aufl.). Berlin: Springer.

Arnold, D., H. Isermann, A. Kuhn und H. Tempelmeier (Hrsg.) (2004). *Handbuch Logistik* (2. Aufl.). Berlin: Springer.

Askin, R. und C. Standridge (1993). *Modeling and Analysis of Manufacturing Systems.* New York: Wiley.

Bamberg, G. und A. Coenenberg (2006). *Betriebswirtschaftliche Entscheidungslehre* (13. Aufl.). München: Vahlen.

Berens, W. und W. Delfmann (2002). *Quantitative Planung* (3. Aufl.). Stuttgart: Poeschel.

Bischak, D. P. (1996). Performance of a manufacturing module with moving workers. *IIE Transactions 28*, 723–733.

Bischoff, E. (1991). Stability aspects of pallet loading. *OR Spektrum 13*, 189–197.

Bischoff, E. und W. Dowsland (1982). An application of the micro to product design and distribution. *Journal of the OR Society 33*, 271–280.

Bischoff, E. und M. Ratcliff (1995). Issues in the development of approaches to container loading. *Omega – International Journal of Management Science 23*, 377–390.

Błażewicz, J., K. Ecker, E. Pesch, G. Schmidt und J.Węglarz (2001). *Scheduling Computer and Manufacturing Processes* (2. Aufl.). Berlin: Springer.

Chopra, S. und P. Meindl (2004). *Supply Chain Management – Strategy, Planning, and Operation* (2. Aufl.). Upper Saddle River: Prentice-Hall.

Clemen, R. T. und T. Reilly (2006). *Making Hard Decisions with Decisions Tools* (3. Aufl.). Pacific Grove: Duxbury Press.

Conway, R., W. Maxwell, J. McClain und L. Thomas (1988). The role of work-in-process inventory in serial production lines. *Operations Research 36*, 229–241.

De Koster, R. und E. van der Poort (1998). Routing order pickers in a warehouse: A comparison between optimal and heuristic solutions. *IIE Transactions 30*, 469–480.

Decker, M. (1993). *Variantenfließfertigung*. Heidelberg: Physica.

Derstroff, M. (1995). *Mehrstufige Losgrößenplanung mit Kapazitätsbeschränkungen.* Heidelberg: Physica.

Domschke, W. (1997). *Logistik: Rundreisen und Touren* (4. Aufl.). München: Oldenbourg.

Domschke, W. und A. Drexl (1996). *Logistik: Standorte* (4. Aufl.). München: Oldenbourg.

Domschke, W. und A. Drexl (2007). *Einführung in Operations Research* (7. Aufl.). Berlin: Springer.

Domschke, W., A. Scholl und S. Voss (1997). *Produktionsplanung* (2. Aufl.). Berlin: Springer.

Dowsland, W. (1991). Three-dimensional packing – solution approaches and heuristic development. *International Journal of Production Research 29*, 1673–1685.

Drexl, A., B. Fleischmann, H.-O. Günther, H. Stadtler und H. Tempelmeier (1994). Konzeptionelle Grundlagen kapazitätsorientierter PPS-Systeme. *Zeitschrift für betriebswirtschaftliche Forschung 46*, 1022–1045.

Dyckhoff, H. (2003). *Grundzüge der Produktionswirtschaft: Einführung in die Theorie betrieblicher Wertschöpfung* (4. Aufl.). Berlin: Springer.

Eisenführ, F. und M. Weber (2002). *Rationales Entscheiden* (4. Aufl.). Berlin: Springer.

Fandel, G. (1996). *Produktion I – Produktions- und Kostentheorie* (5. Aufl.). Berlin: Springer.

Fleischmann, B. und H. Meyr (2003). Planning hierarchy, modeling and advanced planning systems. In: T. de Kok und S. Graves (Hrsg.), *Supply Chain Management*, Handbooks in Operations Research and Management Science. Amsterdam: North-Holland.

Fourer, R., D. Gay und B. Kernighan (2002). *AMPL – A Modeling Language For Mathematical Programming* (2. Aufl.). South San Francisco: Duxbury Press.

Fox, M. (1995). *Quality Assurance Management* (2. Aufl.). London: Chapman & Hall.

Frese, E. (1994). Industrielle Personalwirtschaft. In: M. Schweitzer (Hrsg.), *Industriebetriebslehre.* (2. Aufl.). München: Vahlen. S. 219–325.

Geselle, M. (1997). *Hierarchische Produktionsplanung bei Werkstattproduktion.* Glienicke/Berlin: Galda + Wilch.

Gietz, M. (1994). *Computergestützte Tourenplanung mit zeitkritischen Restriktionen.* Heidelberg: Physica.

Grunow, M. und H.-O. Günther (2002). Simultaneous engineering. In: H.-U. Küpper und A. Wagenhofer (Hrsg.), *Handwörterbuch Unternehmensrechnung und Controlling* (4. Aufl.). Stuttgart: Poeschel.

Gstettner, S. (1998). *Leistungsanalyse von Produktionsssteuerungssystemen.* Heidelberg: Physica.

Gstettner, S. und H. Kuhn (1996). Analysis of production control systems Kanban and CONWIP. *International Journal of Production Research 34*, 3253–3273.

Günther, H.-O. (1989). *Produktionsplanung bei flexibler Personalkapazität.* Stuttgart: Poeschel.

Günther, H.-O. (1990). Bestimmung kostenminimaler Produktionspläne mit Hilfe der Tabellenkalkulation. *WiSt – Wirtschaftswissenschaftliches Studium 19*(6), 275–279.

Günther, H.-O. (1992). Netzplanorientierte Auftragsterminierung bei offener Fertigung. *OR Spektrum 14*, 229–240.

Günther, H.-O. (1999a). Lösung linearer Optimierungsprobleme mit Hilfe der Tabellenkalkulation – Teil 1: Aufgabenstellung. *WiSt – Wirtschaftswissenschaftliches Studium 28*(8), 443–448.

Günther, H.-O. (1999b). Lösung linearer Optimierungsprobleme mit Hilfe der Tabellenkalkulation – Teil 2: Lösung. *WiSt – Wirtschaftswissenschaftliches Studium 28*(9), 506–508.

Günther, H.-O. (2000). Hierarchische Produktionsplanung. In: H. Corsten (Hrsg.), *Lexikon der Betriebswirtschaftlehre* (4. Aufl.). München: Oldenbourg. S. 335–339.

Günther, H.-O. und C. Strauß (1994). Flexible Schicht- and Personaleinsatzplanung. In: H. Corsten (Hrsg.), *Handbuch Produktionsmanagement*. Wiesbaden: Gabler. S. 943–962.

Günther, H.-O. und H. Tempelmeier (1995). *Produktionsmanagement – Einführung mit Übungsaufgaben* (2. Aufl.). Berlin: Springer.

Günther, H.-O. und H. Tempelmeier (2006). *Übungsbuch Produktion and Logistik* (5. Aufl.). Berlin: Springer.

Hahn, D. (1999). Zweck and Entwicklung der Portfolio-Konzepte in der strategischen Unternehmungsplanung. In: D. Hahn und B. Taylor (Hrsg.), *Strategische Unternehmungsplanung – Strategische Unternehmungsführung* (8. Aufl.). Heidelberg: Physica. S. 372–406.

Hahn, D. und G. Laßmann (1999). *Produktionswirtschaft – Controlling Industrieller Produktion, Band 1 und 2* (3. Aufl.). Heidelberg: Physica.

Hahn, D. und B. Taylor (1999). *Strategische Unternehmungsplanung – Strategische Unternehmungsführung* (8. Aufl.). Heidelberg: Physica.

Hamel, W. (1996). Arbeits- und Leistungsbewertung. In: W. Wittmann, W. Kern, R. Köhler, H.-U. Küpper und K. von Wysocki (Hrsg.), *Handwörterbuch der Produktionswirtschaft*. Stuttgart: Schäffer-Poeschel. S. 101–115.

Hansmann, K.-W. (2001). *Industrielles Management* (7. Aufl.). München: Oldenbourg.

Hayes, R. H. und C. Wheelwright (1984). *Restoring our Competitive Edge: Competing through Manufacturing*. New York: Wiley.

Heady, R. B. und Z. Zhu (1994). An improved implementation of the Wagner-Whitin algorithm. *Production and Operations Management 3*, 55–63.

Heizer, J. und B. Render (2004). *Operations Management* (7. Aufl.). Upper Saddle River: Prentice Hall.

Helber, S. (1994). *Kapazitätsorientierte Losgrößenplanung in PPS-Systemen*. Stuttgart: M&P, Verlag für Wissenschaft und Forschung.

Helber, S. (2004). Konfigurationsplanung bei Fließproduktion. In: D. Arnold, H. Isermann, A. Kuhn und H. Tempelmeier (Hrsg.), *Handbuch Logistik* (2. Aufl.). Berlin: Springer. S. A3–21–A3–31.

Hill, T. (2000). *Manufacturing Strategy: Text and Cases* (3. Aufl.). Homewood, Ill.: Irwin.

Homburg, C. (2000). *Quantitative Betriebswirtschaftslehre* (3. Aufl.). Wiesbaden: Gabler.

Hopp, W. J. und M. L. Spearman (2001). *Factory Physics – Foundations of Manufacturing Management* (2. Aufl.). Boston: McGraw-Hill.

Isermann, H. (1998). Stauraumplanung. In: H. Isermann (Hrsg.), *Logistik*. (2. Aufl.). Landsberg/Lech: Moderne Industrie. S. 245–286.

Jansen, R. und R. Grünberg (1992). Trends in der Kommissioniertechnik. *Zeitschrift für Logistik 13*(1), 4–15.

Kalcsics, J., T. Melo, S. Nickel und V. Schmid-Lutz (2000). Facility location decisions in supply chain management. In: K. Inderfurth, G. Schwödiauer, W. Domschke, F. Juhnke, P. Kleinschmidt und G. Wäscher (Hrsg.), *Operations Research Proceedings 1999*. Berlin: Springer. S. 467–472.

Kallrath, J. und T. Maindl (2006). *Real Optimization with SAP®APO*. Berlin: Springer.

Kern, W. (1992). *Industrielle Produktionswirtschaft* (5. Aufl.). Stuttgart: Poeschel.

Kistner, K.-P. (1993). *Produktions- and Kostentheorie* (2. Aufl.). Heidelberg: Physica.

Klein, R. (1999). *Scheduling of Resource-Constrained Projects*. Boston: Kluwer.

Klein, R. und A. Scholl (2004). *Planung und Entscheidung*. München: Vahlen.

Knolmayer, G. (1990). Stand and Entwicklungstendenzen der computergestützten Produktionsplanung and -steuerung. In: K. Kurbel und H. Strunz (Hrsg.), *Handbuch Wirtschaftsinformatik*. Stuttgart: Poeschel.

Kolisch, R. (1995). *Project Scheduling under Resource Constraints*. Heidelberg: Physica.

Kolisch, R. und S. Hartmann (2006). Experimental investigation of heuristics for resource-constrained project scheduling: An update. *European Journal of Operational Research 174*, 23–37.

Kuhn, H. (2002). Analyse des Nutzungsgrads verketteter Produktionsanlagen. *Zeitschrift für wirtschaftliche Fertigung 97*(3), 116–120.

Kuhn, H. (2004). Konfigurationsplanung bei Zentrenproduktion. In: D. Arnold, H. Isermann, A. Kuhn und H. Tempelmeier (Hrsg.), *Handbuch Logistik* (2. Aufl.). Berlin: Springer. S. A3–31–A3–45.

Küpper, H.-U. und S. Helber (1995). *Ablauforganisation in Produktion und Logistik* (2. Aufl.). Stuttgart: Schäffer-Poeschel.

Kupsch, P. und R. Marr (1991). Personalwirtschaft. In: E. Heinen (Hrsg.), *Industriebetriebslehre*, S. 729–896. (9. Aufl.). Wiesbaden: Gabler.

Kurbel, K. (1993). CA-Techniken und CIM. In: W. Wittmann, W. Kern, R. Köhler, H.-U. Küpper und K. v. Wysocki (Hrsg.), *Handwörterbuch der Betriebswirtschaftslehre, Band 1* (5. Aufl.). Stuttgart: Poeschel. S. 619–637.

Leung, J. Y.-T. (Hrsg.) (2004). *Handbook of Scheduling*. Chapman&Hall/CRC.

Luczak, H. (1998). *Arbeitswissenschaft* (2. Aufl.). Berlin: Springer.

Miller, T. (2001). *Hierarchical Operations and Supply Chain Planning*. London: Springer-Verlag.

Nahmias, S. (2001). *Production and Operations Analysis* (4. Aufl.). Homewood, Ill.: Irwin.

Neumann, K. (1996). *Produktions- und Operations-Management*. Berlin: Springer.

Neumann, K. und M. Morlock (1993). *Operations Research*. München: Hanser.

Neumann, K., C. Schwindt und J. Zimmermann (2003). *Project Scheduling with Time Windows and Scarce Resources* (2. Aufl.). Berlin: Springer.

Pesch, E. (1998). Einlastungsstrategien in der Werkstattfertigung. In: H. Isermann (Hrsg.), *Logistik*. (2. Aufl.). Landsberg/Lech: Moderne Industrie. S. 353–367.

Pfohl, H.-C. (2004). *Logistiksysteme* (7. Aufl.). Berlin: Springer.

Pinedo, M. und X. Chao (1999). *Operations Scheduling*. Boston: Irwin/McGraw-Hill.

Porter, M. (1999). *Wettbewerbsstrategie: Methoden zur Analyse von Branchen and Konkurrenten* (10. Aufl.). Frankfurt am Main: Campus.

Rosenwein, M. (1996). A comparison of heuristics for the problem of batching orders for warehouse selection. *International Journal of Production Research 34*, 657–664.

Ross, J. (1994). *Total Quality Management* (2. Aufl.). London: Kogan Page.

Ruben, R. und F. Jacobs (1999). Batch construction heuristics and storage assignment strategies for walk/ride and pick systems. *Management Science 45*, 575–596.

Ruffing, T. (1991). *Fertigungssteuerung bei Fertigungsinseln – Eine funktionale and datentechnische Informationsarchitektur*. Köln: TÜV Rheinland.

Scheer, A.-W. (1997). *Wirtschaftsinformatik* (7. Aufl.). Berlin: Springer.

Scheer, A.-W. (1998). *ARIS – Vom Geschäftsprozeß zum Anwendungssystem* (3. Aufl.). Berlin: Springer.

Scheithauer, G. und U. Sommerweiß (1998). 4-block heuristic for the rectangle packing problem. *European Journal of Operational Research 108*, 509–526.

Schlund, M. (1991). *Erfolgsfaktor Teamqualifizierung – Optimierung von Fertigungsinseln durch qualifizierte Produktionsarbeit*. Köln: TÜV Rheinland.

Schneeweiß, C. (1991). *Planung 1*. Berlin: Springer.

Schneeweiß, C. (2002). *Einführung in die Produktionswirtschaft* (8. Aufl.). Berlin: Springer.

Scholl, A. (1999). *Balancing and Sequencing of Assembly Lines* (2. Aufl.). Heidelberg: Physica.

Scholl, A. und C. Becker (2006). State-of-the-art exact and heuristic solution procedures for simple assembly line balancing. *European Journal of Operational Research 168*, 666–693.

Schonberger, R. und E. Knod Jr. (1997). *Operations Management – Serving the Customer* (6. Aufl.). Homewood, Ill.: Irwin.

Schulte, C. (1999). *Logistik* (3. Aufl.). München: Oldenbourg.

Silver, E. A., D. F. Pyke und R. Peterson (1998). *Inventory Management and Production Planning and Scheduling* (3. Aufl.). New York: Wiley.

Simon, H. (1988). Management strategischer Wettbewerbsvorteile. *Zeitschrift für Betriebswirtschaft 58*, 461–480.

Sixt, M. (1996). *Dreidimensionale Packprobleme*. Frankfurt am Main: Peter Lang Europäischer Verlag der Wissenschaften.

Stadtler, H. (1996). Hierarchische Produktionsplanung. In: W. Kern, H.-H. Schröder und J. Weber (Hrsg.), *Handwörterbuch der Produktionswirtschaft* (2. Aufl.). Stuttgart: Schäffer-Poeschel. S. 631–641.

Stadtler, H. (1998). Gestaltung von Lagersystemen. In: H. Isermann (Hrsg.), *Logistik*. (2. Aufl.). Landsberg/Lech: Moderne Industrie. S. 223–235.

Stadtler, H. (2004). Hierarchische Systeme der Produktionsplanung und -Steuerung. In: D. Arnold, H. Isermann, A. Kuhn und H. Tempelmeier (Hrsg.), *Handbuch Logistik* (2. Aufl.). Berlin: Springer. S. A4–14–A4–33.

Stadtler, H. (2005). Supply chain management and advanced planning – basics, overview and challenges. *European Journal of Operational Research 163*, 575–588.

Stadtler, H. und C. Kilger (Hrsg.) (2005). *Supply Chain Management and Advanced Planning* (3. Aufl.). Berlin: Springer.

Tempelmeier, H. (1983). *Quantitative Marketing-Logistik*. Berlin: Springer.

Tempelmeier, H. (1991). *Simulation mit SIMAN – Ein praktischer Leitfaden zur Modellentwicklung und Programmierung*. Heidelberg: Physica.

Tempelmeier, H. (1992). Planung Flexibler Fertigungssysteme. *WISU – Das Wirtschaftsstudium 21*, 407–413.

Tempelmeier, H. (1993). Beschaffung, Materialwirtschaft, Logistik. In: W. Wittmann, W. Kern, R. Köhler, H.-U. Küpper und K. von Wysocki (Hrsg.), *Handwörterbuch der Betriebswirtschaftslehre, Band 1* (5. Aufl.). Stuttgart: Poeschel. S. 312–325.

Tempelmeier, H. (2003). Practical considerations in the optimization of flow production systems. *International Journal of Production Research 41*(1), 149–170.

Tempelmeier, H. (2004). Produktion und Logistik. In: M. Bitz, R. Ewert, M. Domsch und F. Wagner (Hrsg.), *Vahlens Kompendium der Betriebswirtschaftslehre, Band 1* (5. Aufl.). München: Vahlen.

Tempelmeier, H. (2005a). *Material-Logistik – Modelle und Algorithmen für die Produktionsplanung und -steuerung und das Supply Chain Management* (6. Aufl.). Berlin: Springer.

Tempelmeier, H. (2005b). *Übungen zu Supply Chain Management und Produktion.* Norderstedt: Books on Demand.

Tempelmeier, H. (2006). *Bestandsmanagement in Supply Chains* (2. Aufl.). Norderstedt: Books on Demand.

Tempelmeier, H. und H. Kuhn (1993). *Flexible Fertigungssysteme – Entscheidungsunterstützung für Konfiguration und Betrieb.* Berlin: Springer.

Tempelmeier, H. und H. Kuhn (1996). Softwaretools zur Kapazitätsplanung flexibler Produktionssysteme. *Industrie Management 12*(3), 29–33.

Thompson, A. A. und A. J. Strickland (2001). *Strategic Management: Concepts and Cases* (12. Aufl.). Homewood, Ill.: Irwin.

Ulrich, K. T. und S. D. Eppinger (2004). *Product Design and Development* (3. Aufl.). New York: McGraw-Hill.

Vollmann, T. E., W. L. Berry, D. C. Whybark und F. Jacobs (2004). *Manufacturing Planning and Control Systems* (5. Aufl.). Homewood, Ill.: Irwin.

Wäscher, G. (1985). Ökonomische Grundlagen der innerbetrieblichen Standortplanung. *WiSt – Wirtschaftswissenchaftliches Studium 14*, 237–244.

Wäscher, G. (1993). Logistikorientiertes Layout von Fertigungssystemen. In: P. Milling und G. Zäpfel (Hrsg.), *Betriebswirtschaftliche Grundlagen moderner Produktionsstrukturen.* Herne: Neue Wirtschafts-Briefe. S. 77–104.

Weihrich, H. und H. Koontz (1993). *Management: A Global Perspective* (10. Aufl.). New York: McGraw-Hill.

Wiendahl, H.-P. (1996). Belastungsorientierte Auftragsfreigabe. In: W. Kern, H.-H. Schröder und J. Weber (Hrsg.), *Handwörterbuch der Produktionswirtschaft* (2. Aufl.). Stuttgart: Schäffer-Poeschel. S. 233–246.

Wortman, J., M. Euwe, M. Taal und V. Wiers (1996). A review of capacity planning techniques within standard software packages. *Production Planning & Control 7*, 117–128.

Zäpfel, G. (1989a). *Strategisches Produktionsmanagement.* Berlin: De Gruyter.

Zäpfel, G. (1989b). *Taktisches Produktionsmanagement.* Berlin: De Gruyter.

Zäpfel, G. (1993). Produktionsplanungs- und -steuerungssysteme. In: W. Wittmann, W. Kern, R. Köhler, H.-U. Küpper und K. von Wysocki (Hrsg.), *Handwörterbuch der Betriebswirtschaft, Band 2* (5. Aufl.). Stuttgart: Poeschel. S. 3467–3478.

Zavadlav, E., J. O. McClain und L. J. Thomas (1996). Self-buffering, self-balancing, self-flushing production lines. *Management Science 42*, 1151–1164.

Ziegler, H. (1990). Produktionsablaufplanung and -steuerung bei Mehrproduktfließlinien. In: K.-P. Kistner, J. Ahrens, G. Feichtinger, J. Minnemann und L. Streitferdt (Hrsg.), *Operations Research Proceedings 1989*. Berlin: Springer. S. 161–171.

Zink, K. (1992). Total Quality Management. In: K. Zink (Hrsg.), *Qualität als Managementaufgabe* (2. Aufl.). Landsberg/Lech: Verlag Moderne Industrie. S. 9–52.

Zink, K. (1993). Partizipative Konzepte in der „Fabrik der Zukunft". In: P. Milling und G. Zäpfel (Hrsg.), *Betriebswirtschaftliche Grundlagen moderner Produktionsstrukturen*. Herne: Neue Wirtschafts-Briefe. S. 267–280.

Zülch, G. (1996). Arbeitsplatzgestaltung. In: W. Wittmann, W. Kern, R. Köhler, H.-U. Küpper und K. von Wysocki (Hrsg.), *Handwörterbuch der Produktionswirtschaft*. Stuttgart: Schäffer-Poeschel. S. 126–137.

Sachverzeichnis

Namenverzeichnis

Anhang

Lernsoftware

Nachfolgend werden zwei Anwendungen vorgestellt, mit denen die Erarbeitung des in dem vorliegenden Lehrbuch und dem zugehörigen Übungsbuch präsentierten Stoffes unterstützt und erleichtert wird.

A.1 PMT – Produktions-Management-Trainer

Der Produktions-Management-Trainer (PMT) ist ein unter MS-Windows lauffähiges interaktives Programm, mit dem zahlreiche der in diesem Lehrbuch angesprochenen Probleme und eine große Anzahl von Fragestellungen, die eher dem produktionswirtschaftlichen Vertiefungsstudium zuzurechnen sind, bearbeitet werden können. Der PMT soll dem Nutzer die Möglichkeit bieten, quantitative Entscheidungsprobleme aus der Produktion und der Logistik Schritt für Schritt nachvollziehbar zu lösen. Dabei kann auf vordefinierte Beispiele zurückgegriffen werden. Man kann aber auch eigene Beispieldaten eingeben. Besonderes Ziel ist es dabei, nicht nur die fertige Lösung eines Problems, d. h. das Ergebnis eines kompletten Lösungsverfahrens, sondern auch die Folge der algorithmischen Zwischenschritte, die bis zur endgültigen Lösung des Problems zu durchlaufen sind, darzustellen. Dies zeigt Bild 1 anhand des Moduls zur exponentiellen Glättung zweiter Ordnung, wo nach Eingabe des aktuellen Beobachtungswertes und Betätigung des „Berechnen"-Knopfs in einem Zwischenergebnisfeld die Prognoseformel mit den aktuellen numerischen Werten angezeigt wird.

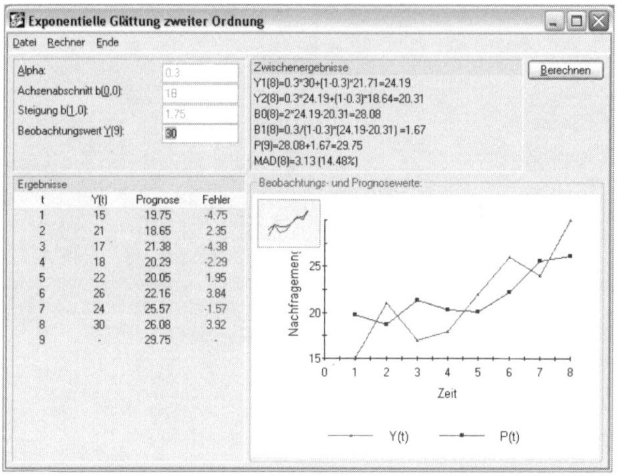

Bild 1: Exponentielle Glättung zweiter Ordnung

Die Zwischenergebnisse können größtenteils auch über die Windows-Zwischenablage gesichert werden. Die Ergebnisdarstellung wird soweit wie möglich durch graphische Darstellungen ergänzt. Dies zeigt Bild 2, in dem der Bildschirm zur Fließbandabstimmung wiedergegeben ist. Hier werden die einzelnen Zwischenschritte des Planungsverfahrens tabellarisch und graphisch dokumentiert. Dadurch kann der Anwender seine eigenen Berechnungen detailliert überprüfen.

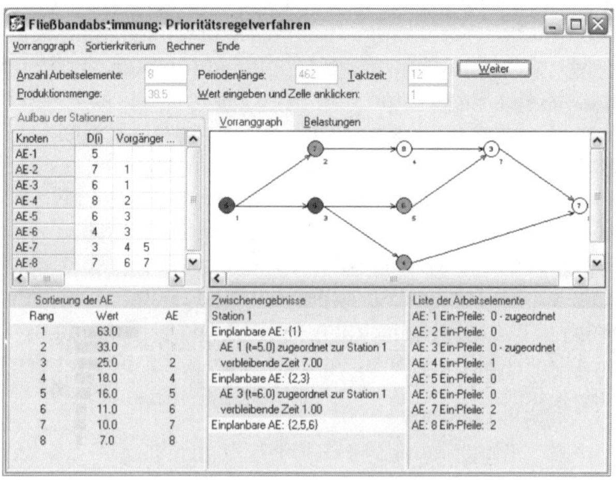

Bild 2: Fließbandabstimmung

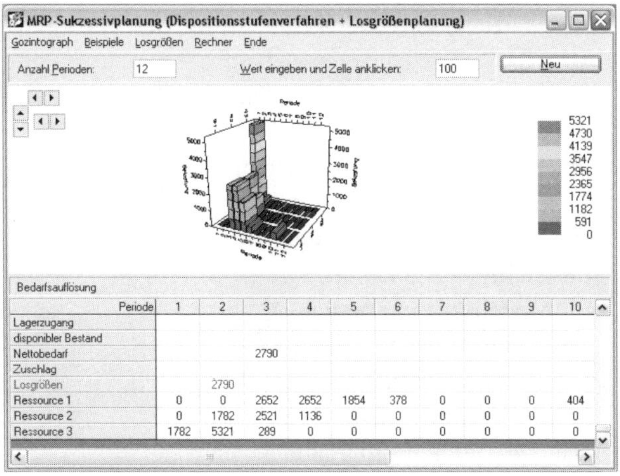

Bild 3: MRP-Sukzessivplanungskonzept

Für jedes betrachtete Problem bzw. Lösungsverfahren existiert ein Modul, mit dem der Anwender über ein problemspezifisches Fenster kommunizieren kann. Während einige Module primär auf die Übung von Rechenverfahren abgestellt sind, dienen andere Module dazu, die Auswirkungen bestimmter Entscheidungsoptionen quantitativ darzustellen. Dies gilt z. B. für das in Bild 3 dargestellte Modul zur MRP-Sukzessivplanung, das die Auswirkungen unterschiedlicher Verfahren zur Losgrößenplanung, wie sie in den derzeit gängigen PPS-Systemen eingesetzt werden, auf die Kapazitätsbelastung der Ressourcen zeigt.

Die für das vorliegende Lehrbuch relevanten Module sind in der folgenden Übersicht mit einem PC-Symbol gekennzeichnet:

1. Taktische Produktionsplanung
11. Standortplanung
111. Standortplanung in der Ebene (Steiner-Weber-Modell)
112. Diskrete Standortplanung (gegebene potentielle Standorte)
12. Kapazitätsplanung bzw. Leistungsanalyse
121. Kapazitätsplanung für Flexible Fertigungssysteme
1211. Statischer Ansatz
1212. Mittelwert-Analyse
122. Kapazitätsplanung für Produktionsinseln
123. Kapazitätsplanung für Fließproduktionssysteme
1231. Zwei Stationen mit beschränkten Puffern (Markov-Modell)
1232. Drei Stationen mit beschränkten Puffern (Markov-Modell)
1233. M Stationen
12331. M/M/1-Warteschlangenmodell mit unbeschränkten Puffern
12332. GI/G/1-Warteschlangenmodell mit unbeschränkten Puffern

12333. Abschätzungsformeln für Systeme mit beschränkten Puffern
12334. M/M/1-Warteschlangenmodell mit beschränkten Puffern
1234. GI/G/1-Warteschlangenmodell mit beschränkten Puffern
13. Fließbandabstimmung
14. Innerbetriebliche Standortplanung

2. Operative Produktionsplanung
21. Beschäftigungsglättung
211. LP-Modell (mehrperiodig)
212. Column-Minima-Verfahren
213. Supply Network Planning (einstufig)
214. Supply Network Planning (mehrstufig)
22. Hauptproduktionsprogrammplanung
221. Globale Belastungsfaktoren
222. Kapazitätsbedarfsprofil
23. Materialbedarfsplanung
231. ABC-Analyse
232. Programmorientierte Verfahren
2321. Lineares Gleichungssystem
2322. MRP-Sukzessivplanungskonzept (Dispositionsstufenverfahren einschl. dynamischer Losgrößenplanung und Kapazitätsbelastungsübersicht)
233. Verbrauchsorientierte Verfahren
2331. Zeitreihenanalyse
2332. Exponentielle Glättung 1. Ordnung
2333. Exponentielle Glättung 2. Ordnung
2334. Verfahren von Holt
2335. Verfahren von Winters
2336. Multiple lineare Regressionsrechnung
24. Losgrößenplanung
241. Klassische Bestellmenge
242. Klassische Losgröße
243. Mehrprodukt-Losgrößenplanung
244. Dynamische Losgrößenmodelle
2441. Exakte Lösung (Wagner-Whitin-Verfahren)
2442. Silver-Meal-Verfahren
2443. Verfahren von Groff
2444. Gleitende wirtschaftliche Losgröße
2445. Mehrstufige Losgrößenplanung
245. Durchlaufzeit versus Losgröße
2451. Einstufige Einprodukt-Produktion

2452. Einstufige Mehrprodukt-Produktion
25. Terminplanung
251. Durchlaufterminierung (MPM-Netzplantechnik)
252. Terminplanung mit beschränkten Ressourcen (RCPSP)
253. Ablaufplanung
2531. Eine Maschine
25311. Prioritätsregeln
25312. Reihenfolgeabhängige Rüstkosten/-zeiten (Traveling-Salesman-Problem)
2522. Johnson-Verfahren (zwei Maschinen)
26. Lagerhaltungspolitiken
261. Lagersimulation
262. (s, q)-Politik bei normalverteilter Nachfrage
2621. (s, q)-Politik (β-Servicegrad-Restriktion)
2622. (s, q)-Politik (Lieferzeit-Restriktion)
2623. Simulation einer (s, q)-Politik
263. (s, S)-Politik bei normalverteilter Nachfrage
2631. (s, S)-Politik (β-Servicegrad-Restriktion)
2632. Simulation einer (s, S)-Politik
264. (r, S)-Politik bei normalverteilter Nachfrage
2641. (r, S)-Politik (β-Servicegrad-Restriktion)
2642. Simulation einer (r, S)-Politik
265. Sonstiges
2651. Wahrscheinlichkeitsverteilung der Nachfragemenge bei einem zusammengesetzen Poisson-Prozeß
2652. Simulation der Nachfragemenge in der Wiederbeschaffungszeit
2653. Analytische Berechnung der Nachfragemenge in der Wiederbeschaffungszeit
2654. Sicherheitsbestand bei normalverteilter Nachfrage in der Wiederbeschaffungszeit
2655. Erwartungswert der Fehlmenge bei diskreter Verteilung der Nachfrage in der Wiederbeschaffungszeit
27. Transportplanung (Klassisches Transportproblem)
3. Verschiedenes
31. Qualitätskontrolle
311. Annahmekennlinien bei losweiser Kontrolle
312. Prozeßkontrolle
32. Instandhaltungsplanung
33. Operations Research
331. Kürzeste-Wege-Algorithmus nach Dijkstra
332. Warteschlangenmodelle
333. Simulation eines Warteschlangensystems

Die Benutzeroberfläche des PMT ist so gestaltet, daß auch der ungeübte PC-Benutzer mit dem Programm zurechtkommt. Prinzipiell sind immer zuerst Beispieldaten einzugeben. Anschließend kann das Lösungsverfahren mit seinen einzelnen Zwischenschritten ausgeführt werden.

A.2 Ein multimediales Lernsystem zur Produktion und Logistik

Zur Veranschaulichung der Fragestellungen aus den Bereichen Produktion und Logistik und zu ihrer Vertiefung wurde ein multimediales Lernsystem entwickelt, das dem Nutzer weitere Einblicke in die Planungsprobleme der Produktion und Logistik verschaffen soll. Das auf einer CD (ca. 430 MB) verfügbare Lernsystem enthält graphische Übersichtsdarstellungen, Fotos, kurze Zusammenfassungen, schrittweise durch den Nutzer aktivierbare Algorithmen, Simulationsmodelle und kurze digitalisierte Filmsequenzen von realen Produktionsabläufen. Die folgenden Darstellungen vermitteln einen ersten Eindruck von der Benutzeroberfläche des Systems.

Bild 4: Hauptfenster

Derzeit stehen fünf Lernmodule zu den Themengebieten Flexible Fertigungssysteme, Fließproduktion, Bestandsmanagement, Losgrößenplanung und Materialbedarfsplanung (MRP) zur Verfügung.

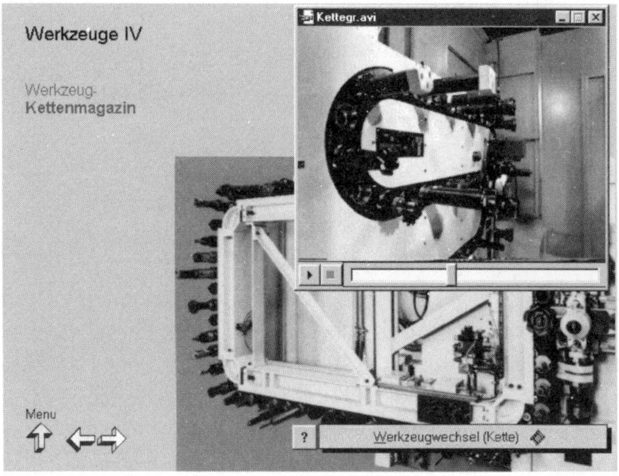

Bild 5: Eine Seite zum Thema Flexible Fertigung

Vor allem die Themengebiete Flexible Fertigung und Fließproduktion können sinnvoll durch Filmsequenzen illustriert werden, da wohl die meisten Studierenden keine praktische Vorstellung von derartigen Produktionssystemen haben. Im folgenden Bild wird eine Filmsequenz zum Werkzeugwechsel mit einem Werkzeugkettenmagazin gezeigt.

In anderen Themenbereichen liegt der Schwerpunkt auf umfangreichen Vergleichen verschiedener Algorithmen anhand von Beispielen. So kann der Nutzer z. B. im Themengebiet Materialbedarfsplanung (MRP) mit einem einfachen Blättern durch das Lernsystem sehr schnell die Auswirkungen unterschiedlicher Algorithmen auf die Lösung eines Beispiels erkennen.

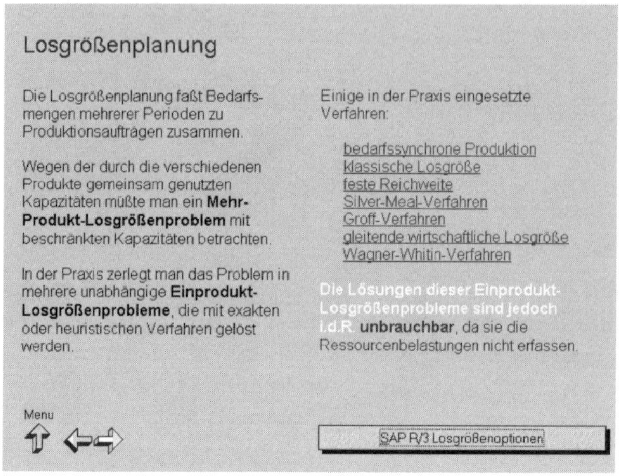

Bild 6: Eine Seite zum Thema Losgrößenplanung im MRP-Konzept

Das Lernsystem kann im Hörsaal zur multimedialen Unterstützung des Unterrichts eingesetzt werden. Es kann aber auch von den Studierenden zur Nachbereitung des Vorlesungsstoffes genutzt werden. Erste Erfahrungen zeigen, daß die Konzeption tragfähig ist und daß der Prozeß der Wissensvermittlung erheblich erleichtert wird.

Interessenten können beide Systeme (Produktions-Management-Trainer sowie Produktions-und-Logistik-CD) gegen Entgelt bei folgender Adresse beziehen:

POM Prof. Tempelmeier GmbH
Im Erlengrund 7
D-42799 Leichlingen
www.pom-consult.de/PMT/index.html

Weitere Informationen:

www.produktion-und-logistik.de
www.inventory-management.de
www.advanced-planning.de

Druck: Krips bv, Meppel
Verarbeitung: Stürtz, Würzburg